电气控制与PLC技术

（西门子S7-1200/1500）

主　编◎李一平　李　莎　李　冰
副主编◎石　青　黄　华　袁　博

重庆大学出版社

内容简介

本书分4个模块,分别为低压电器的认知、安装与维修,三相异步电动机控制电路的设计、安装与调试,西门子S7-1200/1500软硬件的认知及使用,PLC常用指令的应用。本书突出职业教育的特点,采用校企双元合作模式,教材内容与岗位要求、职业标准、技能大赛及"1+X"职业技能等级证书对接;将培养学生知识、技能和职业素养等方面融入教材内容。

本书可作为高职、中专院校的机电、自动化、电气、通信、铁道机车车辆等相关专业的教材,也可以作为工程技术人员或其他相关人员的培训及参考用书。

图书在版编目(CIP)数据

电气控制与PLC技术 : 西门子S7-1200/1500 / 李一平, 李莎, 李冰主编. -- 重庆 : 重庆大学出版社, 2023.1

高职高专电气系列教材

ISBN 978-7-5689-3659-0

Ⅰ. ①电… Ⅱ. ①李… ②李… ③李… Ⅲ. ①电气控制—高等职业教育—教材②PLC技术—高等职业教育—教材 Ⅳ. ①TM571.2②TM571.6

中国版本图书馆CIP数据核字(2022)第234675号

电气控制与PLC技术(西门子S7-1200/1500)

DIANQI KONGZHI YU PLC JISHU (XIMENZI S7-1200/1500)

主　编　李一平　李　莎　李　冰

副主编　石　青　黄　华　袁　博

策划编辑:范　琪

责任编辑:文　鹏　　版式设计:范　琪

责任校对:夏　宇　　责任印制:张　策

*

重庆大学出版社出版发行

出版人:饶帮华

社址:重庆市沙坪坝区大学城西路21号

邮编:401331

电话:(023) 88617190　88617185(中小学)

传真:(023) 88617186　88617166

网址:http://www.cqup.com.cn

邮箱:fxk@cqup.com.cn (营销中心)

全国新华书店经销

重庆市国丰印务有限责任公司印刷

*

开本:787mm×1092mm　1/16　印张:17.75　字数:435千

2023年1月第1版　2023年1月第1次印刷

ISBN 978-7-5689-3659-0　定价:59.00元

前 言

电气控制技术是以各类电动机为动力的传动装置与系统为对象,实现生产过程自动化的控制技术。科学技术的发展、计算机技术的应用、新型控制策略的出现,不断改变着电气控制技术的面貌。可编程控制器(PLC)是20世纪60年代诞生并发展起来的一种新型工业控制装置,它具有通用性强、可靠性高、能适应恶劣工业环境,指令系统简单、编程简便易学、易于掌握,体积小、维修工作少、现场连接安装方便等一系列优点,正逐步取代传统的继电器控制系统,广泛应用于冶金、采矿、建材、机械制造、石油、化工、汽车、电力、造纸、纺织、装卸、环保等各个行业的控制中。

S7-1200 属于西门子公司的新一代小型 PLC,指令和软件与大中型 S7-1500 PLC 兼容,模块化和紧凑型设计功能强大,高效灵活,功能、运算速度和远程 I/O 拓展能力都非常强大,性价比在相同层次的控制器中遥遥领先。S7-1500 PLC 通信、编程指令丰富,编程灵活方便,拓展性能大大提高,运行速度、带负载控制能力提升,适用于更大规模控制系统中。

本书突出职业教育的特点,采用校企双元合作,内容与岗位要求、职业标准、技能大赛及“1+X”职业技能等级证书考试对接;将学生知识、技能和职业素养等培养融入内容中。本书采用活页式教材形式,内容分成4个模块,第1个模块是常用低压电器的认知与拆装,第2个模块是三相异步电动机控制电路的设计、安装及调试,第3个模块是西门子 S7-1200/1500 PLC 软硬件的认知及使用,第4个模块是以 S7-1200/1500 PLC 为平台、以任务为载体掌握利用各种指令的应用。每个模块下划分任务,以“教、学、做、评”任务驱动实施,每个任务相对独立,学生根据知识点内容学习及完成每个任务,发挥学生自主学习的潜力。本书内容系统灵活、知识点简明适度、线上线下立体呈现,可供机电类、自动化类等相关专业的职业院校学生、相关领域的技术人员作为教材及参考资料使用。

本书由武汉铁路职业技术学院李一平任第一主编、长江职业学院李莎任第二主编、武汉铁路职业技术学院李冰任第三主编、武汉铁路职业技术学院杨明明主审,武汉铁路职业技术学院石青、黄华等参与编写。全书具体分工如下:石青编写模块 1 ,李冰编写模块 2,黄华编写模块 3,李一平编写模块 4,李莎与武汉城市职业学院袁博参与了全书校核。本书在编写过程中得到武汉冠龙远大科技有限公司陈侠的大力支持,该公司工程师周棣参与了本书程序的编写工作,在此表示衷心的感谢!

由于编者水平有限,书中难免有错误和不妥之处,希望读者批评指正。

编　者

2022 年 6 月

目 录

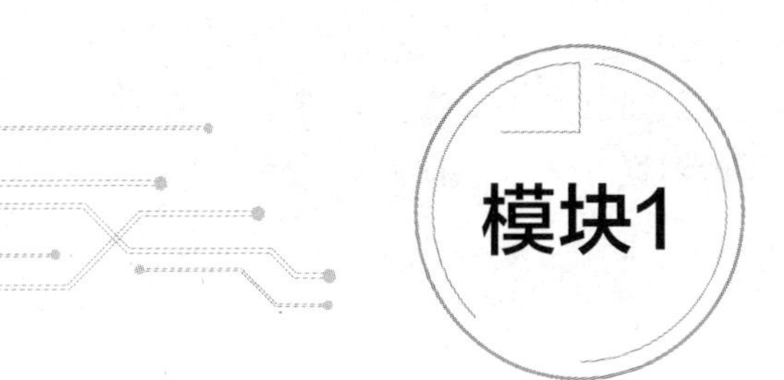

低压电器的认知、安装与维修

低压电器通常是指在交流电压 1 200 V 或直流电压 1 500 V 以下工作的电器。低压电器一般有两个基本部分：一个是感测部分，它感测外界的信号，作出有规律的反应，在自控电器中，感测部分大多由电磁机构组成，在受控电器中，感测部分通常为操作手柄等；另一个是执行部分，如触点是根据指令进行电路的接通或切断的。低压电器能够依据操作信号或外界现场信号的要求，自动或手动地改变电路的状态、参数，实现对电路或被控对象的控制、保护、测量、指示、调节。常见的低压电器有开关、熔断器、接触器、漏电保护器和继电器等。利用接触器、继电器等低压电器能实现对电动机和生产设备的控制和保护。低压电器的认知与拆装是学习电气控制与 PLC 技术的基础。

1.1　刀开关的认知、安装与维修

学习任务描述

完成通过开启式负荷开关或封闭式负荷开关直接启动和停止电动机。直接启动也称为全压启动，它是将电动机的定子绕组直接接入电源，在额定电压下启动，具有启动转矩大、启动时间短的特点，是最常用的启动方式，也是简单、经济和可靠的启动方式。在电网容量和负载两方面都允许全压直接启动的情况下，可以考虑采用全压直接启动。其优点是操纵控制方便，维护简单，比较经济，主要用于小功率电动机的启动，从节约电能的角度考虑，大于 11 kW 的电动机不宜用此方法。如图 1.1.1 所示为刀开关控制三相异步电动机直接启动电气图。

图 1.1.1　刀开关控制三相异步电动机直接启动电气图

学习目标

1. 掌握刀开关的分类及作用；
2. 掌握刀开关的原理及结构；
3. 掌握刀开关的名称、符号及型号；
4. 掌握刀开关的安装方法，会使用工具安装刀开关；

5. 能够根据要求正确选用合适的刀开关;
6. 能够判断刀开关的常见故障,并能对其进行维修;
7. 能够养成主动学习、勤于动手的习惯。

➢ 知识点学习

1.1.1 刀开关的分类及作用

刀开关又名闸刀开关,属于手动电器,手动操作手柄实现开关的通断,一般用在不频繁切断和闭合的交、直流低压(不大于 500 V)电路中,在额定电压下的工作电流不能超过额定值。在机床上,刀开关主要用作电源隔离开关,用来直接启动小容量的三相异步电动机,一般不用来接通或切断电动机的工作电流。

刀开关的种类很多,按结构可分为单极、二极、三极刀开关,常用的三极刀开关长期允许通过电流有 100 A、200 A、400 A、600 A 和 1 000 A 五种;按操纵机构可分为手柄直接操作式、杠杆操作式刀开关。通常,除特殊的大电流刀开关外,一般都采用手柄直接操作式刀开关;按转换方式可分为单投式、双投式刀开关;按接线方式可分为板前接线式、板后接线式刀开关;按灭弧性能可分为有灭弧罩式刀开关、无灭弧罩式刀开关,其中无灭弧罩式刀开关起隔离电源的作用,只能在网络无负荷的条件下接通和分断电路,有灭弧罩式刀开关可以非频繁地接通和分断额定负荷电流。低压刀开关常用的产品有开关板用刀开关、开启式负荷开关、封闭式负荷开关、熔断器式刀开关。

1.1.2 刀开关的原理及结构

刀开关的典型结构如图 1.1.2(a)所示,它由手柄、触刀、静插座、铰链支座、接线端和绝缘底板组成。接通操作时用手握住手柄,使触刀绕铰链支座转动,推入静插座内即完成。它所形成的电流通路由铰链支座、触刀和静插座形成。分断操作与接通操作相反,向外拉出手柄,使触刀脱离静插座。

刀开关可靠工作的关键是触刀与静插座之间有良好的接触,这就要求它们之间有一定的接触压力。对额定电流较小的刀开关,静插座使用硬纯铜制成,利用材料的弹性来产生所需的接触压力;对额定电流较大的刀开关,可在静插座两侧另外加弹簧的方法进一步增加接触压力。刀开关的文字符号为 Q 或 QS,其图形符号如图 1.1.2(b)所示。

为了使触刀和刀座有良好的接触,触刀与刀座间应具有足够的压力。为此,对额定电流大小不同的刀开关分别采用了不同的处理措施:额定电流较小的刀开关的刀座一般采用硬紫铜制造,利用硬紫铜的弹性产生所需的接触压力;额定电流较大的刀开关,一般在刀座的两侧加装弹簧片以增大接触压力;额定电流很大的刀开关,通常将触刀做成双刀片式,使刀片分布在刀座的两侧,并且用螺丝钉和片状弹簧锁紧,以保证触刀和刀座间具有足够的压力。

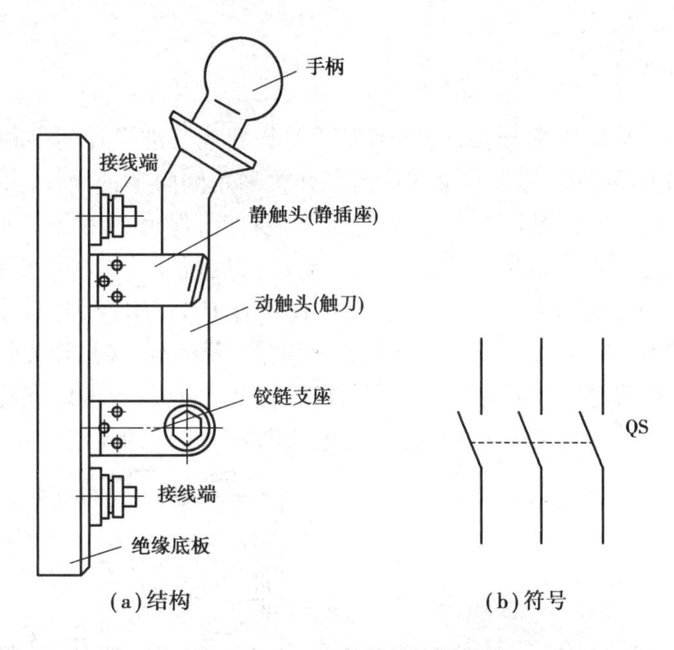

(a)结构　　　　(b)符号

图1.1.2　刀开关的结构和符号

1.1.3　负荷开关

(1)开启式负荷开关

开启式负荷开关又称胶盖瓷底闸开关,由刀开关和熔断器组成。瓷底板上装有进线座、静触头、熔丝、出线座及刀片式动触头,工作部分用胶木盖罩住,以防电弧灼伤人手。其外形、结构和文字与图形符号如图1.1.3所示。开启式负荷开关的主要缺点是动作速度慢,带负荷动作时容易产生电弧,不安全,体积大。其系列代号为HK,如HK2-15型(HK2系列、额定电流15 A)。开启式负荷开关结构简单、价格便宜,在一般的照明电路和功率小于5.5 kW的电动机控制线路中广泛采用。在照明电路中,选用额定电压220 V或250 V,额定电流不小于电路所有负载额定电流之和的二极开关;用于控制电动机的直接启动和停止时,选用额定电压380 V或500 V,额定电流不小于电动机额定电流3倍的三极开关。

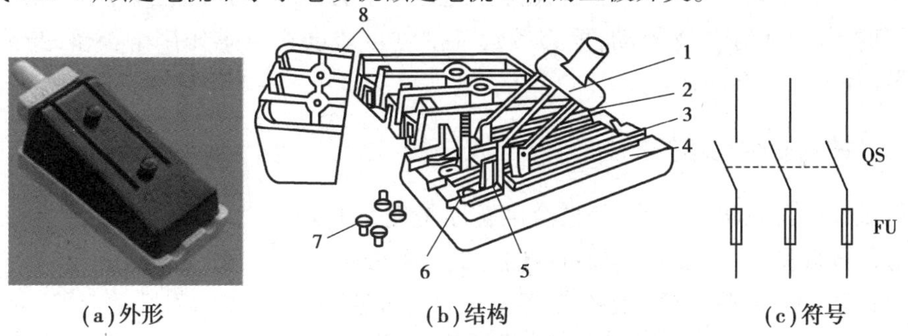

(a)外形　　　　(b)结构　　　　(c)符号

图1.1.3　HK系列开启式负荷开关

1—瓷质手柄;2—动触头;3—出线座,4—瓷底座;5—静触头;
6—进线座;7—胶盖紧固螺钉;8—胶盖

(2)封闭式负荷开关

封闭式负荷开关又称铁壳开关,是在闸刀开关基础上改进设计的一种开关。它由刀开关、熔断器、速断弹簧等组成,并装在金属壳内。开关采用侧面手柄操作,并设有机械连锁装置,使箱盖打开时不能合闸,刀开关合闸时,箱盖不能打开,保证了用电安全。手柄与底座间的速断弹簧使开关通断动作迅速,灭弧性能好。封闭式负荷开关能工作于粉尘飞扬的场所,手动通断电路及进行短路保护。其系列代号为 HH,有 HH3、HH4、HH10、HH11 等系列,如 HH4-15 型(HH4 系列、额定电流 15 A)。用于控制电热、照明电路时,开关的额定电流不小于被控制电路中各个负载额定电流的总和。当用来控制电动机时,应考虑电动机的全压启动电流为额定电流的 4 ~7 倍,开关的额定电流应为电动机额定电流的 3 倍。

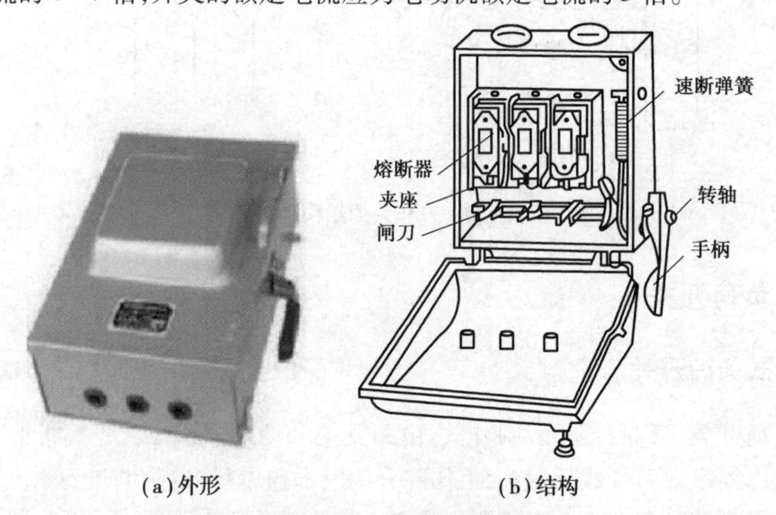

(a)外形　　(b)结构

图 1.1.4　封闭式负荷开关

1.1.4　刀开关的安装维护及常见故障分析

(1)刀开关的安装

刀开关应垂直安装在开关板上,并使静插座位于上方。若静插座位于下方,则当刀开关的触刀拉开时,如果铰链支座松动,触刀等运动部件可能会在自重作用下掉落,与静插座接触,发生误动作而造成严重事故。

(2)刀开关的使用和维护

①刀开关作电源隔离开关使用时,合闸顺序是先合上刀开关,再合上其他控制负载的开关电器。分闸顺序则相反,要先控制负载的开关电器分闸,再让刀开关分闸。

②严格按照产品说明书规定的分断能力来分断负载,无灭弧罩的刀开关一般不允许分断负载,否则有可能导致稳定持续燃弧,使刀开关寿命缩短,严重的还会造成电源短路,开关被烧毁,甚至发生火灾。

③对于多极刀开关,应保证各极动作的同步性,而且应接触良好。否则,当负载是三相异

步电动机时,便有可能发生电动机因缺相运转而烧坏的事故。

④如果刀开关未安装在封闭的控制箱内,则应经常检查,防止因积尘过多而发生相间闪络现象。

⑤当对刀开关进行定期检修时,应清除底板上的灰尘,以保证良好的绝缘;检查触刀的接触情况,如果触刀(或静插座)磨损严重或被电弧烧坏,应及时更换;发现触刀转动铰链过松时,如果是用螺栓的,应把螺栓拧紧。

⑥加强刀开关的日常检查,检查项目包括:负荷电流是否超过刀开关的额定电流;刀开关动、静触头的连接是否可靠;操作机构是否完好、动作是否灵活,断开、合闸时是否能准确到位;刀开关的进出线端子在开关连接处是否牢固,有无接触不良、过热变形等现象。

(3)刀开关的故障分析

1)开关触头过热,甚至熔焊

开关触头过热,甚至熔焊的主要原因是刀开关的刀片与刀座接触不良。

①开关刀片、刀座在运行中被电弧烧伤,封闭式负荷开关的速断弹簧压力调整不当,引起触头接触不良而过热,甚至熔焊。应对刀开关动、静触头及时修磨,要求接触良好。而且对开关弹簧的弹性及时检查,将转动处的防松螺母或螺钉调整适当,使弹力维持刀片、刀座的动、静触头间的紧密接触与瞬时开合。

②开关刀片与刀座表面产生氧化层,造成接触电阻增大,或刀片动、静触头插入深度不够,使开关的载流量降低,引起触头过热甚至熔焊。对刀片、刀座的氧化层应及时清除,需在刀片与刀座的接触部分涂一层很薄的凡士林,调整杠杆操作机构,使刀片的插入深度达到规定要求。

③带负荷操作启动大容量设备,使大电流冲击产生动、静触头瞬间弧光,或短路时开关的热稳定性不够,会引起触头熔焊。应严格遵守操作规程,及时排除短路故障,并更换较大容量的开关。对轻微熔焊的触头,进行修整后可继续使用;严重熔焊的触头必须更换。

2)开关与导线接触部位过热

开关与导线接触部位过热的主要原因是导线连接螺钉松动、弹簧垫圈失效等。

①接触电阻增大或螺栓选用偏小造成连接部位过热时,应当及时更换并紧固好。

②两种不同金属(如铜线与铝线)相互连接,会发生电路锈蚀,引起接触电阻增大而产生过热。应采用铜铝过渡接线端子,在导线连接部位涂敷导电膏能防止接触处的电气锈蚀。

3)开关手柄转动失灵

开关手柄转动失灵的主要原因是定位机械损坏、触刀表面被电弧烧毛等。

①将手柄插入操作孔,用手缓慢旋转手柄,没有看到与手柄联动的转动轴转动或转动角度不一致,表明转动轴与手柄之间的定位销没有拧紧,不能随手柄转动或转动不同速,这属于非正常安装。将定位销拧紧后,再进行操作验证,可测试手柄旋转到位时,开关合闸是否到位或是否提前到位,如有这类现象要调节导电杆长度。

②如果手柄与转动轴正常转动,但刀开关打不开,仔细观察,在转动时,定位旋转机构不能拉推刀开关的导电杆,这是旋转操作机构损坏导致的,要卸下机构进行更换。

刀开关的认知、安装与维修

1.2 转换开关的认知、安装与维修

转换开关是一种变形的刀开关,在结构上是用动触片代替了闸刀,以左右旋转动作代替了刀开关的上下分合动作。转换开关由多节触头组成,手柄可手动向任意方向旋转,每旋转一定角度,动触片就接通或分断电路。采用扭簧储能,开关动作迅速,与操作速度无关。转换开关一般用于非频繁接通和分断电路、换接电源和负载、测量三相电压以及控制小容量异步电动机的正反转和 Y-△启动等。通过本节任务的学习,学生能够正确认识选择转换开关,检测、维护转换开关,处理转换开关的故障。

➢ 学习目标

1. 掌握转换开关的定义、结构及特点;
2. 掌握转换开关的安装方法,会使用工具安装转换开关;
3. 能够根据要求正确选用合适的转换开关;
4. 能够掌握检测转换开关质量的方法,并能对其进行检测;
5. 能够对转换开关进行维护、判断常见故障,并能对其进行维修;
6. 能够安全、文明、规范操作,培养良好的职业道德与习惯。

➢ 知识点学习

1.2.1 转换开关的定义、结构及特点

(1)定义

转换开关又称组合开关,是由多组相同结构的触点组件叠装而成的多回路控制电器,靠旋转手柄来实现线路的转换。常用的转换开关主要有 HZ5 系列、HZ10 系列、HZ12 系列、HZ15 系列、3LB 系列等产品。

(2)结构

转换开关采用叠装式触点元件组合,静触头一端固定在胶木盒内,另一端伸出盒外,与电源或负载相连。动触片套在绝缘杆上,绝缘杆每次作 90°正或反方向的转动,带动、静触头通断。HZ10-10/3 型为常用的转换开关型号,其外形如图 1.2.1(a)所示,其结构如图 1.2.1(b)所示,它由手柄、转轴、弹簧、凸轮、绝缘杆、绝缘垫板、动触头、静触头和接线柱组成。转换开关的文字符号为 QS,图形符号如图 1.2.1(c)所示。

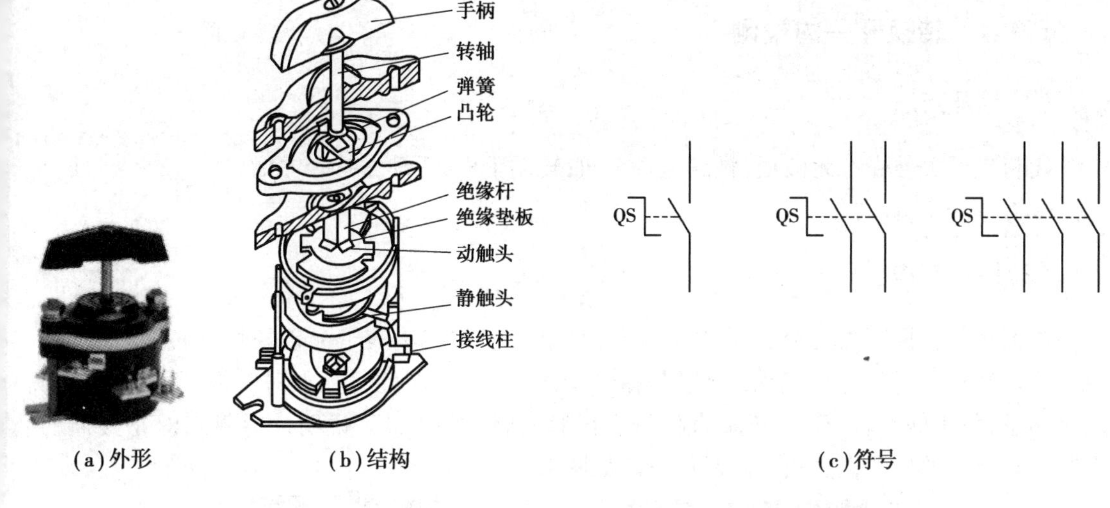

(a)外形　(b)结构　(c)符号

图1.2.1　HZ10-10/3型转换开关外形、结构及符号图

(3)特点

①体积小、安装面积小。

②接线方式多。

③灭弧性能较好(在封闭的触点盒内灭弧),通断能力和电寿命均较高。

④使用安全、方便。

1.2.2　转换开关的安装方法

①HZ10转换开关应安装在控制箱(或壳体)内,其操作手柄最好伸到控制箱的前面或侧面,开关为断开状态时手柄应在水平位置。HZ3转换开关的外壳必须可靠接地。

②若需在箱内操作,开关最好装在箱内右上方,并且在它的上方不安装其他电器,否则需要采取隔离措施或绝缘措施。

1.2.3　转换开关的选择

①转换开关应根据用电设备的电压等级、容量和所需触头数进行选用。转换开关用于一般照明、电热电路时,其额定电流应等于或大于被控制电路中各负载电流的总和;转换开关用于控制电动机时,其额定电流一般取电动机额定电流的1.5~2.5倍。

②转换开关接线方式很多,应根据需要,正确地选择相应规格的产品。

③转换开关本身是不带过载保护和短路保护的,如果需要这类保护,应另设其他保护电器。

④虽然转换开关的电寿命比较高,但当操作频率超过300次/h或负载功率因数低于规定值时,开关需要降低容量使用。否则,不仅会降低开关的使用寿命,有时还可能因持续燃弧发生事故。

⑤一般情况下,当负载的功率因数小于0.5时,由于熄弧困难,不宜采用HZ系列的转换开关。

1.2.4 转换开关的检测

(1)检测方法

①检查开关外壳有无破损,触点是否歪扭;转动手柄,看动作是否灵活。

②万用表检测。

(2)操作方法

将万用表转换开关拨到 Ω 的 $R\times10$ 挡,Ω 调零。将红黑表笔分别搭接在转换开关同一层的一对触点上,将手柄置于水平位置,指针指向"∞",说明此时触点对转换开关是断开的。表笔不动,将手柄旋转 90°置于垂直位置,万用表指针指向"0",说明此时触点对是接通的。其他两对触点的检测方法相同。操作方法如图 1.2.2 所示。

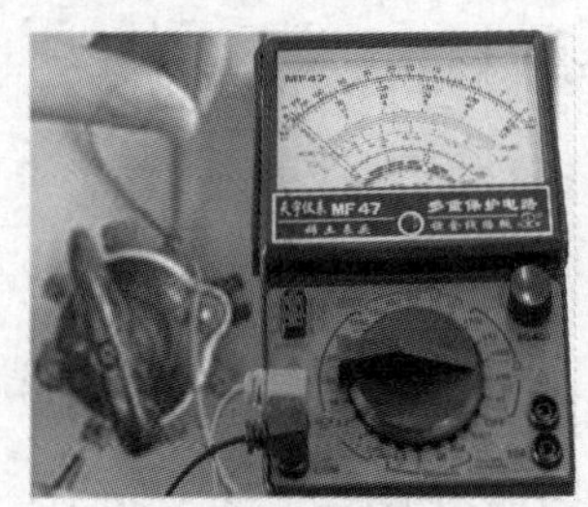

(a)断开状态

(b)导通状态

图 1.2.2 转换开关检测操作图

1.2.5 转换开关的维护和故障处理

(1)转换开关的维护

①因转换开关的通断能力较低,故不能用来分断故障电流。当用于控制电动机作可逆运转时,必须在电动机完全停止转动后,才允许反向接通。

②当操作频率过高或负载功率因数较低时,转换开关要降低容量使用,否则会影响开关寿命。

③使用时应注意,转换开关每小时的转换次数一般不超过 15 ~20 次。

④应经常检查开关固定螺钉是否松动,以免引起导线压接松动,造成外部连接点放电、打火、烧蚀或断路。

⑤应经常检查开关内部的动、静触片的接触情况,防止造成内部接点起弧烧蚀。

⑥检修转换开关时,应注意检查开关内部的动、静触片接触情况,以免造成内部接点起弧烧蚀。

(2)转换开关的故障分析

1)手柄转动后,内部触点未动

手柄转动后,内部触点未动的主要原因有以下 3 点:

①手柄上的轴孔因长期扭转造成变形,应及时更换手柄。

②绝缘杆变形(由方形磨为圆形),应及时更换绝缘杆。

③操作机构损坏,应及时修理更换。

2)手柄转动后,动、静触点不能按要求动作

手柄转动后,动、静触点不能按要求动作的主要原因有以下3点:

①转换开关型号选用不正确,应根据用电设备的电压等级、容量和所需触头数合理地更换转换开关。

②触点角度装配不正确,应根据不同型号的转换开关正确安装方法,重新装配。

③触点失去弹性或接触不良,依次排除以上原因,更换触点或清除氧化层或尘污。

3)接线柱间短路

造成开关接触柱间短路的主要原因是铁屑或油污附着在接线间,形成导电层,将胶木烧焦,绝缘损坏而形成短路。出现这种故障时应及时更换转换开关。

转换开关的认知、安装与维修

1.3　按钮的认知、安装与维修

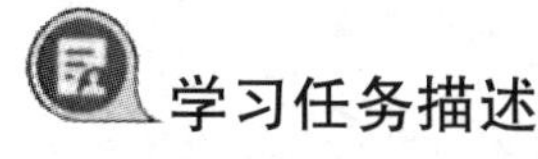

学习任务描述

按钮是常用的一种手动主令电器,其结构简单,控制方便。主令电器是一种在电气自动控制系统中用于发送或转换控制指令的电器。它一般用于控制接触器、继电器或其他电器线路,从而使电路接通或分断来实现对电力传输系统或生产过程的自动控制。在日常生活和电气电路中,用到的主令电器有很多,如计算机机箱上的开关按钮、防爆按钮箱、数控机床上的按钮站等。按钮有什么功能?常用的按钮有哪些?按钮不同的颜色代表了什么意义?如何检测它们的质量?如何排除常见故障?通过本节任务的学习,一起来认识按钮这个小元件吧。

学习目标

1. 掌握按钮的用途及种类;
2. 掌握按钮的结构及工作原理、了解不同颜色按钮的作用;
3. 能够根据要求正确选用的按钮;
4. 能够掌握检测按钮质量的方法,并能对其进行检测;
5. 能够判断按钮的常见故障,并能对其进行维修;
6. 能够安全、文明、规范操作,培养良好的职业道德与习惯。

知识点学习

1.3.1　按钮的用途及种类

按钮是一种常用的手动主令电器,其结构简单,控制方便。它只能短时接通或分断5 A以

下的小电流电路,不能直接控制主电路的通断。

(1)用途

按钮又称按钮开关或控制按钮,是一种短时间接通或断开小电流电路的手动控制器,一般用于电路中发出启动或停止指令,以控制电磁启动器、接触器、继电器等电器线圈电流的接通或断开,再由它们去控制主电路。按钮也可用于信号装置的控制。

(2)分类

随着工业生产的需求,按钮的规格品种日益增多。驱动方式由原来的直接推压式,转化为旋转式、推拉式、杠杆式和带锁式(即用钥匙转动来开关电路,并在将钥匙抽走后不能随意动作,具有保密和安全功能)。传感接触部件发展为平头、蘑菇头以及带操纵杆式等多种形式。带灯按钮日益普遍地使用在各种系统中。按钮的具体分类如下:

①按用途和触头的结构分,有启动按钮(动合按钮)、停止按钮(动断按钮)和复合按钮(动合和动断组合按钮)3 种。

②按结构形式、防护方式分,有开启式、防水式、紧急式、旋钮式、保护式、防腐式、钥匙式和带指示灯式等。

常见按钮的外形如图 1.3.1 所示。

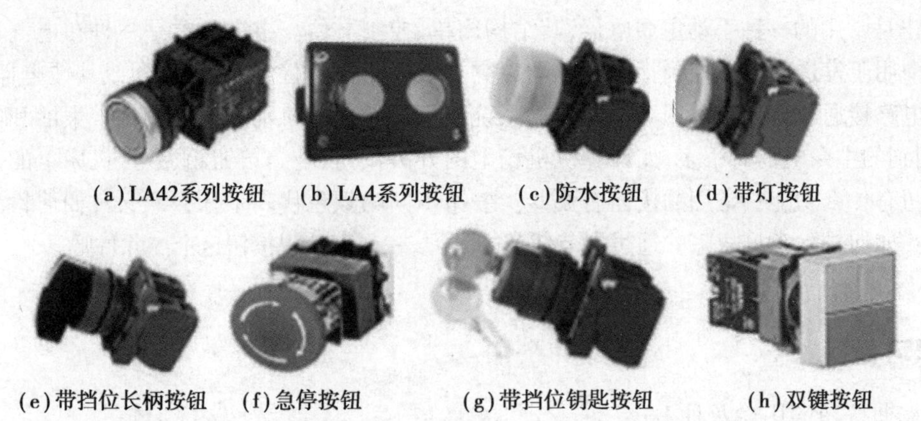

(a)LA42系列按钮 (b)LA4系列按钮 (c)防水按钮 (d)带灯按钮

(e)带挡位长柄按钮 (f)急停按钮 (g)带挡位钥匙按钮 (h)双键按钮

图 1.3.1 常见按钮的外形图

为了标明各个按钮的作用,避免误操作,通常将按钮帽做成红、黄、绿、蓝、白、灰、黑等不同的颜色加以区别。按钮颜色及其含义见表 1.3.1。

表 1.3.1 按钮颜色及含义

按钮颜色	含义	说明	应用示例
红	紧急	危险或紧急情况时操作	急停
黄	异常	异常情况时操作	干预制止异常情况
绿	正常	正常情况时启动操作	—
蓝	强制性	要求强制动作情况下操作	复位功能

续表

按钮颜色	含义	说明	应用示例
白	未赋予特定含义	除急停以外的一切功能启动	启动/接通(优先)、停止/断开
灰			启动/接通、停止/断开
黑			启动/接通、停止/断开(优先)

1.3.2　按钮的结构及工作原理

(1)结构

按钮由按钮帽、复位弹簧、触点和外壳等组成。触点采用桥式触点,触点额定电流在 5 A 以下,分常开触点和常闭触点两种。按钮的结构如图 1.3.2 所示。按钮的文字符号为 SB,图形符号如图 1.3.3 所示。

①常开触点(动合触点):常态时处于断开的触点。

②常闭触点(动断触点):常态时处于闭合的触点。

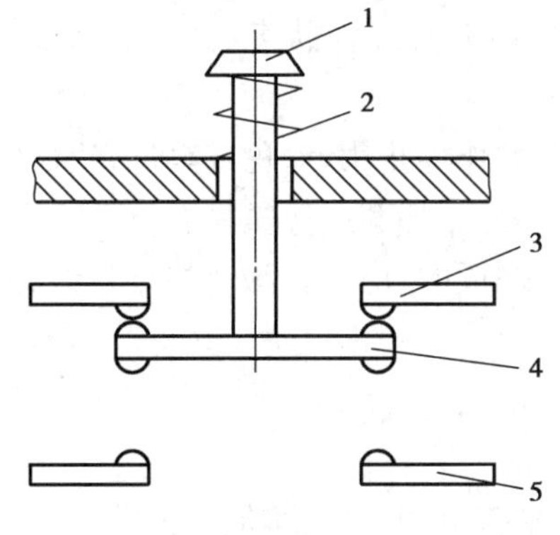

图 1.3.2　按钮的结构图

1—按钮帽;2—复位弹簧;3—常闭静触点;4—动触点;5—常开静触点

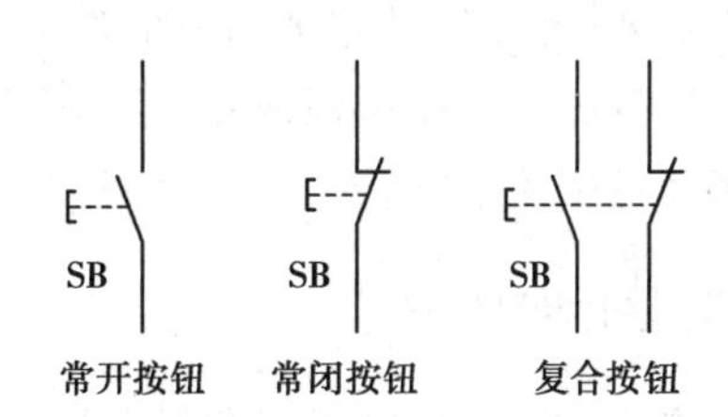

图 1.3.3　按钮的图形符号

(2)工作原理

当用手按下按钮帽时,常闭(动断)触头断开,常开(动合)触头接通;当手松开后,复位弹簧便将按钮的触头恢复原位,从而实现对电路的控制。

当按下按钮时,先断开常闭触头,后接通常开触头;当松开按钮时,常开触头先断开,常闭触头后闭合。

(3)技术参数

按钮的主要技术参数有额定电压、额定电流、结构形式、触头数及按钮颜色等。

常用的控制按钮的额定电压为交流电压 380 V,额定电流为 5 A。

1.3.3 按钮的选择、使用与维护

(1)选择方法

①应根据使用场合和具体用途选择按钮的类型。例如,控制台柜面板上的按钮一般可用开启式;若需显示工作状态,则用带指示灯式;在重要场所,为防止无关人员误操作,一般用钥匙式;在有腐蚀的场所一般用防腐式。

②应根据工作状态指示和工作情况的要求选择按钮和指示灯的颜色。例如,停止或分断用红色;启动或接通用绿色;应急或干预用黄色。

③应根据控制回路的需要选择按钮的数量。例如,需要作"正(向前)""反(向后)"及"停"3 种控制处,可用 3 只按钮,并装在同一按钮盒内;只需作"启动"及"停止"控制时,则用两只按钮,并装在同一按钮盒内。

④对通电时间较长的控制设备,不宜选用带指示灯的按钮。

(2)安装方法

①按钮安装在面板上时,应布局合理,排列整齐。可根据生产机械或机床启动、工作的先后顺序,从上到下或从左到右依次排列。如果它们有几种工作状态(如上、下,前、后,左、右,松、紧等),应使每一组相反状态的按钮安装在一起。

②按钮应安装牢固,接线应正确。红色按钮通常作停止用,绿色或黑色表示启动或通电。

③安装按钮时,最好多加一个紧固圈,在接线螺钉处加套绝缘塑料管。

④安装按钮的按钮板或盒,若是采用金属材料制成的,应与机械总接地母线相连,悬挂式按钮应有专用接地线。

(3)使用与维护

①使用前,应检查按钮帽弹性是否正常,动作是否自如,触头接触是否良好。

②应经常检查按钮,及时清除上面的尘垢,必要时采取密封措施。触头间距较小,应经常保持触头清洁。

③若发现按钮接触不良,应查明原因;若发现触头表面有损伤或尘垢,应及时修复或清除。

④用于高温场合的按钮,塑料受热易老化变形会导致按钮松动,为防止接线螺钉相碰而发生短路故障,在安装时,应根据情况增设紧固圈或给接线螺钉套上绝缘管。

⑤带指示灯的按钮,一般不宜用于通电时间较长的场合,以免塑料件受热变形,造成更换灯泡困难;若欲使用,可降低灯泡电压,以延长使用寿命。

1.3.4 按钮的检测及故障排除

(1)按钮检测方法

①检查按钮外观是否完好,有无损坏;按动按钮看动作是否灵活,有无卡阻。

②万用表检测。

a. 常闭触点检测。操作方法：将万用表转换开关拨到 Ω 的 $R\times10$ 挡，Ω 调零。常态时，将红黑表笔分别搭接在按钮常闭触点两端，指针指向“0”；按下按钮，指针指向“∞”，说明这一对触点为常闭触点。具体操作如图 1.3.4 所示。

b. 常开触点检测。操作方法：将万用表转换开关拨到 Ω 的 $R\times10$ 挡，Ω 调零。常态时，将红黑表笔分别搭接在按钮常开触点两端，指针指向“∞”；按下按钮，指针指向“0”，说明这一对触点为常开触点。具体操作如图 1.3.5 所示。

(a)常态

(b)按下按钮

图 1.3.4　常闭触点检测操作图示

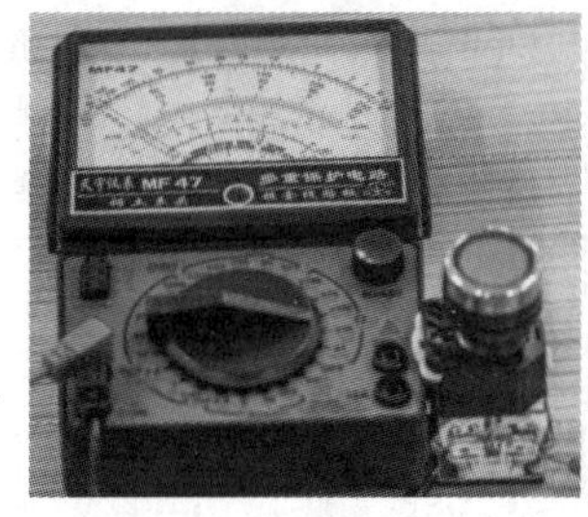

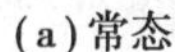

(a)常态

(b)按下按钮

图 1.3.5　常开触点检测操作图示

(2)按钮常见故障及其排除方法

1)按钮的故障分析

①触头接触不良。引起故障的原因是动触头的返回弹簧失效，或触头表面不清洁，触头磨损、松动，使触点返回时接触不良，有时甚至接触不上，应维修或更换弹簧及触头。

②触头严重烧损。触头接触不良、表面不清洁，使接触电阻增大，引起触头过热、烧损。应使用锋利的刀刃或锉刀修平，或者更换触头。

③按钮指示灯损坏。带指示灯的按钮结构紧凑、散热条件差，使得指示灯泡工作时温升增高，导致塑料变形、老化，造成更换灯泡困难或接线螺钉相间短路，甚至烧坏灯泡。应查明原因，如灯泡发热，可适当降低电压。

④绝缘性能降低。长期使用或密封性不好，使尘埃、油或水侵入，造成绝缘性能降低甚至击穿。应进行绝缘和清洁处理，并采取相应的密封措施。

⑤按钮螺母拧不紧，压紧导线用的瓦形垫弹力不足。按钮螺母拧不紧，甚至发生滑扣现象。应更换螺母，并用专用工具将螺母锁紧。按钮使用日久，瓦形垫弹力失效，或制造时热处

理加工不好,使瓦形垫弹力不足,引起导线松动、脱落,应予以更换。

⑥带指示灯的按钮内的灯泡不易更换。可找一段内径略小于灯泡外径的塑料管,无论取出或装入灯泡,只要将灯泡挤入塑料管内再拧动,更换就十分方便了。

2)按钮常见故障及其排除方法

按钮常见故障及其排除方法见表 1.3.2。

表 1.3.2 按钮常见故障及其排除方法

常见故障	可能原因	排除方法
按下启动按钮时有触电感觉	①按钮的防护金属外壳与连接导线接触 ②按钮帽的缝隙间充满铁屑,使其与导电部分形成通路	①检查按钮内连接导线 ②清理按钮
停止按钮失灵,不能断开电路	①接线错误 ②线头松动或搭接在一起 ③灰尘过多或油污使停止按钮两动断触头形成短路 ④胶木烧焦短路	①改正接线 ②检查停止按钮接线 ③清理按钮 ④更换按钮
被控电器不动作	①被控电器损坏 ②按钮复位弹簧损坏 ③按钮接触不良	①检修被控电器 ②修理或更换弹簧 ③清理按钮触头

按钮的认知、安装与维修

1.4 万能转换开关的认知、安装与维修

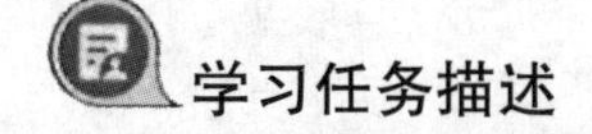

学习任务描述

万能转换开关是常用的一种多挡式控制多回路的主令电器,一般可用于多种配电装置的远距离控制,也可用于电压表、电流表的换挡开关,还可用于小容量电动机的启动、制动、调速及正反向转换的控制。通过本节任务的学习,一起来认识万能转换开关吧。

➤ 学习目标

1. 掌握万能转换开关的用途及种类;
2. 掌握万能转换开关的结构及工作原理;
3. 能够根据要求选用合适的万能转换开关;
4. 能够判断万能转换开关的常见故障,并能对其进行维修;
5. 能够安全、文明、规范操作,培养良好的职业道德与习惯。

➤ 知识点学习

1.4.1 万能转换开关的用途及种类

(1)用途

万能转换开关是由多组相同结构的触头组件叠装而成的多回路控制电器,主要用于各种控制线路的转换、电气测量仪表的转换,以及配电设备(高压油断路器、低压空气断路器等)的远距离控制,也可用于控制小容量电动机的启动、制动、正反转换向及双速电动机的调速控制。它触头挡数多、换接的线路多且用途广泛,常被称为“万能”转换开关。

(2)分类

①按手柄形式分,有旋钮、普通手柄、带定位可取出钥匙的和带信号灯指示的等。

②按定位形式分,有复位式和定位式。定位角分30°、45°、60°、90°等数种(由具体系列规定)。

③按接触系统挡数分,如LW5分1、2、3、4、5、6、7、8、9、10、11、12、13、14、15、16共16种单列转换开关。

1.4.2 万能转换开关的结构及工作原理

(1)结构

万能转换开关的种类很多,常用万能转换开关的外形如图1.4.1所示。

图1.4.1 常见万能转换开关的外形

如图1.4.2所示为万能转换开关的结构,它主要由操作机构、定位装置和触头3个部分组成。其中,触头为双断点桥式结构,动触头设计成自动调整式,以保证通断时的同步性。静触头装在触头座内。每个由胶木压制的触头座内可安装2~3对触头,而且每对触头上均装有隔弧装置。

万能转换开关的文字符号为SA,图形符号如图1.4.3所示。在图形符号中,触点下方虚线上的“·”表示当操作手柄处于该位置时,该对触点闭合;如果虚线上没有“·”,则表示当操作手柄处于该位置时,该对触点处于断开状态。为了更清楚地表示万能转换开关的触点分合状态与操作手柄的位置关系,在机电控制系统中经常把万能转换开关的图形符号和触头合

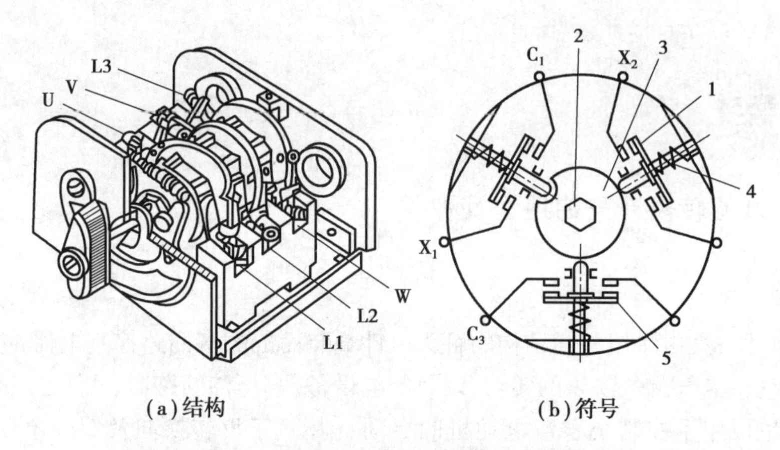

(a)结构　　(b)符号

图 1.4.2　万能转换开关的结构及图形符号

1—动触头;2—转轴;3—凸轮;4—触头压力弹簧;5—静触头

断表(真值表)结合使用。触头合断表见表 1.4.1,在触点合断表中,用"×"表示手柄处于该位置时触点处于闭合状态。

如图 1.4.3 所示,当操作手柄转到 0 位置时,只有 1-2 触点接通;转到左边位置时,5-6、7-8 两对触点接通;转到右边位置时,3-4、5-6 两对触点接通。

表 1.4.1　触头合断表(真值表)

触点	位置		
	左	0	右
1－2		×	
3－4			×
5－6	×		×
7－8	×		

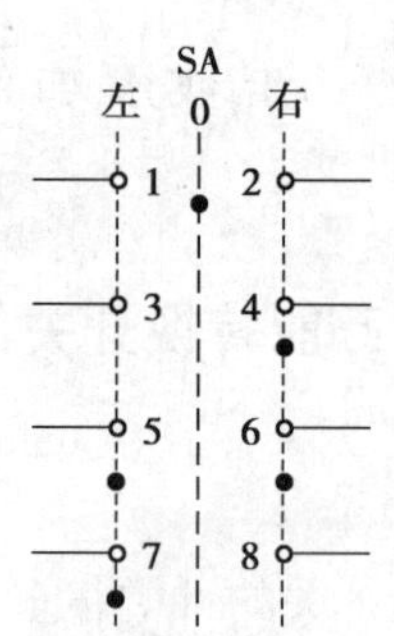

图 1.4.3　万能转换开关图形符号

(2)工作原理

万能转换开关的定位装置采用滚轮卡棘轮辐射型结构。操作时滚轮与棘轮之间的摩擦为滚动摩擦,所需操作力小、定位可靠、寿命长。另外,这种机构还起一定的速动作用,既有利于提高分断能力,又能加强触头系统动作的同步性。

触头的通断由凸轮控制。凸轮与触头支架之间为塑料与塑料或塑料与金属滚动摩擦副,有助于减小摩擦力和提高使用寿命。

在操作转换开关时,手柄带动转轴和凸轮一起旋转。当手柄在不同的操作位置,利用凸轮顶开和靠弹簧力恢复动触头,控制它与静触头的分与合,从而达到对电路断开和接通的目的。

1.4.3 万能转换开关的选择、使用与维护

(1)选择方法

①按额定电压和工作电流等参数选择合适的系列。
②按操作需要选择手柄形式和定位特征。
③选择面板形式及标志。
④按控制要求,确定触头数量和接线图编号。
⑤转换开关本身不带任何保护,必须与其他保护电器配合使用。

(2)使用与维护

①转换开关一般应水平安装在屏板上,也可倾斜或垂直安装。应尽量使手柄保持水平旋转位置。

②转换开关的面板从屏板正面插入,并旋紧在面板双头螺栓上的螺母,使面板紧固在屏板上,安装转换开关要先拆下手柄,安装好后再装上手柄。

③转换开关应注意定期保养,清除接线端处的尘垢,检查接线有无松动现象等,以免发生飞弧短路事故。

④当转换开关有故障时,必须立即切断电路。检验有无妨碍可动部分正常转动的故障、检验弹簧有无变形或失效、触头工作状态和触头状况是否正常等。

⑤在更换或修理损坏的零件时,拆开的零件必须除去尘垢,并在转动部分的表面涂上一层凡士林,经过装配和调试后,方可投入使用。

万能转换开关的认知、安装与维修

1.4.4 万能转换开关常见故障及其排除方法

万能转换开关常见故障及其排除方法见表1.4.2。

表1.4.2 万能转换开关常见故障及其排除方法

常见故障	可能原因	排除方法
外部连接点放电、烧蚀或断路	①开关固定螺栓松动 ②旋转操作过于频繁 ③导线压接处松动	①紧固固定螺栓 ②适当减少操作次数 ③处理导线接头,压紧螺钉
接点位置改变,控制失灵	开关内部转轴上的弹簧松软或断裂	更换弹簧
触头起弧烧蚀	①开关内部的动、静触头接触不良 ②负载过重	①调整动、静触头,修整触头表面 ②减轻负载或更换容量更大的开关
开关漏电或炸裂	使用环境恶劣,受潮气、水及导电介质的侵入	改善环境条件、加强维护

1.5 熔断器的认知、安装与维修

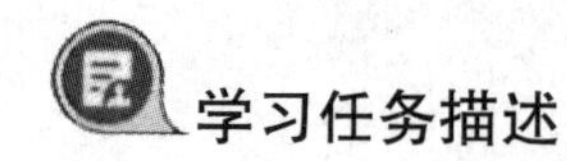

在现实生活中,经常会听到或看到很多建筑或车辆等发生火灾,造成惨痛的后果,电路短路引起的房屋火灾和汽车自燃事故数不胜数。电路短路是诱发火灾的主要原因,造成的危害很大。将短路保护器件熔断器串联在所保护的电路中,可有效预防短路。本节的学习任务是认识常用熔断器的外形,明确其型号含义,能绘制其图形及文字符号,会选择、安装、检测,能排除常见故障。

➤ 学习目标

1. 掌握熔断器的用途及种类;
2. 掌握熔断器的结构及工作原理;
3. 能够根据要求正确选用合适的熔断器;
4. 能够掌握检测熔断器质量的方法,并能对其进行检测;
5. 能够判断熔断器的常见故障,并能对其进行维修;
6. 能够安全、文明、规范操作,培养良好的职业道德与习惯。

➤ 知识点学习

1.5.1 熔断器的用途及种类

(1)用途

熔断器是一种起保护作用的电器,它串联在被保护的电路中,当线路或电气设备的电流超过规定值足够长的时间后,其自身产生的热量能够熔断一个或几个特殊设计的和相应的部件,断开其所接入的电路并分断电源,从而起到保护作用。熔断器由熔体(熔丝或熔片)和安装熔体的外壳两部分组成,起保护作用的是熔体。

熔断器结构简单、使用维护方便、体积小、价格低廉,广泛应用于低压配电系统和控制电路中,主要作为短路保护元件,也常作为单台电气设备的过载保护元件。

(2)分类

①熔断器按形状可分为管式、插入式和螺旋式等。

②熔断器按结构可分为半封闭插入式、无填料封闭管式和有填料封闭管式等。常见熔断器的外形如图 1.5.1 所示。

RL系列螺旋式熔断器

RT系列圆筒形帽熔断器

螺栓连接熔断器

RCIA瓷插式熔断器

RS快速熔断器

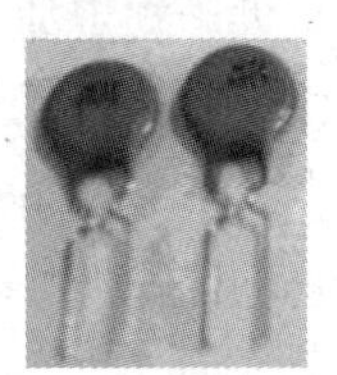
自恢复熔断器

图 1.5.1　常见熔断器的外形

(3)熔断器的型号含义

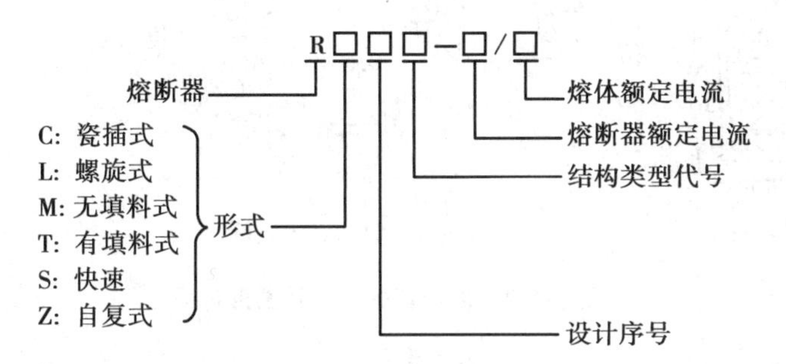

常用熔断器的特点及用途见表1.5.1。

表 1.5.1　常用熔断器的特点及用途

名称	类别	特点、用途
瓷插式熔断器	RC1A	价格便宜,更换方便;广泛用于照明和小容量电动机短路保护
螺旋式熔断器	RL	熔丝周围的石英砂可熄灭电弧,熔断管上端红点随熔丝熔断而自动脱落,体积小;多用于机床电气设备中
无填料封闭管式熔断器	RM	在熔体中人为引入窄截面熔片,提高断流能力;用于低压电力网络和成套配电装置中的短路保护
有填料封闭管式熔断器	RTO	分断能力强,使用安全,特性稳定,有明显指示器;广泛用于短路电流较大的电力网或配电装置中
快速熔断器	RLS	用于小容量硅整流元件的短路保护和某些过载保护
	RS0	用于大容量硅整流元件的保护
	RS3	用于晶闸管元件短路保护和某些适当过载保护

1.5.2 熔断器的基本结构及工作原理

(1)基本结构

熔断器的基本结构主要由熔体、安装熔体的熔管(或盖、座)、触头和绝缘底板等组成。其中,熔体是指当电流大于规定值并超过规定时间后熔化的熔断体部件,它是熔断器的核心部件,它既是感测元件又是执行元件,一般用金属材料制成。熔体材料具有相对熔点低、特性稳定、易于熔断等特点。熔管是熔断器的外壳,主要作用是便于安装熔体且当熔体熔断时有利于电弧熄灭。熔断器的文字符号为 FU,常见熔断器的结构及图形符号如图 1.5.2 所示。

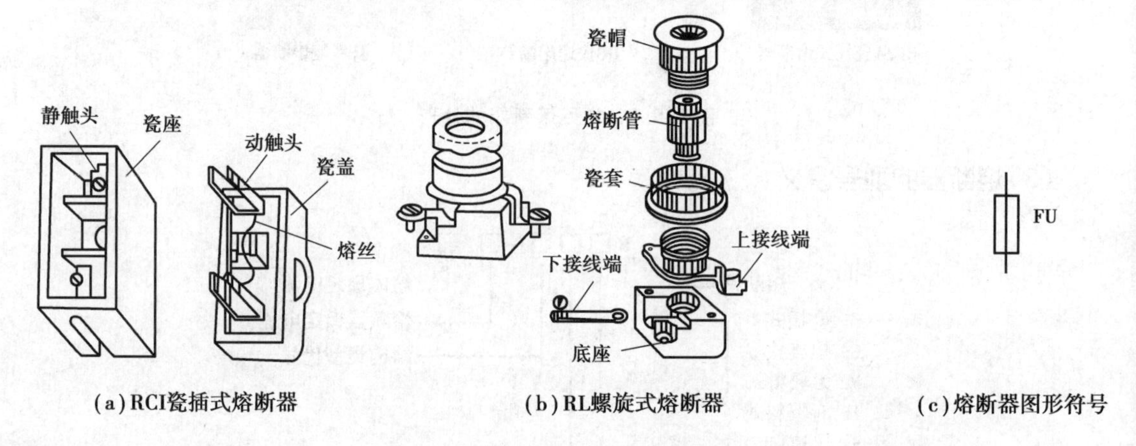

(a) RCI瓷插式熔断器　(b) RL螺旋式熔断器　(c) 熔断器图形符号

图 1.5.2　熔断器的结构及图形符号

(2)工作原理

熔断器实际上是一种利用热效应原理工作的保护电器,它通常串联在被保护的电路中,并应接在电源相线输入端。当电路为正常负载电流时,熔体的温度较低;而当电路中发生短路或过载故障时,通过熔体的电流随之增大,熔体开始发热。当电流达到或超过某一定值时,熔体温度升高到熔点,便自行熔断,分断故障电路,从而达到保护电路和电气设备、防止故障扩大的目的。熔体的保护作用是一次性的,一旦熔断即失去作用,应在故障排除后更换新的相同规格的熔体。

(3)技术参数

熔断器的主要技术参数有:

①额定电压:保证熔断器能长期正常工作的电压。

②熔体额定电流:熔体长期通过而不会熔断的电流。

③熔断器额定电流:保证熔断器能长期正常工作的电流。

④极限分断能力:熔断器在额定电压下所能开断的最大短路电流,极限分断能力反映了熔断器分断短路电流的能力。

1.5.3 熔断器的选择、使用与维护

(1)选择方法

①应根据使用条件确定熔断器的类型。

②选择熔断器的规格时,应首先选定熔体的规格,然后根据熔体去选择熔断器的规格。

③熔断器的保护特性应与被保护对象的过载特性有良好的配合。

④在配电系统中,各级熔断器应相互匹配,一般上一级熔体的额定电流要比下一级熔体的额定电流大2~3倍。

⑤对保护电动机的熔断器,应注意电动机启动电流的影响。熔断器一般只作为电动机的短路保护,过载保护应采用热继电器。

(2)安装方法

①安装前检查型号、额定电压/电流、极限分断能力等参数是否符合规定要求。

②安装时除保证适当的电气距离外,还应保证安装位置间有足够的间距,以便拆卸、更换熔体。

③安装熔体时,必须保证接触良好,不允许有机械损伤。

④安装引线有足够的截面积,拧紧接线螺钉。

⑤瓷插式熔断器应垂直安装,作短路保护使用时,安装在控制开关的出线端。安装带有熔断指示器的熔断器时,指示器的方向应装在便于观察的位置。

⑥螺旋式熔断器在装接使用时,电源进线应接在瓷座的下接线座,负载线应接在螺纹壳的上接线座,这样在更换熔断管时(旋出瓷帽),金属螺纹壳的上接线座便不会带电,以保证维修者的安全。

(3)使用与维护

①熔体烧断后,应先查明原因,排除故障。分清熔断器是在过载电流下熔断,还是在分断极限电流下熔断。一般在过载电流下熔断时响声不大,熔体仅在一两处熔断,且管壁没有大量熔体蒸发物附着和烧焦现象;而分断极限电流熔断时则相反。

②更换熔体时,必须选用原规格的熔体,不得用其他规格熔体代替,也不能用多根熔体代替一根较大熔体,更不能用细铜丝或铁丝来替代,以免发生重大事故。

③更换熔体(或熔管)时,一定要先切断电源,将开关断开,不要带电操作,以免触电,尤其不得在负荷未断开时带电更换熔体,以免电弧烧伤。

④熔断器的插入和拔出应使用绝缘手套等防护工具,不准用手直接操作或使用不适当的工具,以免发生危险。

⑤更换熔体前,应先清除接触面上的污垢,再装上熔体。不得使熔体发生机械损伤,以免因熔体截面变小而发生误动作。

⑥运行中如有两相断相,更换熔体时应同时更换三相。因为没有熔断的那相熔断器的熔体实际上已经受到损害,若不及时更换,很快也会断相。

1.5.4　熔断器的故障检测

(1)熔断器检测方法

将万用表转换开关拨到 Ω 的 $R\times10$ 挡,Ω 调零。将红黑表笔分别搭接在熔断器熔体的两端,若万用表读数近似为“0”,说明熔体正常;若万用表读数为“∞”,则说明熔体损坏。具体操作如图 1.5.3 所示。

(a)熔体正常

(b)熔体损坏

图 1.5.3　熔断器检测操作图示

(2)熔断器熔体误熔断的原因分析

熔体在短路情况下熔断是正常的,在额定电流下熔断称为误熔断。熔体误熔断的原因如下:

①熔断器的动触头与静触头(RC 系列)、触片与插座(RM 系列)、熔体与底座(RL 系列、RT 系列、RS 系列)接触不良引起过热,使熔体温度过高,造成误熔断。

②熔体氧化腐蚀或安装时有机械损伤,使熔体截面变小,引起熔体误熔断。

③熔断器介质温度与被保护对象四周介质温度相差过大,会引起熔体误熔断。

(3)熔断器常见故障及其排除方法

熔断器常见故障及其排除方法见表 1.5.2。

表 1.5.2　熔断器常见故障及其排除方法

常见故障	可能原因	排除方法
电动机启动瞬间,熔断器熔体熔断	①熔体规格选择过小 ②被保护电路短路或接地 ③安装熔体时有机械损伤 ④有一相电源发生断路	①更换合适的熔体 ②检查线路,找出故障点并排除 ③更换安装新的熔体 ④检查熔断器及被保护电路,找出短路点并排除
熔体未熔断,但电路不通	①熔体或连接线接触不良 ②紧固螺钉松脱	①旋紧熔体或将接线接牢 ②找出松动处,将螺钉或螺母旋紧

续表

常见故障	可能原因	排除方法
熔断器过热	①接线螺钉松动,导线接触不良 ②接线螺钉锈死,压不紧线 ③触刀或刀座生锈,接触不良 ④熔体规格太小,负荷过重 ⑤环境温度过高	①拧紧螺钉 ②更换螺钉、垫圈 ③清除锈蚀 ④更换合适的熔体或熔断器 ⑤改善环境条件
瓷绝缘件破损	①产品质量不合格 ②外力破坏 ③操作时用力过猛 ④过热引起	①停电更换 ②停电更换 ③停电更换,注意操作手法 ④查明原因,排除故障

熔断器的认知、安装与维修

1.6 低压断路器的认知、安装与维修

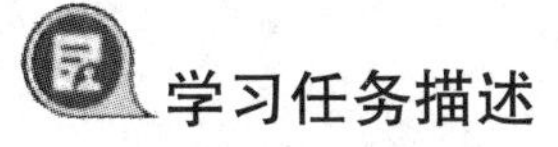

低压断路器是指能接通、承载以及分断正常电路条件下的电流,也能在规定的非正常电路条件(如短路)下接通、承载一定时间和分断电流的一种机械开关电器。断路器具有动作值可调整、兼具过载和保护两种功能、安装方便、分断能力强,特别是在分断故障电流后一般不需要更换零部件等特点,应用非常广泛。本节的学习任务,是认识常用低压断路器的外形,明确其型号含义,能绘制其图形及文字符号,会选择、安装、检测,能排除常见故障。

➢ 学习目标

1. 掌握低压断路器的定义;
2. 掌握低压断路器的结构及工作原理;
3. 能够根据要求正确选用合适的低压断路器;
4. 能够掌握检测低压断路器质量的方法,并能对其进行检测;
5. 能够判断低压断路器的常见故障,并能对其进行维修;
6. 能够安全、文明、规范操作,培养良好的职业道德与习惯。

➢ 知识点学习

1.6.1 低压断路器的定义

低压断路器又称自动开关(空气开关),是一种可以自动切断故障线路的保护开关。按规定条件,低压断路器能对配电电路、电动机或其他用电设备实行通断操作并起保护作用,即当电路内出现过载、短路或欠电压等情况时能自动分断电路。通俗地讲,低压断路器是一种可以自动切断故障线路的保护开关,它既可用来接通和分断正常的负载电流、电动机的工作电流和过载电流,也可用来接通和分断短路电流,在正常情况下还可以用于不频繁地接通和断开电路以及控制电动机的启动和停止。

1.6.2 低压断路器的基本结构及工作原理

(1)基本结构

低压断路器的种类虽然很多,但它的基本结构和工作原理基本相同。低压断路器主要由 3 个基本部分组成:触头系统、灭弧装置和各种脱扣器。脱扣器包括过电流脱扣器、失压(欠电压)脱扣器、热脱扣器、分励脱扣器和自由脱扣器。低压断路器的文字符号为 QF,常见低压断路器及图形符号如图 1.6.1 所示。

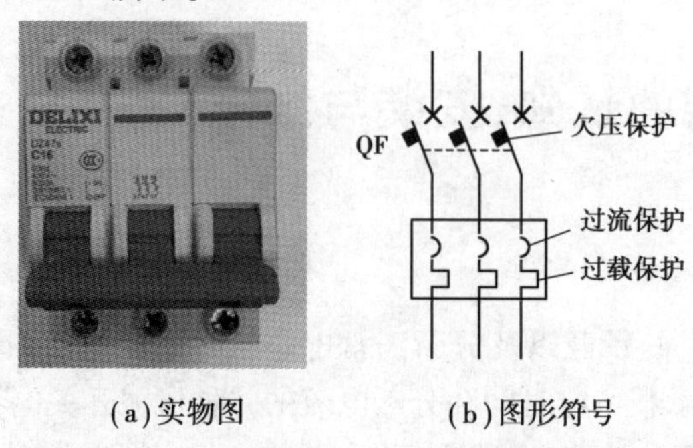

(a)实物图 (b)图形符号

图 1.6.1 常见低压断路器实物图及其图形符号

(2)工作原理

低压断路器的工作原理示意图如图 1.6.2 所示。低压断路器的 3 个触头串联在三相主电路中,电磁脱扣器的线圈及热脱扣器的热元件与主电路串联,欠电压脱扣器的线圈与主电路并联。

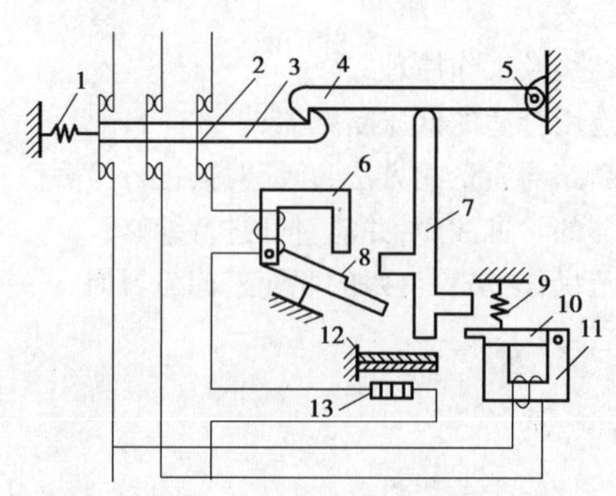

图 1.6.2 低压断路器的工作原理示意图

1,9—弹簧;2—主触头;3—锁键;4—钩子;5—轴;6—电磁脱扣器;7—杠杆;8,10—衔铁;11—欠电压脱扣器;12—热脱扣器双金属片;13—热脱扣器的热元件当断路器闭合后,3个主触头由锁键勾住钩子,克服弹簧的拉力,保持闭合状态。而当电磁脱扣器吸合或热脱扣器的双金属片受热弯曲或欠电压脱扣器释放,这三者中的任何一个动作发生,就可将杠杆顶起,使钩子和锁键脱开,于是主触头分断电路。

当电路正常工作时,电磁脱扣器的线圈产生的电磁力不能将衔铁吸合,而当电路发生短路,出现很大过电流时,线圈产生的电磁力增大,足以将衔铁吸合,使主触头断开,切断主电路;若电路发生过载,但又达不到电磁脱扣器动作的电流时,而流过热脱扣器的发热元件的过载电流,会使双金属片受热弯曲,顶起杠杆,导致触头分开来断开电路,起到过载保护作用;若电源电压下降较多或失去电压时,欠电压脱扣器的电磁力减小,使衔铁释放,同样导致触头断开而切断电路,从而起到欠电压或失电压保护作用。

(3)技术参数

低压断路器的主要技术参数有:

①额定电压:断路器在规定条件下长期运行所能承受的工作电压,一般指线电压。常用的有220 V、380 V、500 V、660 V等。

②额定电流:在规定条件下,断路器可长期通过的电流,又称为脱扣器额定电流。

③短路通断能力:在规定条件下,断路器能够接通和分断的短路电流值。

④动作时间:网络出现短路的瞬间开始到触头分离、电弧熄灭、电路被完全分断所需要的全部时间。一般断路器的动作时间为30～60 ms,限流式和快读断路器的动作时间一般小于20 ms。

1.6.3　低压断路器的选择、使用与维护

(1)电气参数的选择方法

低压断路器的电气参数主要是指断路器的额定电压、额定电流和通断能力。一个重要的问题就是怎样选择断路器过电流脱扣器的整定电流和保护特性以及配合,以便达到比较理想的协调动作。选用的一般原则如下:

①断路器的额定工作电压不小于线路额定电压。

②断路器的额定电流不小于线路计算负载电流。

③断路器的额定短路通断能力不小于线路中可能出现的最大短路电流(一般按有效值计算)。

④线路末端单相对地短路电流不小于1.25倍断路器瞬时(或短延时)脱扣器整定电流。

⑤断路器脱扣器的额定电流不小于线路计算电流。

⑥断路器欠电压脱扣器额定电压等于线路额定电压。

(2)安装方法

①安装前检查外观、技术指标、绝缘电阻,并清除灰尘和污垢,擦除极面防锈油脂。

②垂直于配电板安装,电源进线应接到断路器的上母线上,接往负荷的出线则应接在下母线上。

③低压断路器用作电源开关或电动机控制开关时,在电源进线侧必须加装刀开关或熔断器,以形成明显的断开点。

④板前接线的低压断路器允许安装在金属支架上或金属底板上,但板后接线的低压断路器必须安装在绝缘底板上。

⑤为防止发生飞弧,安装时应考虑断路器的飞弧距离,并注意在灭弧室上接近飞弧距离处不跨接母线。

⑥设有接地螺钉的产品,均应可靠接地。

(3)使用与维护

①断路器在使用前应将电磁铁工作面上的防锈油脂抹净,以免影响电磁系统的正常动作。

②操作机构在使用一段时间后(一般为 1/4 机械寿命),在传动部分应加注润滑油(小容量塑料外壳式断路器不需要)。

③每隔一段时间(6 个月左右或在定期检修时),应清除落在断路器上的灰尘,以保证断路器具有良好绝缘。

④应定期检查触头系统,特别是在分断短路电流后,更要检查。

⑤当断路器分断短路电流或长期使用后,均应清理灭弧罩两壁烟痕及金属颗粒。若采用的是陶瓷灭弧室,灭弧栅片烧损严重或灭弧罩碎裂,不允许再使用,必须立即更换,以免发生不应有的事故。

⑥定期检查各种脱扣器的电流整定值和延时。特别是半导体脱扣器,更应定期用试验按钮检查其动作情况。

⑦有双金属片式脱扣器的断路器,当使用场所的环境温度高于其整定温度,一般宜降容使用;若脱扣器的工作电流与整定电流不符,应当在专门的检验设备上重新调整后才能使用。

⑧有双金属片式脱扣器的断路器,因过载而分断后,不能立即"再扣",需冷却 1 ~ 3 min,待双金属片复位后,才能重新"再扣"。

⑨定期检修应在不带电的情况下进行。

1.6.4 低压断路器的故障检测

(1)低压断路器的检测方法

检查外壳有无破损;扳动低压断路器手柄,看动作是否灵活。将万用表转换开关拨到 Ω 的 $R\times10$ 挡,Ω 调零。手柄向下断开断路器,将红黑表笔分别搭接在一相进、出线端子上,万用表指针指向"∞";推上手柄接通断路器,万用表指针指向"0"。其他两相的检测方法相同。具体操作如图 1.6.3 所示。

(a)手柄向下断开

(b)手柄推上导通

图1.6.3　低压断路器检测操作图示

(2)低压断路器常见故障及其排除方法

熔断器常见故障及其排除方法见表1.6.1。

表1.6.1　低压断路器常见故障及其排除方法

常见故障	可能原因	排除方法
手动操作断路器不能闭合	①电源电压太低 ②热脱扣器的双金属片尚未冷却复原 ③欠电压脱扣器无电压或线圈损坏 ④储能弹簧变形,导致闭合力减小 ⑤弹簧反作用力过大 ⑥机构不能复位再扣 ⑦操作机构损坏	①检查线路并调高电源电压 ②待双金属片冷却后再合闸 ③检查线路,施加电压或调换线圈 ④调换储能弹簧 ⑤重新调整弹簧反作用力 ⑥调整再扣接触面至规定值 ⑦更换器件
断路器闭合后经一定时间自行分断	热脱扣器整定值过小	调高整定值至规定值
断路器温升过高	①触头压力过小 ②触头表面过分磨损或接触不良 ③两个导电零件连接螺钉松动	①调整触头压力或更换弹簧 ②更换触头或修整接触面 ③重新拧紧

1.7　接触器的认知、安装与维修

低压断路器的认知、安装与维修

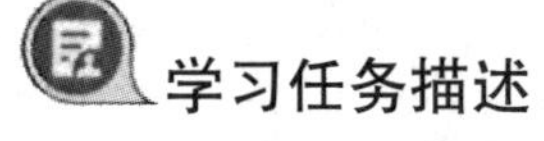

学习任务描述

在工业控制和自动控制系统中,交流接触器是一种必不可少的控制元件。在电路中,交流接触器就像设备的“遥控器”一样,它通过自身流过的电信号“发号施令”,控制与它相连的设备完成相应的动作。一个复杂的控制系统,往往需要多个交流接触器,装配各种交流接触器的设备称为数控配电箱,如图1.7.1所示。

本节的学习任务,是认识常见交流接触器,明确其型号及含义;能规范绘制其图形及文字符号;能根据实际情况选择交流接触器,会对其质量进行检测,并按要求正确安装;能根据故障现象,找出故障原因并排除。

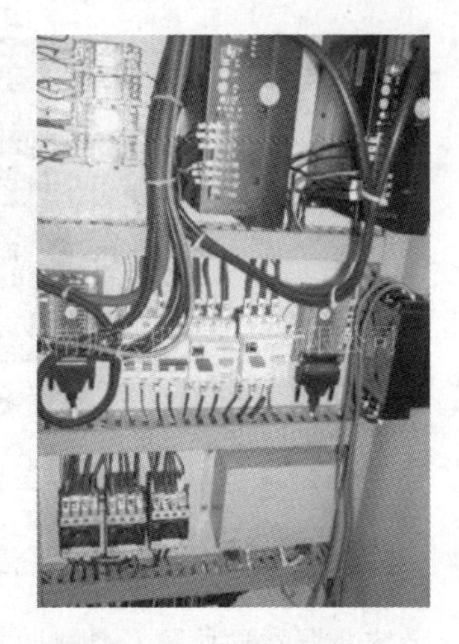

图 1.7.1　数控配电箱

➢ 学习目标

1. 掌握接触器的用途与分类;
2. 掌握交流、直流接触器的结构及工作原理;
3. 能够根据要求正确选用合适的接触器;
4. 能够掌握检测接触器的方法,并能对其进行检测;
5. 能够判断接触器的常见故障,并能对其进行维修;
6. 能够安全、文明、规范操作,培养良好的职业道德与习惯。

➢ 知识点学习

1.7.1　接触器的用途与分类

(1)用途

接触器是指仅有一个起始位置,能接通、承载和分断正常电路条件(包括过载运行条件)下的电流的一种非手动操作的机械开关电器。它可用于远距离频繁地接通、分断交、直流主电路和大容量控制电路,具有动作快、控制容量大、使用安全方便、能频繁操作和远距离操作等优点,主要用于控制交、直流电动机,也可用于控制小型发电机、电热装置、电焊机和电容器组等设备,是电力拖动自动控制电路中使用广泛的一种低压电器元件。

接触器能接通和断开负载电流,但不能切断短路电流,接触器常与熔断器和热继电器等配合使用。

(2)分类

接触器的种类繁多,有多种不同的分类方法。

①按操作方式分,有电磁接触器、气动接触器和液压接触器。

②按接触器主触头控制电流种类分,有交流接触器和液压接触器。

③按灭弧介质分,有空气式接触器、油浸式接触器和真空接触器。

④按有无触头分,有有触头式接触器和无触头式接触器。

⑤按主触头的极数分,有单极、双极、三极、四极和五极等。

目前应用广泛的是空气电磁式交流接触器和空气电磁式直流接触器,习惯上简称为交流接触器和直流接触器。

1.7.2　接触器的结构及工作原理

(1)交流接触器

1)基本结构

交流接触器的种类很多,常用交流接触器的外形如图1.7.2(a)、(b)、(c)所示。交流接触器的结构主要由触头系统、电磁机构、灭弧装置和其他部分组成,其文字符号为KM,图形符号如图1.7.2(d)所示。交流接触器的结构如图1.7.3(a)所示。

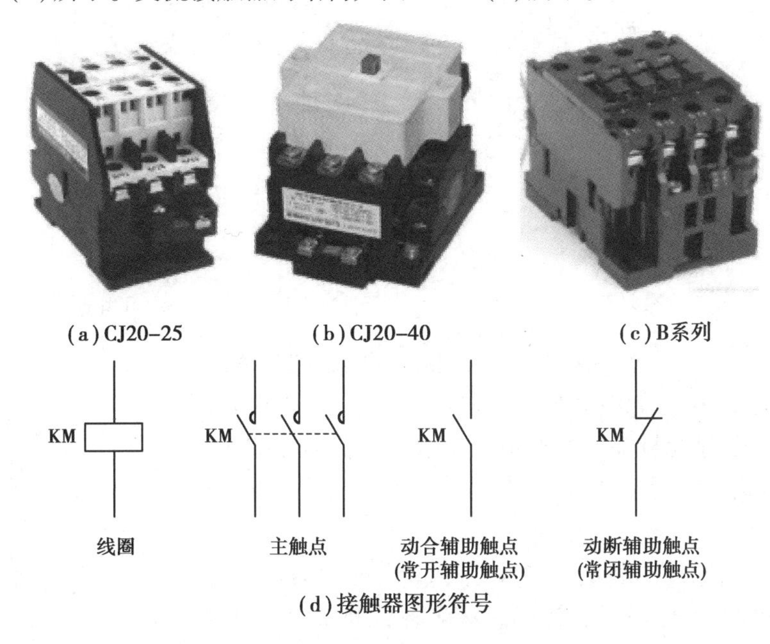

图1.7.2　交流接触器的外形及其图形符号

①触头系统。触头是接触器的执行元件,用来接通或分断所控制的电路。根据用途的不同,触头分为主触头和辅助触头两种。其中,主触头用于通断电流较大的主电路,且一般由接触面较大的常开触头组成;辅助触头用于通断小电流控制电路,由常开触头和常闭触头成对组成。当接触器未工作时,处于断开状态的触头称为常开(动合)触头;当接触器未工作时,处于接通状态的触头称为常闭(动断)触头。

②电磁系统。接触器的电磁机构用于操纵触头的闭合和分断,它由电路和磁路两部分组成。其中,电路就是接触器的线圈;磁路由衔铁(或称动铁芯)、静铁芯及气隙组成。线圈一般套在静铁芯上。

③灭弧装置。交流接触器在分断较大电流电路时,在动、静触头之间产生较强的电弧,它不仅会烧伤触头、延长电路分断时间,严重时会造成相间短路。容量较大的接触器中均加装了灭弧装置。

④其他部分。交流接触器的其他部分是指底座、复位弹簧、缓冲弹簧、触头压力弹簧、传动机构和接线柱等。复位弹簧的作用是当线圈通电时,吸引衔铁将它压缩;当线圈断电时,其弹力使衔铁、动触头复位。缓冲弹簧的作用是缓冲衔铁在吸合时对静铁芯和外壳的冲击碰撞

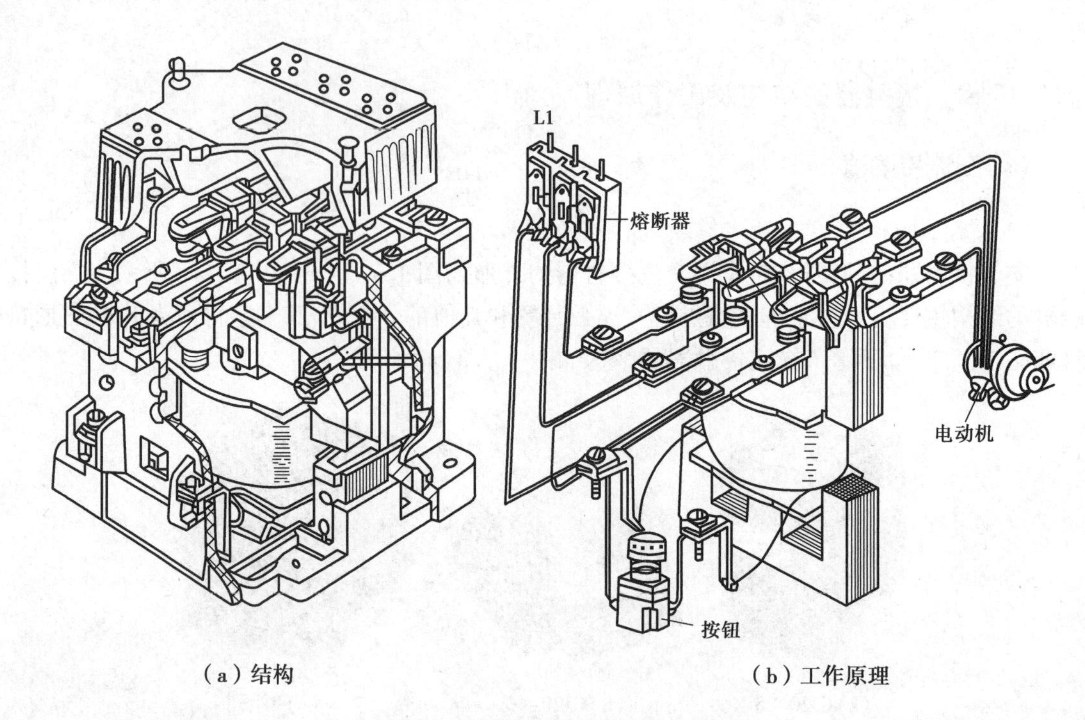

(a) 结构　　(b) 工作原理

图 1.7.3　交流接触器的结构及工作原理

力。触头压力弹簧用以增加动、静触头之间的压力,增大接触面积,减小接触电阻,避免触头压力不足造成接触不良而导致触头过热灼伤,甚至烧损。

2) 工作原理

交流接触器的原理图如图 1.7.4 所示。当线圈通电后,线圈中因有电流通过而产生磁场,静铁芯在电磁力的作用下,克服弹簧的反作用力,将动铁芯吸合,从而使动、静触头接触,主电路接通;当线圈断电时,静铁芯的电磁吸力消失,动铁芯在弹簧的反作用力下复位,从而使动触头与静触头分离,切断主电路。

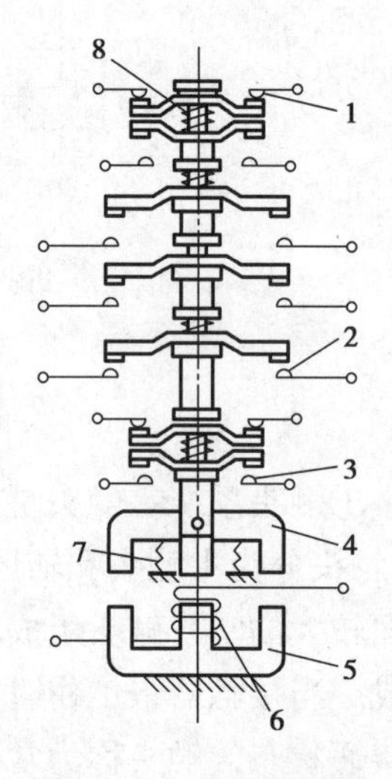

图 1.7.4　交流接触器的结构原理图

1—辅助动断触头;2—主触头;3—辅助动合触头;4—衔铁(动铁芯);5—静铁芯;6—线圈;7,8—弹簧

(2) 直流接触器

1) 基本结构

直流接触器的种类很多,常用直流接触器的外形如图 1.7.5 所示。直流接触器的结构和工作原理与交流接触器基本相同,直流接触器主要由触头系统、电磁系统和灭弧装置 3 个部分组成。

①触头系统。直流接触器有主触头和辅助触头。主触头一般做成单极或双极,由于触头闭合或断开的电流较大,所以采用滚动接触的指形触头。辅助触头的通断电流较小,一般采用点接触的双断头桥式触头。

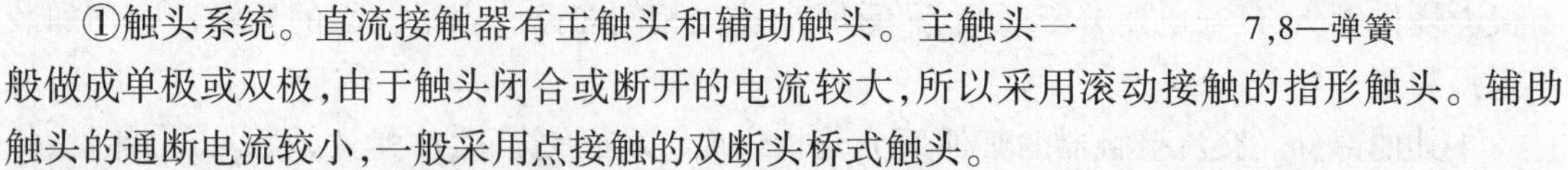

②电磁系统。直流接触器的电磁系统由静铁芯、线圈和动铁芯等组成。因为线圈中流过的是直流电,铁芯中不会产生涡流,所以铁芯可用整块铸铁或铸钢制成,不需要装短路环,铁

(a) CZ0系列

(b) CZ18系列

图1.7.5　直流接触器的外形

芯不发热,没有铁损耗。线圈的匝数较多,电阻相对较大,电流流过时会发热,为了使线圈散热良好,线圈通常绕制成长而薄的圆筒状。

③灭弧装置。直流接触器的主触头在断开较大电流的直流电路时,往往会产生强烈的电弧,容易烧伤触头和延时断电。为了迅速灭弧,直流接触器常采用磁吹式灭弧装置。

2)适用场合

目前,常用的直流接触器主要有CZ0系列、CZ18系列、CZ21系列和CZ28系列产品。其中,CZ0系列适用于直流电动机频繁启动、停止以及直流电动机的换向或反接制动,CZ0－40产品主要供远距离瞬时闭合与断开额定电压至220 V,额定电流至10 A的高压油断路器的电磁操作机构或频繁闭合和断开起重电磁铁、电磁阀、离合器的电磁线圈;CZ18系列和CZ21系列适用于远距离闭合与断开电路,并可用于直流电动机的频繁启动、停止、反向和反接制动;CZ28系列主要用于直流电动机的频繁启动、反接制动或反向运转、点动、动态中分断,也可用于远距离闭合和断开直流电路。

(3)交流接触器与直流接触器的区别

①交流接触器的铁芯由彼此绝缘的硅钢片叠压而成,并做成双E形;直流接触器的铁芯多由整块软铁制成,多为U形。

②交流接触器一般采用栅片灭弧装置,而直流接触器采用磁吹灭弧装置。

③交流接触器线圈通入的是交流电,为消除电磁铁产生的振动和噪声,在静铁芯上嵌有短路环,而直流接触器不需要。

④交流接触器的线圈匝数少,电阻小,而直流接触器的线圈匝数多,电阻大。

⑤交流接触器的启动电流大,不适于频繁启动和断开的场合,操作频率最高为60次/h,而直流接触器的操作频率可高达200次/h。

⑥交流接触器用于分断交流电路,而直流接触器用于分断直流电路。

1.7.3　接触器的选择、使用与维护

(1)选用

①根据电路中负载电流的种类选择接触器的类型。

②额定电压应大于或等于负载回路的额定电压。

③吸引线圈的额定电压应与所接控制电路的额定电压等级一致。

④额定电流应大于或等于被控主回路的额定电流。

(2)安装方法

①安装时,接触器的底面应与地面垂直,倾斜度应小于5°。

②安装时,应注意留有适当的飞弧空间,以免烧损相邻电器。

③在确定安装位置时,还应考虑日常检查和维修方便性。

④安装应牢固,接线应可靠,螺钉应加装弹簧垫和平垫圈,以防松脱和振动。

⑤灭弧罩应安装良好,不得在灭弧罩破损或无灭弧罩的情况下将接触器投入使用。

⑥安装完毕后,应检查有无零件或杂物掉落在接触器上或内部,检查接触器的接线是否正确,还应在不带负载的情况下检测接触器的性能是否合格。

⑦接触器的触头表面应经常保持清洁,不允许涂油。

(3)使用与维护

接触器经过一段时间使用后,应进行维护。维护时,应在断开主电路和控制电路的电源情况下进行。

①保持触头清洁,不允许沾有油污。

②当触头表面因电弧烧蚀而附有金属小颗粒时,应及时修磨。银和银合金触头表面因电弧作用而生成黑色氧化膜时,不需修磨,这种氧化膜的导电性很好。

③触头的厚度减小到原厚度的1/3时,应更换触头。

④接触器不允许在去掉灭弧罩的情况下使用,因为这样在触点分断时很可能造成相间短路事故。

⑤若接触器已不能修复,应予以更换。更换前应检查接触器的铭牌和线圈标牌上标出的参数是否相符,并将铁芯上的防锈油擦干净,以免油污黏滞造成接触器不能释放。

1.7.4 接触器的故障检测

(1)接触器检测方法

1)线圈检测

以 CJX1 型交流接触器的检测为例。将万用表转换开关拨到 Ω 的 $R\times10$ 挡,Ω 调零。将红黑表笔分别搭接在 A1—A2 两接线柱上,测量线圈电阻,此时万用表指针应指示交流接触器线圈的阻值(几十欧~几千欧)。若阻值为"0",线圈短路;若阻值为"∞",线圈断路。具体操作如图 1.7.6 所示。

2)主触点检测

将红黑表笔分别搭接在 L1 - T1 接线柱上,指针指向"∞";强制按下衔铁或给其线圈通电,若万用表指针由"∞"指向"0",说明此对主触点完好。其他两对主触点 L2 - T2 和 L3 - T3 检测方法相同。具体操作如图 1.7.7 所示。

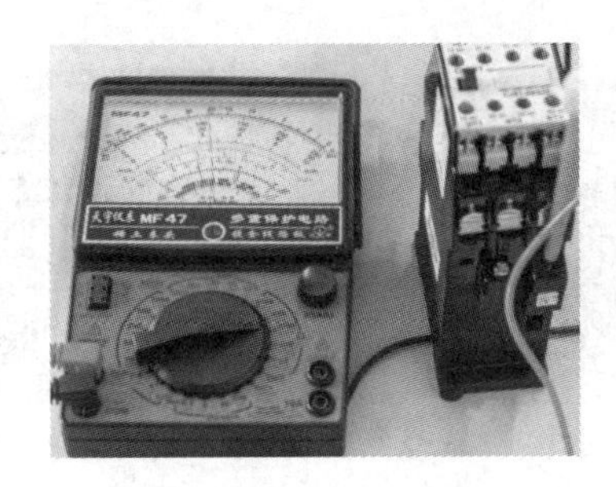

图 1.7.6　接触器线圈检测

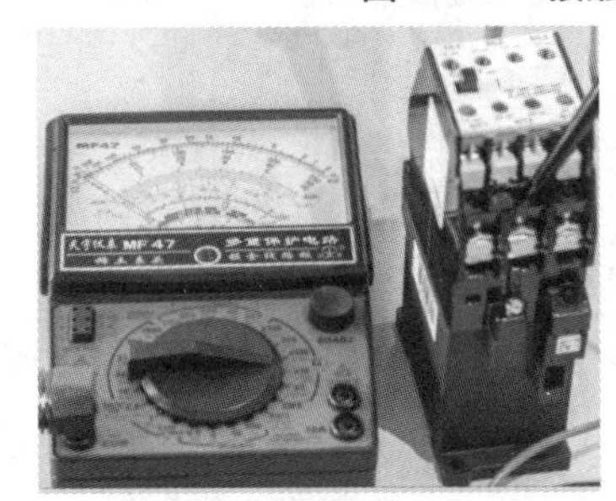

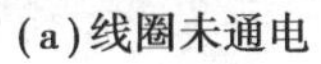

(a)线圈未通电　　(b)线圈通电

图 1.7.7　接触器主触点检测

3)常开辅助触点检测

将红黑表笔分别搭接在一对常开辅助触点 53NO－54NO 或 83NO－84NO 的两个接线柱上,当线圈不通电或没有强制按下衔铁时,万用表指针指示电阻为"∞";两表笔不动,强制按下衔铁或给其线圈通电,万用表指针指示电阻为"0",此对常开触点正常,否则有故障。具体操作如图 1.7.8 所示。

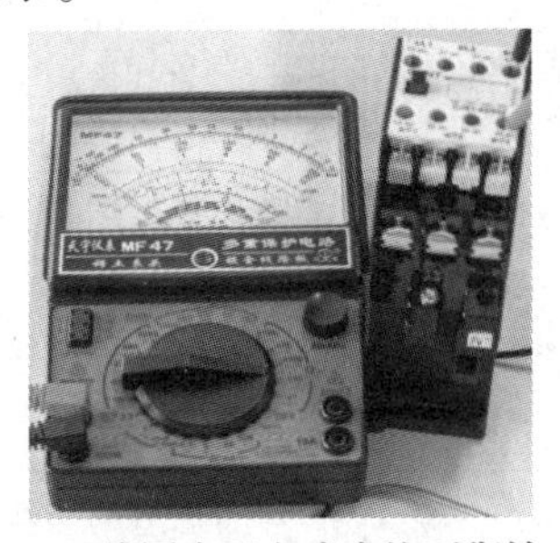

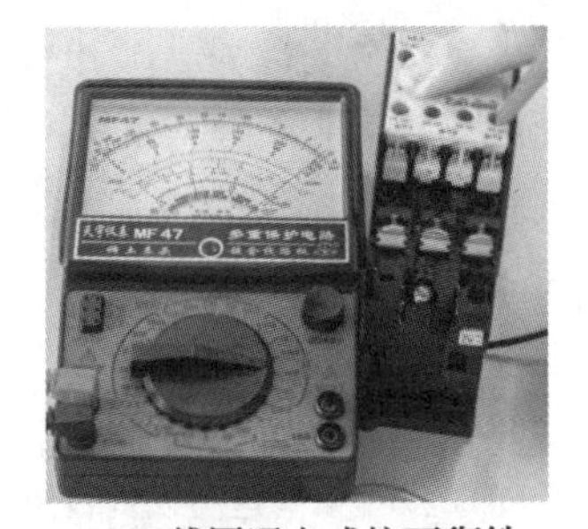

(a)线圈未通电或未按下衔铁　　(b)线圈通电或按下衔铁

图 1.7.8　接触器常开辅助触点检测

4)常闭辅助触点检测

将红黑表笔分别搭接在一对常闭辅助触点 61NC-62NC 或 71NC-72NC 的两个接线柱上,当线圈未通电或未强制按下衔铁时,万用表指针指示电阻为"0";两表笔不动,强制按下衔铁或给其线圈通电,若万用表指针指示电阻为"∞",此对常闭触点正常,否则有故障。具体操作如图 1.7.9 所示。

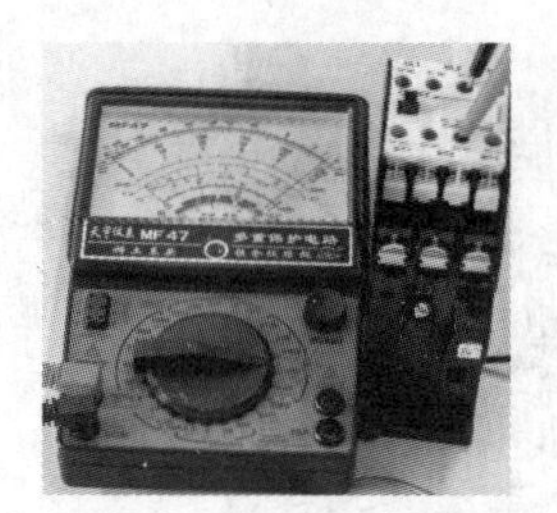

(a)线圈未通电或未按下衔铁

(b)线圈通电或按下衔铁

图 1.7.9　接触器常开辅助触点检测

(2)接触器常见故障及其排除方法

接触器常见故障及其排除方法见表 1.7.1。

表 1.7.1　接触器常见故障及其排除方法

常见故障	可能原因	排除方法
线圈过热或烧毁	①线圈匝间短路 ②操作频率过高 ③线圈参数与实际使用条件不符 ④铁芯机械卡阻 ⑤弹簧反作用力过大 ⑥机构不能复位再扣 ⑦操作机构损坏	①更换线圈并找出故障原因 ②调换合适的接触器 ③调换线圈或接触器 ④排除卡阻物 ⑤重新调整弹簧反作用力 ⑥调整再扣接触面至规定值 ⑦更换器件
接触器不吸合或吸不牢	①电源电压过低 ②线圈断路 ③线圈技术参数与使用条件不符 ④铁芯机械卡阻	①调高电源电压 ②调换线圈 ③调换线圈 ④排除卡阻物
线圈断电,接触器不释放或释放缓慢	①触点熔焊 ②铁芯表面有油污 ③触点弹簧压力过小或复位弹簧损坏 ④机械卡阻	①排除熔焊故障,修理或更换触点 ②清理铁芯极面 ③调整触点弹簧压力或更换复位弹簧 ④排除卡阻物
触点熔焊	①操作频率过高或负载使用 ②负载侧短路 ③触点弹簧压力过小 ④触点表面有电弧灼伤 ⑤机械卡阻	①调换合适的接触器或减小负载 ②排除短路故障,更换触点 ③调整触点弹簧压力 ④清理触点表面 ⑤排除卡阻物
铁芯噪声过大	①电源电压过低 ②短路环断裂 ③铁芯机械卡阻 ④铁芯极面有油垢或磨损不平 ⑤触点弹簧压力过大	①检查线路并提高电源电压 ②调换铁芯或短路环 ③排除卡阻物 ④用汽油清洗极面或更换铁芯 ⑤调整触点弹簧压力

接触器的认知、安装与维修

1.8　继电器的认知、安装与维修

学习任务描述

继电器是一种自动和远距离操纵用的电器，广泛地用于自动控制系统、遥控系统、遥测系统、电力保护系统以及通信系统中，起着控制、检测、保护和调节的作用，是现代电气装置中最基本的器件之一。电机控制及仪表照明电路控制柜中，用到了许多继电器，如时间继电器、中间继电器等。

本节的学习任务，是认识常见的继电器、中间继电器、时间继电器、速度继电器、热继电器等，明确其型号含义；能规范绘制其图形及文字符号；能根据实际情况选择继电器，会对其质量进行检测，并按要求正确安装；能根据故障现象，找出故障原因并排除。

➢ 学习目标

1. 掌握继电器的用途与分类；
2. 掌握电磁式继电器的结构及工作原理；
3. 能够根据要求正确选用合适的电磁继电器；
4. 能够掌握时间继电器的结构及工作原理，并对常见故障进行判断、维修；
5. 能够掌握速度继电器的工作原理及使用方法；
6. 能够规范使用不同类型的继电器。

➢ 知识点学习

1.8.1　继电器的用途与分类

(1)用途

继电器是根据某种输入信号的变化，接通或分断控制电路，实现自动控制和保护电力装置的自动电器。继电器的用途很多，一般可以归纳如下：

①输入与输出电路之间的隔离。

②信号转换(从断开到接通)。

③增加输出电路(即切换几个负载或切换不同电源负载)。

④重复信号。

⑤切换不同电压或电流负载。

⑥保留输出信号。

⑦闭锁电路。

⑧提供遥控。

(2)分类

继电器不同的分类方法见表 1.8.1。

表 1.8.1　继电器的分类方法

不同分类方法	分类
按被控电路的控制方式分类	①有触头继电器:靠触头的机械运动接通与断开被控电路 ②无触头继电器:靠继电器元件自身的物理特性实现被控电路的通断
按应用领域、环境分类	电气系统继电保护用继电器、自动控制用继电器、通信用继电器、船舶用继电器、航空用继电器、航天用继电器、热带用继电器、高原用继电器等
按输入信号的性质分类	直流继电器、交流继电器、电压继电器、电流继电器、中间继电器、时间继电器、热继电器、温度继电器、速度继电器、压力继电器等
按工作原理分类	电磁式继电器、感应式继电器、双金属继电器、电动式继电器、电子式继电器等

1.8.2　电磁式继电器

电磁式继电器是采用电磁式结构的继电器。低压控制系统中采用的继电器,大部分为电磁式,如电压继电器、电流继电器、中间继电器及相当部分的时间继电器等,都属于电磁式继电器。电磁式继电器的结构和原理与接触器基本相同,两者的主要区别在于:接触器的输入量只有电压,而继电器要实现对各种信号的感测,并且通过比较确定其动作值,强化感测的灵敏性、动作的准确性及反应的快速性,其触电通常在小容量的控制电路中,一般不采用灭弧装置。电磁式继电器的工作原理如图 1.8.1 所示。

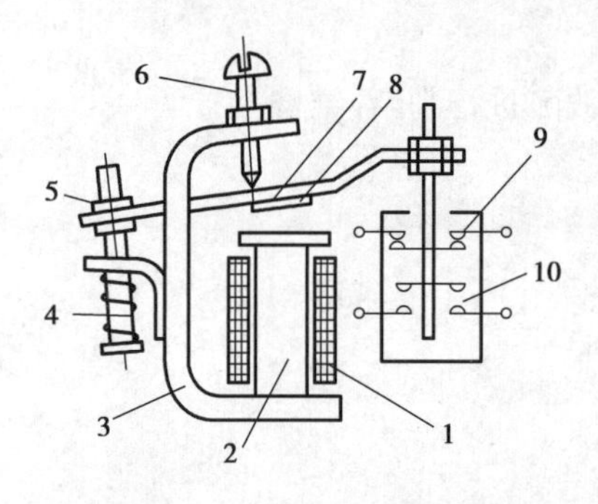

图 1.8.1　电磁式继电器原理图
1—线圈;2—铁芯;3—磁轭;4—弹簧;5—调节螺母;6—调节螺钉;7—衔铁;8—非磁性垫片;9—动断触点;10—动合触点

电磁式继电器反映的是电信号,当线圈反映电压信号时,称为电压继电器;当线圈反映电流信号时,称为电流继电器。电压继电器的线圈应与电源并联,匝数多而导线细;电流继电器的线圈应与电源串联,匝数少而导线粗。

(1)电流继电器

1)电流继电器的分类与用途

电流继电器是一种根据线圈中(输入)电流大小而接通或断开电路的继电器,即触头的动作与线圈动作电流大小有关的继电器。电流继电器按线圈电流的种类可分为交流电流继电器和直流电流继电器;按用途可分为过电流继电器和欠电流继电器。常见的电流继电器如图 1.8.2 所示。

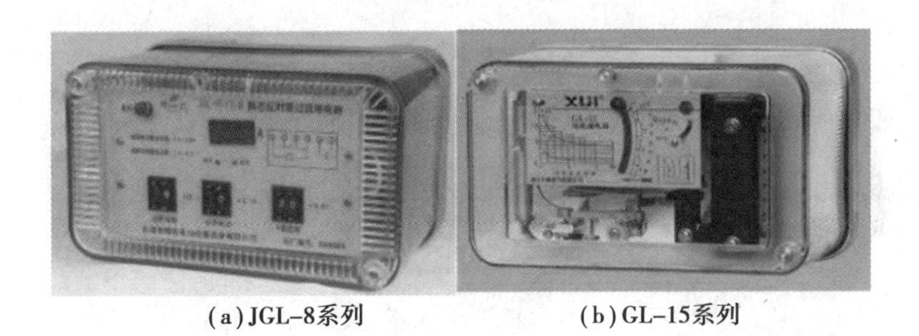

(a) JGL-8系列　　(b) GL-15系列

图 1.8.2　常见的电流继电器外形

电流继电器的线圈与被测量电路串联，以反映电路电流的变化，为了不影响电路的工作情况，线圈的匝数少、导线粗、线圈阻抗小。

过电流继电器的任务是，当电路发生短路或严重过载时，必须立即将电路切断。当电路在正常工作时，即当过电流继电器线圈通过的电流低于整定值时，继电器不动作，只要超过整定值时，继电器才动作。瞬动型过电流继电器常用于电动机的短路保护；延时动作型常用于过载兼具短路保护。过电流继电器复位分自动和手动两种。

欠电流继电器的任务是，当电路电流过低时，必须立即将电路切断。当电路在正常工作时，即欠电流继电器线圈通过的电流为额定电流（或低于额定电流一定值）时，继电器是吸合的。只有当电流低于某一整定值时，继电器释放，才输出信号。欠电流继电器常用于直流电动机和电磁吸盘的失磁保护。

2）电流继电器的选择

①过电流继电器的选择。过电流继电器的额定电流应当大于或等于被保护电动机的额定电流，其动作电流一般为电动机额定电流的 1.7 ~2 倍，频繁启动时，为电动机额定电流的 2.25 ~2.5 倍；对小容量直流电动机和绕线式异步电动机，其额定电流应按电动机长期工作的额定电流选择。

②欠电流继电器的选择。欠电流继电器的额定电流应不小于直流电动机的励磁电流，释放动作电流应小于励磁电路正常工作范围内可能出现的最小励磁电流，一般为最小励磁电流的 0.8 倍。

(2)电压继电器

电压继电器的种类很多，常用的电压继电器的外形如图 1.8.3 所示。

1）电压继电器的分类与用途

电压继电器用于电力拖动系统的电压保护和控制，使用时电压继电器的线圈与负载并联，为不影响电路的工作情况，其线圈的匝数多、导线细、线圈阻抗大。

一般来说，过电压继电器在电压升至 1.1 ~1.2 倍额定电压时动作，对电路进行过电压保护；欠电压继电器在电压降至 0.4 ~0.7 倍额定电压时动作，对电路进行欠电压保护；零电压继电器在电压降至 0.05 ~0.25 倍额定电压时动作，对电路进行零压保护。

过电压继电器线圈在额定电压时，动铁芯不产生吸合动作，只有当线圈电压高于其额定电压的某一值（即整定值）时，动铁芯才产生吸合动作。因为直流电路不会产生波动较大的过电压现象，所以在产品中没有直流过电压继电器。交流过电压继电器在电路中起过电压保护

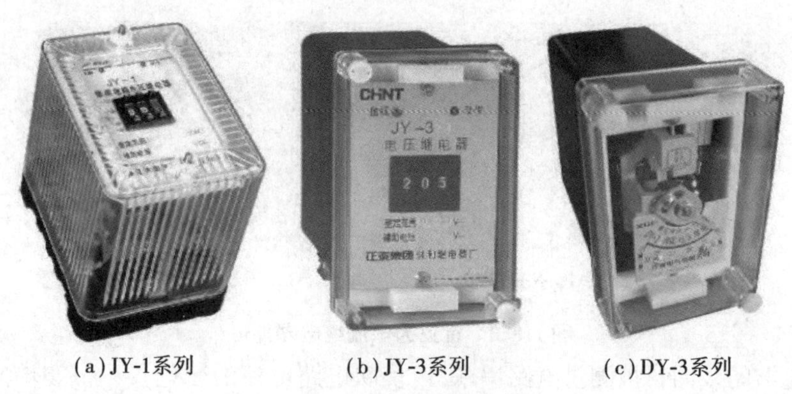

(a)JY-1系列　　(b)JY-3系列　　(c)DY-3系列

图 1.8.3　常用的电压继电器的外形

作用。当电路一旦出现过高的电压现象时,过电压继电器马上动作,从而控制接触器及时分断电气设备的电源。

与过电压继电器比较,欠电压继电器在电路正常工作(即未出现欠电压故障)时,其衔铁处于吸合状态。如果电路出现电压降低至线圈的释放电压(即继电器的整定电压)时,则衔铁释放,使触头动作,从而控制接触器及时断开电气设备的电源。

2)电压继电器的选择

①电压继电器线圈电流的种类和电压等级应与控制电路一致。

②根据继电器在控制电路中的作用(是过电压或欠电压)选择继电器的类型,按控制电路的要求选择触头的类型(动合或动断)和数量。

③继电器的动作电压一般为系统额定电压的 1.1 ~1.2 倍。

④欠电压和零电压继电器常用一般电磁式继电器或小型接触器,选用时,只要满足一般要求即可,对释放电压值无特殊要求。

(3)中间继电器

1)特点

中间继电器是一种通过控制电磁线圈的通断,将一个输入信号变成多个输出信号或将信号放大(即增大触头容量)的继电器。中间继电器是用来转换控制信号中的中间元件,其输入信号为线圈的通电或断电信号,输出信号为触头的动作。它的触头数量较多,触头容量较大,各触头的额定电流相同。

2)用途

中间继电器的主要作用是当其他继电器的触头数量或触头容量不够时,可借助中间继电器来扩大它们的触头数或增大触头容量,起到中间转换(传递、放大、翻转、分路和记忆等)作用。中间继电器的触头额定电流比其线圈电流大得多,可以用来放大信号。将多个中间继电器组合起来,还能构成各种逻辑运算与计数功能的线路。

3)基本结构与工作原理

中间继电器的文字符号用 KA 表示,其种类很多,常用中间继电器的外形及图形符号如图 1.8.4 所示。

中间继电器采用电磁结构,主要由电磁系统和触头系统组成。从本质上来看,中间继电

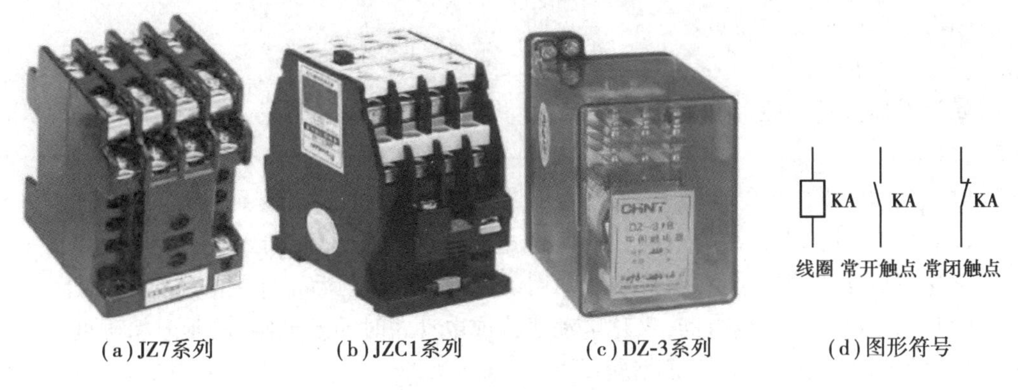

(a)JZ7系列　(b)JZC1系列　(c)DZ-3系列　(d)图形符号

图 1.8.4　常见中间继电器的外形及图形符号

器也是电压继电器,只是触头数量较多、触头容量较大而已。中间继电器种类很多,除专门的中间继电器外,额定电流较小的接触器(5 A)也常被用作中间继电器。

如图1.8.5所示为JZ7系列中间继电器的结构,其结构及工作原理与小型直动式接触器基本相同,只是它的触头系统中没有主、辅之分,各对触头所允许通过的电流大小相等。由于中间继电器触头接通和分断的是交、直流控制电路,电流很小,因此一般中间继电器不需要灭弧装置。中间继电器线圈加上85% ~105%额定电压时应能可靠工作。

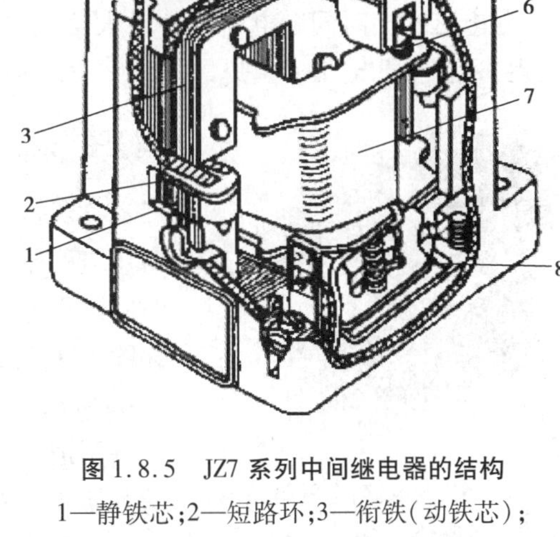

图 1.8.5　JZ7系列中间继电器的结构
1—静铁芯;2—短路环;3—衔铁(动铁芯);4—常开触头;5—常闭触头;6—释放(复位)弹簧;7—线圈;8—缓冲(反作用)弹簧

4)中间继电器的选用

①线圈电源形式和电压等级应与控制电路一致。

②按控制电路的要求选择触点的类型(常开或常闭)和数量。

③触点额定电压应大于或等于被控制电路的电压。

④触点额定电流应大于或等于被控制电路的电流。

1.8.3　时间继电器

(1)用途与分类

时间继电器是一种自得到动作信号起至触头动作或输出电路产生跳跃式改变有一定延时,该延时又符合其准确度要求的继电器,即从得到输入信号(线圈的通电或断电)开始,经过一定的延时后才输出信号(触头的闭合或断开)的继电器。时间继电器被广泛应用于电动机的启动控制和各种自动控制系统。

时间继电器的分类与特点:

1)按动作原理分类

时间继电器按动作原理可分为电磁式、同步电动机式、空气阻尼式、晶体管式(又称电子式)等。

①电磁式时间继电器结构简单、价格低廉,但延时较短(如 JT3 型延时时间只有 0.3~5.5 s),且只能用于直流断电延时。电磁式时间继电器作为辅助元件用于保护及自动装置中,使被控元件达到所需要的延时,在保护装置中用以实现主保护与后备保护的选择性配合。

②同步电动机式时间继电器(又称电动机式或电动式时间继电器)的延时精确度高、延时范围大(有的可达几十小时),但价格较昂贵。

③空气阻尼式时间继电器又称气囊式时间继电器,其结构简单、价格低廉,延时范围较大(0.4~180 s),有通电延时和断电延时两种,但延时准确度较低。

④晶体管式时间继电器又称电子式时间继电器,其体积小、精度高、可靠性好。晶体管式时间继电器的延时可达几分钟到几十分钟,比空气阻尼式长,比电动机式短;延时精确度比空气阻尼式高,比同步电动机式略低。随着电子技术的发展,其应用越来越广泛。

2)按延时方式分类

时间继电器按延时方式可分为通电延时型和断电延时型。

①通电延时型时间继电器接收输入信号后延迟一定的时间,输出信号才发生变化;当输入信号消失后,输出瞬时复原。

②断电延时型时间继电器接收输入信号时,瞬时产生相应的输出信号;当输入信号消失后,延迟一定时间,输出才复原。

(2)空气阻尼式时间继电器

图 1.8.6 JS7-A 系列空气阻尼式时间继电器的外形图

1)基本结构

常用空气阻尼式时间继电器的外形图如图 1.8.6 所示。

时间继电器的文字符号为 KT,通电延时型时间继电器图形符号如图 1.8.7(a)所示,断电延时型时间继电器图形符号如图 1.8.7(b)所示。

空气阻尼式时间继电器的结构主要由电磁系统、延时机构和触头系统 3 个部分组成,其结构如图 1.8.8 所示。它是利用空气的阻尼作用进行延时的。其电磁系统为直动式双 E 型,触头系统借用微动开关,延时机构采用气囊式阻尼器。

2)类型与特点

空气阻尼式时间继电器的电磁机构有交流、直流两种。延时方式有通电延时型和断电延时型。当动铁芯(衔铁)位于静铁芯和延时机构之间位置时为通电延时型;当静铁芯位于动铁芯和延时机构之间位置时为断电延时型。

常用空气阻尼式时间继电器主要为 JS7-A 等系列产品。JS7-A 系列空气式时间继电器主要适用于交流 50 Hz、电压 380 V 的电路中,通常用在自动或半自动控制系统中,按预定的时间使被控制元件动作。

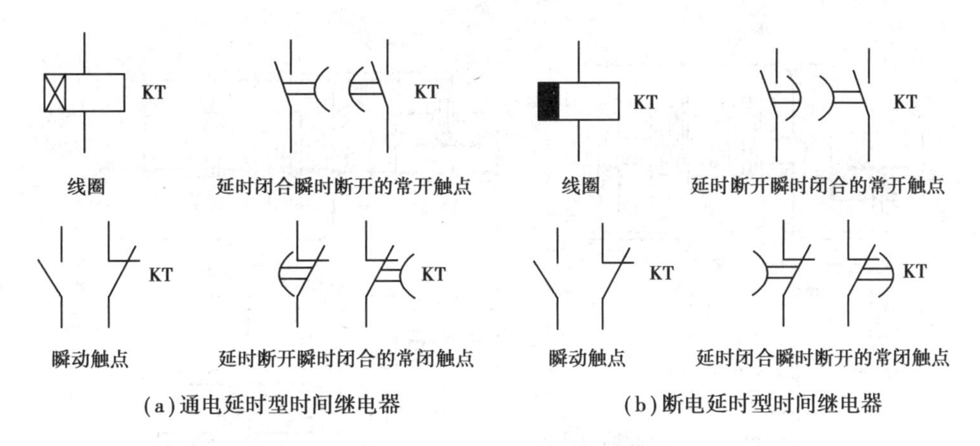

图1.8.7　时间继电器图形符号

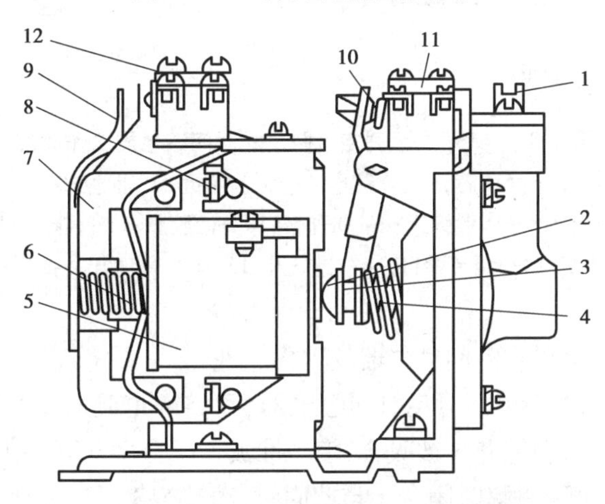

图1.8.8　JS7-A系列空气阻尼式时间继电器结构图

1—调节螺钉;2—推板;3—推杆;4—塔形弹簧;5—线圈;6—反力弹簧;

7—衔铁;8—铁芯;9—弹簧片;10—杠杆;11—延时触头;12—瞬时触头

3)通电延时型空气阻尼式时间继电器的工作原理

JS7-A系列通电延时型空气阻尼式时间继电器工作原理如图1.8.9(a)所示。当线圈1得电后,动铁芯3克服反力弹簧4的阻力与静铁芯2吸合,活塞杆6在塔形弹簧8的作用下向上移动,使与活塞12相连的橡胶膜10也向上移动,受到进气孔14进气速度的限制,这时橡胶膜下面形成空气稀薄的空间,与橡胶膜上面的空气形成压力差,对活塞的移动产生阻尼作用。空气由进气孔进入气囊(空气室),经过一段时间,活塞才能完成全部行程而通过杠杆7压动微动开关15,使其触头动作,起到通电延时作用。

从线圈得电到微动开关15动作的一段时间即为时间继电器的延时时间,其延时时间长短可以通过调节螺钉13调节进气孔气隙大小来改变,进气越快,延时越短。

当线圈1断电时,动铁芯3在反力弹簧4的作用下,通过活塞杆6将活塞12推向下端,这时橡胶膜10下方气室内的空气通过橡胶膜、弱弹簧9和活塞的局部所形成的单向阀迅速从橡胶膜上方气室缝隙中排掉,使活塞杆6、杠杆7和微动开关15等迅速复位,从而使微动开关15的动断(常闭)触头瞬时闭合,动合(常开)触头瞬时断开。

在线圈通电和断电时,微动开关16在推板5的作用下都能瞬时动作,其触头即为时间继

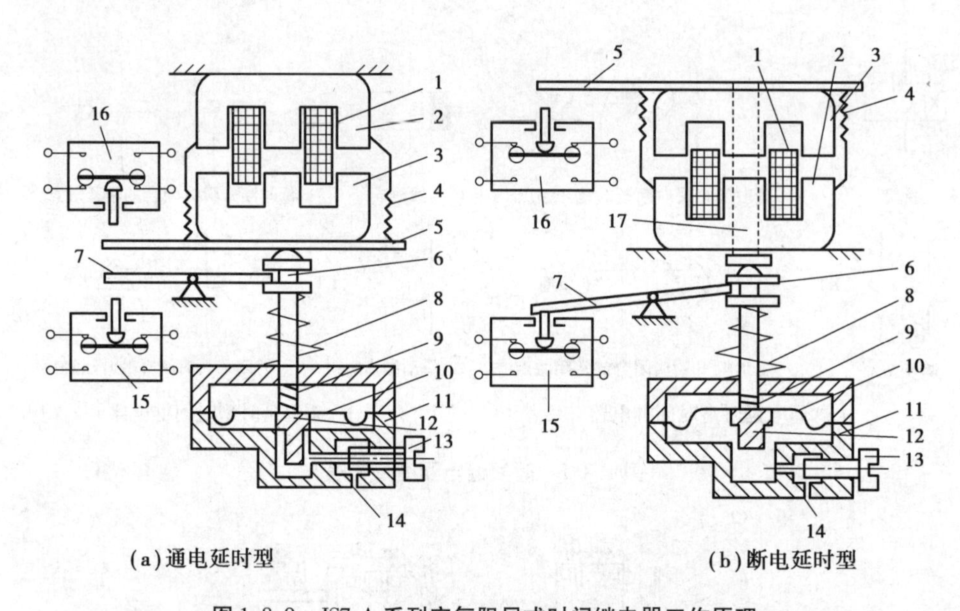

图 1.8.9 JS7-A 系列空气阻尼式时间继电器工作原理

1—线圈;2—静铁芯;3—动铁芯;4—反力弹簧;5—推板;6—活塞杆;7—杠杆;8—塔形弹簧;9—弱弹簧;10—橡胶膜;11—空气室壁;12—活塞;13—调节螺钉;14—进气孔;15,16—微动开关;17—推杆

电器的瞬动触头。

4)断电延时型空气阻尼式时间继电器的工作原理

如图 1.8.9(b)所示为断电延时型时间继电器(可将通电延时型的电磁铁翻转 180°安装而成)。当线圈 1 通电时,动铁芯 3 被吸合,带动推板 5 压合微动开关 16,使其动断(常闭)触头瞬时断开,动合(常开)触头瞬时闭合。与此同时,动铁芯 3 压动推杆 17,使活塞杆 6 克服塔形弹簧 8 的阻力向下移动,通过杠杆 7 使微动开关 15 瞬时动作,其动断触头断开,动合触头闭合,没有延时作用。

当线圈 1 断电时,衔铁在反力弹簧 4 的作用下瞬时释放,通过推板 5 使微动开关 16 的触头瞬时复位。与此同时,活塞杆 6 在塔形弹簧 8 及气室各部分元件作用下延时复位,使微动开关 15 各触头延时动作。

(3)时间继电器的选用

①根据使用场合、工作环境选择时间继电器的类型。例如,电源电压波动大的场合可选空气阻尼式或电动式时间继电器,电源频率不稳定的场合不宜选用电动式时间继电器,环境温度变化大的场合不宜选用空气阻尼式和电子式时间继电器。

②根据控制线路的要求选择延时方式(通电延时和断电延时),还必须考虑线路对瞬时动作触点的要求。

③根据控制线路电压选择时间继电器吸引线圈的电压。

(4)时间继电器的常见故障及其排除方法

时间继电器的常见故障及其排除方法见表 1.8.2。

表1.8.2　时间继电器的常见故障及其排除方法

常见故障	可能原因	排除方法
延时触头不动作	①电磁铁线圈断线 ②电源电压低于线圈额定电压很多	①更换线圈 ②更换线圈或调高电源电压
延时时间缩短	①空气阻尼式时间继电器的气室装配不严,漏气 ②空气阻尼式时间继电器的气室内橡胶薄膜损坏	①修理或调换气室 ②调换橡胶膜
延时时间变长	空气阻尼式时间继电器的气室内有灰尘,使气道阻塞	清除气室内灰尘,使气道通畅
延时有时长,有时短	环境温度变化,影响延时时间的长短	调整时间继电器的延时整定值(严格地讲,随着季节的变化,整定值应作相应的调整)

1.8.4　速度继电器

速度继电器主要用于三相异步电动机反接制动的控制电路中,它的任务是当三相电压环的相序改变以后,产生与实际转子转动方向相反的旋转磁场,从而产生制动力矩,使电动机在制动状态下迅速降低速度。在电动机转速接近零时立即发出信号,切断电源使之停止(否则电动机开始反方向启动)。

(1)结构原理

速度继电器又称反接制动继电器,其主要结构由转子、定子及触点3个部分组成。速度继电器图形如图1.8.10(a)所示。图1.8.10(b)所示为速度继电器的结构示意图。应用时,速度继电器转子的轴与被控电动机的轴相连接,而定子套在转子上。当电动机转动时,速度继电器的转子随之转动,定子内的短路导体便切割磁场,产生感应电动势,从而产生电流。此电流与旋转的转子磁场作用产生转矩,于是定子开始转动。当转到一定角度时,装在定子轴上的摆锤(顶块)推动簧片触点动作,使常闭触头分断,常开触头闭合。当电动机转速低于某一值时,定子产生的转矩减小,触头在弹簧作用下复位。因继电器的触头动作与否与电动机的转速有关,故称为速度继电器。又因速度继电器用于电动机的反接制动,故也称其为反接制动继电器。速度继电器的文字符号为KS,其图形符号如图1.8.10(c)所示。

(2)速度继电器的选用

常用的速度继电器有JY1型和JFZ0型两种。其中,JY1型可在700~3 600 r/min范围内可靠工作;JFZ0-1型适用于300~1 000 r/min;JFZ0-2型适用于1 000~3 600 r/min。速度继电器具有两个常开触点、两个常闭触点,触点的额定电压为380 V,额定电流为2 A。一般速度继电器的转轴在130 r/min左右即能动作,在100 r/min时触头即能恢复到正常位置。使用速度继电器作反接制动时,应将永久磁铁装在被控电动机的同一根轴上,而将其触头串联在控制电路中,与接触器、中间继电器配合,以实现反接制动。一般速度继电器都具有两对转换触

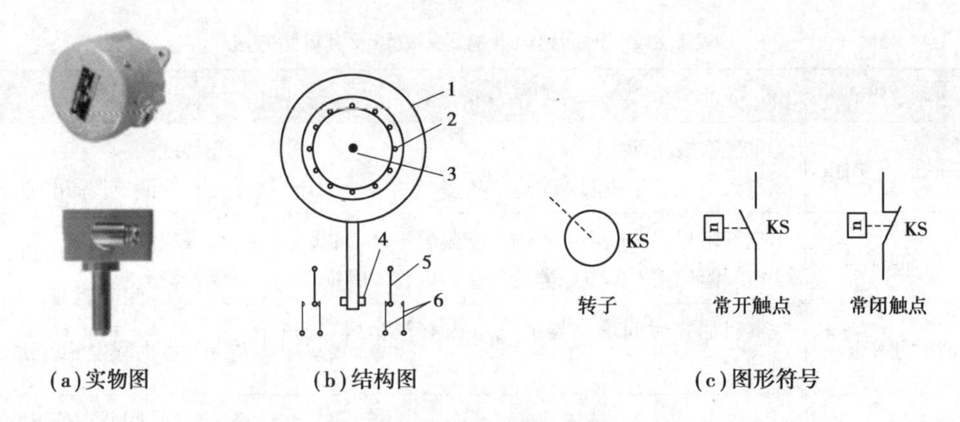

(a)实物图　(b)结构图　(c)图形符号

图 1.8.10　速度继电器的结构图及图形符号

1—外环;2—绕组;3—永久磁铁(转子);4—顶块;5—动触点;6—静触点

点;一对用于正转时动作;另一对用于反转时动作。通常速度继电器的动作转速为 130 r/min,复位转速在 100 r/min 以下。

1.9　热继电器的认知、安装与维修

继电器的认知、安装与维修

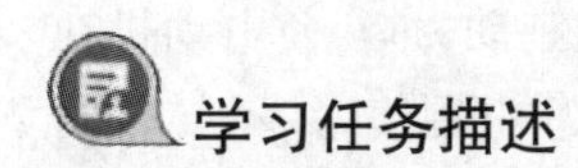

学习任务描述

热继电器是一种电机过载保护装置,主要用于轻载启动、长时间不间断工作或者是偶尔停止运行的长期工作电机的过载保护。对点动、频繁反复短时工作的电机,其过载保护有一定的局限性,不是太灵敏可靠,但有一定的适应性。对重载启动或者是频繁正、反转的电动机,则不适合使用热继电器作过载保护。通过本节任务的学习,能根据电路需要正确选用热继电器;按要求设定整定电流;正确连接热继电器,安装电路。

➢ 学习目标

1. 掌握热继电器的用途与分类;
2. 掌握热继电器的结构及工作原理;
3. 能够根据要求正确选用合适的热继电器;
4. 能够掌握检测热继电器质量的方法,并能对其进行检测;
5. 能够判断热继电器的常见故障,并能对其进行维修;
6. 能够安全、文明、规范操作热继电器。

➢ 知识点学习

1.9.1　热继电器的用途与分类

(1)用途

热继电器是热过载继电器的简称,它是一种利用电流的热效应来切断电路的保护电器,常与接触器配合使用,热继电器具有结构简单、体积小、价格低和保护性能好等优点,主要用于电动机的过载保护、断相及电流不平衡运行的保护及其他电气设备发热状态的控制。

(2)分类

①按动作方式分,热继电器有双金属片式、热敏电阻式和易熔合金式3种。

a. 双金属片式:利用双金属片(用两种膨胀系数不同的金属,通常为锰镍、铜板轧制成)受热弯曲推动执行机构动作。这种继电器结构简单、体积小、成本低,在选择合适的热元件的基础上能得到良好的反时限特性(电流越大越容易动作,经过较短的时间就能开始动作)等优点被广泛使用。

b. 热敏电阻式:利用电阻值随温度变化而变化的特性制成的热继电器。

c. 易熔合金式:利用过载电流发热使易熔合金达到某一温度时,合金熔化而使继电器动作。

②按加热方式分,热继电器有直接加热式、复合加热式、间接加热式和电流互感器加热式4种。

③按极数分,热继电器有单极、双极和三极3种。其中三极的包括带有断相保护装置的和不带断相保护装置的两类。

④按复位方式分,热继电器有自动复位和手动复位两种。

1.9.2　双金属片式热继电器的结构及工作原理

(1)结构

双金属片式热继电器的种类很多,常用双金属片热继电器的外形如图1.9.1(a)、图1.9.1(b)所示。热继电器的文字符号为FR,其图形符号如图1.9.1(c)所示。

双金属片式热继电器由双金属片、加热元件、触头系统及推杆、弹簧、整定值(电流)调节旋钮、复位按钮等组成,其结构如图1.9.2所示。

①双金属片。双金属片是热继电器中最关键的一个部件,它将两种不同线胀系数的金属片,以机械碾压方式形成一体。通常在室温下(即受热前),这个整体呈平板状。当温度升高时,线胀系数大的金属片(称主动层)力图向外作较大的延伸,而线胀系数小的金属片(称为从动层)只能作较小的延伸,两层材料紧密贴合不能自由延伸,双金属片就从平板状态转变为弯曲状态,以便主动层多延伸一点,从动层少延伸一点。这就是双金属片在受热后产生弯曲

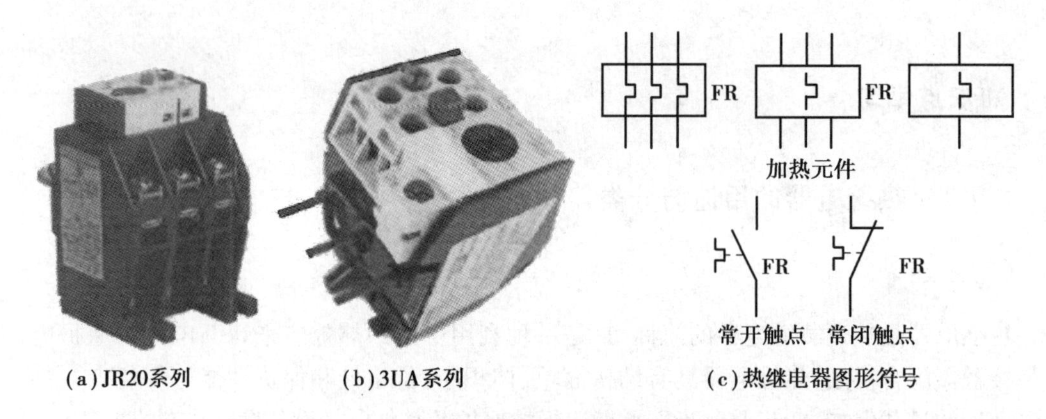

(a)JR20系列　(b)3UA系列　(c)热继电器图形符号

图1.9.1　双金属片热继电器的外形及图形符号

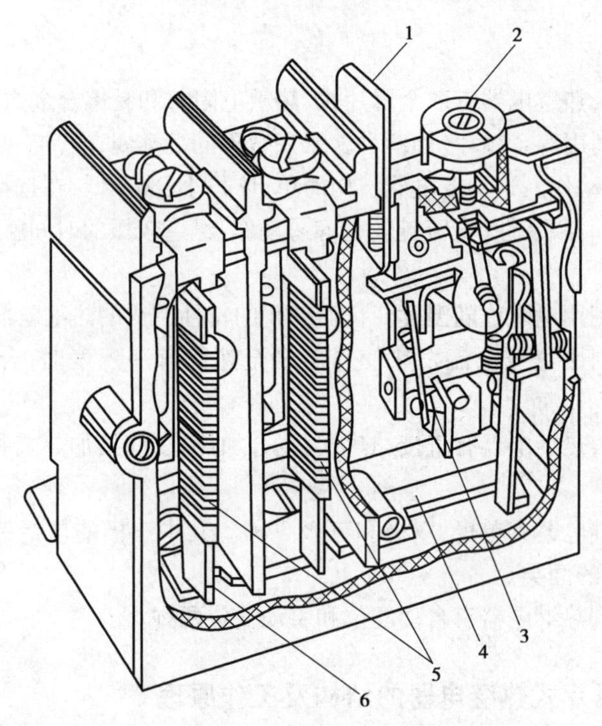

图1.9.2　双金属片式热继电器的结构

1—复位按钮;2—电流调节旋钮;3—触头;4—推杆;5—加热元件

形变的原因。

②加热元件。加热元件一般用铜镍合金、镍铬合金或铬铝合金等材料制成,形状有丝状、片状或带状等,其作用是利用电流通过电阻发热元件产生的热效应使感测元件动作。

③控制触头和动作系统。控制触头和动作系统也称为动作机构。大多采用弓簧式、压簧式或拉簧式跳跃机构。动作系统常设有温度补偿装置,保证在一定的温度范围内,热继电器的动作特性基本不变。

④复位机构。复位机构有手动复位和自动复位两种复位形式,可根据使用要求自由调整。

(2)工作原理

双金属片式热继电器的工作原理如图 1.9.3 所示。

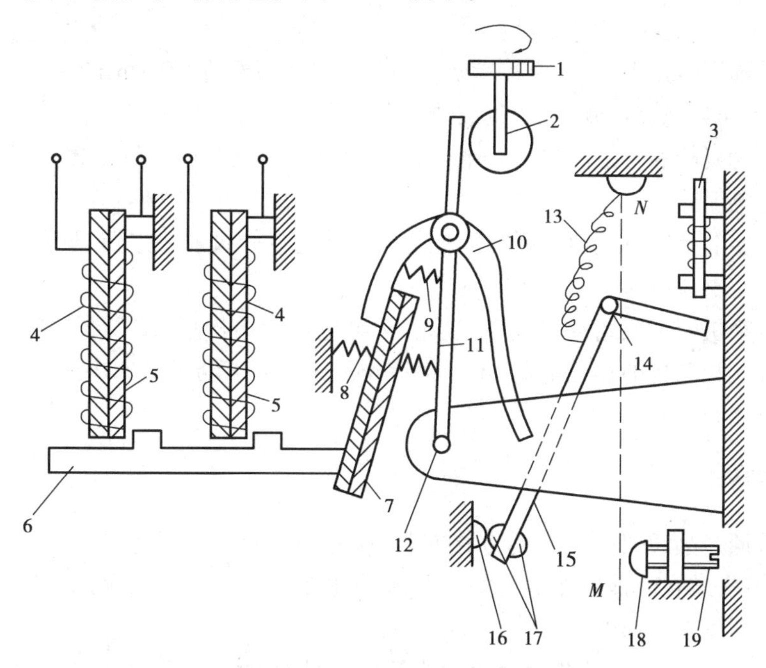

图 1.9.3　双金属片式热继电器的结构原理图

1—调节旋钮;2—偏心轮;3—复位按钮;4—加热元件;5—双金属片;6—导板;
7—温度补偿双金属片;8,9,13—弹簧;10—推杆;11—支撑杆;12—支点;14—转轴;
15—杠杆;16—常闭静触头;17—动触头;18—常开静触头;19—复位调节螺钉

当负载发生过载时,过载电流通过串联在供电路中的加热元件(电阻丝)4,使之发热过量,双金属片 5 受热膨胀,因双金属片左边一片的线胀系数较大,故双金属片的下端向右弯曲,通过导板 6 推动温度补偿双金属片 7,使推杆 10 绕轴转动,推动杠杆 15 使它绕转轴 14 转动,于是热继电器的动断(常闭)静触头 16 断开。在控制电路中,常闭静触头 16 串在接触器的线圈回路中,当常闭静触头 16 断开时,接触器的线圈断电,接触器的主触头分断,从而切断过载线路。

双金属片式热继电器有以下特点:

①热继电器动作后的复位,有手动和自动两种复位方式。

②图 1.9.2 所示的热继电器均为两个发热元件(即两相结构)。此外,还有装 3 个发热元件的三相结构,其外形及原理与两相结构类似。

③热继电器是利用电流热效应,使双金属片受热弯曲,推动动作机构切断控制电路起保护作用的,双金属片受热弯曲需要一定的时间。当电路发生短路时,虽然短路电流很大,但热继电器可能还未来得及动作,就已经把热元件或被保护的电气设备烧坏了,因此,热继电器不能用作短路保护。

1.9.3 热继电器的选择、使用与维护

(1)选用

热继电器选用得是否得当,直接影响对电动机进行过载保护的可靠性。通常选用时应按电动机型式、工作环境、启动情况及负载情况等方面综合加以考虑。

①根据电动机的额定电流选择热继电器的规格。一般应使热继电器的额定电流略大于电动机的额定电流。

②根据需要的整定电流值选择热元件的编号和电流等级。一般情况下,热元件的整定电流为电动机额定电流的95% ~105%。

③根据电动机定子绕组的连接方式选择热继电器的结构形式。定子绕组作 Y 连接的电动机选用普通三相结构的热继电器,定子绕组作△连接的电动机应选用三相结构带断相保护装置的热继电器。

(2)安装方法

①必须按照产品说明书规定的方式安装,误差不超过5°。当它与其他电器安装在一起时,应注意将其安装在其他发热电器的下方,并与相邻电器元件之间保持 5 m 以上的间隙,以免受到其他电器发热的影响。

②热继电器安装时,应清除触点表面尘污,以免因接触电阻过大或电路不通而影响热继电器的动作性能。

③热继电器在出厂时均调整为手动复位方式,如果需要自动复位,可将复位螺钉顺时针方向旋转,并稍微拧紧即可。

④热继电器的整定电流必须按电动机的额定电流进行调整,绝对不允许弯折双金属片。

⑤热继电器电动机过载后动作,若要再次启动电动机,必须待热元件冷却后,才能使热继电器复位。一般自动复位需要 5 min,手动复位需要 2 min。

(3)使用与维护

①应定期检查热继电器的零部件是否完好,有无松动和损坏现象,可动部分有无卡碰现象,发现问题及时修复。

②应定期清除触头表面的锈斑和毛刺,若触头严重磨损至其厚度的1/3,应及时更换。

③热继电器的整定电流应与电动机的情况相适应,若发现其经常提前动作,可适当提高整定值;若发现电动机温升较高,且热继电器动作滞后,则应适当降低整定值。

④对重要设备,在热继电器动作后,应检查原因,以防再次脱扣,应采用手动复位;若其动作原因是电动机过载,则应采用自动复位。

⑤应定期校验热继电器的动作特性。

1.9.4　热继电器的检测及故障排除

(1)热继电器的检测

1)发热元件检测

以 JRS2 型热继电器的检测为例,将万用表转换开关拨到 Ω 的 $R \times 10$ 挡,Ω 调零。将红黑表笔发热元件分别搭接在 L1－T1、L2－T2、检测 L3－T3 两接线柱上,若万用表指针近似为“0”,则发热元件正常。具体操作如图 1.9.4 所示。

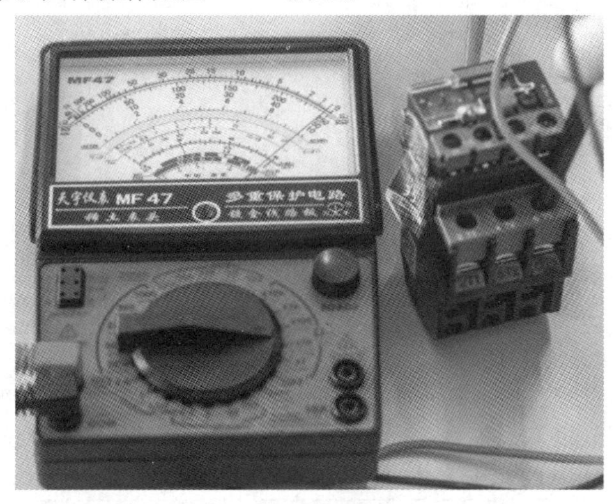

图 1.9.4　发热元件检测

2)常闭触点检测

将两表笔分别搭接在常闭触点 95－96(NC)两端。常态时,各常闭触点的阻值约为“0”;按下测试键“TEST”后,再测量阻值,阻值为“∞”;按下复位键“RESET”,阻值又为“0”,则常闭触点正常。具体操作如图 1.9.5 所示。

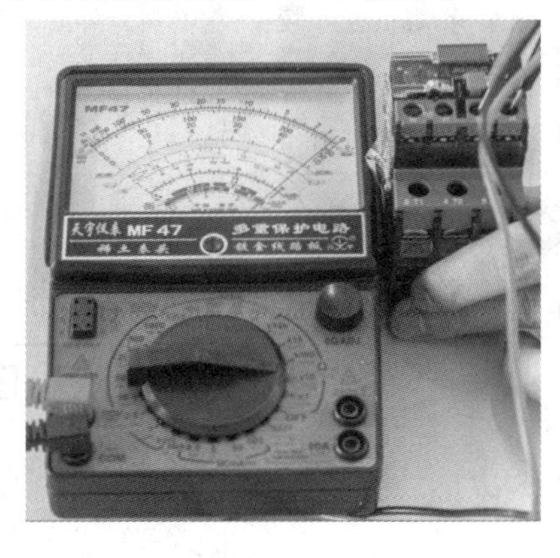

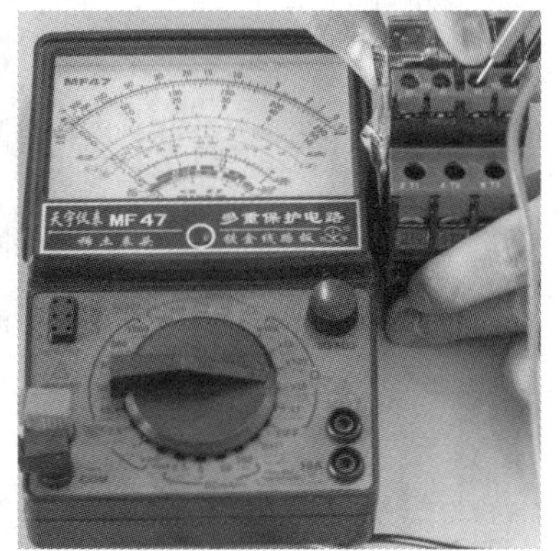

(a)常态　　(b)按下测试键“TEST”

图 1.9.5　常闭触点检测

3)常开触点检测

将两表笔分别搭接在常开触点 97－98(NO)两端。常态时,各常开触点的阻值约为

“∞”;按下测试键“TEST”后,再测量阻值,阻值为“0”;按下复位键“RESET”,阻值又为“∞”,则常开触点正常。具体操作如图 1.9.6 所示。

(a)常态

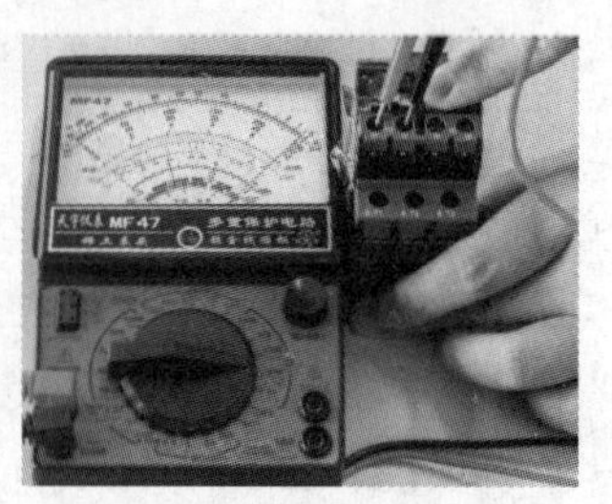

(b)按下测试键“TEST”

图 1.9.6 常开触点检测

(2)热继电器常见故障及其排除方法

热继电器的常见故障及其排除方法见表 1.9.1。

表 1.9.1 热继电器的常见故障及其排除方法

常见故障	可能原因	排除方法
热继电器误动作	①电流整定值偏小 ②电动机启动时间过长 ③操作频率过高 ④连接导线太细	①调整整定值 ②按电动机启动时间的要求选择合适的继电器 ③降低操作频率,或更换热继电器 ④选用合适的标准导线
热继电器不动作	①电流整定值偏大 ②热元件烧断或脱焊 ③动作机构卡住 ④进出线脱头	①修理或调换气室 ②调换橡胶膜 ③检修动作机构 ④重新焊好
热元件烧断	①负载侧短路 ②操作频率过高	①排除故障,更换热元件 ②降低操作频率,更换热元件或热继电器
热继电器的主电路不通	①热元件烧断 ②热继电器的接线螺钉未拧紧	①更换热元件或热继电器 ②拧紧螺钉
热继电器的控制电路不通	①调整旋钮或调整螺钉转到不合适位置,以致触头被顶开 ②触头烧坏或动触头杆的弹性消失	①重新调整到合适位置 ②修理或更换新的触头或动触头杆

热继电器的认知、安装与维修

1.10 行程开关的认知、安装与维修

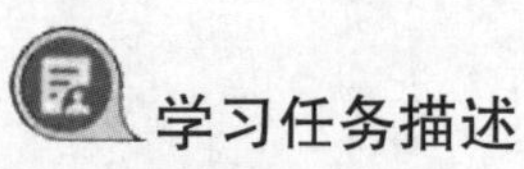

学习任务描述

在生产机械中,常需要控制某些运动部件的行程,或运动一定行程使其停止,或在一定行

程内自动返回或自动循环,这种控制机械行程的方式称为“行程控制”或“限位控制”。电梯门、电动卷帘门、栅门、自动车位锁等安装了行程开关,当门或锁到达预定位置后,行程开关会切断电机电源,实现门或车锁的自动开关。行程开关在自动门锁系统中的应用如图1.10.1所示。通过本节任务的学习,一起来认识一下行程开关。

电动卷帘门

栅门

自动车位锁

图1.10.1　行程开关在自动门锁系统中的应用

➢ 学习目标

1. 掌握行程开关的用途及种类;
2. 掌握行程开关的结构及工作原理;
3. 能够根据要求正确选用合适的行程开关;
4. 能够掌握检测行程开关质量的方法,并能对其进行检测;
5. 能够判断行程开关的常见故障,并能对其进行维修;
6. 能够安全、文明、规范操作,培养良好的职业道德与习惯。

➢ 知识点学习

1.10.1　行程开关的用途及分类

(1)用途

行程开关又称限位开关,是实现程控制的小电流(5 A以下)主令电器,其作用与控制按钮相同,其触头的动作不是靠手按动,而是利用机械运动部件的碰撞使触头动作,即将机械信号转换为电信号,通过控制其他电器来控制运动部件的行程大小、运动方向或进行限位保护。

(2)分类

行程开关按用途不同可分为以下两类:

①一般用途行程开关(即常用的行程开关),主要用于机床、自动生产线及其他生产机械的限位和程序控制。

②起重设备用行程开关,主要用于限制起重机及各种冶金辅助设备的行程。

1.10.2 行程开关的结构及工作原理

(1)结构

行程开关的种类很多,常用行程开关的外形如图 1.10.2(a)、图 1.10.2(b)、图 1.10.2(c)所示。行程开关的文字符号为 SQ,其图形符号如图 1.10.2(d)所示。

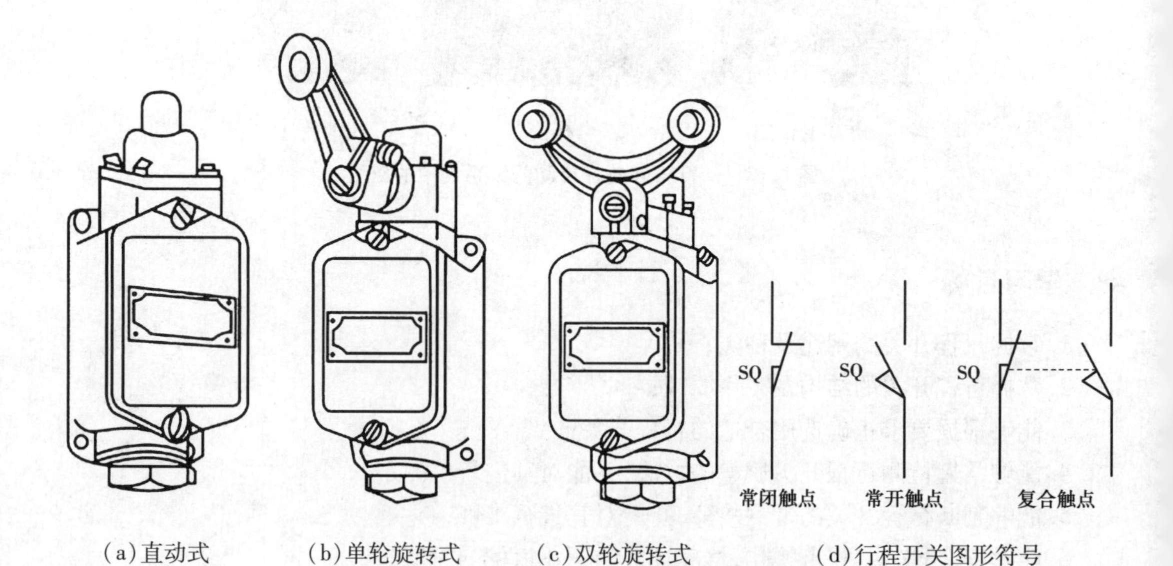

图 1.10.2 JLXK1 系列行程开关及图形符号

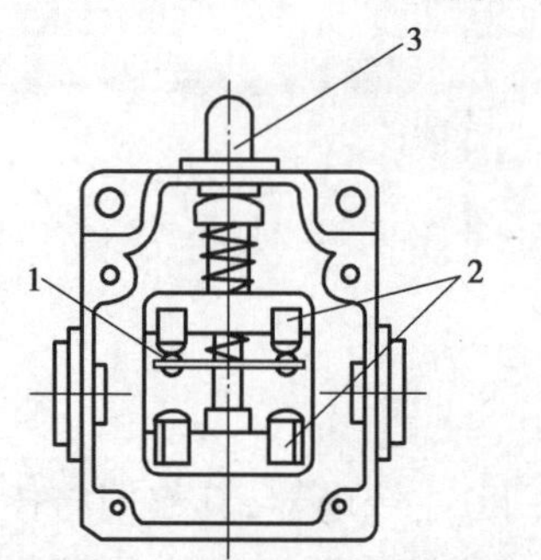

图 1.10.3 直动式行程开关的结构

1—动触头;2—静触头;3—推杆

直动式(又称按钮式)行程开关的结构如图 1.10.3 所示。其动作原理与控制按钮类似,不同的是按钮是手动的,行程开关是由运动部件的碰撞。旋转式行程开关的结构如图 1.10.4 所示,它主要由滚轮、杠杆、转轴、凸轮、撞块、调节螺钉、微动开关和复位弹簧等部件组成。

(2)工作原理

当运动机械的挡铁撞到行程开关的滚轮上时,行程开关的杠杆连同转轴一起转动,使凸轮推动撞块,当撞块被压到一定位置时,便推动微动开关快速动作,使其动断(常闭)触头断开,动合(常开)触头闭合;当滚轮上的挡铁移开后,复位弹簧就使行程开关的各部件恢复到原始位置,这种单轮旋转式行程开关能自动复位,在生产机械的自动控制中被广泛应用。

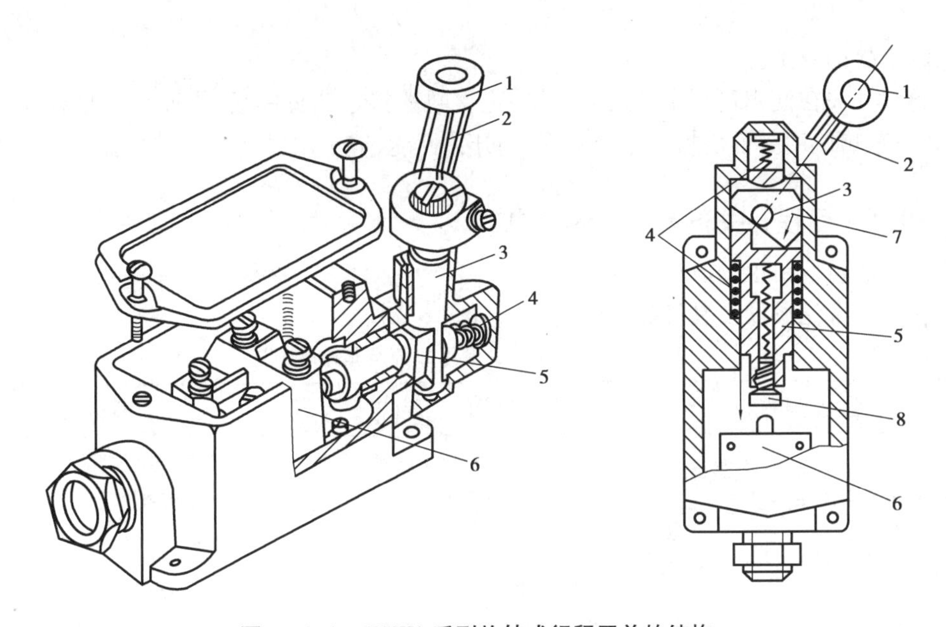

图1.10.4　JLXK1系列旋转式行程开关的结构

1—滚轮;2—杠杆;3—转轴;4—复位弹簧;5—撞块;6—微动开关;7—凸轮;8—调节螺钉

1.10.3　行程开关的选择、使用与维护

(1)选择方法

①根据使用场合和控制对象来确定行程开关的种类。当生产机械运动速度不是太快时,通常选用一般用途的行程开关;当生产机械行程通过的路径不宜装设直动式行程开关时,应选用凸轮轴转动式的行程开关;在工作效率很高、对可靠性及精度要求也很高时,应选用接近开关。

②根据使用环境条件,选择开启式或防护式等防护形式。

③根据控制电路的电压和电流选择系列。

④根据生产机械的运动特征,选择行程开关的结构形式(即操作方式)。

(2)安装方法

①行程开关应紧固在安装板和机械设备上,不得有晃动现象。

②行程开关安装时,应注意滚轮的方向,不能接反。与挡铁碰撞的位置应符合控制电路的要求,并确保能与挡铁可靠碰撞。

③检查行程开关的安装使用环境。若环境恶劣,应选用防护式,否则易发生误动作和短路故障。

(3)使用与维护

①应经常检查行程开关的动作是否灵活和可靠,螺钉有无松动现象,发现故障要及时排除。

②应定期清理行程开关的触头,清除油垢或尘垢,及时更换磨损的零部件,以免发生误动

作而引起事故的发生。

③行程开关在使用过程中,触头经过一定次数的接通和分断后,表面会有烧损或发黑现象,这并不影响使用。若烧损比较严重,影响开关性能,应予以更换。

1.10.4 行程开关的检测及故障排除

检测方法与按钮检测方法相同。

行程开关常见故障及其排除方法见表 1.10.1。

表 1.10.1 行程开关常见故障及其排除方法

常见故障	可能原因	排除方法
挡铁碰撞开关后触头不动作	①开关位置安装不合适 ②触头接触不良 ③触头连接线脱落	①调整开关位置 ②清洁触头 ③紧固连接线
行程开关复位后,常闭触头不能闭合	①触头被杂物卡住 ②动触头脱落 ③弹簧弹力减退或被卡住 ④触头偏斜	①清扫开关 ②重新调整动触头 ③调换弹簧 ④调换触头
杠杆偏转后触头未动作	①行程开关位置太低 ②机械卡阻	①将开关向上调到合适位置 ②打开后盖清扫开关

行程开关的认知、安装与维修

1.11 漏电保护器的认知、安装与维修

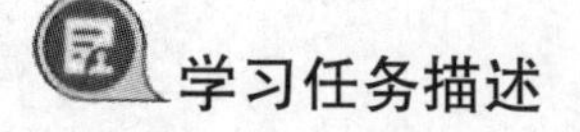

学习任务描述

自从人类发明电以来,电不仅能给人类带来很多方便,也能给人类带来灭顶之灾。它能烧坏电器,引起火灾,或者使人触电。如果有一种设备可以让人类安全地使用电,将会避免很多不必要的损失。这种专门用来保护人类的电器,称为漏电保护器。漏电保护器的工作原理是什么?在日常生活中如何使用呢?通过本节任务的学习,一起来认识漏电保护器。

➢ 学习目标

1. 掌握漏电保护器的用途及分类;
2. 掌握漏电保护器的结构及工作原理;
3. 能够根据要求正确选用合适的漏电保护器;
4. 能够判断漏电保护器的常见故障,并能对其进行维修;
5. 能够正确安全使用漏电保护器,培养良好的岗位习惯素养。

➢ 知识点学习

1.11.1　漏电保护器的用途及分类

(1)用途

漏电保护器(又称漏电保护开关)是在规定的条件下,当漏电电流达到或超过给定值时,能自动断开电路的机械开关电器或组合电器。它是一种既有手动开关作用,又能自动进行失电压、欠电压、过载和短路保护的电器。

漏电保护器的功能是,当电网发生人身(相与地之间)触电或设备(对地)漏电时,能迅速切断电源,使触电者脱离危险或使漏电设备停止运行,从而避免触电、漏电引起的人身伤亡事故、设备损坏以及火灾。漏电保护器通常安装在中性点直接接地的三相四线制低压电网中,提供间接接触保护。当其额定动作电流在 30 mA 及以下时,可以作为直接接触保护的补充保护。

注意:装设漏电保护器仅是防止发生人身触电伤亡事故的一种有效的后备安全措施,根本的措施是防患于未然。不能过分夸大漏电保护器的作用,而忽视根本的安全措施,对此应有正确的认识。

(2)分类

漏电保护器可以按 3 种不同分类方式进行分类:

1)按所具有的保护功能与结构特征分类

①漏电继电器。漏电继电器由零序电流互感器(又称漏电电流互感器)和继电器组成。它只具备检测和判断功能,由继电器触头发出信号,控制断路器(或交流接触器)切断电源或控制信号元件发出声光信号。

②漏电开关。漏电开关由零序电流互感器、漏电脱扣器和主开关组成,装在绝缘外壳内,具有漏电保护和手动通断电路的功能。

③漏电断路器。漏电断路器具有漏电保护和过载保护功能,有些产品就是在断路器上加装漏电保护部分而成。

④漏电保护插座。漏电保护插座由漏电断路器或漏电开关与插座组合而成。

⑤漏电保护插头。漏电保护插头由漏电断路器或漏电开关与插头组合而成。

2)按工作原理分类

①电压动作型。电压动作型漏电保护器检测的信号是对地电压的大小,其存在难以克服的缺点,目前在电网上已基本不使用,只在个别用电设备上还有一定的应用价值。

②电流动作型。电流动作型漏电保护器是以检测漏电、触电电流信号为基本工作原理的。其检测元件是零序电流互感器。该保护器可以方便地装设在电网的任何地方,而不改变电网的运行特性,其性能优越、动作可靠、不易损坏,是目前普遍推广使用的漏电保护器。

注:本任务主要讨论电流动作型漏电保护器(以下简称漏电保护器)。

3)按中间环节的结构特点分类

①电磁式。电磁式漏电保护器的中间环节为电磁机构,有电磁脱扣器和灵敏继电器两种形式。其特点是没有电子放大电路,不需要辅助电源。电磁式漏电保护器全部采用电磁元件,其承受过电流冲击和过电压冲击的能力较强。

②电子式。电子式漏电保护器的中间环节为电子器件组成的电子电路,有分立元件电路,也有集成电路,对漏电信号进行放大、处理和比较后,触发晶闸管或导通晶体管开关电路,接通漏电脱扣器线圈而使漏电保护器动作。其特点是控制电路需要辅助电源。

1.11.2 漏电保护器的基本结构与工作原理

(1)结构

1)漏电保护器外形

漏电保护器的种类非常多,常用漏电断路器的外形如图 1.11.1 所示;常用漏电继电器的外形如图 1.11.2 所示。

图 1.11.1 常用漏电断路器的外形

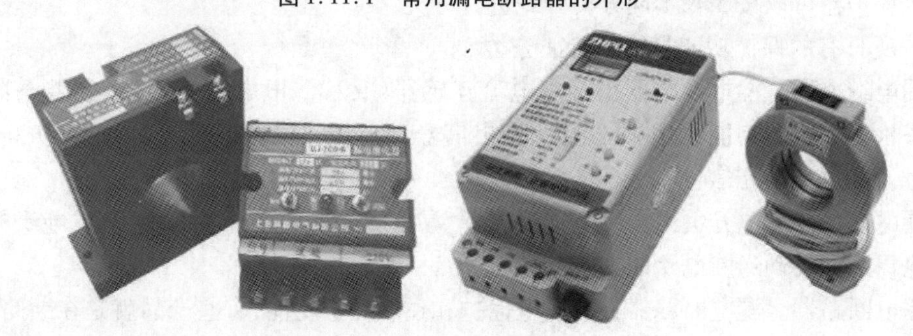

图 1.11.2 常用漏电继电器的外形

2)漏电保护器的组成

漏电保护器的种类繁多,形式各异,以电流动作型漏电保护器为例,介绍其基本结构。漏电保护器主要由 3 个基本环节组成,即检测元件、中间环节和执行机构,其组成方框图如图 1.11.3所示。

①检测元件。检测元件为零序电流互感器(又称漏电电流互感器),它由封闭的环形铁芯和一次、二次绕组构成,如图 1.11.4 所示。一次绕组中有被保护电路的相、线电流流过,二次绕组由漆包线均匀绕制而成。互感器的作用是把检测到的漏电电流信号(包括触电流信号,下同)变换为中间环节可以接收的电压或功率信号。

②中间环节。中间环节的功能主要是对漏电信号进行处理,包括变换和比较,有时还需

要放大。中间环节通常包括放大器、比较器及脱扣器(或继电器)等,某一具体形式的漏电保护器的中间环节是不同的。

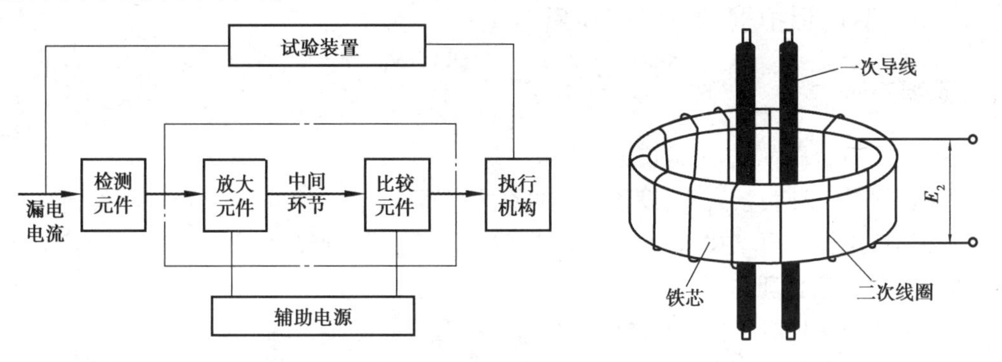

图 1.11.3　电流动作型漏电保护器组成方框图　　图 1.11.4　零序电流互感器结构原理图

③执行机构。执行机构为一触头系统,多为带有分励脱扣器的低压断路器或交流接触器。其功能受中间环节的指令控制,用以切断被保护电路的电源。

(2)工作原理

三相四线制供电系统的漏电保护器的工作原理如图 1.11.5 所示。图中 TA 为漏电电流互感器,GF 为主开关,TL 为主开关的分励脱扣器线圈。

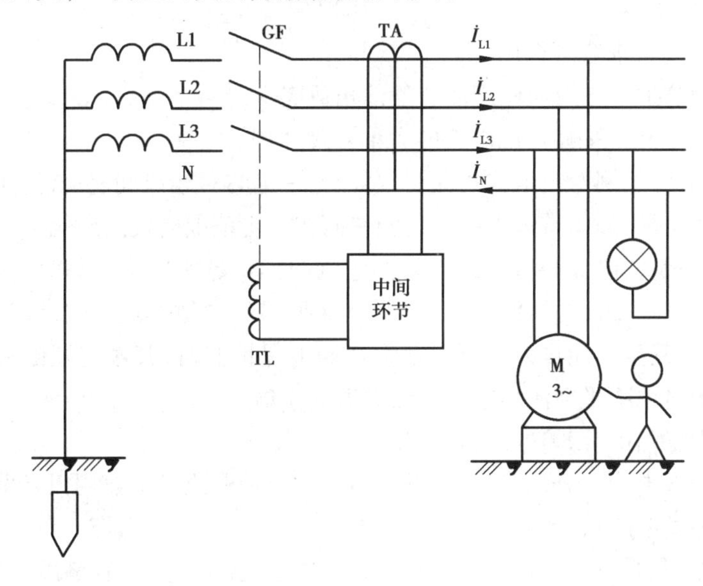

图 1.11.5　漏电保护器的工作原理示意图

在正常情况下,漏电保护装置所控制的电路中没有人身触电及漏电等接地故障时,各相电流的向量和等于零,各相电流在 TA 铁芯中所产生的磁通向量和也等于零。这样在 TA 的二次回路中就没有感应电动势输出,漏电装置不动作。

当电路发生漏电或触电故障时,回路中就有漏电电流通过,这时穿过 TA 的三相电流向量之和不等于零,其中的磁通向量和也不等于零。这样在 TA 的二次回路中就有一个感应电压,该电压加于检测部分的电子放大电路,与保护装置的预定动作电流值相比较,若大于动作电流值,将使灵敏继电器动作,作用于执行元件跳闸,从而起到保护作用。

1.11.3 漏电保护器的选择、使用与维护

(1)选择方法

1)必须选用符合国家技术标准的产品

漏电保护器是一种关系人身、设备安全的保护电器,国家对其质量的要求非常严格,用户在使用时必须选用符合国家技术标准,并具有国家认证标志的产品。

2)根据保护对象合理选用

漏电保护器的保护对象主要是防止人身直接接触或间接接触触电。

①直接接触触电保护。直接接触触电保护是防止人体直接接触及电气设备的带电体而造成触电伤亡事故。直接触电电流就是触电保护器的漏电动作电流,从安全角度考虑,应选用额定漏电动作电流为 30mA 以下的高灵敏度、快速动作型的漏电保护器。

②间接接触触电保护。间接接触触电保护是防止电气设备在发生绝缘损坏时,在金属外壳等外露导电部件上出现持续带有危险电压而产生触电的危险。漏电保护器用于间接接触触电保护时,主要采用自动切断电源的保护方式。如对固定式的电气设备、室外架空线路等,一般应选用额定漏电动作电流为 30mA 及以上,快速动作型或延时动作型(对分级保护中的上级保护)的漏电保护器。

3)根据使用环境要求合理选用

漏电保护器的防护等级应与使用环境条件相适应。

4)根据被保护电网不平衡泄漏电流的大小合理选用

正常情况下,低压电网对地阻抗的存在,会产生一定的对地泄漏电流,这个对地泄漏电流的大小会随着环境气候,如雨雪天气的变化影响而在一定范围内发生变化。

从保护的角度看,漏电保护器的漏电动作电流选择得越小安全性越高。但是,任何供电电路和电气设备都存在正常的泄漏电流,当漏电保护器的灵敏度选取过高时,会导致漏电保护器的误动作增多,甚至不能投入运行。在选择漏电保护器时,其额定漏电动作电流一般应大于被保护电网的对地不平衡泄漏电流的最大值的 4 倍。

5)根据漏电保护器的保护功能合理选用

漏电保护器按保护功能分,有漏电保护专用,漏电、过电流保护兼用以及漏电、过电流、短路保护兼用等多种类型产品。

①漏电保护专用的保护器适用于有过电流保护的一般住宅、小容量配电箱的主开关,以及需在原有的配电电路中增设漏电保护器的场合。

②漏电、过电流保护兼用的保护器适用于短路电流比较小的分支电路。

③漏电、过电流、短路保护兼用的保护器适用于低压电网的总保护或较大的分支保护。

6)根据负载种类合理选用

低压电网的负载有照明负载、电热负载、电动机负载(又称动力负载)、电焊机负载、电解负载、电子计算机负载等。

①对照明、电热等负载可以选用一般的漏电保护专用或漏电、过电流、短路保护兼用的漏

电保护器。

②漏电保护器有电动机保护用与配电保护用之分。对电动机负载应选用漏电、电动机保护兼用的漏电保护器,保护特性应与电动机过载特性相匹配。

③电焊机负载与电动机不同,其工作电流是间歇脉冲式的,应选用电焊设备专用漏电保护器。

④对电力电子设备负载,应选用能防止直流成分有害影响的漏电保护器。

⑤对一旦发生漏电切断电源时,会造成事故或重大经济损失的电气装置或场所,如应急照明、用于消防设备的电源、用于防盗报警的电源以及其他不允许停电的特殊设备和场所,应选用报警式漏电保护器。

7)根据电网特点选用

①对中性点接地电网,无论是直接接地电网,还是高阻抗或低阻抗接地电网,只要配电变压器中性点与"地"有人为联系,均可选用漏电电流动作式漏电保护器。

②中性点不接地电网有对地电容变化的供电电路(如矿井挖掘设备的供电电缆)和对地电容相对稳定的供电电路两种。对前者,应选用可进行电容跟踪补偿的专用漏电保护器;对后者,则应选用装有对地电容补偿电路的漏电电流动作式漏电保护器。

8)额定电压与额定电流的选用

漏电保护器的额定电压和额定电流应与被保护线路(或被保护电气设备)的额定电压和额定电流相吻合。

9)极数和线数的选用

漏电保护器的极数和线数型式应根据被保护电气设备的供电方式来选用。

单相220 V电源供电的电气设备,应选用二极或单极二线式漏电保护器;三相三线380 V电源供电的电气设备,应选用三极式漏电保护器;三相四线380 V电源供电的电气设备,应选用三极四线或四极式漏电保护器。

(2)安装方法

①应按规定位置进行安装,以免影响动作性能。在安装带有短路保护的漏电保护器时,必须保证在电弧喷出方向有足够的飞弧距离。

②注意漏电保护器的工作条件,在高温、低温、高湿、多尘以及有腐蚀性气体的环境中使用时,应采取必要的辅助保护措施,以防漏电保护器不能正常工作或损坏。

③注意漏电保护器的负载侧与电源侧。漏电保护器上标有负载侧和电源侧时,应按此规定接线,切忌接反。

④注意分清主电路与辅助电路的接线端子。对带有辅助电源的漏电保护器,在接线时要注意哪些是主电路的接线端子,哪些是辅助电路的接线端子,不能接错。

⑤注意区分工作中性线和保护线。

⑥漏电保护器的漏电、过载和短路保护特性均由制造厂调整好,用户不允许自行调节。

⑦使用前,应操作试验按钮,检验漏电保护器的动作功能,只有能正常动作方可投入使用。

(3)使用与维护

①应定期检修漏电保护器,清除附在保护器上的灰尘,以保证其绝缘良好。同时应紧固螺钉,以免发生因振动而松脱或接触不良的现象。

②漏电保护器执行短路保护而分断后,应打开盖子作内部清理。清理灭弧室时,要将内壁和栅片上的金属颗粒和烟灰清除干净。清理触头时,要仔细清理其表面上的毛刺、颗粒等,以保证接触良好。当触头磨损到原来厚度的 1/3 时,应更换触头。

③大容量漏电保护器的操作机构在使用一定次数(约 1/4 机械寿命)后,其转动机构部分应加润滑油。

1.11.4 漏电保护器常见故障及其排除方法

漏电保护器常见故障及其排除方法见表 1.11.1。

表 1.11.1 漏电保护器常见故障及其排除方法

常见故障	可能原因	排除方法
漏电保护器不能闭合	①储能弹簧变形导致闭合力减小 ②操作机构卡住 ③机构不能复位再扣 ④漏电脱扣器未复位	①更换储能弹簧 ②重新调整操作机构 ③调整脱扣面至规定值 ④调整漏电脱扣器
漏电保护器不能带电投入	①过电流脱扣器未复位 ②漏电脱扣器未复位 ③漏电脱扣器不能复位 ④漏电脱扣器吸合无法保持	①等待电流脱扣器自动复位 ②按复位按钮,使脱扣器手动复位 ③查明原因,排除线路上漏电故障点 ④更换漏电脱扣器
漏电开关打不开	①触头发生熔焊 ②操作机构卡住	①排除熔焊故障,修理或更换触头 ②排除卡住现象,修理受损零件
一相触头不能闭合	①触头支架断裂 ②金属颗粒将触头与灭弧室卡住	①更换触头支架 ②清除金属颗粒,或更换灭弧室
启动电动机时漏电开关立即断开	①过电流脱扣器瞬时整定值太小 ②过电流脱扣器动作太快 ③过电流脱扣器额定整定值选择不正确	①调整过电流脱扣器瞬时整定值 ②适当调大整定电流值 ③重新选用
漏电保护器工作一段时间后自动断开	①过电流脱扣器长延时整定值不正确 ②热元件或油阻尼脱扣器元件变质 ③整定电流值选择不当	①重新调整 ②将已变质元件更换掉 ③重新调整整定电流值或重新选用
漏电开关温升过高	①触头压力过小 ②触头表面磨损严重或损坏 ③两导电零件连接处螺钉松动 ④触头超程太小	①调整触头压力或更换触头弹簧 ②清理接触面或更换触头 ③将螺钉拧紧 ④调整触头超程

续表

常见故障	可能原因	排除方法
操作试验按钮后漏电保护器不动作	①试验电路不通 ②试验电阻已烧坏 ③试验按钮接触不良 ④操作机构卡住 ⑤漏电脱扣器不能使断路器自由脱扣 ⑥漏电脱扣器不能正常工作	①检查该电路,接好连接导线 ②更换试验电阻 ③调整试验按钮 ④调整操作机构 ⑤调整漏电脱扣器 ⑥更换漏电脱扣器
过流脱扣器烧坏	①短路时机构卡住,开关无法及时断开 ②过流脱扣器不能正确地动作	①定期检查操作机构,使之动作灵活 ②更换过流脱扣器

漏电保护器的认知、安装与维修

1.12　电动机的认知、安装与维修

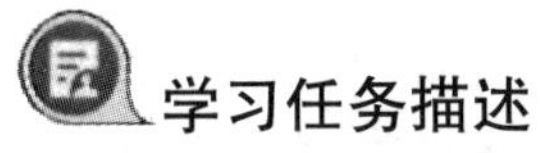

学习任务描述

电动机是把电能转换成机械能的一种设备,它利用通电线圈(也就是定子绕组)产生旋转磁场并作用于转子(如鼠笼式闭合铝框)形成磁电动力旋转扭矩。电动机在各类机械生产和工艺加工中随处可见。电动机的工作原理是什么?如何控制电动机的启动和停止?怎样拆装电动机?通过本节任务的学习,一起来认识电动机。

学习目标

1. 了解电动机的分类;
2. 掌握三相异步电动机的特点和分类;
3. 掌握三相异步电动机的结构和工作原理;
4. 掌握三相异步电动机的不同接线方法;
5. 掌握三相异步电动机的基本控制方法;
6. 能够团队协作拆卸和安装电动机;
7. 培养团结协作的精神、认真细致的工作态度及节能环保意识。

知识点学习

1.12.1　电动机的分类

电动机的分类如图1.12.1所示。

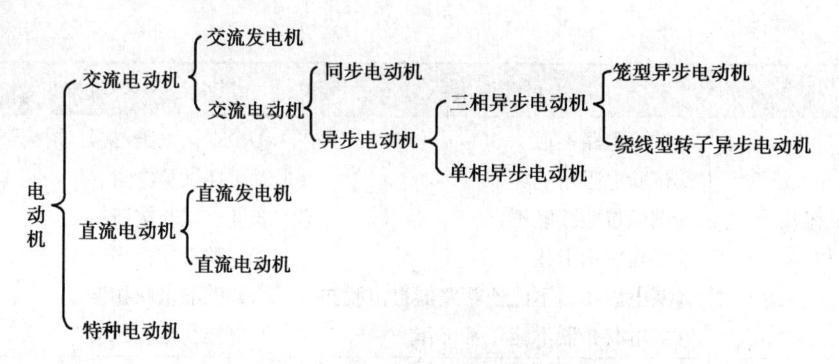

图1.12.1 电动机的分类

1.12.2 三相异步电动机的特点及分类

(1)特点

三相异步电动机具有结构简单、价格低廉、坚固耐用、使用维护方便等优点,得到了广泛应用。其缺点是功率因数低、调速困难等。

(2)分类

三相异步电动机一般按以下方式分类:

①按转子结构分类,分为笼型和绕线型转子异步电动机,其中笼型异步电动机使用较为广泛。

②按防护形式分类,分为开启式(IP11)、防护式(IP22、IP33)、封闭式(IP44)异步电动机等。

③按使用环境分类,分为船用、化工用、高原用、湿热地带用异步电动机等。

④按电动机容量大小分类,分为大、中、小型和微型电动机。

(3)中小型异步电动机的型号含义

中小型异步电动机型号的含义如下:

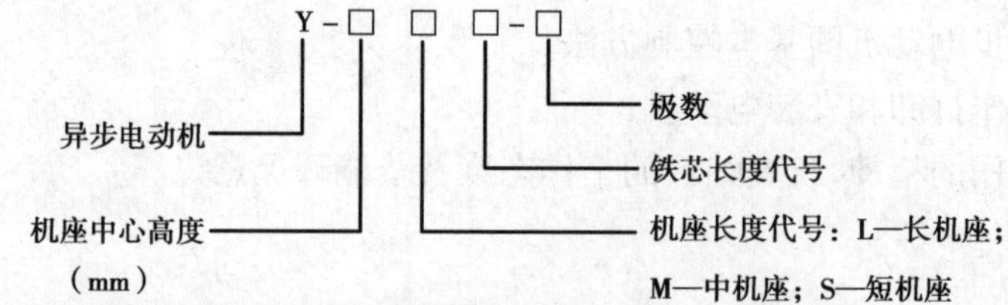

例如,型号Y-132M2-4中:Y为电动机的系列代号;132表示基座至输出转轴的中心高度为132 mm;M表示机座类型为中机座;2为铁芯长度代号;4为极数。

1.12.3 三相异步电动机的结构和工作原理

(1)结构

三相异步电动机由定子和转子两大部分组成,定子和转子之间的气隙一般为0.25~2 mm。三相笼型异步电动机的组成如图1.12.2所示。

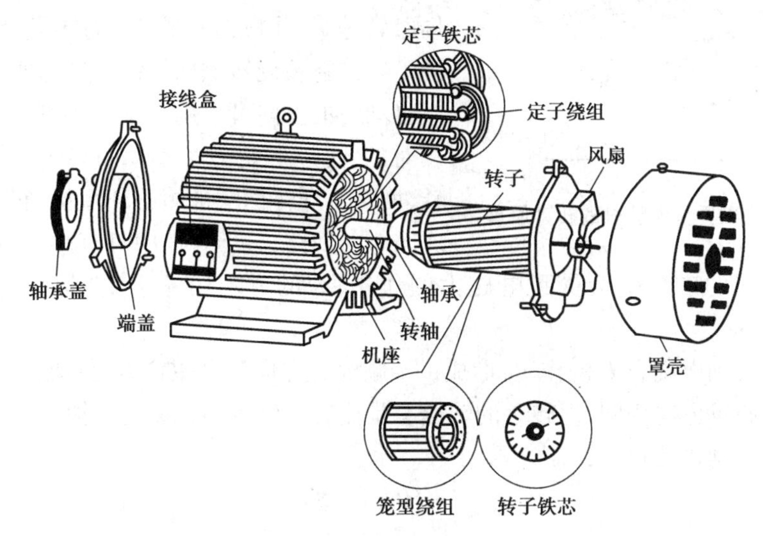

图1.12.2 三相笼型异步电动机的组成

1)定子

三相笼型异步电动机的定子主要由定子铁芯、定子绕组、机座、端盖等部件组成。

①定子铁芯。定子铁芯是电动机磁路的一部分,并用于放置定子绕组。为了减少定子铁芯中的涡流损耗,铁芯一般采用厚0.35~0.5 m的硅钢片叠装制成,硅钢片间经绝缘处理,互相绝缘。在铁芯片的内圆冲制有均匀分布的槽,以嵌放定子绕组。

②定子绕组。定子绕组的作用是通入三相对称的交流电,产生旋转磁场。小型电动机的定子绕组用高强度漆包线绕制成线圈后再嵌放在定子铁芯槽内;大中型电动机则用经过绝缘处理后的扁铜线或铜条绕制后放在定子铁芯槽内。为了保证绕组正常工作,绕组对铁芯、绕组间和绕组匝间必须可靠绝缘。

③机座。机座的作用是固定定子铁芯,并以两个端盖支撑转子,同时保护整台电动机的电磁部分,并散发电动机运行中产生的热量。

2)转子

三相笼型异步电动机的转子主要由转子铁芯、转子绕组、转轴和风扇等部件组成。

①转子铁芯。转子铁芯是电动机磁路的一部分,为了减少损耗,一般用0.5m厚相互绝缘的硅钢片冲制叠压而成。硅钢片外圆冲有均匀分布的转子槽,用来安放转子绕组。

②转子绕组。转子绕组的作用是产生感应电动势和感应电流,并在旋转磁场的作用下产生电磁力矩而使转子转动。转子绕组根据结构不同,可分为笼型和绕线型两种。

③转轴。转轴的作用是传递转矩。为了使电动机可靠地运行,转轴一般用合金钢锻压加工而成。

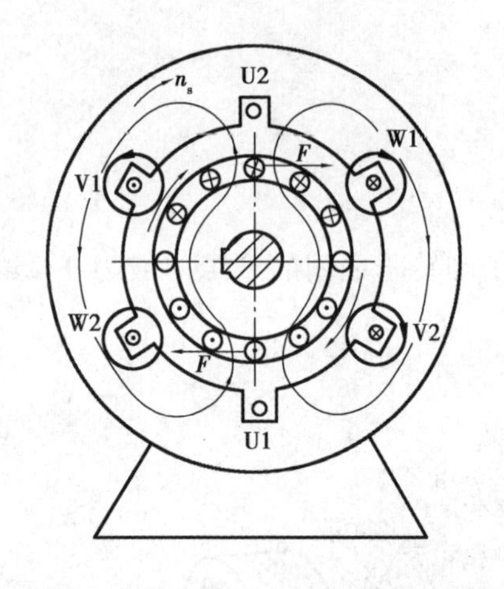

图 1.12.3 三相异步电动机的转动原理

④风扇。风扇用来降低运行中电动机的温升。

(2)工作原理

以两极电动机为例,说明三相异步电动机的工作原理。当三相对称的定子绕组中通入三相对称的交流电流时,会产生一个旋转的磁场。假定旋转磁场以转速 n_s 作顺时针旋转,而转子开始是静止的,转子导体将被旋转磁场切割而产生感应电动势。感应电动势的方向可以用右手定则判定。由于运动是相对的,可以假定磁场不动而转子导体作逆时针旋转,而转子导体两端被短路环短接,转子导体已经构成闭合的回路,转子导体中将有感应电流流过,因此转子导体在旋转的磁场中会受到电磁力的作用,力的方向用左手定则判定,如图 1.12.3 所示。

转子导体受到电磁力 F 的作用,形成一个顺时针方向的电磁转矩,驱动转子顺时针旋转,与定子的旋转磁场方向相同,但转子的转速总是比旋转磁场的转速慢一拍。

三相异步电动机的转速:

$$n=\frac{60f(1-S)}{p}$$

式中 n——电动机转速;

f——电源频率;

p——磁极对数;

S——转差率,$S=(n_1-n)/n_1$,$n_1=60f/p$。

1.12.4 三相异步电动机的接线

电动机的接线常用的有 Y 形[图 1.12.4(a)]和△形[图 1.12.4(b)]两种,要根据电动机的铭牌标注,进行接线。

1.12.5 三相异步电动机的基本控制方法

(1)三相异步电动机的启动方法

1)直接启动

小容量的电动机绝大部分都是直接启动。直接启动的优点是所需设备少,启动方式简单,成本低。理论上来说,所有的电动机都可以直接启动。但对于大容量的电动机来说,一方面,提供电源的线路和变压器容量很难满足电动机直接启动的条件;另一方面,强大的启动电流冲击电网和电动机,影响电动机的使用寿命,对电网稳定运行不利,大容量的电动机和不能直接启动的电动机都要采用降压启动。

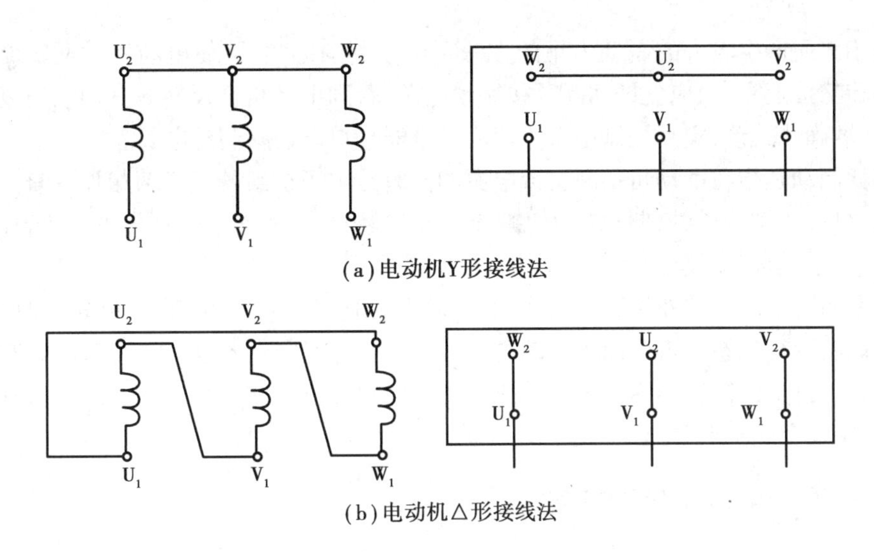

(a)电动机Y形接线法

(b)电动机△形接线法

图1.12.4　电动机接线方法

2)降压启动

利用降压启动可以限制启动电流,保证电动机顺利启动。

①自耦变压器降压启动。优点是可以直接人工操作控制,也可以用交流接触器自动控制,经久耐用,维护成本低,适合所有的空载、轻载启动异步电动机使用。

②Y-△降压启动。启动时定子绕组接成星形,启动结束接成三角形。其启动电流小,启动转矩小,优点是不需要添置启动设备,有启动开关或交流接触器等控制设备就可以实现,缺点是只能用于△连接的电动机,大型异步电动机不能重载启动。

③转子串电阻启动。这种启动方式,电阻是常数,将启动电阻分为几级,在启动过程中逐级切除,可以获取较平滑的启动过程。但能量消耗较大。

④延边三角形降压启动。启动时定子接成延边三角形,启动结束接成三角形,启动转矩比 Y 形转矩大,但电动机抽头较多,制造复杂。

(2)三相异步电动机的正反转

要想三相异步电动机反转,只需改变 3 根电源线的相序即可,即 3 根电源线中一根不动,另外两根对调即可。

(3)三相异步电动机的制动方法

三相异步电动机切除电源后依惯性总要转动一段时间才能停下来。而生产中起重机的吊钩或楼房中的电梯都要求准确定位;万能铣床的主轴要求能迅速停下来。这些都需要对拖动的电动机进行制动,其方法有两大类:机械制动和电力制动。

①机械制动是指采用机械装置使电动机断开电源后迅速停转的制动方法,如电磁抱闸、电磁离合器等电磁铁制动器。

②电力制动是指电动机在切断电源的同时给电动机一个和实际转向相反的电磁力矩(制动力矩)使电动机迅速停止的方法。最常用的方法有反接制动和能耗制动和再生回馈制动。

a.反接制动是指在电动机切断正常运转电源的同时改变电动机定子绕组的电源相序,使之有反转趋势而产生较大的制动力矩的方法。反接制动的实质:使电动机欲反转而制动,当电动机的转速接近零时,应立即切断反接制动电源,否则电动机会反转。其制动速度快,但消耗能量大、准确性较差,实际控制中采用速度继电器来自动切除制动电源。

b. 能耗制动是指在电动机切断交流电源的同时给定子绕组的任意两相加一直流电源,以产生静止磁场,依靠转子的惯性转动切割该静止磁场产生制动力矩的方法。其制动准确性好、消耗能量小,但速度较慢。

c. 再生回馈制动是在外加转矩的作用下,转子转速超过同步转速,电磁转矩改变方向成为制动转矩的运行状态。再生回馈制动与反接制动和能耗制动不同,再生回馈制动不能制动到停止状态。再生回馈制动不仅不消耗能量还向电网反馈电能,但仅适合于由高速向低速切换时,其使用场合受到限制。

(4)三相异步电动机的调速方法

①变极调速的方法。变换异步电动机绕组极数从而改变同步转速进行调速的方式称为变极调速。异步电动机的极对数由定子绕组的连接方式来决定,这样就可以通过改换定子绕组的连接来改变异步电动机的极对数。变更极对数的调速方法一般仅适用于笼型异步电动机。双速电动机、三速电动机是变极调速中常用的两种形式。

②变转差率调速。

③变频调速。变频调速是指利用电动机的同步转速随频率变化的特性,通过改变电动机的供电频率进行调速的方法。在异步电动机诸多的调速方法中,变频调速的性能最好,调速范围广,效率高,稳定性好。采用通用变频器可对笼型异步电动机进行调速控制,使用方便,可靠性高。

1.12.6 电动机拆卸与安装

(1)电动机的拆卸步骤

电动机的拆卸步骤如图 1.12.5 所示。

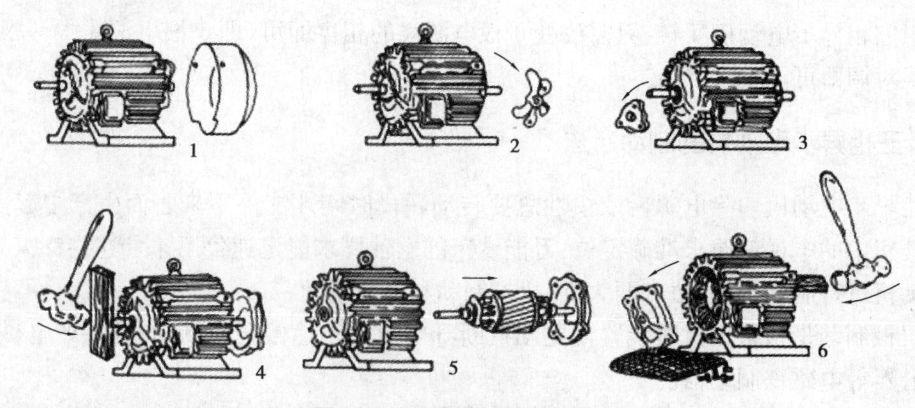

图 1.12.5 电动机的拆卸步骤

①卸皮带轮或联轴器,拆电机的尾部风扇罩。

②卸下定位键或螺丝,并拆下风扇。

③旋下前后端盖紧固螺钉，并拆下前轴承外盖。

④用木板垫在转轴前端，将转子连同后端盖一起用锤子从正口中敲出。

⑤抽出转子。

⑥将木方伸进定子铁芯顶住前端盖，再用锤子敲击木方卸下前端盖，最后拆卸前后轴承及轴承内盖。

(2)电动机的装配步骤

①按拆卸时的逆顺序进行，并注意将各部件按拆卸时所作的标记复位。

电动机的装配步骤与拆卸步骤相反。对一般中小型电动机，只拆除风叶罩、风叶、前轴承外盖和前端盖，而后轴承外盖、后端盖连同前后轴承、轴承内盖及转子一起抽出。主要零部件的拆装方法如下：

a. 皮带轮或联轴器的拆装。拆卸时，先在皮带轮或联轴器与转轴之间作位置标记，拧下固定螺钉和销子，然后用拉具慢慢地拉出。如果拉不出，可在内孔浇点煤油再拉。如果仍拉不出，可用急火围绕皮带轮或联轴器迅速加热，同时用湿布包好轴，并不断浇冷水，以防热量传入电动机内部。装配时，先用细铁砂布把转轴、皮带轮或联轴器的轴孔砂光滑，将皮带轮或联轴器对准键槽套在轴上，用熟铁或硬木块垫在键的一端，轻轻将键敲入槽内。键在槽内要松紧适度，太紧或太松都会伤键和伤槽，太松还会使皮带打滑或振动。

b. 轴承盖的拆装。轴承外盖拆卸很简单，只要拧下固定轴承盖的螺钉，就可取下前后轴承外盖。前后两个轴承外盖要分别标上记号，以免装配时前后装错。轴承外盖的装配方法：将外盖穿过转轴套在端盖外面，插上一颗螺钉，一手顶住这颗螺钉，一手转动转轴，使轴承内盖也跟着转到与外盖的螺钉孔对齐时，便可将螺钉顶入内盖的螺孔中并拧紧，最后把其余两颗螺钉也装上拧紧。

c. 端盖的拆装。拆卸前，应在端盖与机座的接缝处作标记，以便复原。然后拧下固定端盖的螺钉，用螺丝刀慢慢地撬下端盖（拧螺钉、撬端盖都要对角线均匀对称地进行）。前后端盖要作记号，以免装配时前后搞错。装配时，对准机壳和端盖的接缝标记，装上端盖。插入螺钉拧紧（要按对角线对称地旋进螺钉，而且要分几次旋紧，且不可有松有紧，以免损伤端盖）。要随时转动转子，以检查转动是否灵活。

d. 转子的拆装。前后端盖拆掉后，便可抽出转子。转子很重，应注意切勿碰坏定子线圈。对小型电动机转子，抽出时要一手握住转子，把转子拉出一些，再用另一只手托住转子，慢慢地外移。对大型电动机，抽出转子时要两人各抬转子的一端，慢慢外移。装配时，要按上述逆过程进行，要对准定子腔中心送入。

e. 滚动轴承的拆装。拆卸滚动轴承的方法与拆卸皮带轮类似，也可用拉具来进行。如果没有拉具，可用两根铁扁担夹住转轴，使转子悬空，然后在转轴上端垫木块或铜块后，用锤敲打使轴承脱开拆下，在操作过程中注意安全。装配时，可找一根内径略大于转轴外径的平口铁管套入转轴，使管壁正好顶在轴承的内圈上，便可在管口垫木块用手锤敲打。使轴承套入转子定位处。注意轴承内圆与转轴间不能过紧。如果过紧，可用细砂布打转轴表面四周，均匀地打磨一下，使轴承套入后保持一般的紧密度即可。另外，轴承外圈与端盖之间也不能太紧。在总装电动机时要特别注意，如果没有将端盖、轴承盖装在正确位置，或没有掌握好螺钉的松紧度和均匀度,都会引起电动机转子偏心,造成扫膛等不良运行故障。

②装配后的检验。检查转子是否转动灵活,监测绝缘电阻是否符合要求。

电动机的认知、安装与维修

习题

一、填空题

1. 行程开关也称________开关,可将________信号转化为电信号,通过控制其他电器来控制运动部分的行程大小、运动方向或进行限位保护。

2. 常用的低压电器是指工作电压在交流________以下、直流________以下的电器。

3. 电磁机构中的________是静止不动的,只有________是可动的。

4. 自动空气开关又称________开关,它既能通断电路,又能进行________保护。

5. 时间继电器种类很多,按其动作原理分为电磁式、空气阻尼式、电动式、电子式;按延时方式分为________、________。

6. 电器按动作性质分为________和________。

7. 常用的电气制动方法有________和________。

8. 电磁机构由________、________和________等部分组成。

9. 热继电器主要由________、触头和________三部分组成。

10. 触头系统按功能分为________和________两类。

二、选择题

1. 低压电器按动作性质分类,以下不是自动电器的是(　　)。

A. 继电器　　B. 熔断器　　C. 空气开关　　D. 刀开关

2. 低压断路器(　　)。

A. 有短路保护,有过载保护　　B. 有短路保护,无过载保护

C. 无短路保护,有过载保护　　D. 无短路保护,无过载保护

3. 下列电器既是自动电器又是保护电器的是(　　)。

A. 按钮　　B. 刀开关　　C. 万能转换开关　　D. 空气开关

4. 断电延时型时间继电器,它的动断触点为(　　)。

A. 延时断开的动断触点　　B. 瞬时动断触点

C. 瞬时断开延时闭合的动断触点　　D. 延时断开瞬时闭合的动断触点

5. 在电气控制线路中,若对电动机进行过载保护,选用的低压电器是(　　)。

A. 过电压继电器　　B. 熔断器　　C. 热继电器　　D. 时间继电器

三相异步电动机控制电路的设计、安装与调试

电气控制在生产、科学研究及其他各个领域的应用十分广泛。生产机械运动部件的移动或转动的动力大多来自电力拖动装置。电力拖动装置由电动机、传动机构和控制电动机的电气设备等环节组成。本模块主要介绍组成电力拖动装置的电气控制线路的基本控制环节，即常用的几种继电—接触器控制线路：点动控制线路、连续控制线路、正反转控制线路、顺序启动控制线路、降压启动控制线路、制动控制线路和调速控制线路等，以及三相异步电动机控制线路的安装和调试过程，逐步培养学生的读图能力、故障处理能力以及实践操作技能，为今后从事电工职业，对控制线路的设计、安装和技术改造打下一定的基础。

2.1 三相异步电动机点动控制电路

学习任务描述

额定电压通过按钮控制加在三相笼型异步电动机的定子绕组上而使电动机启动的过程称为三相异步电动机的点动控制。点动控制是一种简单、经济、可靠的启动方法，即按下按钮时电动机启动运转，松开按钮时电动机停止运转。点动控制多用于起吊重物或机床刀架、横梁、立柱等快速移动和机床的对刀等场合。

➤ 学习目标

1. 能正确阅读各种电气线路图，包括电气原理图、电器元件布置图与电气接线图；
2. 能正确绘制电气原理图；
3. 能熟练掌握电气线路的安装要求及工艺要求；
4. 能说出电动机点动控制线路的组成；
5. 能分析电动机点动控制线路的工作原理；
6. 能直接根据原理图熟练地安装电动机点动控制线路；
7. 能熟练、准确无误地排除点动控制电路的电气和机械故障。
8. 能积极参与教学实践活动，分享活动成果；

9. 能以良好的学习态度、团结合作、协调完成教学活动;
10. 能自觉遵守课堂纪律,维持课堂秩序;
11. 具有较强的节能、安全、环保和质量意识。

➢ 知识点学习

2.1.1 电气控制识图基本知识

(1)电气线路用图的分类及其作用

在电气控制系统中,先由配电器将电能分配给不同的用电设备,再由控制电器使电动机按设定的规律运转,实现由电能到机械能的转换,满足不同生产机械的要求。在电工领域,安装、维修都要依靠电气原理图(电路图)和施工图,施工图又包括电器元件布置图和电气接线图。

电气原理图是根据生产机械运动形式对电气控制系统的要求,采用国家统一规定的电气图形符号和文字符号来表示电路结构和连接关系的一种简图。它是分析电气控制原理、绘制及识读电气控制接线图和电器元件位置图的主要依据。

电器元件布置图是根据电器元件在控制板上的实际安装位置,采用简化外形符号(如方形等)而绘制的一种简图,主要用于电器元件的布置和安装。

电气接线图是用来表明电气设备或线路连接关系的简图,可作为安装接线、线路检查和线路维修的主要依据。

为了便于信息交流与沟通,在电气控制线路中,各种电器元件的图形符号和文字符号必须统一,即符合国家强制执行的国家标准。我国采用国家标准《电气简图用图形符号》(GB/T 4728.2～4728.13—2000)中所规定的图形符号,文字符号标准采用《电气技术中的文字符号制订通则》(GB/T 20939—2007)中所规定的文字符号,这些符号是电气工程技术的通用技术语言。

(2)电气线路图中常用的图形和文字符号

电路和电气设备的设计、安装、调试与维修都要有相应的电气线路图作为依据或参考。电气线路图是根据国家标准的图形符号和文字符号,按照规定的画法绘制出的图纸。要识读电气线路图,必须明确电气线路图中常用的图形符号和文字符号所代表的含义,这是看懂电气线路图的前提和基础。

1)基本文字符号

基本文字符号分单字母文字符号和双字母文字符号两种。单字母文字符号是按拉丁字母顺序将各种电气设备、装置和元器件划分为23类,每一大类电器用一个专用单字母符号表示,如“K”表示继电器、接触器类,“R”表示电阻器类。当单字母符号不能满足要求而需要将大类进一步划分,以便更为详尽地表述某一种电气设备、装置和元器件时采用双字母符号。双字母文字符号由一个表示种类的单字母符号与另一个字母组成,组合形式为单字母符号在前，另一个字母在后，如“F”表示保护器件类，“FU”表示熔断器，“FR”表示热继电器。

2）辅助文字符号

辅助文字符号用来表示电气设备、装置、元器件及线路的功能、状态和特征，如“DC”表示直流，“AC”表示交流。辅助文字符号也可放在表示类别的单字母符号后面组成双字母符号，如“KT”表示时间继电器等。辅助文字符号也可单独使用，如“ON”表示接通，“N”表示中线等。

表2.1.1中列出了部分常用的电器元件图形符号和基本文字符号，实际使用时如需要更详细的资料，请查阅有关国家标准。

表2.1.1　常用电器元件图形、文字符号

名称		图形符号	文字符号
一般三相电源开关		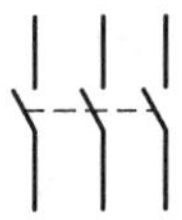	QS
低压断路器		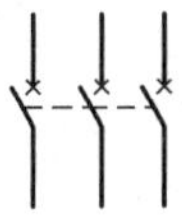	QF
位置开关	常开触点		SQ
	常闭触点		
	复合触点	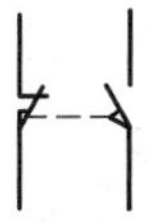	
熔断器			FU

续表

名称		图形符号	文字符号
按钮	启动		SB
	停止		
	复合		
接触器	线圈		KM
	主触点		
	常开辅助触点		
	常闭辅助触点		
速度继电器	常开触点	n	KS
	常闭触点	n	

续表

名称		图形符号	文字符号
时间继电器	线圈		KT
	常开延时闭合触点		
	常闭延时断开触点		
	常闭延时闭合触点		
	常开延时断开触点		
热键电器	热元件		FR
	常闭触点		
继电器	中间继电器线圈		KA
	欠电压继电器线圈		KA
	欠电流继电器线圈		KI

续表

名称		图形符号	文字符号
继电器	过电流继电器线圈		KI
	常开触点		相应键电器符号
	常闭触点		
转换开关			SA
制动电磁铁			YB
电磁离合器			YC
电位器			RP
桥式整流装置			VC
照明灯			EL
信号灯			HL
电阻器		或	R

续表

名称	图形符号	文字符号
接插器		X
电磁铁		YA
电磁吸盘		YH
串励直流电动机		M
他励直流电动机		
并励直流电动机		
复励直流电动机		
直流发动机		G
三相笼型异步电动机	M 3~	M
三相绕线转子异步电动机		

续表

名称	图形符号	文字符号
单相变压器 整流变压器 照明变压器		T
控制变压器		TC
三相自耦变压器		T
半导体二极管		V
PNP 型三极管		
NPN 型三极管		
晶闸管(阴极侧受控)		

表 2.1.2 常见设备及基本文字符号

基本文字符号		项目种类	设备、装置、元器件举例
单字母	双字母		
A	AT	组件部件	抽屉柜
B	RP	非电量到电量交换器或电量到非电量交换器	压力变换器
	BQ		位置变换器
	BT		湿度变换器
	BV		速度变换器
F	FU	保护电器	熔断器
	FV		限压保护器
H	HA	信号器件	声响指示器
	HL		指示灯

续表

基本文字符号		项目种类	设备、装置、元器件举例
单字母	双字母		
K	KM	接触器、继电器	接触器
	KA		中间继电器
	KP		极化继电器
	KR		簧片继电器
	KT		时间继电器
P	PA	测量设备 试验设备	电流表
	PJ		电度表
	PS		记录仪器
	PV		电压表
	PT		时钟、操作时间表
Q	QF	开关器件	断路器
	QM		电动机保护开关
	QS		隔离开关
R	RP	电阻器	电位器
	RT		热敏电阻器
	RV		压缩电阻器
S	SA	控制、记忆、信号电路的开关器件选择器	控制开关
	SB		按钮开关
	SP		压力传感器
	SQ		位置传感器
T	TA	变压器	电流互感器
	TC		电源变压器
	TM		电力变压器
	TV		电压互感器
X	XP	端子、插头、插座	插头
	XS		插座
	XT		端子板

续表

基本文字符号		项目种类	设备、装置、元器件举例
单字母	双字母		
Y	YA	电气操作的机械器件	电磁铁
	YV		电磁阀
	YB		电磁离合器

(3)绘制各电气线路图应遵循的原则

1)绘制电气原理图应遵循的原则

电气原理图是指用于描述电气控制线路的工作原理以及各电器元件的作用和相互关系,而不考虑各元件实际位置和实际连线情况的图纸。电气原理图一般分为电源电路、主电路、辅助电路三部分。绘制电气原理图一般遵循以下规则:

①电源电路一般画成水平线,三相交流电源相序 L1、L2、L3 自上而下依次画出,若有中线 N 和保护地线 PE,则应依次画在相线之下。直流电源的"+"端在上画出,"-"端在下画出。电源开关要水平画出。

主电路是指受电的动力装置及控制、保护电器的支路等,是电源向负载提供电能的电路,它由主熔断器、接触器的主触头、热继电器的热元件以及电动机等组成。主电路通过的是电动机的工作电流,电流较大,一般在图纸上用粗实线垂直于电源电路绘于电路图的左侧。

辅助电路一般包括控制主电路工作状态的控制电路、显示主电路工作状态的指示电路、局部照明电路等。辅助电路一般按照控制电路、指示电路和照明电路的顺序,用细实线依次垂直画在主电路的右侧,并且耗能元件(如接触器和继电器的线圈、指示灯、照明灯等)要画在电路的下方,与下部分电源线相连,而电器的触头要画在耗能元件与上部分电源线之间。为读图方便,一般按照自左至右、自上而下的排列来表示操作顺序。

②电气原理图中,属于同一电器的线圈和触头,都要用同一文字符号表示。当使用相同类型电器时,可在文字符号后加注阿拉伯数字序号来区分,如两个接触器用 KM1、KM2 表示,或用 KMF、KMR 表示。

③电气原理图中,同一电器的不同部件,常不绘在一起,而是绘在它们各自完成作用的地方。例如,接触器的主触头通常绘在主电路中,而吸引线圈和辅助触头则绘在控制电路中,但它们都用 KM 表示。

④电气原理图中,所有电器触头都按没有通电或没有外力作用时的常态绘出,如继电器、接触器的触头按线圈未通电时的状态画;按钮、行程开关的触头按不受外力作用时的状态画等。

⑤电气原理图中,在表达清楚的前提下,尽量减少线条,尽量避免交叉线的出现。两线需要交叉连接时需用黑色实心圆点表示。

⑥电气原理图中,无论是主电路还是辅助电路,各电器元件一般应按动作顺序从上到下、从左到右依次排列,可水平或垂直布置。

⑦为了查线方便，在电气原理图中两条以上导线的电气连接处要打一圆点，且每个接点要标一个编号，编号的原则是靠近左边电源线的用单数标注，靠近右边电源线的用双数标注，通常都是以电器的线圈或电阻作为单、双数的分界线，电器的线圈或电阻应尽量放在各行的一边（左边或右边）。

⑧在阅读电气原理图前，必须对控制对象有所了解，尤其对机、液（或气）、电配合得比较密切的生产机械，单凭电气线路图往往不能完全看懂其控制原理，只有了解了有关的机械传动和液（气）压传动后，才能搞清全部控制过程。

阅读电气原理图的步骤：一般先看主电路，再看控制电路，最后看信号及照明等辅助电路。看主电路有几台电动机，各有什么特点，如是否有正、反转，采用什么方法启动，有无制动等。看控制电路时，一般从主电路的接触器入手，按动作的先后次序（通常自上而下）一个一个分析，搞清楚它们的动作条件和作用。控制电路一般由一些基本环节组成，阅读时可把它们分解出来，以便于分析。此外还要看有哪些保护环节。三相异步电动机点动控制电路的电气原理图如图2.1.1所示。

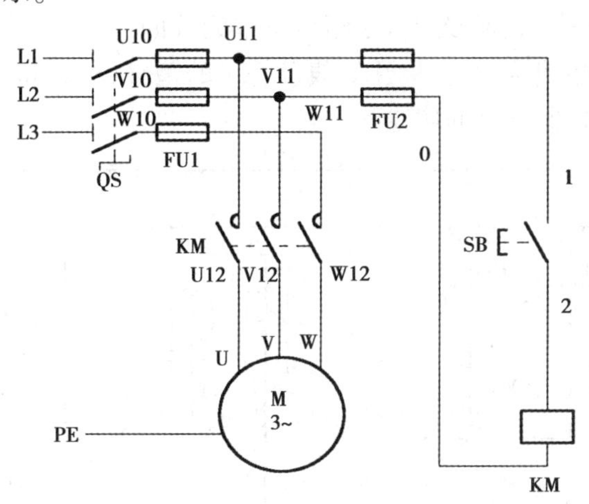

图2.1.1　三相异步电动机点动控制电气原理图

2）绘制电器元件布置图的原则

电器元件布置图是指根据电器元件在控制板上的实际位置，采用简化的外形符号绘制的一种简图。它不表示各电器的具体结构、作用、接线情况以及工作原理，主要用于安装电器元件。布置图各电器的文字符号应与电气原理图、接线图一致，三相异步电动机点动控制电路的布置图如图2.1.2所示。

3）绘制电气接线图的原则

电气接线图是根据电气设备和电器元件的实际位置和安装情况绘制的，它只用来表示电气设备和电器元件的位置、配线方式和接线方式，是电气施工的主要图样，主要用于安装接线、线路检修和故障处理。

①接线图中应示出电气设备和电器元件的相对位置、文字符号、端子号、导线号、导线类型、导线规格等。

②各电气设备和电器元件应按实际安装位置绘制在图纸上，且同一电器元件的各部件应根据实际结构画在一起，并用点画线框上，其文字符号和接线端子编号应与电气原理图中的

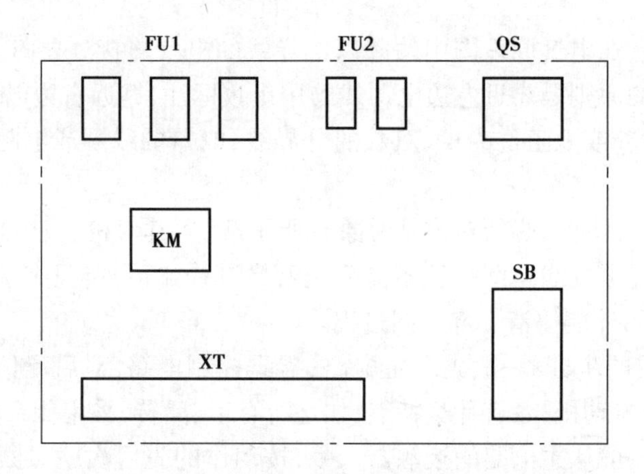

图 2.1.2　三相异步电动机点动控制电路的布置图

标注一致。

③接线图中导线有单根导线、导线组、电缆等之分,可用连续线或中断线表示。凡走向一致的导线可合并,用线束表示,到接线端子板或电器元件的连接点时再分别画出。用线束表示导线组、电缆时,可加粗线条,并应标注导线及管子的型号、根数和规格。如图 2.1.3 所示为三相异步电动机点动控制电路的接线图。

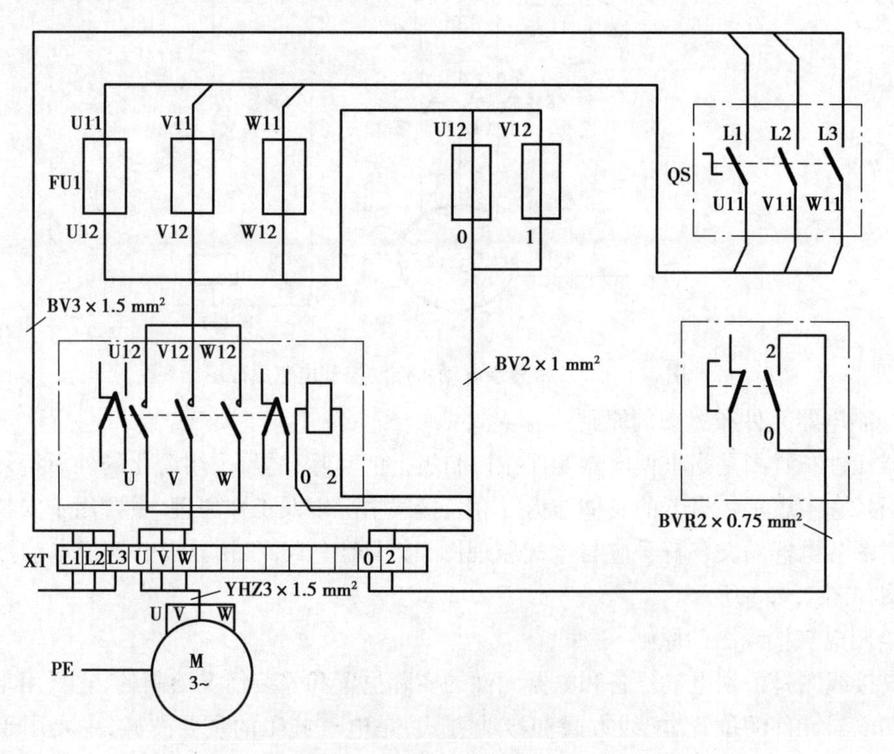

图 2.1.3　三相异步电动机点动控制电路的接线图

2.1.2　基本控制线路安装步骤及工艺要求

(1)安装元件工艺要求

①安装前应检查各元件是否良好。

②各元件的安装位置应整齐、匀称,间距合理,便于元件的更换。

③每个接线柱不允许超过两根导线,导线与元件连接要接触良好,以减小接触电阻。

④导线与元件连接处是螺丝的,导线线头要沿顺时针方向绕线。

⑤紧固各元件时,用力要均匀,紧固程度适当,在紧固熔断器等易碎元件时,应该用手按住元件一边轻摇动,一边用螺丝刀轮换旋紧对角线上的螺钉,直到手摇不动时,再适当加固旋紧些即可。

(2)安装电气控制线路的方法和步骤

①阅读电气原理图。明确原理图中的各种器件的名称、符号、作用,理清电路图的工作原理及其控制过程。

②选择元器件。根据电气原理图选择器件并进行检验,包括组件的型号、容量、尺寸、规格、数量等。

③配齐需要的工具、仪表和合适的导线。按控制电路的要求配齐工具、仪表,按照控制对象选择合适的导线,包括类型、颜色、截面积等。导线连接可用单股线(硬线)或多股线(软线)连接。用单股线连接时,要求连线“横平竖直”,沿安装板走线,尽量少出现交叉线,拐角处应为直角;布线要美观、整洁,便于检查。用多股线连接时,安装板上应搭配有行线槽,所有连线沿线槽内走线。电路U、V、W三相用黄色、绿色、红色导线,中线(N)用黑色导线,保护接地线(PE)必须采用黄绿双色导线。

④安装电气控制线路。根据电气原理图、接线图和平面布置图,对所选组件(包括接线端子)进行安装接线。要注意组件上的相关触头选择,区分常开、常闭、主触头、辅助触头。布线通道要尽可能少,同路并行导线按主、控电路分类集中,单层密排,紧贴安装面布线。

⑤同一平面的导线应高低一致,不能交叉。非交叉不可时该根导线应在接线端子引出时就水平架空跨越,且必须走线合理。

⑥设计布局时应该考虑接线方便、布局合理、间距合适。布线应当横平竖直,分布均匀。变换走向时应垂直转向,不允许有飞线。

⑦布线时严禁损伤线芯和导线绝缘。

⑧在每根剥去绝缘层导线的两端套上编码套管,所有从一个接线端子(或接线桩)到另一个接线端子(或接线桩)的导线必须连续,中间无接头,导线线号的标志应与原理图和接线图相符合。在每一根连接导线的线头上必须套上标有线号的套管,位置应接近端子处。线号编制方法如下:主电路在电源开关出线端开始依次编号为U11、V11、W11。然后按从上到下、从左到右的顺序,每经过一个电路元件,编号递增,如U12、V12、W12;U13、V13、W13;……三相交流电动机的3根引线,按相序依次编号为U、V、W。对多台电动机引出的编号,可在字母前用不同数字加以区分,如1U、1V、1W;2U、2V、2W;……辅助电路编号按“等电位”原则,按从

左到右、从上到下的顺序,用数字依次编号,每经过一个电路元件,编号递增。控制电路编号起始数必须是 1;照明电路编号起始数为 100;指示电路编号起始数为 201。

⑨导线与接线端子或接线桩连接时,不得压住导线上的绝缘层、线芯不能反圈及接线处不能露铜过长(裸露部分不能超过 2 mm)。

⑩所有接点采用冷压端子,压接的采用压针,绕接的采用 U 形插,压针和 U 形插直径要选择合适,并保证压接良好。

⑪安装完成后必须先经过自检,检查有无短路、断路故障,自行检查无误后还需由组长或教师检测无误后方可通电试车。

2.1.3 三相异步电动机点动控制电路

(1)点动控制电路原理图识读

①控制回路电源为 380 V 时,无状态信号的点动控制。

如图 2.1.1 所示是控制回路电源为 380V 时,按照电气原理图的一般规定绘制的无状态信号的三相异步电动机点动控制电路。其三相交流电源线 L1、L2、L3 依次水平画在图的左上方,电源开关水平画出。由熔断器 FU1、接触器 KM 的 3 对主触点和电动机组成的主电路垂直电源线画在图的左侧。由启动按钮 SB、接触器 KM 的线圈组成的控制电路跨接在 L1 和 L2 两条电源线之间,垂直画在主电路的右侧,能耗元件 KM 的线圈画在电路的下方,为与主电路的接触器表示同一电器,在图形符号旁边标注了相同的文字符号 KM。电路按规定在各接点处进行标号,主电路用 U、V、W 和数字表示,如 U11、V11、W11;控制电路用阿拉伯数字表示,编号原则上是从左到右、从上到下数字递增。

电动机的启动与停止:合上隔离开关 QS,按下启动按钮 SB 动合触点闭合,电源 L1 相→熔断器 FU1→1 号线→启动按钮 SB 动合触点闭合中→2 号线→接触器 KM 线圈→控制回路熔断器 FU2→电源 L2 相,构成回路,接触器 KM 线圈得到交流 380 V 的工作电压动作,接触器 KM 的 3 个主触点同时闭合,电动机绕组获得三相 380 V 交流电源,电动机启动运转。

手离开停止按钮 SB,动合触点断开,接触器 KM 线圈断电释放,接触器 KM 的 3 个主触点同时断开,电动机绕组脱离三相 380 V 交流电源,停止转动。

这种控制方法常用于电动葫芦的起重电动机升降和车床拖板箱快速移动电动机控制。短路、过载保护有 FU1、FU2 以及 QS,欠压、失压保护有 KM。

注意:点动控制一般不用来连续运行操作,主要用来实现对生产设备的手动调整、检修处理等。点动控制的运行电动机不需要热继电器的保护。

②控制回路电源为 220 V 时,有状态信号及其他低压电器的点动控制。

(2)点动控制电路电器元件布置图识读

点动控制电路元器件布置图如图 2.1.2 所示,表明了电气设备上所有电动机、电器的实际位置,可以根据此图完成电气控制设备的安装。

(3)点动控制电路电气安装接线图识读

点动控制电路接线图如图 2.1.3 所示,它是根据电器元件布置最合理、连接导线最经济等原则来绘制的，它可以为安装电气设备、电器元件间配线及检修电气故障等提供必要的依据。

(4)点动控制电路安装步骤及工艺要求

①先根据原理图绘制电器布置图和安装接线图，列出元件明细表，准备检验电器元件，再根据电器布置图在配线板上安装固定电器元件。

②根据安装接线图进行板前明线配线和套编码管，工艺要求布线一般以接触器为中心，由里向外，由低至高，先控制电路，后主电路，以不妨碍后续接线为原则；按钮所有接线均应接到接线排上；电动机接线时应先接电动机线，后接电源线，接线过程中，不得用手触及螺丝刀的金属部分。其余同 2.1.2 所述。

(5)通电试车前的自检要求

以控制回路电源为 380 V 时，无状态信号的点动控制为例，当线路安装完毕后，在通电试车前必须经过自检，并经指导教师确认无误后方可通电试车。自检的方法及步骤如下：

①用观察法检查。首先按电路图或接线图从电源端开始，逐段核对接线及接线端子处线号是否正确，有无漏接、错接之处。然后检查导线接点是否符合要求，压接是否牢固。同时注意接点接触应良好，以避免带负载运转时产生闪弧现象。

②用万用表检查控制线路的通断情况。

a. 检查时，应选用倍率适当的电阻挡，并进行校零，然后将万用表的表笔分别搭接在 U11、U11 接线端上，测量 U11 与 V11 之间的电阻，此时的读数应为“∞”。若读数为零，则说明线路有短路现象；若此时的读数为接触器线圈的直流电阻值，则说明线路接错，会造成合上总电源开关后，在没有按下按钮 SB 的情况下，接触器 KM 直接得电动作的现象。

b. 按下按钮 SB，万用表读数应为接触器线圈的直流电阻值。松开按钮 SB 后，此时的读数应为“∞”。

③用兆欧表检查线路的绝缘电阻的阻值不得小于 1 MΩ。

(6)通电试车工艺要求

学生通过自检和教师确认无误后，在教师的监护下进行通电试车。通电试车的操作步骤如下：

①接上三相电源 L1、L2、L3，并合上 QF，然后用验电笔进行验电，电源正常后，进行下一步操作。

②按下按钮 SB，接触器得电吸合，电动机启动运转；松开 SB，接触器失电复位，电动机脱离电源停止运行。反复操作几次，以观察线路的可靠性。

③试车完毕后，应先切断电源，方可拆线。拆线时，应先拆电源线，后拆电机线。

操作提示：

①在通电试车过程中，注意观察线路功能是否符合要求，电器元件的动作是否灵活，有无卡阻及噪声过大等现象。

②合上电源后不得对线路接线是否正确进行带电检查。若发现有异常现象，应立即

停车。

③学生在接线或者拆线过程中,不得用手触及螺丝刀的金属部分。

(7)检修方法

三相异步电动机点动控制电路常见故障是电动机不能启动或电动机缺相,检修方法如下:

①线路检测:断电情况下实施主电路检测,即合上 QS,用万用表 $R\times10$ 挡测 L1、L2、L3 分别与 U11、V11、W11 之间的电阻应为 0、∞、∞;∞、0、∞;∞、∞、0。控制电路检测:组员 1 按下启动按钮 SB 不动,使 SB 动合触点闭合中,组员 2 用万用表 $R\times2\text{k}$ 挡测 L1 相分别与熔断器 FU1、U11(1 号线)、2 号线、接触器 KM 线圈下(0 号线)、熔断器 FU2(V11)、电源 L2 相之间的电阻应为 0、0、0、KM 线圈阻值、KM 线圈阻值、KM 线圈阻值。若 L1 与 L2 之间有断点,可将万用表一只表笔放在 L1,另一只表笔从熔断器开始依次下移,直至 L2,找出故障点位置,并修复。

②电动机检测。用万用表 $R\times10$ 挡测 U1 与 U2、V1 与 V2、W1 与 W2 之间的电阻,检测电动机绕组是否断线,如有断线应修复电动机。

2.2 三相异步电动机连续控制电路

三相异步电动机点动控制电路

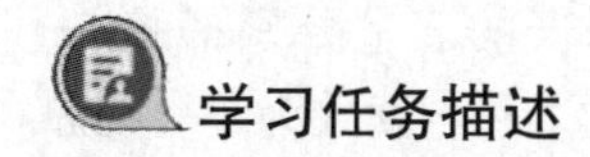

学习任务描述

点动控制线路的特点:手必须按在启动按钮上电动机才能运转,手松开按钮后,电动机则停转,它实现的是电动机的断续控制。这种控制电路对生产机械中电动机的短时间控制十分有效,如果生产机械中电动机需要控制时间较长,手必须始终按在按钮上,操作人员的一只手被固定,不方便其他操作,劳动强度大。而在现实中的许多生产机械,往往需要按下启动按钮后,电动机启动运转,当松开按钮后,电动机仍然会继续运行,这就是三相异步电动机的连续控制方式,也称为三相异步电动机的接触器自锁控制方式,其主要是利用交流接触器的辅助触头维持交流接触器的线圈长时间得电,从而使得交流接触器的主触头长时间闭合,电动机长时间转动。这种三相异步电动机连续控制的方式是维修电工必须掌握的基础知识和基本技能,其具有使用电器少、接线简单、操作方便等特点,主要应用于三相排风扇、砂轮机等机械设备。

➢ 学习目标

1. 正确理解三相异步电动机连续控制电路的工作原理;
2. 能正确识读连续控制电路的原理图、接线图和布置图;
3. 会按照工艺要求正确安装三相异步电动机连续控制电路;
4. 能根据故障现象,检修三相异步电动机连续控制电路;
5. 养成独立思考和动手操作的习惯,培养小组协调能力和互相学习的精神。

➤ 知识点学习

2.2.1　连续控制电路原理图识读

(1)三相异步电动机连续控制线路工作原理

连续控制电路实际上是利用接触器的自锁功能实现的。对如图 2.2.1 所示的三相笼型异步电动机的接触器自锁控制线路进行分析,其工作原理如下:先合上电源开关 QF。

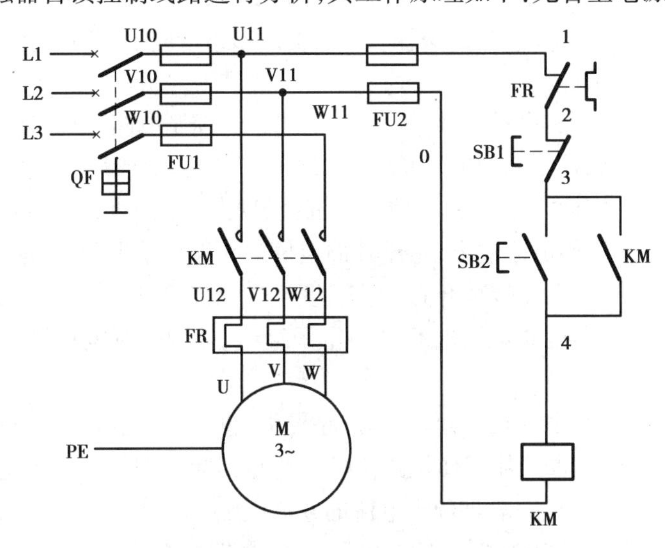

图 2.2.1　三相笼型异步电动机接触器自锁控 制线路

①启动控制:按下 SB2→KM 线圈得电→KM 主触头闭合→电动机 M 启动连续运转

KM 辅助常开触头闭合

②停止控制:按下 SB1→KM 线圈失电→KM 主触头分断→电动机 M 失电停转

KM 辅助常开触头分断

松开启动按钮后,接触器通过自身的辅助常开触头使其线圈保持得电的作用称为自锁。与启动按钮 SB2 并联起自锁作用的辅助常开触头称为自锁触头。

(2)保护分析

连续控制电路是一种既能实现短路保护,又能实现过载保护的控制电路。如图 2.2.1 所示,增加了保护元件热继电器 FR。这是因为电动机在运行过程中,如果长期负载过大、频繁启动或者断相运行都可能使电动机定子绕组的电流增大,超过其额定值,而在这种情况下熔断器往往不熔断,从而引起定子绕组过热,使温度超过允许值,造成绝缘损坏,从而导致电动机寿命缩短,严重时会烧毁电动机的定子绕组。因此在电动机控制电路中,必须采取过载保护措施。

①欠压保护。“欠压”是指线路电压低于电动机应加的额定电压。“欠压保护”是指当线路电压下降到低于某一数值时,电动机能自动切断电源停转,避免电动机在欠压下运行的一种保护。采用接触器自锁控制线路就可避免电动机欠压运行。因为当线路电压下降到低于额定电压的 85% 时,接触器线圈两端的电压同样下降到此值,从而使接触器线圈磁通减弱,产生的电磁吸力减小,当电磁吸力减少到小于反作用弹簧的拉力时,动铁芯被迫释放,主触头、自锁触头同时分断,自动切断主电路和控制电路,电动机失电停转,达到欠压保护。

②失压保护。失压保护是指电动机在正常运行中,外界某种原因引起启动的一种保护。接触器自锁控制线路可实现失压保护。因为接触器自锁触头和主触头在电源断电时已经断开,使主电路和控制电路都不能接通,所以在电源恢复供电时,电动机就不会自动启动运转,保证了人身和设备的安全。

③短路保护。FU1 起主电路的短路保护作用,FU2 起控制电路的短路保护作用。

④过载保护。过载保护是指当电动机出现过载时,能自动切断电动机的电源,使电动机停转的一种保护。电动机运行过程中,如果长期负载过大,或启动操作频繁,或者缺相运行,都可能使电动机定子绕组的电流过大,超过其额定值。在这种情况下,熔断器往往并不熔断,从而引起定子绕组过热,使温度持续升高。若温度超过允许温升,就会造成绝缘损坏,缩短电动机的使用寿命,严重时甚至会烧毁电动机的定子绕组。因此,对电动机必须采取过载保护措施。

在照明、电加热等电路中,熔断器既可作短路保护,也可作过载保护。对于三相笼型异步电动机控制线路来说,熔断器只能用作短路保护。这是因为三相笼型异步电动机的启动电流很大(全压启动时的启动电流一般是额定电流的 4 ~7 倍),若用熔断器作过载保护,则选择的额定电流就应等于或稍大于电动机的额定电流,这样电动机在启动时,启动电流大大超过了熔断器的额定电流,使熔断器在很短的时间内熔断,造成电动机无法启动。熔断器只能作短路保护,熔体额定电流应取电动机额定电流的 1.5 ~2.5 倍。

热继电器在三相笼型异步电动机控制线路中只能作过载保护,不能用作短路保护。这是因为热继电器的热惯性大,即热继电器的双金属片受热膨胀弯曲需要一定的时间。当电动机发生短路时,短路电流很大,热继电器还没有来得及动作,供电线路和电源设备可能就已经损坏。而在电动机启动时,启动时间很短,热继电器还未动作,电动机已启动完毕。总之,热继电器和熔断器两者所起的作用不同,不能相互代替使用。

2.2.2 连续控制电路电器元件布置图识读

连续控制电路元器件布置图如图 2.2.2 所示,表明了电气设备上所有电机、电器的实际位置,可以根据此图完成电气控制设备的安装。

2.2.3 连续控制电路电气安装接线图识读

连续控制电路接线图如图 2.2.3 所示,它是根据电器元件布置最合理、连接导线最经济等原则来绘制的,它可以为安装电气设备、电器元件间配线及检修电气故障等提供必要的依据。

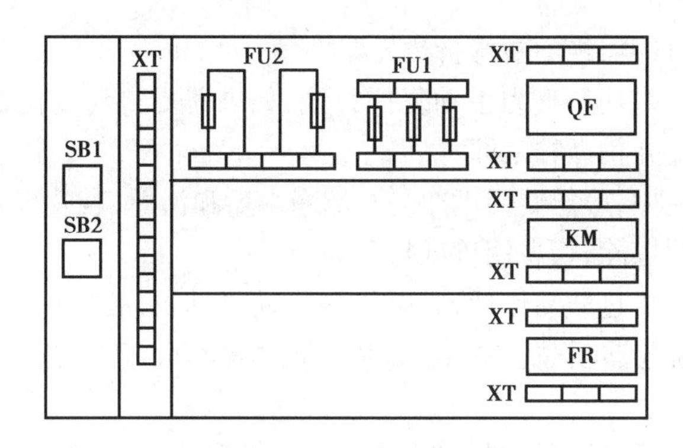

图 2.2.2　三相异步电动机连续控制电路元器件布置图

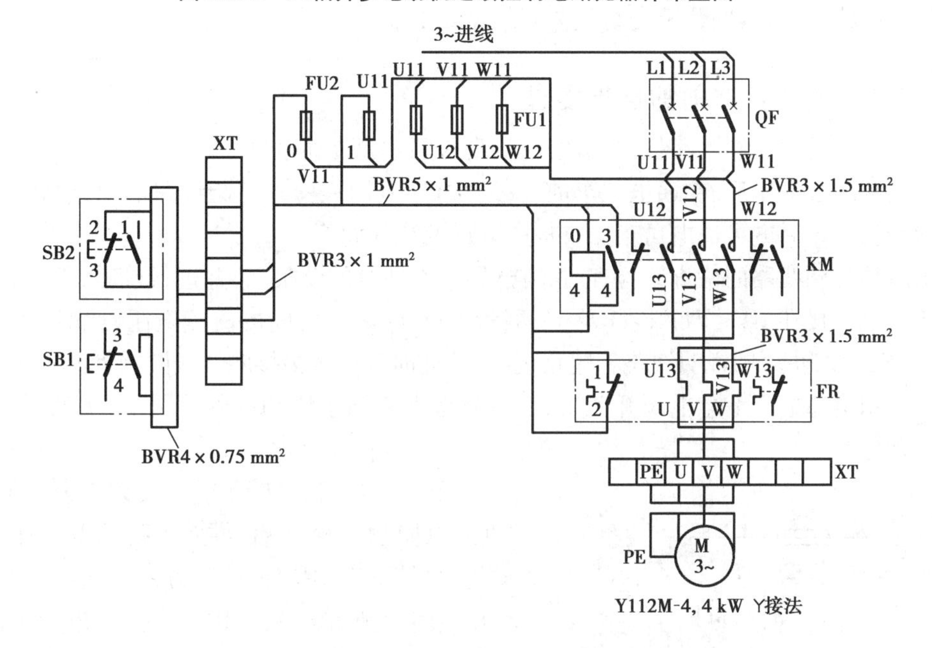

图 2.2.3　三相异步电动机连续控制电路接线图

2.2.4　连续控制电路安装步骤及工艺要求

热继电器的安装与使用要求如下：

①热继电器必须按照产品说明书中规定的方式安装。安装处的环境温度应与电动机处环境温度基本相同。当与其他电器安装在一起时，应注意将热继电器安装在其他电器的下方，以免其动作特性受到其他电器发热的影响而产生误动作。

②热继电器在安装前应先清除触头表面的尘垢，以免因接触电阻过大或电路不通而影响热继电器的动作性能。

③热继电器出线端的连接导线，应按所选热继电器的主要技术参数选用。这是因为导线的粗细和材料将影响热元器件端接点传导到外部热量的多少。若导线过细，轴向导热性差，热继电器可能提前动作；若导线过粗，轴向导热快，热继电器可能滞后动作。

④使用中的热继电器应定期通电校验。此外，发生短路事故后，应检查热元器件是否已发生永久变形。若已变形，则需通电校验。若因热元器件变形或其他原因导致动作不准确

时,只能调整其可调部件,而绝不能弯折热元器件。

⑤热继电器在出厂时均调整为手动复位方式,如果需要自动复位,只要将复位螺钉沿顺时针方向旋转 3 ~4 圈,并稍微拧紧即可。

⑥热继电器在使用中,应定期用干净的布擦净尘垢和污垢,若发现双金属片上有锈斑,应用清洁棉布蘸汽油轻轻擦除,切忌用砂纸打磨。

⑦热继电器因电动机过载动作后,若需再次启动电动机,必须待热继电器的热元器件完全冷却后,才能使热继电器复位。一般自动复位时间不大于 5 min,手动复位时间不大于 2 min。

当元器件安装完毕后,按照如图 2. 2. 1 所示的原理图和图 2. 2. 3 所示的安装接线图进行板前明线配线,其电器安装及接线工艺要求见 2. 1 节。

2. 2. 5 通电试车前的自检要求

安装完毕后的控制电路板,必须经过认真检测才允许通电试车。

当线路安装完毕后,在通电试车前必须自行用万用表检查控制线路的通断情况,并经指导教师确认无误后方可通电试车。自检的方法及步骤如下:

①启停控制线路的检查。检查时,应选用倍率适当的电阻挡,并进行校零,然后将万用表的表笔分别搭接在 U11、V11 接线端上,测量 U11 与 V11 之间的直流电阻,此时的读数应为"∞"。若读数为零,则说明线路有短路现象;若此时的读数为接触器线圈的直流电阻值,则说明线路接错会造成合上总电源开关后,在没有按下启动按钮 SB2 的情况下,接触器 KM 会直接得电动作。

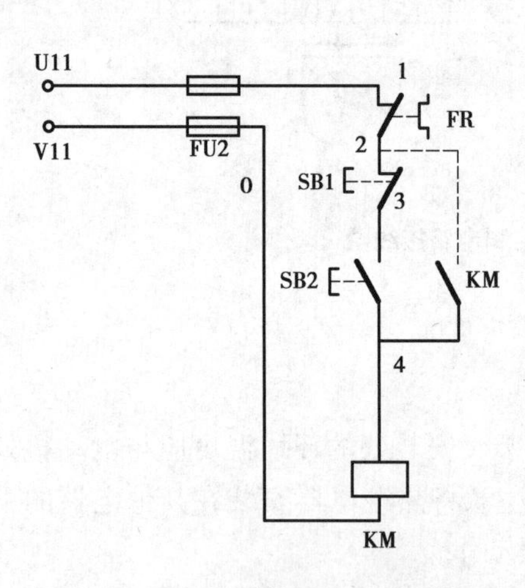

图 2. 2. 4 电动机无法停车的错误接法

按下启动按钮 SB2,万用表读数应为接触器线圈的直流电阻值。松开启动按钮后,此时的读数应为"∞"。再按下启动按钮 SB2,万用表读数应为接触器线圈的直流电阻值。然后按下停止按钮 SB1 后,此时的读数应为"∞"。

②自锁控制回路的检查。将万用表的表笔分别搭接在 U11、V11 接线端上,人为压下接触器的辅助常开触头(或用导线短接触头),此时万用表读数应为接触器线圈的直流电阻值;然后按下停止按钮 SB1,此时的读数应为"∞"。若按下停止按钮后,万用表读数仍为接触器线圈的直流电阻值,则说明 KM 的自锁触头已将停止按钮短接,将造成电动机启动后无法停车的错误,错误接法如图 2. 2. 4 所示。

2. 2. 6 通电试车工艺要求

学生通过自检和教师确认无误后,在教师的监护下进行通电试车。通电试车的操作步骤如下:

①接上三相电源 L1、L2、L3,并合上 QF,然后用验电笔进行验电,电源正常后,进行下一

步操作。

②按下启动按钮 SB2,接触器 KM 得电吸合,电动机启动运转;松开 SB2,接触器自锁保持得电,电动机连续运行,按下停止按钮 SB1 后,接触器 KM 线圈断电,铁芯释放,主、辅触头断开复位,电动机脱离电源停止运行。反复操作几次,以观察线路的可靠性。

③试车完毕后,应先切断电源,将完好的控制线路配电盘留作故障检修用。

操作提示:

①在通电试车过程中,注意观察线路功能是否符合要求,电器元件的动作是否灵活,有无卡阻及噪声过大等现象。

②合上电源后不得对线路接线是否正确进行带电检查。若发现有异常现象,应立即停车。

③学生在接线或者拆线过程中,不得用手触及螺丝刀的金属部分。

2.2.7　检修方法

(1)电动机基本控制线路故障检修的常用方法

电动机基本控制线路故障检修的常用方法有直观法、通电试验法、逻辑分析法(原理分析法)、量电法(电压法、验电笔测试法)、电阻测量法(通路法)。

1)直观法

直观法是指通过直接观察电气设备是否有明显的外观灼伤痕迹、熔断器是否熔断、保护电器是否脱扣动作、接线有无脱落、触头是否烧蚀或熔焊、线圈是否过热烧毁等现象来判断故障点的一种方法。

2)通电试验法

通电试验法是指利用通电试车的方法来观察故障现象,再根据原理分析的方法来判断故障范围的一种方法。例如,按下启动按钮后,电动机不运行,判断故障范围的方法是:先利用通电试车的方法观察接触器是否动作,再利用原理分析来判断,若接触器能动作则说明故障在主电路中,接触器不能动作则说明故障在控制线路中。

3)逻辑分析法

逻辑分析法是指根据故障现象利用原理分析的方法来判断故障范围的一种方法。例如,本应连续运行控制的电动机出现了点动(断续)控制现象,通过分析控制线路工作原理可将故障最小范围缩小在接触器自锁回路和自锁触头上。

4)量电法

量电法主要包括电压测量法和验电笔测试法。它是指电动机基本控制电路在带电的情况下,通过采用电压测量法和验电笔测试法,对带电线路进行定性或定量检测,以此来判断故障点和故障元器件的方法。

①电压测量法。电压测量法就是在电动机基本控制电路带电的情况下,通过测量各节点之间的电压值,并与电动机基本控制电路正常工作时应具有的电压值进行比较,以此来判断故障点及故障元器件的所在处。该方法的最大特点是,它一般不需要拆卸元器件及导线,故障识别的准确性较高,是故障检测最常用的方法(表 2.2.1)。

表 2.2.1　电压测量法查找故障点

检测步骤	测试状态	测量标号	电压数据	故障点
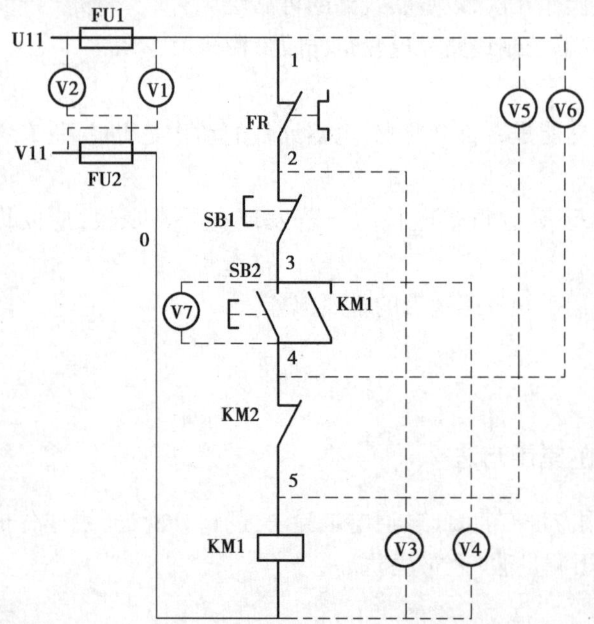	电压交叉测量	1-V11	0 V	FU1 熔丝断
		U11－0	0 V	FU2 熔丝断
	电压分阶测量	2－0	0 V	FR 常闭触头接触不良
		3－0	0 V	SB1 常闭触头接触不良
		5－1	0 V	KM 线圈断路
		4－1	0 V	KM2 常闭触头接触不良
		3－4	380 V	SB2 常开触头接触不良

②验电笔测试法。低压验电笔是检验导线和电气设备是否带电的一种常用的检测工具，其特点是测试操作与携带时较为方便，能缩短确定最小故障范围的时间。但其只适用于检测对地电压高于验电笔氖管启辉电压(60～80 V)的场所，只能作定性检测，不能作定量检测，具有一定的局限性。例如，在检修机床局部照明线路故障时，由于所有的机床局部照明采用的是低压安全电压 24 V(或 36 V)，而低压验电笔无法对 60～80 V 以下的电路进行定性检测，因此，采用验电笔测试法无法进行检修。遇到这种情况时，一般多采用电压测量法进行定量检测，能准确地缩小故障范围并找出故障点。

5)电阻测量法

电阻测量法是指在电路切断电源后用仪表测量两点之间的电阻值，通过对电阻值的对比，进行电路故障检测的一种方法。在继电接触器控制线路中，当电路存在断路故障时，利用电阻测量法对线路中的断线、触头虚接触、导线虚焊等故障进行检测，可以找到故障点(表 2.2.2)。

采用电阻测量法的优点是安全，缺点是测量电阻值不准确时易产生误判断，快速性和准确性低于电压测量法。

电阻测量法检测电路故障时应注意：检测故障时必须断开电源；如被测电路与其他电路并联连接时，应将该电路与其他并联电路断开，否则会产生误判断；测量高电阻值的元器件时，万用表的选择开关应拨至合适的电阻挡。

表 2.2.2　电阻分段测量法查找故障点

检测步骤	测试状态	测量标号	电压数值	故障点
	电阻分段测量	1—2	∞	FR 常闭触头接触不良
		2—3	∞	SB1 常闭触头接触不良
		3—4 按下 SB2	∞	SB2 常开触头接触不良
		4—5	∞	KM2 常闭触头接触不良
		5—0	∞	KM1 线圈断路

2.3　三相异步电动机异地控制电路

三相异步电动机连续控制电路

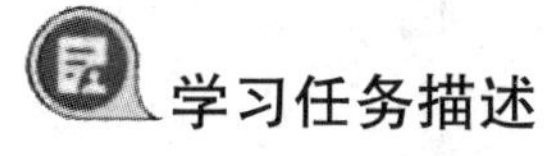

学习任务描述

在某些生产机械中，如 X62W 万能铣床，主轴电动机的启停可在两处中的任何一处进行操作，一处设在工作台的前面，另一处设在床身的侧面，需通过三相异步电动机异地控制电路来完成。三相异步电动机异地控制电路是指能在两地或多地控制同一台电动机的控制方式。

在生产实际中，常常需要对一台电动机既能实现手动慢速进给又能实现连续快速进给，即其线路既能在手动慢速进给时，实现点动控制功能；又能在正常连续快速进给时，保持电动机连续运行的自锁控制，这种电路称为点动与连续混合控制电路，属于三相异步电动机异地控制电路。常见的点动与连续混合控制电路有两种：一是手动开关控制的点动与连续混合正转控制线路;二是复合按钮控制的点动与连续混合正转控制线路。此外本节还将学习三相异步电动机两地连续控制电路。

➢ 学习目标

1. 正确理解三相异步电动机点动与连续混合控制电路的工作原理;
2. 能正确识读点动与连续混合控制电路的原理图、接线图和布置图;
3. 会按照工艺要求正确安装三相异步电动机点动与连续混合控制电路;
4. 能根据故障现象,检修三相异步电动机点动与连续混合控制电路;
5. 正确理解三相异步电动机点动与连续混合控制电路的工作原理;
6. 能正确识读两地连续控制电路的原理图、接线图和布置图;
7. 会按照工艺要求正确安装三相异步电动机两地连续控制电路;
8. 能根据故障现象,检修三相异步电动机两地连续控制电路;
9. 养成独立思考和动手操作的习惯,培养小组协调能力和互相学习的精神。

➢ 知识点学习

2.3.1 三相异步电动机点动与连续混合控制电路

(1)点动与连续混合控制电路原理图识读

三相异步电动机点动与连续混合控制电路如图 2.3.1 所示。本线路由电源线路、主线路

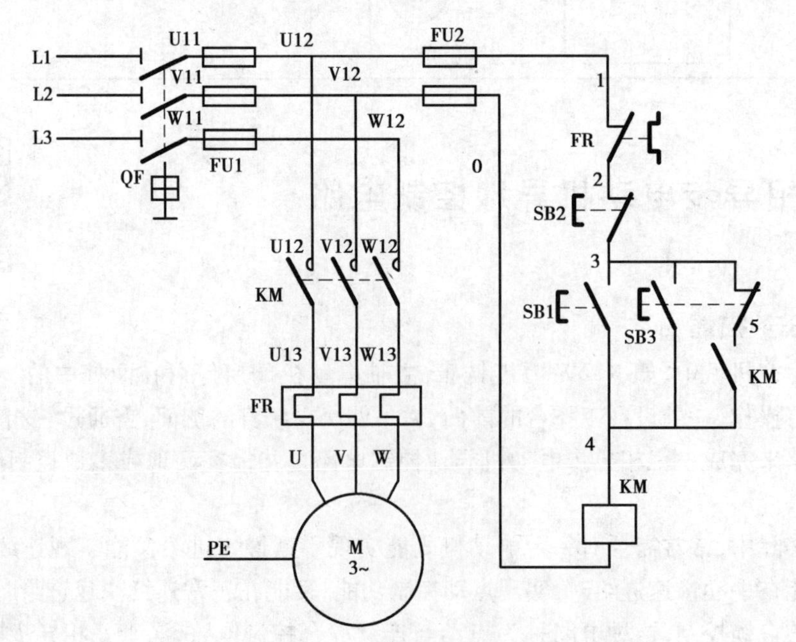

图 2.3.1 三相异步电动机点动与连续混合控制电路

和控制线路组成,另外有的控制线路还有照明、指示等辅助线路,识图时要注意别漏装。

复合开关控制的点动与连续混合正转控制线路工作原理分析如下:合上电源开关 QF。

1)连续控制

启动:按下 SB1→KM 线圈得电→KM 主触头闭合、KM 自锁触头闭合→电动机 M 启动连续运转。

停止:按下 SB2→KM 线圈失电→KM 主触头分断、KM 自锁触头分断→电动机 M 失电停止运转。

2)点动控制

启动:按下 SB3→SB3 常闭触头先分断、切断自锁线路→SB3 常开触头后闭合→KM 线圈得电→KM 主触头闭合→电动机 M 得电运转;KM 自锁触头闭合(SB3 常闭已分断,不起作用)。

停止:松开 SB3→SB3 常闭触头后闭合,恢复自锁线路(KM 已失电)→SB3 常开触头先分断→KM 线圈失电→KM 主触头分断→电动机 M 失电停转。

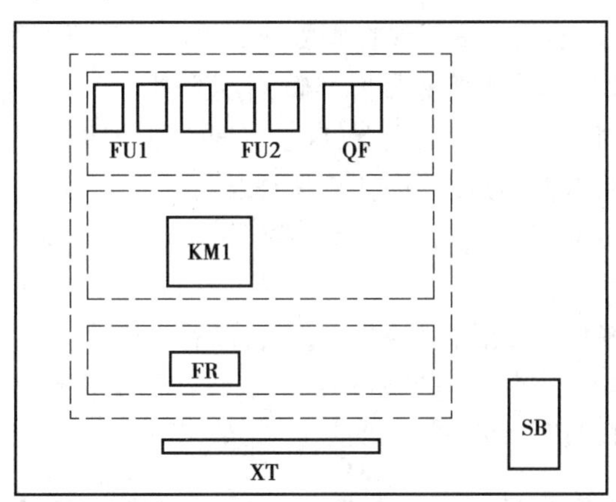

图 2.3.2　元器件布置图

(2)三相异步电动机复合开关控制的点动与连续混合控制电路电器元件布置图识读

复合开关控制的点动与连续混合正转控制电路元器件布置图如图 2.3.2 所示,虚线处为线槽位置,线槽要尽量靠近电器,但应留有一定的间隙,以能顺利接入导线为准。线槽一般选用塑料行线槽,便于布线和检查。线槽应事先用螺丝加装到木板或者网孔板上,为布线作好准备。电器元件固定应遵循以下原则:

①各元件的安装位置应整齐、匀称,间距合理,便于更换。电器元件安装不倾斜、不歪斜,接触器、熔断器、热继电器、断路器等可以用挂接板进行插装。

②紧固各元件时,用力要均匀,紧固程度适当,以用手轻摇器件不会动为准。

(3)三相异步电动机复合开关控制的点动与连续混合控制电路电气安装接线图识读

三相异步电动机复合开关控制的点动与连续混合正转控制线路接线如图 2.3.3 所示。

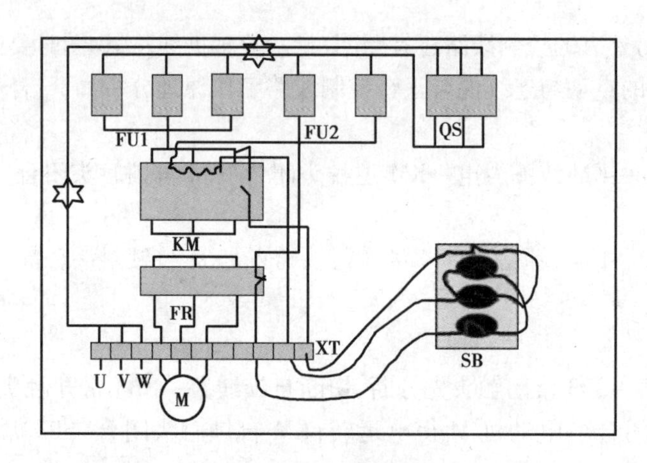

图 2.3.3 接线图

(4)三相异步电动机复合开关控制的点动与连续混合控制电路安装步骤及工艺要求

①如果线路中要求套线号,那么导线在剥去绝缘层后需要两端线头都套上与线路一致的号码管(机打或者手写线号),号码管标号要准确,字迹清晰,导线与电器连接处要避免露铜。

②根据原理图布线时,要遵循自上到下、自左到右的原则,防止漏接、错接导线。

③断路器、熔断器、组合开关进线方向应正确,以上进下出为原则进行电器元件安装。

④线路并行连接处可先行连接,如多个线圈并联情况,可把线圈一端先连接后再与电源一端相连接。

⑤导线要敷设到线槽内,并留合适的余量,以备以后维修。

⑥主控线路敷设完毕后安装好电动机外部电源线及保护接地线等,没有特殊要求,电动机可采用星形接法,也可采用三角形接法。

(5)三相异步电动机复合开关控制的点动与连续正转控制电路通电试车前的自检要求

①检查调试控制台电源是否正常,有无保险管损坏。

②检查调试熔断器是否正常接通,有无熔体损坏。

③检查调试接触器线圈、继电器等的触头、线圈是否工作正常。

④检查调试线路有无漏接、错接之处。检查调试导线接点是否符合要求,压接是否牢固。接触应良好,以免带负载运行时发生短路及闪弧现象。

⑤用万用表电阻挡断电检查调试线路的通断情况,一定先确保电源断开。检查调试时,应选用倍率适当的电阻挡,并进行校零,以防短路故障的发生。对控制线路的检查调试(可断开主线路),可将表笔分别搭在控制线路电源线两端上,读数应为“∞”。分别按下 SB1、SB2 按钮时,读数应为接触器线圈的直流电阻值,然后断开控制线路,再检查调试主线路有无开路或短路现象,此时可用手触按接触器,代替接触器通电进行检查调试。

⑥接通主电源,万用表用电压挡检测电源是否正常。

(6)三相异步电动机复合开关控制的点动与连续混合控制电路通电试车工艺要求

学生通过自检和教师确认无误后,在教师的监护下进行通电试车。通电试车的操作步骤如下：

①接上三相电源 L1、L2、L3，并合上 QF，然后用验电笔进行验电，电源正常后，进行下一步操作。

②对于三相异步电动机复合开关控制的点动与连续混合正转控制电路来说，按下启动按钮 SB3，接触器 KM 得电吸合，电动机启动运转；松开 SB3，接触器 KM 线圈断电，铁芯释放，主、辅触头断开复位，电动机脱离电源停止运行。按下启动按钮 SB1，接触器 KM 得电吸合，接触器自锁保持得电，电动机启动运转，电动机异地运行；按下停止按钮 SB2 后，接触器 KM 线圈断电，铁芯释放，主、辅触头断开复位，电动机脱离电源停止运行。反复操作几次，以观察线路的可靠性。

③试车完毕后，应先切断电源，将完好的控制线路配电盘留作故障检修用。

(7)三相异步电动机复合开关控制的点动与连续混合控制电路检修方法

三相异步电动机点动与连续混合控制电路如果出现故障可按照以下方法进行检查：

①电阻测量法。电阻测量法是指切断电源后，用万用表的电阻挡进行检测的方法。这种方法比较方便和安全，是判断三相异步电动机控制电路故障的常用方法。以三相异步电动机两地连续控制电路为例，在断电情况下实施线路电阻检测。

a. 主电路检测。合上 QF，用万用表 $R\times10$ 挡分别测 L1、L2、L3 与 U11、V11、W11 之间的电阻应为 0、∞、∞；∞、0、∞；∞、∞、0。

b. 控制电路检测。组员 1 按下启动按钮 SB1 不动，使 SB1 动合触点闭合中，组员 2 用万用表 $R\times2$k 挡测 L1 相分别与 U11、熔断器 FU1、1 点电位、2 点电位、3 点电位、4 点电位、5 点电位、接触器 KM 线圈下(0 号线)、电源 L2 相之间的电阻应为 0、0、0、0、0、0、0、KM 线圈阻值、KM 线圈阻值。若 L1 与 L2 之间有断点，可将万用表一只表笔放在 L1，另一只表笔从熔断器开始依次下移，直至 L2，找出故障点位置，并修复。

②交流电压测量法。交流电压测量法是指在接通电源时，用万用表的交流电压进行检测的方法，详细见 2.2 节，这里不再赘述。

2.3.2 三相异步电动机两地连续控制电路

(1)三相异步电动机两地连续控制电路原理图识读

能在两地或两地以上的地方控制同一台电动机的控制方式，称为电动机的多地控制。为达到两地控制的目的，必须在另一个地点再装一组启动和停止按钮。这两组启停按钮接线的方法必须是启动按钮要相互并联，停止按钮要相互串联。

如图 2.3.4 所示为两地连续控制一台电动机正转控制线路的原理图，由图可知，三相交流电源 L1、L2、L3 与电源开关 QF 组成电源电路；熔断器 FU1、交流接触器 KM 主触点、热继电器 FR 主触点和三相异步电动机 M 构成主电路；熔断器 FU2、热继电器 FR 常闭辅助触点、甲地启动按钮 SB2 和停止按钮 SB3、乙地启动按钮 SB4 和停止按钮 SB1、交流接触器 KM 的线圈和常开辅助触点组成控制电路。

工作原理分析如下：合上电源开关 QF。

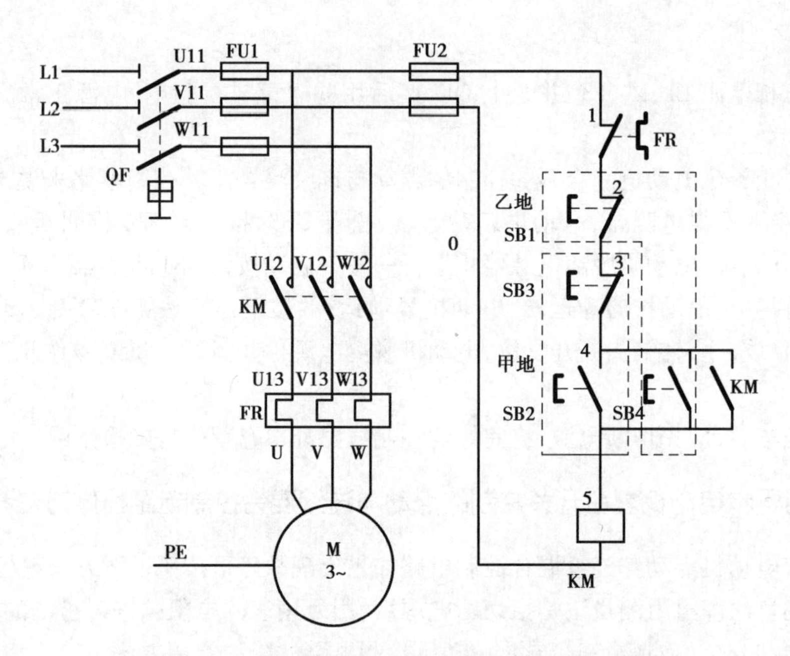

图2.3.4　两地连续控制一台电动机正转控制线路

1)甲地控制

启动:

按下SB2→KM线圈得电─┬→KM常开辅助触点(4、5)闭合→实现自锁
　　　　　　　　　　　└→KM主触点闭合→电动机M得电启动运转

停止:

按下SB3→KM线圈断电─┬→KM常开辅助触点(4,5)断开→解除自锁
　　　　　　　　　　　└→KM主触点断开→电动机断电停转

2)乙地控制

启动:

按下SB4→KM线圈得电─┬→KM常开辅助触点(4、5)闭合→实现自锁
　　　　　　　　　　　└→KM主触点闭合→电动机M得电启动运转

停止:

按下SB1→KM线圈断电─┬→KM常开辅助触点(4,5)断开→解除自锁
　　　　　　　　　　　└→KM主触点断开→电动机断电停转

停止使用时,断开电源开关QS。

注意:若甲地正在控制电动机运转工作,当按下乙地的启动按钮SB2后,并不意味着通过SB2启动的电动机,若想通过SB2启动电动机,必须在乙地先将停止按钮SB4按下,让电动机停转,才能在乙地通过SB2控制电动机启动运转。同样,若乙地正在控制电动机运转工作,操作人员已经换位到了甲地,可以先通过甲地的停止按钮SB3让电动机停转,再通过甲地的SB1控制电动机启动运转。

(2)三相异步电动机两地连续控制电路电器元件布置图识读

三相异步电动机两地连续控制电路元器件布置图如图 2.3.5 所示，按所示布置图在配线板上安装行线槽和电器元件。电器元件固定应遵循以下原则：

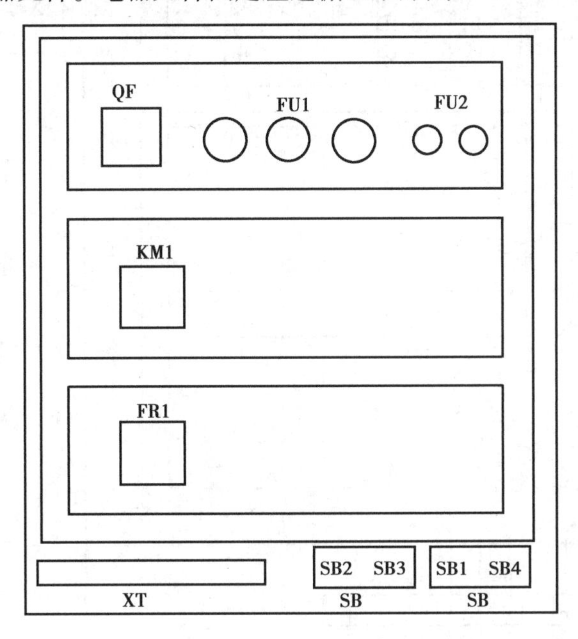

图 2.3.5　元器件布置图

①断路器、熔断器的受电端子应安装在配线板的外侧，并确保熔断器的受电端为底座的中心端。

②各元件的安装位置应整齐、匀称，间距合理。

③紧固元件时，用力要均匀，紧固程度适当。

(3)三相异步电动机两地连续控制电路电气安装接线图识读

如图 2.3.6 所示为三相异步电动机两地连续控制电路接线图的走线方法，按此图进行板前明线布线和套编异形管。

(4)三相异步电动机两地连续控制电路安装步骤及工艺要求

①所有走线要入行线槽并遵循左主右控的原则。

②接线要与接线点垂直并且不能有毛刺，裸线不超过 2 mm。

③布线要合理，不能太长也不能太短。

④接线压线时不能漏铜，更不能压住绝缘线皮。

⑤去掉绝缘线皮长度要适当。

⑥导线绞紧拧成 U 型插。

⑦连接 U 型插时应该顺时针方向拧紧。

⑧不能损坏工具和元器件。

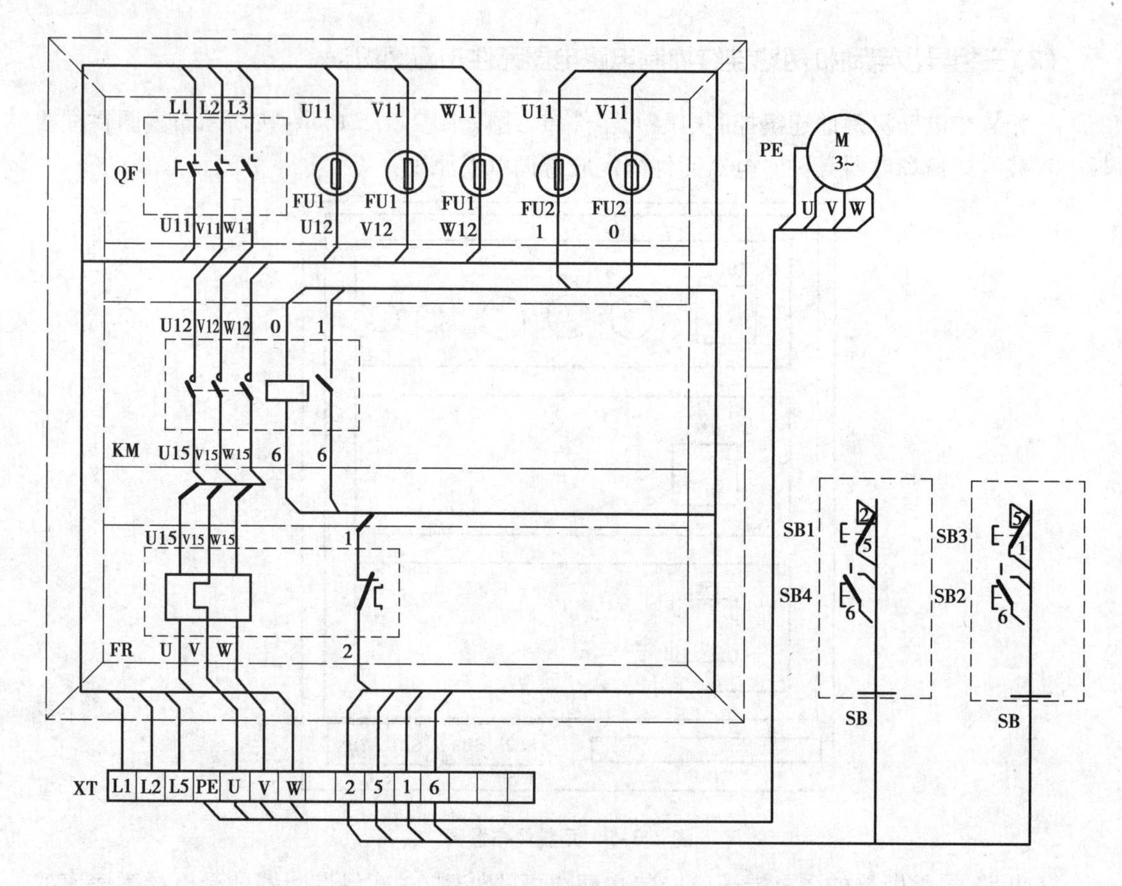

图 2.3.6 三相异步电动机两地连续控制电路接线图

⑨接线点要标明线号。

(5)三相异步电动机两地连续控制电路通电试车前的自检要求

当线路安装完毕后,在通电试车前必须自行用万用表检查控制线路的通断情况,并经指导教师确认无误后方可通电试车。自检的方法及步骤如下:

①按电路图或接线图从电源端开始,逐段核对接线及接线端子处线号是否正确,有无漏接错接之处。检查导线接点是否符合要求,压线是否牢固。同时注意接点接触应良好,以避免带负载运转时产生闪弧现象。

②用万用表检查线路的通断情况。检查时,应选用 $R\times100$ 挡,并进行校零,以防发生短路故障。

③检查控制电路,可将万用表的表笔分别搭接在 U12、V12 线端上,读数应为"∞",按图 2.3.7 所示依次进行检测。

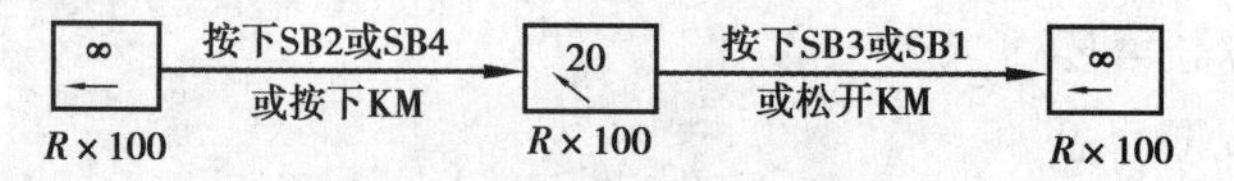

图 2.3.7 检查控制电路方法

图中20、∞为万用表的示数，示数20表明交流接触器线圈的直流电阻阻值为20 ×100 Ω=2 kΩ。

④检查主电路时，可以手动来代替接触器受电线圈励磁吸合时的情况进行检查，即按下KM触点系统，用万用表检测L1—U，L2—V，L3—W是否相导通。

(6)三相异步电动机两地连续控制电路通电试车工艺要求

①接上三相电源L1、L2、L3，并合上QF，然后用验电笔进行验电，电源正常后，进行下一步操作。

②对于三相异步电动机两地连续控制电路来说，按下启动按钮SB2，接触器KM得电吸合，接触器自锁保持得电，电动机启动运转；按下停止按钮SB3后，接触器KM线圈断电，铁芯释放，主、辅触头断开复位，电动机脱离电源停止运行。按下启动按钮SB4，接触器KM得电吸合，接触器自锁保持得电，电动机启动运转，电动机异地运行；按下停止按钮SB1后，接触器KM线圈断电，铁芯释放，主、辅触头断开复位，电动机脱离电源停止运行。反复操作几次，以观察线路的可靠性。

③试车完毕后，应先切断电源，将完好的控制线路配电盘留作故障检修用。

(7)三相异步电动机两地连续控制电路检修方法

三相异步电动机多地连续控制电路如果出现故障可按照以下方法进行检查：

①电阻测量法。电阻测量法是指切断电源后，用万用表的电阻挡进行检测的方法。这种方法比较方便和安全，是判断三相异步电动机控制电路故障的常用方法。以三相异步电动机两地连续控制电路为例，在断电情况下实施线路电阻检测。

a. 主电路检测。合上QF，用万用表 $R\times10$ 挡分别测L1、L2、L3与U11、V11、W11之间的电阻应为0、∞、∞；∞、0、∞；∞、∞、0。

b. 控制电路检测。组员1按下启动按钮SB1不动，使SB1动合触点闭合中，组员2用万用表 $R\times2\text{k}$ 挡测L1相分别与U11、熔断器FU1、1点电位、2点电位、3点电位、4点电位、5点电位、接触器KM线圈下(0号线)、电源L2相之间的电阻应为0、0、0、0、0、0、0、KM线圈阻值、KM线圈阻值。若L1与L2之间有断点，可将万用表一只表笔放在L1，另一只表笔从熔断器开始依次下移，直至L2，找出故障点位置，并修复。同样方式可测按下启动按钮SB3不动时线路的电阻值。

②交流电压测量法。交流电压测量法是指在接通电源时，用万用表的交流电压进行检测的方法，详细见2.2节，这里不再赘述。

三相异步电动机
异地控制电路

2.4 三相异步电动机正反转控制电路

学习任务描述

电动机单向旋转控制电路只能使电动机向一个方向旋转,带动生产机械的运动部件向一个方向运动。但许多生产机械往往要求运动部件能向正反两个方向运动,如机床工作台的前进与后退、万能铣床主轴的正转与反转、起重机的上升与下降等,这就需要三相异步电动机的正反转控制电路,这是电动机控制电路中最常见的基本控制电路。常见的控制电路有接触器联锁正反转控制电路、按钮联锁正反转控制电路、双重联锁控制正反转电路等。

➢ 学习目标

1. 正确理解三相异步电动机接触器联锁正反转控制电路的工作原理;
2. 能正确识读接触器联锁正反转控制电路的原理图、接线图和布置图;
3. 正确理解三相异步电动机按钮联锁正反转控制电路的工作原理;
4. 能正确识读按钮联锁正反转控制电路的原理图、接线图和布置图;
5. 正确理解三相异步电动机双重联锁正反转控制电路的工作原理;
6. 能正确识读双重联锁正反转控制电路的原理图、接线图和布置图;
7. 会按照工艺要求正确安装各三相异步电动机正反转控制电路;
8. 能根据故障现象,检修各三相异步电动机正反转控制电路;
9. 养成独立思考和动手操作的习惯,培养小组协调能力和互相学习的精神。

➢ 知识点学习

2.4.1 三相异步电动机接触器联锁正反转控制电路

(1)接触器联锁正反转控制电路原理图识读

1)关于电动机的正转反转概念

对于三相异步电动机而言,通常用改变三相电动机定子绕组相序的方法来改变电动机的转向,如图 2.4.1 所示。

改变相序遵循的基本原则:保持一相不变,其他两相交换。

2)接触器联锁正反转控制线路设计

接触器联锁正反转控制通过接触器辅助触头的联锁功能,可以避免电动机进行正反转变换的时候发生相间短路现象,能对线路起到很好的保护作用。在机床线路、自动升降台等场合应用广泛,是最基本的正反转控制线路。

从图 2.4.2 所示的三相异步电动机接触器联锁正反转控制电路中可知,线路中采用了两个接触器,即正转用的接触器 KM1 和反转用的接触器 KM2,它们分别由正转按钮 SB1 和反转按钮 SB2 控制。从主电路中可知,这两个接触器的主触头所接通的电源相序有所不同,KM1 按 L1—L2—L3 相序接线,而 KM2 按 L3—L2—L1 相序接线。相应的控制电路有两条:一条是由按钮 SB1 和接触器 KM1

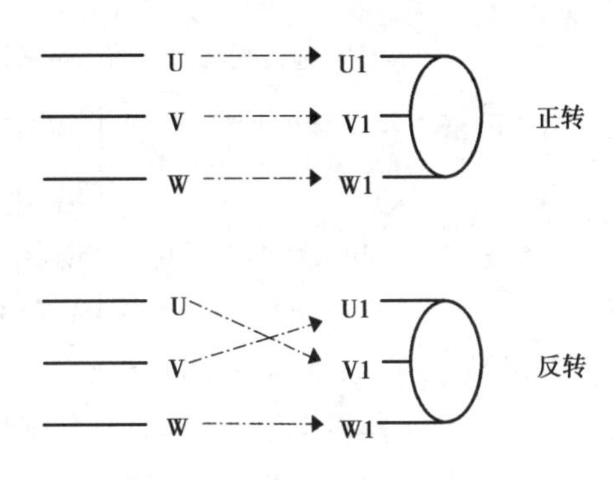

图 2.4.1　正反转相序示意图

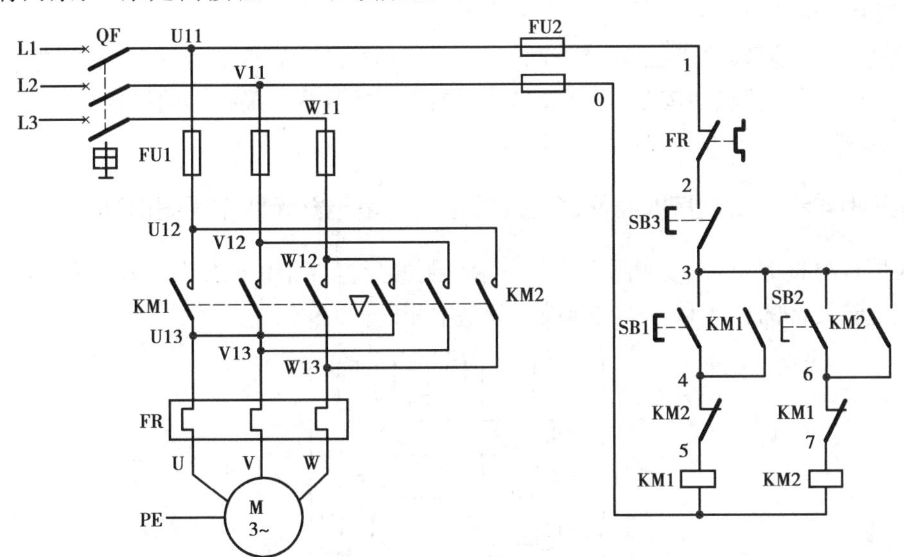

图 2.4.2　三相异步电动机接触器联锁正反转控制电路

线圈等组成的正转控制电路;另一条是由按钮 SB2 和接触器 KM2 线圈等组成的反转控制电路。其工作原理如下:

①正转控制:

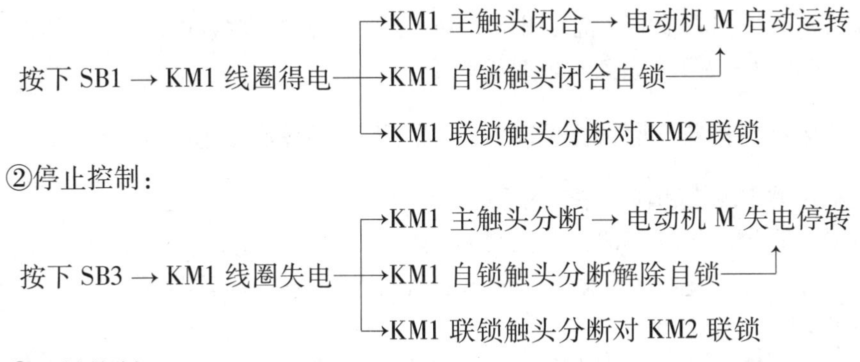

③反转控制:

按下 SB2 → KM2 线圈得电 → KM2 主触头闭合 → 电动机 M 得电反转
　　　　　　　　　　　　→ KM2 自锁触头闭合自锁
　　　　　　　　　　　　→ KM2 联锁触头分断对 KM1 联锁

接触器 KM1 和 KM2 的主触头绝不允许同时闭合,否则将造成两相电源(L1 相和 L3 相)短路事故。为了避免两个接触器 KM1 和 KM2 同时得电动作,在正反转控制电路中分别串联了对方接触器的一对辅助常闭触头。

当一个接触器得电动作时,通过其辅助常闭触头使另一个接触器不能得电动作,接触器之间这种相互制约的作用称为接触器联锁(或互锁)。实现联锁作用的辅助常闭触头称为联锁触头(或互锁触头),联锁符号用“▽”表示。

线路特点:在接触器联锁正反转控制电路中,电动机从正转变为反转时,必须先按下停止按钮后,才可按下反转启动按钮,进行反转启动控制,否则由于接触器的联锁作用,不能实现反转。此线路工作安全可靠,但操作不便。

(2)三相异步电动机接触器联锁正反转控制电路电器元件布置图识读

当元器件检查完毕后,按照图 2.4.3 所示绘制的元器件布置图安装和固定电器元件。安装和固定电器元件的步骤和方法与前面任务基本相同。

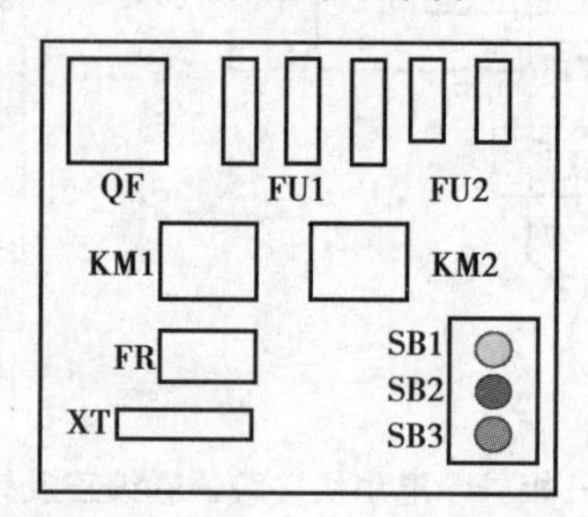

图 2.4.3　三相异步电动机接触器联锁正反转控制电路元器件布置图

(3)三相异步电动机接触器联锁正反转控制电路电气安装接线图识读

如图 2.4.4 所示为三相异步电动机接触器联锁正反转控制电路接线图。当元器件安装完毕后,按照图 2.4.2 和图 2.4.4 进行板前明线配线。

(4)三相异步电动机接触器联锁正反转控制电路安装步骤及工艺要求

在此仅就接触器的主触头和辅助触头的连线进行介绍,如图 2.4.5 所示。

①主电路从 QF 到接线端子板 XT 之间走线方式与单向启动线路完全相同。两只接触器主触点端子之间的连线可以直接在主触点高度的平面内走线,不必向下贴近安装底板,以减少导线的弯折,如图 2.4.5(b)所示。

②在进行辅助电路接线时,可先接好两只接触器的自锁线路,核查无误后再连接联锁线路。这两部分线路应反复核对,不可接错,如图 2.4.5(a)所示。

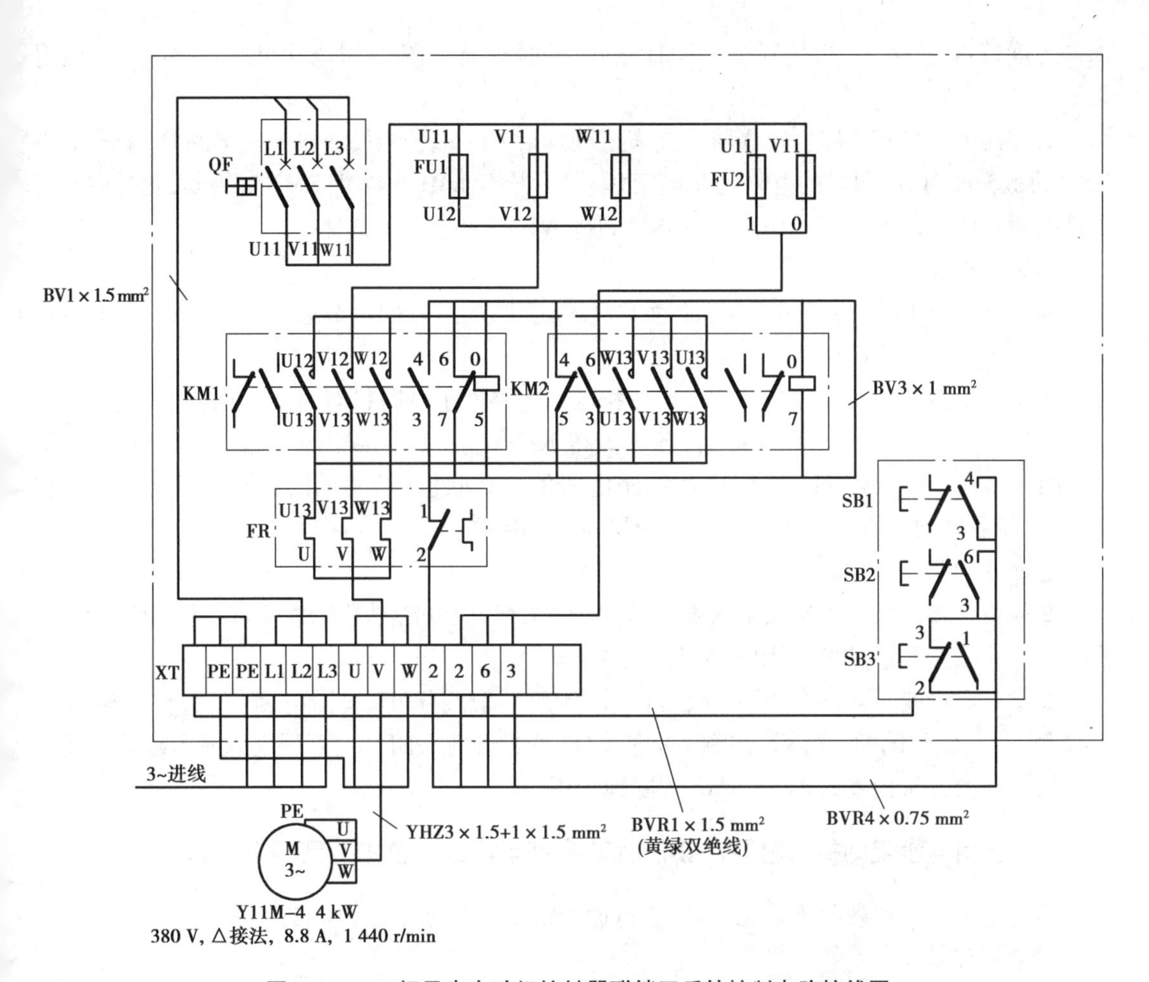

图 2.4.4　三相异步电动机接触器联锁正反转控制电路接线图

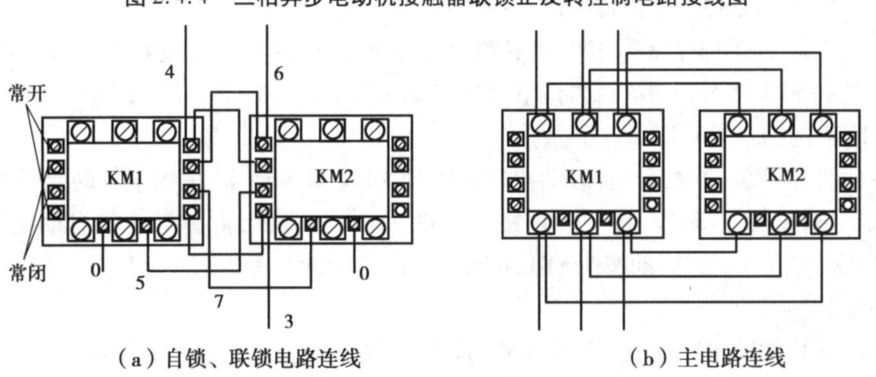

（a）自锁、联锁电路连线　　（b）主电路连线

图 2.4.5　接线示意图

（5）三相异步电动机接触器联锁正反转控制电路通电试车前的自检要求

1）主电路的检测

①检查各相通路。万用表选用倍率适当的位置，进行校零，并断开熔断器 FU2 以切断控制回路。然后将两支表笔分别接 U11—V11、V11—W11 和 W11—U11 端子测量相间电阻值，

测得的读数均为“∞”。再分别按下 KM1、KM2 的触头架,均应测得电动机两相绕组的直流电阻值。

②检测电源换相通路。首先将两支表笔分别接 U11 端子和接线端子板上的 U 端子,按下 KM1 的触头架时,应测得的电阻值 R 趋于 0。然后松开 KM1 再按下 KM2 触头架,此时应测得电动机两相绕组的电阻值。用同样的方法测量 W11—W 之间的通路。

2)控制电路检测

断开熔断器 FU1,切断主电路,接通 FU2,然后将万用表的两只表笔接于 QF 下端 U11、V11 端子作以下几项检查:

①检查正反转启动及停车控制。操作按钮前电路处于断路状态,此时应测得的电阻值为“∞”。然后分别按下 SB1 和 SB2 时,各应测得 KM1 和 KM2 的线圈电阻值。如同时再按下 SB1 和 SB2 时,应测得 KM1 和 KM2 的线圈电阻值的并联值(若两个接触器线圈的电阻值相同,则为接触器线圈电阻值的 1/2)。当分别按下 SB1 和 SB2 后,再按下停止按钮 SB3,此时万用表应显示线路由通而断。

②检查自锁回路。分别按下 KM1 及 KM2 触头架,应分别测得 KM1、KM2 的线圈电阻值,再按下停止按钮 SB3,此时万用表的读数应为“∞”。

③检查联锁线路。按下 SB1(或 KM1 触头架),测得 KM1 线圈电阻值后,再轻轻按下 KM2 触头架,使常闭触点分断(注意不能使 KM2 的常开触头闭合),万用表应显示线路由通而断。用同样的方法检查 KM1 对 KM2 的联锁作用。

(6)三相异步电动机接触器联锁正反转控制电路通电试车工艺要求

学生通过自检和教师确认无误后,进行通电试车。其操作方法和步骤如下:

1)空操作试验

合上电源开关 QF,作以下几项试验:

①正反向启动、停车控制。按下正转启动按钮 SB1,KM1 应立即动作并能保持吸合状态;按下停止按钮 SB3 使 KM1 释放;再按下反转启动按钮 SB2,则 KM2 应立即动作并保持吸合状态;再按下停止按钮 SB3,KM2 应释放。

②联锁作用试验。按下正转启动按钮 SB1 使 KM1 得电动作;再按下反转启动按钮 SB2,KM1 不释放且 KM2 不动作;按下停止按钮 SB3 使 KM1 释放,再按下反转启动按钮 SB2 使 KM2 得电吸合;按下正转启动按钮 SB1,KM2 不释放且 KM1 不动作。反复操作几次检查联锁线路的可靠性。

③用绝缘棒按下 KM1 的触头架,KM1 应得电并保持吸合状态;再用绝缘棒缓慢地按下 KM2 触头架,KM1 应释放,随后 KM2 得电再吸合;再按下 KM1 触头架,KM2 释放而 KM1 吸合。

作此项试验时应注意:为保证安全,一定要用绝缘棒操作接触器的触头器。

2)带负荷试车

切断电源后,连接好电动机接线,装好接触器灭弧罩,合上 QF 试车。

试验正反向启动、停车、操作 SB1 使电动机正向启动;操作 SB1 停车后再操作 SB3 使电动机反向启动。注意观察电动机启动时的转向和运行声音,如有异常则立即停车检查。

(7)三相异步电动机接触器联锁正反转控制电路检修方法

1)故障现象

按下正反转启动按钮 SB1 或 SB2 后,接触器 KM1 或 KM2 均获电动作,但电动机的转子均未转动或转得很慢,并发出“嗡嗡”声。

故障分析:采用逻辑分析法对故障现象进行分析可知,这是典型的电动机缺相运行,其最小故障范围可用虚线表示,如图 2.4.6 所示。

故障检修:首先应按下停止按钮 SB3,使电动机迅速停止。然后以接触器 KM1 或 KM2 主触头为分界点,与电源相接的静触头一侧采用量电法进行检测,观察其电压是否正常;而与电动机连接的动触头一侧,在停电的状态下,采用万用表的电阻挡进行通路检测。

2)故障现象

按下正转启动按钮 SB1 后,接触器 KM1 得电动作,电动机运行正常;当按下反转启动按钮 SB2 后,接触器 KM2 得电动作,但电动机的转子未转动或转得很慢,并发出“嗡嗡”声。

故障分析:采用逻辑分析法对故障现象进行分析可知,其故障最小范围可用虚线表示,如图 2.4.7 所示。

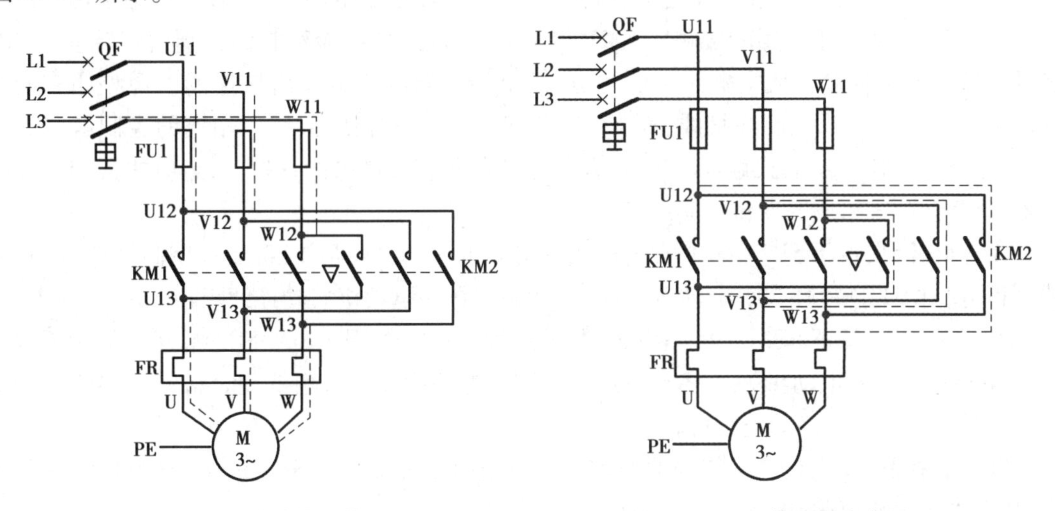

图 2.4.6　故障最小范围　　图 2.4.7　故障最小范围

故障检修:首先应按下停止按钮 SB3,使电动机迅速停止。然后以接触器 KM2 的主触头为分界点,与电源相接的静触头一侧采用量电法进行检测,观察其电压是否正常;而与电动机连接的动触头一侧,在停电的状态下,采用万用表的电阻挡进行通路检测。

2.4.2　三相异步电动机按钮联锁正反转控制电路

(1)按钮联锁正反转控制电路原理图识读

接触器联锁正反转控制电路,其优点是安全可靠,缺点是操作不便。当电动机从正转变为反转时,必须先按下停止按钮后,才能按反转启动按钮,否则由于接触器的联锁作用,不能实现反转。为克服接触器联锁正反转控制电路操作不便的不足,可把正转按钮 SB1 和反转按钮 SB2 换成两个复合按钮,并使两个复合按钮的常闭触头代替接触器的联锁触头,这就构成了按钮联锁的正反转控制线路,如图 2.4.8 所示。

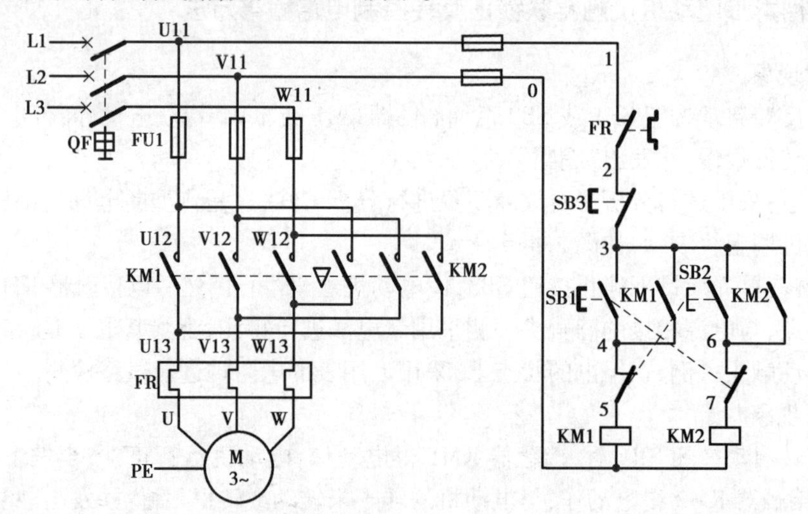

图 2.4.8　按钮联锁正反转控制电路

从图 2.4.8 所示的三相异步电动机按钮联锁正反转控制电路中可知,线路中采用了两个复合按钮 SB1、SB2,正转用的接触器 KM1 和反转用的接触器 KM2,它们分别由正转按钮 SB1 和反转按钮 SB2 控制。从主电路中可知,这两个接触器的主触头所接通的电源相序有所不同,KM1 按 L1—L2—L3 相序接线,而 KM2 按 L3—L2—L1 相序接线。相应的控制电路有两条:一条是由按钮 SB1 和接触器 KM1 线圈等组成的正转控制电路;另一条是由按钮 SB2 和接触器 KM2 线圈等组成的反转控制电路。

①正转控制:按下 SB1→SB1 常闭触头先分断对 KM2 联锁(切断反转控制线路)→KM1 线圈得电→KM1 自锁触头闭合自锁;KM1 主触头闭合→电动机启动连续正转。

②反转控制:按下 SB2→SB2 常闭触头先分断→KM1 线圈失电→SB2 常开触头后闭合→KM1 主触头分断→电动机失电停转→KM2 线圈得电→KM2 自锁触头闭合自锁→KM2 主触头闭合电动机→电动机启动连续反转。

③停止控制:无论是在正转还是反转工作状态下,只要按下 SB3 按钮,整个控制线路失电,接触器各触头复位,电动机失电停转。

(2)三相异步电动机按钮联锁正反转控制电路电器元件布置图识读

当元器件检查完毕后,按照图 2.4.9 所示的元器件布置图安装和固定电器元件。电器元件固定应遵循以下原则:

①各元件的安装位置应整齐、匀称,间距合理,便于更换。电器元件安装不倾斜、不歪斜,接触器、熔断器、热继电器、断路器等可以用挂接板进行插装。

②紧固各元件时,用力要均匀,紧固程度适当,以用手轻摇器件不会动为准。

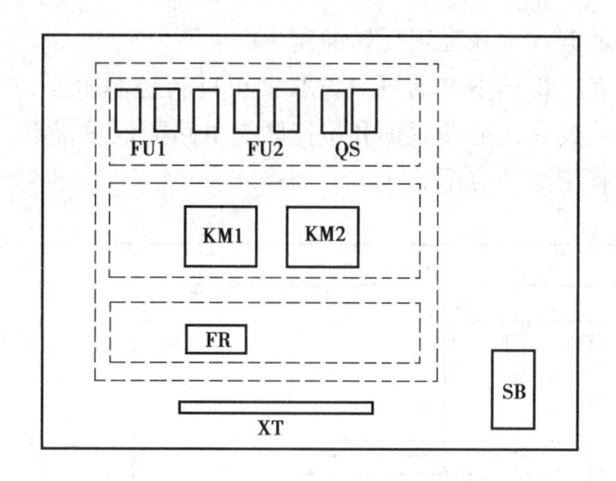

图 2.4.9　元器件布置图

(3)三相异步电动机按钮联锁正反转控制电路电气安装接线图识读

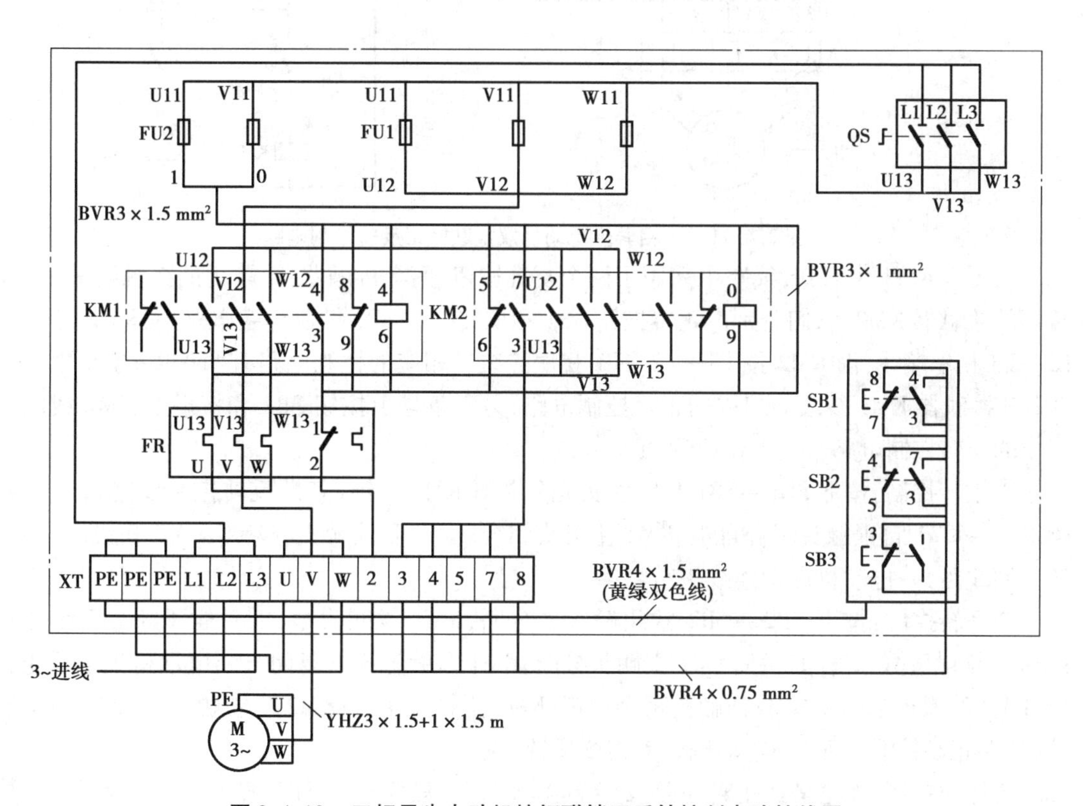

图 2.4.10　三相异步电动机按钮联锁正反转控制电路接线图

2.4.3　三相异步电动机双重联锁正反转控制电路

(1)双重联锁正反转控制电路原理图识读

无论是接触器联锁还是按钮联锁,在实际控制中往往存在触头老化失效的问题,造成不必要的故障和损失。在实际应用中,经常采用按钮和接触器双重联锁的控制方式来提高线路的安全性能,即按钮接触器双重联锁正反转控制。

如图 2.4.11 所示为三相异步电动机双重联锁正反转控制电路,该线路是在按钮联锁的基础上增加接触器联锁,具有接触器联锁和按钮联锁电路的双重优点,线路操作方便,工作安全可靠,在生产实际中有广泛的应用。

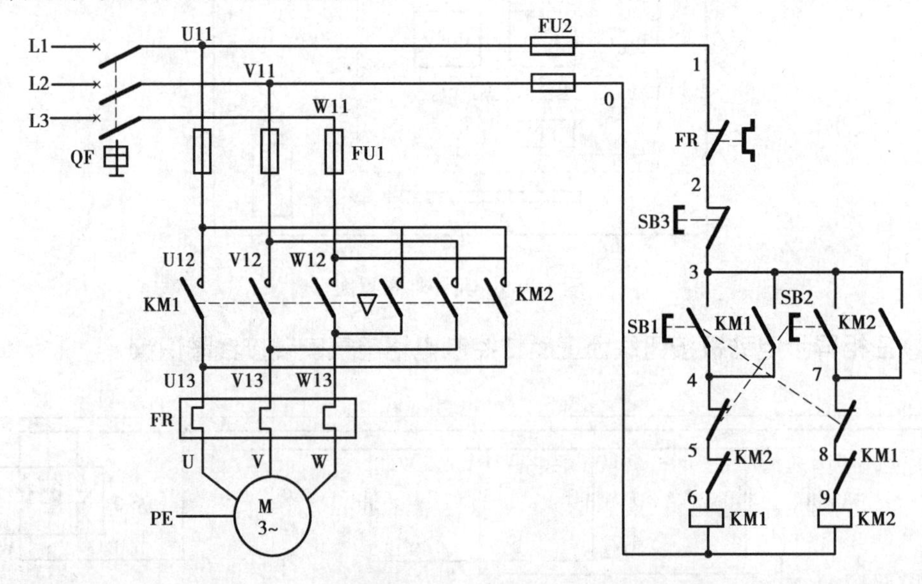

图 2.4.11　三相异步电动机双重联锁正反转控制电路

从图 2.4.11 中可知,线路中采用了两个复合按钮,两个接触器,正转用的接触器 KM1,反转用的接触器 KM2,它们分别由正转按钮 SB1 和反转按钮 SB2 控制。主电路中,KM1 按 L1—L2—L3 相序接线,而 KM2 按 L3—L2—L1 相序接线。相应的控制电路有两条:一条是由按钮 SB1 和接触器 KM1 线圈等组成的正转控制电路;另一条是由按钮 SB2 和接触器 KM2 线圈等组成的反转控制电路。其工作原理如下:

①正转控制:按下 SB1→SB1 常闭触头先分断对 KM2 联锁(切断反转控制线路);KM1 线圈得电→KM1 自锁触头闭合自锁;KM1 主触头闭合;KM1 联锁触头分断对 KM2 联锁(切断反转控制线路)→电动机启动连续正转。

②反转控制:按下 SB2→SB2 常闭触头先分断,KM1 线圈失电;SB2 常开触头后闭合→KM1 自锁触头分断解除自锁;KM1 主触头分断;KM1 联锁触头恢复闭合→电动机失电停止正转;KM2 线圈得电→KM2 自锁触头闭合自锁;KM2 主触头闭合;KM2 联锁触头分断对 KM1 联锁(切断正转控制线路)→电动机启动连续反转。

③停止控制:无论是在正转还是反转工作状态下,只要按下 SB1,整个控制线路失电,接触器各触头复位,电动机失电停转。

由于在正反转控制电路中分别串联了对方接触器的一对辅助常闭触头接触器,两个接触器 KM1 和 KM2 不会同时得电动作(即接触器联锁),所以 KM1 和 KM2 的主触头也不会同时闭合,避免了两相电源(L1 相和 L3 相)短路事故。由于按钮联锁的作用,实现了电动机正反转的直接转换控制。

(2)三相异步电动机双重联锁正反转控制电路电器元件布置图识读

三相异步电动机双重联锁正反转控制电路各元器件在线路中明线敷设布置如图2.4.12所示。安装和固定电器元件的步骤和方法与前面任务基本相同。

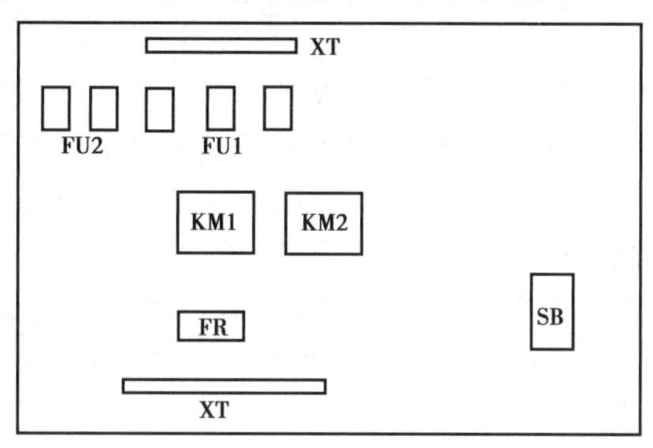

图2.4.12　三相异步电动机双重联锁正反转控制电路元器件布置图

三相异步电动机正反转控制电路

(3)三相异步电动机双重联锁正反转控制电路电气安装接线图识读

如图2.4.13所示为三相异步电动机双重联锁正反转控制电路接线图,绘制时尽量做到走线合理,不漏接元件。

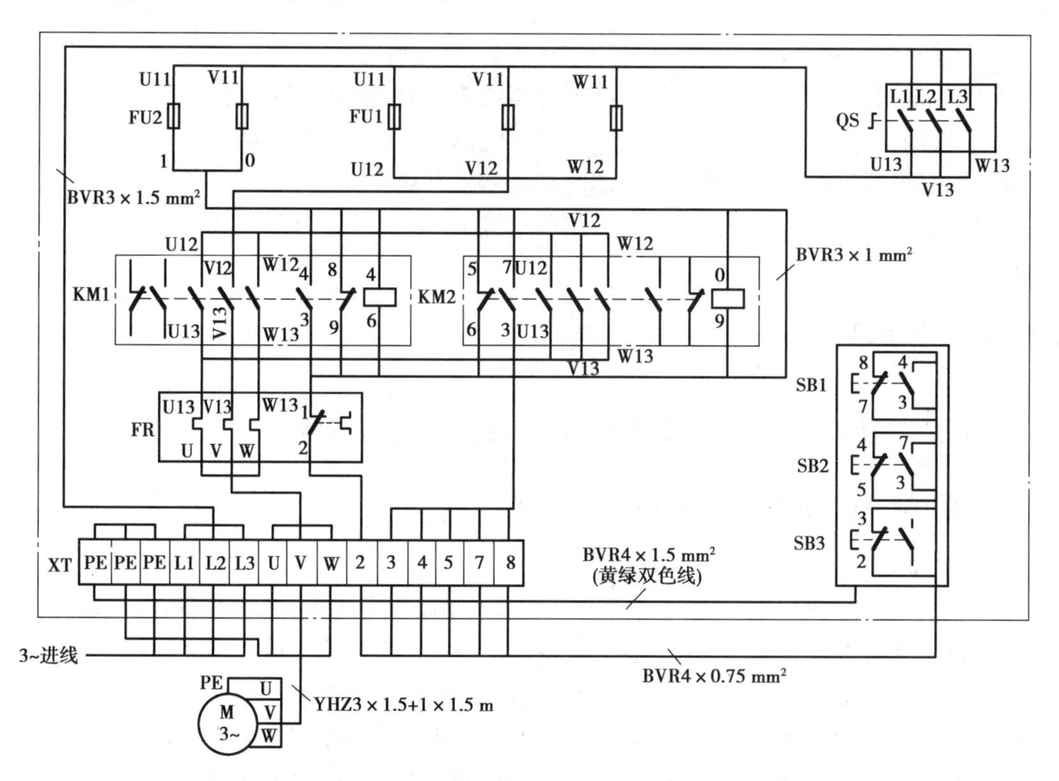

图2.4.13　三相异步电动机双重联锁正反转控制电路接线图

2.5 三相异步电动机顺序启动控制电路

学习任务描述

在装有多台电动机的生产机械上,各电动机所起的作用是不同的,有时需要按一定的顺序启动和停止,才能保证操作过程的合理和工作的安全可靠。例如车床主轴转动时,要求油泵先给润滑油,主轴停止后,油泵方可停止润滑,即要求油泵电动机先启动,主轴电动机后启动,主轴电动机停止后,才允许油泵电动机停止,实现这种控制功能的电路就是顺序控制电路。在生产实践中,根据生产工艺的要求,经常要求各种运动部件之间或生产机械之间能够按顺序工作,这种要求几台电动机的启动或停止必须按一定的先后顺序来完成的控制方式,称为电动机的顺序控制。

➢ 学习目标

1. 正确理解顺序启动、同时停止控制电路的工作原理;

2. 能正确识读主电路实现两台三相异步电动机顺序控制电路的原理图、接线图和布置图;

3. 正确理解顺序启动、逆序停止控制电路的工作原理;

4. 能正确识读顺序启动、逆序停止控制电路的原理图、接线图和布置图;

5. 会按照工艺要求正确安装各三相异步电动机顺序启动控制电路;

6. 能根据故障现象,检修各三相异步电动机顺序启动控制电路;

7. 养成独立思考和动手操作的习惯,培养小组协调能力和互相学习的精神。

➢ 知识点学习

2.5.1 三相异步电动机顺序启动、同时停止控制电路

(1)顺序启动、同时停止电路原理图识读

1)主电路实现顺序控制

主电路的顺序控制电路如图 2.5.1 所示。在主电路中,接触器 KM2 的三对主触点串在接触器 KM1 主触点的下方,只有当 KM1 主触点闭合,电动机 M1 启动运转后,KM2 才能使电动机 M2 通电启动,满足电动机 M1、M2 顺序启动的要求。图中 SB1、SB2 分别为两台电动机的启动按钮,SB3 为电动机同时停止的控制按钮。其线路的工作原理如下:

①顺序启动控制:合上电源开关 QF,按下 SB1 后,KM1 线圈得电,KM1 主触头闭合,同时 KM1 自锁触头闭合自锁,使电动机 M1 启动连续运转,此时再按下 SB2,KM2 线圈得电,KM2 主触头闭合,KM2 自锁触头闭合自锁,电动机 M2 启动连续运转。

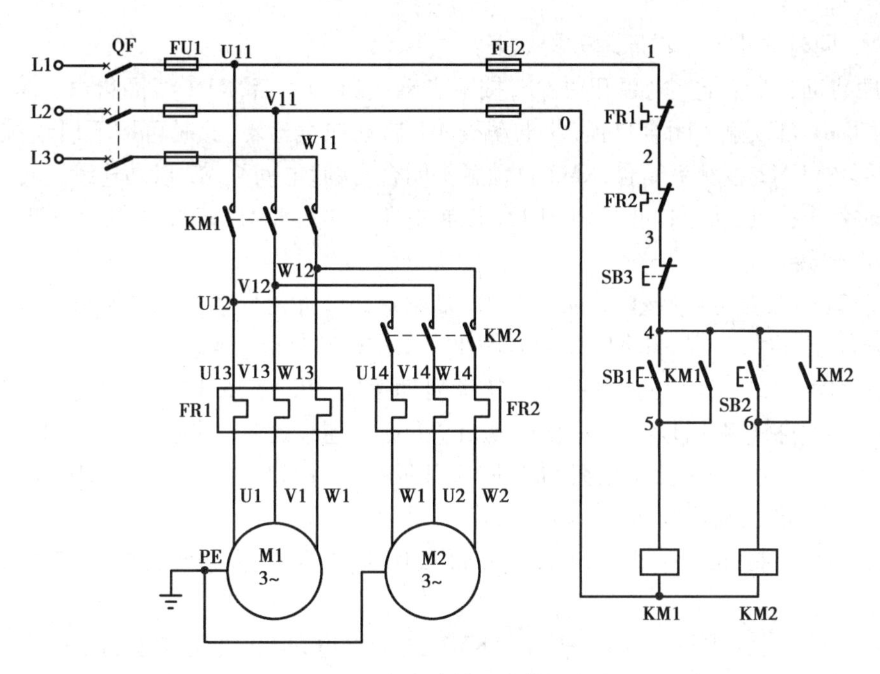

图 2.5.1　主电路的顺序控制电路

②同时停止控制：按下 SB3→控制电路失电→KM1、KM2 主触头分断→电动机 M1、M2 同时停转。

2）控制电路实现顺序控制

控制电路实现顺序控制的原理图如图 2.5.2 所示，如果电动机主电路不采用顺序控制，也可以通过控制电路实现顺序控制功能。

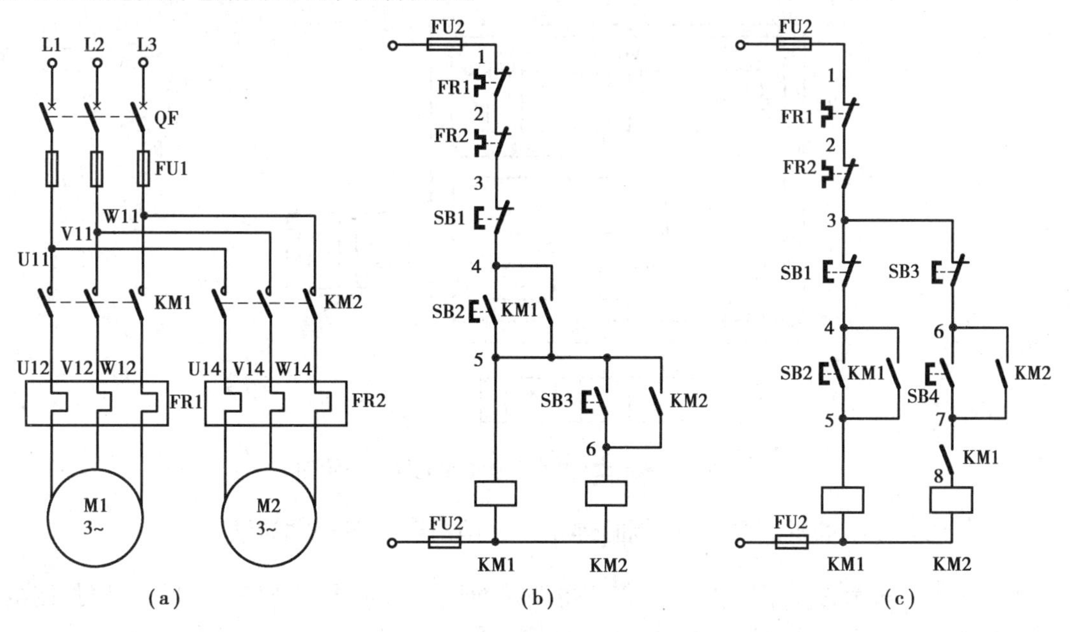

图 2.5.2　控制电路原理图

图 2.5.2(b)线路特点：该电路实现了 M1 启动后，M2 才能启动的顺序控制；停止时，能实

现 M1 和 M2 同时停止。工作原理分析如下:

①顺序启动控制:合上电源开关 QF,按下启动按钮 SB2 后,KM1 线圈得电,KM1 主触头闭合,同时 KM1 自锁触头闭合自锁,使电动机 M1 启动连续运转,此时再按下启动按钮 SB3,KM2 线圈得电,KM2 主触头闭合,KM2 自锁触头闭合自锁,电动机 M2 启动连续运转。

②同时停止控制:按下停止按钮 SB1→控制电路失电→KM1、KM2 主触头分断→电动机 M1、M2 同时停转。

图 2.5.2(c)线路特点:该电路实现了 M1 启动后,M2 才能启动的顺序控制;停止时,能实现 M2 单独停止,也可实现 M1 和 M2 同时停止。工作原理分析如下:

③顺序启动控制:合上电源开关 QF,按下启动按钮 SB2 后,KM1 线圈得电,KM1 主触头闭合,同时 KM1 自锁触头闭合自锁,使电动机 M1 启动连续运转,同时 7/8 号位 KM1 的辅助常开触点闭合,此时再按下启动按钮 SB4,KM2 线圈得电,KM2 主触头闭合,KM2 自锁触头闭合自锁,电动机 M2 启动连续运转。

④单独停止控制:按下停止按钮 SB3,KM2 线圈失电,KM2 主触头分断,电动机 M2 可实现单独停止。

⑤同时停止控制:按下停止按钮 SB1,KM1 线圈失电,KM1 主触头分断,同时 7/8 号位 KM1 的辅助常开触点分断,使 KM2 线圈失电,KM2 主触头分断,最终电动机 M1、M2 同时停转。

(2)三相异步电动机顺序启动、同时停止电路电器元件布置图识读

当元器件检查完毕后,按照图 2.5.3 所示绘制的元器件布置图安装和固定电器元件。安装和固定电器元件的步骤和方法与前面任务基本相同。

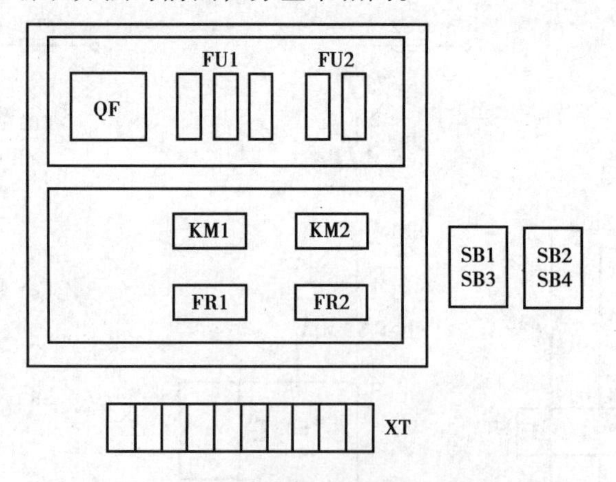

图 2.5.3 顺序启动、同时停止电路元器件布置图

(3)三相异步电动机顺序启动、同时停止电路电气安装接线图识读

如图 2.5.4 所示为顺序启动、同时停止电路接线图。当元器件安装完毕后,按照控制电路图 2.5.2 和图 2.5.4 所示进行配线。

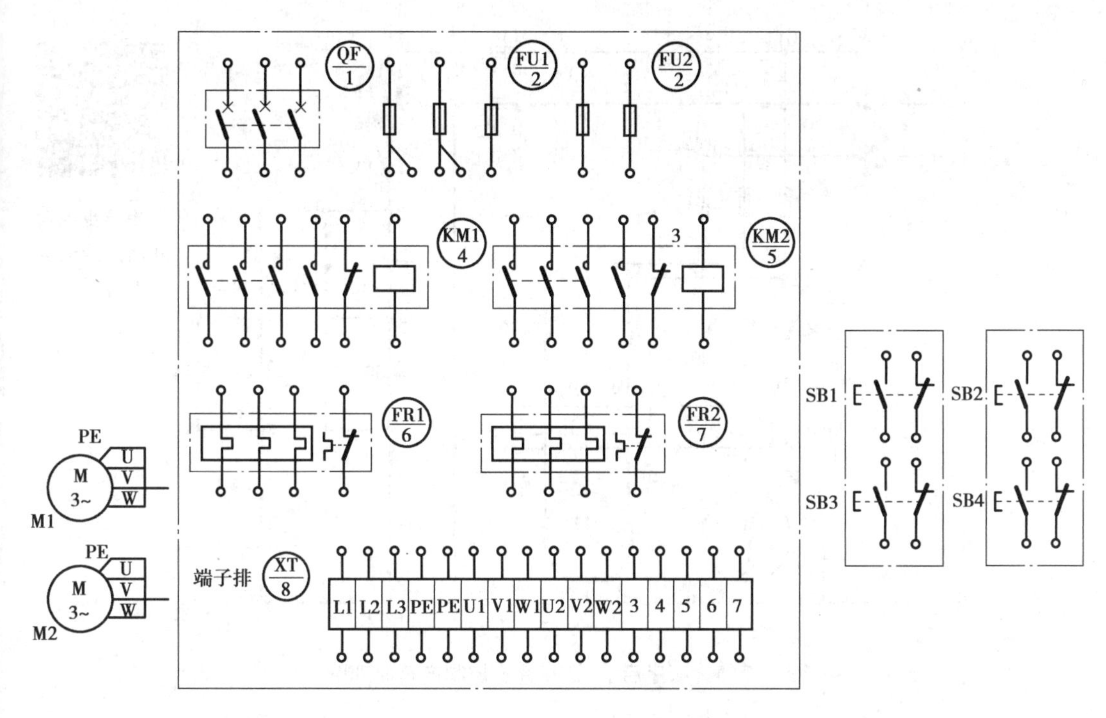

图2.5.4　顺序启动、同时停止电路接线图

2.5.2　三相异步电动机顺序启动、逆序停止控制电路

(1)顺序启动、逆序停止控制电路原理图识读

在装有多台电动机的生产机械上，各电动机所起的作用是不同的，有时需按一定的顺序启动或停止，如车床主轴转动时，要求油泵先给润滑油，主轴停止后，油泵方可停止润滑，即要求油泵电动机先启动，主轴电动机后启动，主轴电动机先停止后，才允许油泵电动机停止，实现这种控制功能的电路就是顺序控制、逆序停止控制电路。

如图2.5.5所示的控制线路，是在图2.5.2(c)所示线路中的SB1两端并接了接触器KM2的辅助常开触头，从而实现了M1启动后，M2才能启动，而M2停止后，M1才能停止的控制要求，即M1、M2是顺序启动，逆序停止。其工作原理分析如下：

①启动控制：先合上电源开关QF，按下SB1→KM1线圈得电→KM1主触点闭合，辅助触点KM1闭合自锁，同时串联在线圈KM2的辅助常开触点KM1闭合→电动机M1启动连续运转→再按下SB3→KM2线圈得电→KM2主触点闭合，辅助触点KM2闭合自锁，与SB2并联的辅助常开触点KM2闭合→电动机M2启动连续运转。

②停止控制：按下停止按钮SB2时，由于KM2的辅助触头将其短接，SB2不起作用，因此电动机M1、M2正常连续运转。

按下SB4→KM2线圈失电→KM2自锁触头复位分断，KM2主触头复位分断，短接SB2的辅助常开触点KM2分断→电动机M2停转→再按下SB2→KM1线圈失电→KM1主触头复位分断→电动机M1停转。

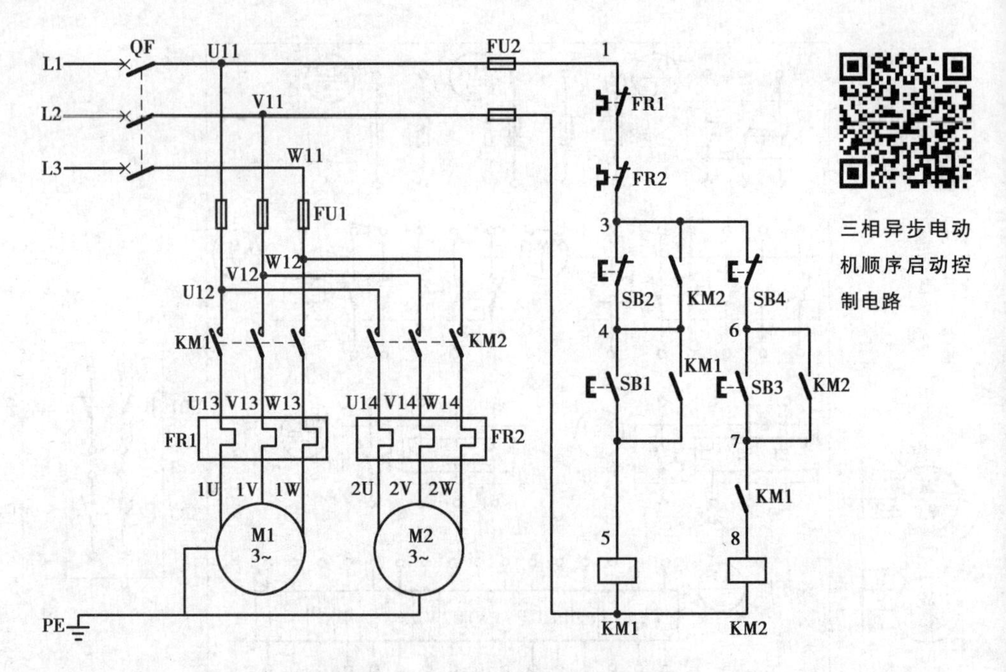

图 2.5.5　顺序启动、逆序停止控制电路原理图

2.6　三相异步电动机行程控制电路

学习任务描述

在生产过程中,一些生产机械运动部件的行程或位置要受到限制,如在摇臂钻床、万能铣床、镗床、桥式起重机及各种自动或半自动控制的机床设备中就经常遇到这种控制,以便实现对工件的连续加工,提高生产效率。本节学习两个任务,即三相异步电动机位置控制电路和三相异步电动机自动往返循环控制电路。

➤ 学习目标

1. 正确理解三相异步电动机位置控制电路的工作原理;
2. 能正确识读位置控制电路的原理图、接线图和布置图;
3. 会按照工艺要求正确安装三相异步电动机位置控制电路;
4. 能根据故障现象,检修三相异步电动机位置控制电路;
5. 正确理解三相异步电动机自动往返循环控制电路的工作原理;
6. 能正确识读自动往返循环控制电路的原理图、接线图和布置图;
7. 会按照工艺要求正确安装三相异步电动机自动往返循环控制电路;
8. 能根据故障现象,检修三相异步电动机自动往返循环控制电路;
9. 养成独立思考和动手操作的习惯,培养小组协调能力和互相学习的精神。

➤ 知识点学习

2.6.1　三相异步电动机位置控制电路

(1)位置控制电路原理图识读

利用生产机械运动部件上的挡铁与行程开关碰撞,使其触点动作,来接通或断开电路,以实现对生产机械运动部件的位置或行程的自动控制,称为位置控制,又称行程控制或限位控制,实现这种控制要求所依靠的主要电器是行程开关,工厂车间里常采用的行车位置控制电路如图 2.6.1 所示。其工作原理如下:

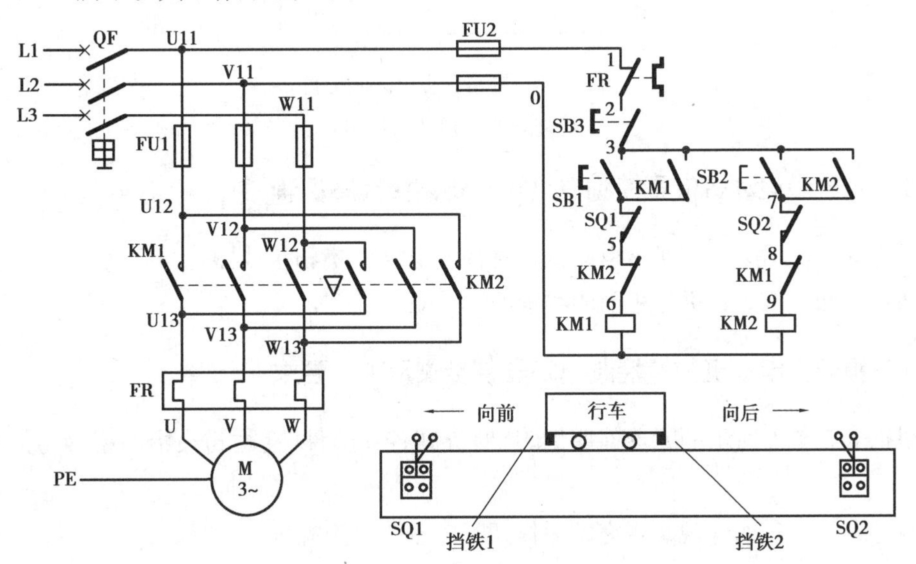

图 2.6.1　位置控制电路

①启动控制:首先合上电源开关 QF。按下 SB1,KM1 线圈得电,KM1 常开辅助触头闭合,对 KM1 自锁,主触头闭合,电动机正转。同时 KM1 常闭触头断开,对 KM2 联锁,当松开 SB1 时,电动机继续保持正转,工作台左移,至限定位置挡铁碰 SQ1 时,SQ1 常闭触头断开,KM1 线圈失电,KM1 主触头断开,电动机停转,同时 KM1 常开自锁触头断开,解除对 KM1 自锁,KM1 常闭触头恢复闭合,解除对 KM2 联锁。

按下 SB2,KM2 线圈得电,KM2 常闭触头断开,对 KM1 联锁,KM2 常开触头闭合,对 KM2 自锁,KM2 常开主触头闭合,电动机反转,工作台向右运动,SQ1 复原,工作台继续向右移,至限定位置挡铁碰 SQ2 时,SQ2 常闭触头断开,KM2 线圈失电,KM2 常开主触头断开,电动机停转,KM2 常开触头断开,解除对 KM2 自锁,KM2 常闭触头闭合,解除对 KM1 联锁。

②停止控制:需要停止时,只需按下停止按钮 SB3 即可。

(2)三相异步电动机位置控制电路元器件布置图识读

当元器件检查完毕后,按照图 2.6.2 所示绘制的元器件布置图安装和固定电器元件。安装和固定电器元件的步骤和方法与前面任务基本相同。

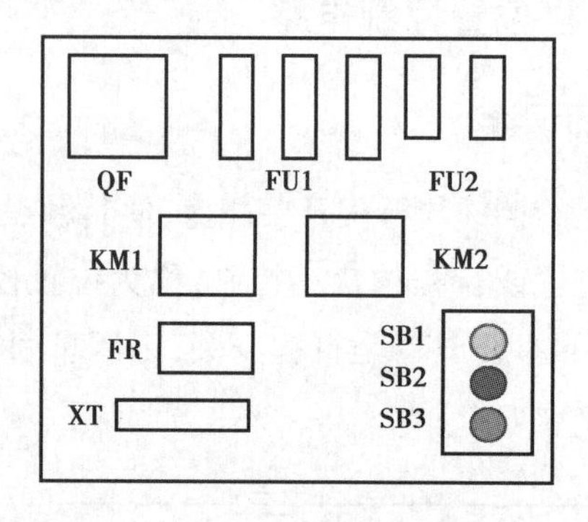

图 2.6.2 三相异步电动机位置控制电路元器件布置图

(3)三相异步电动机位置控制电路电气安装接线图识读

如图 2.6.3 所示为三相异步电动机位置控制电路的实物接线图。当元器件安装完毕后,按照图 2.6.1 和图 2.6.3 进行板前明线配线。

(4)三相异步电动机位置控制电路安装步骤及工艺要求

①根据表 2.6.1 所示的元器件明细表,检查其各元器件、耗材与表中的型号与规格是否一致。

②检查各元器件的外观是否完整无损,附件、备件是否齐全。

③用仪表检查各元器件和电动机的有关技术数据是否符合要求。

④根据元器件布置图安装固定低压电器元件。

安装和固定电器元件的步骤和方法与前述任务基本相同。在此仅就行程开关的安装和使用进行介绍。

a. 行程开关安装时,安装位置要准确,安装要牢固;滚轮的方向不能装反,挡铁与其碰撞的位置应符合控制线路的要求,并确保能可靠地与挡铁碰撞。

b. 行程开关在使用中,要定期检查和保养,除去油垢及粉尘,清理触头,经常检查其动作是否灵活、可靠,及时排除故障。防止因行程开关触头接触不良或接线松脱产生误动作而导致设备和人身安全事故。

⑤根据电气原理图和安装接线图进行行线槽配线,其板前行线槽配线的工艺要求与前面任务有所不同,具体工艺要求如下:

a. 安装走线槽时,应做到横平竖直、排列整齐匀称、安装牢固和便于走线等。

b. 所有导线的截面积在等于或大于 0.5 mm^2 时,必须采用软线。考虑机械强度的原因,

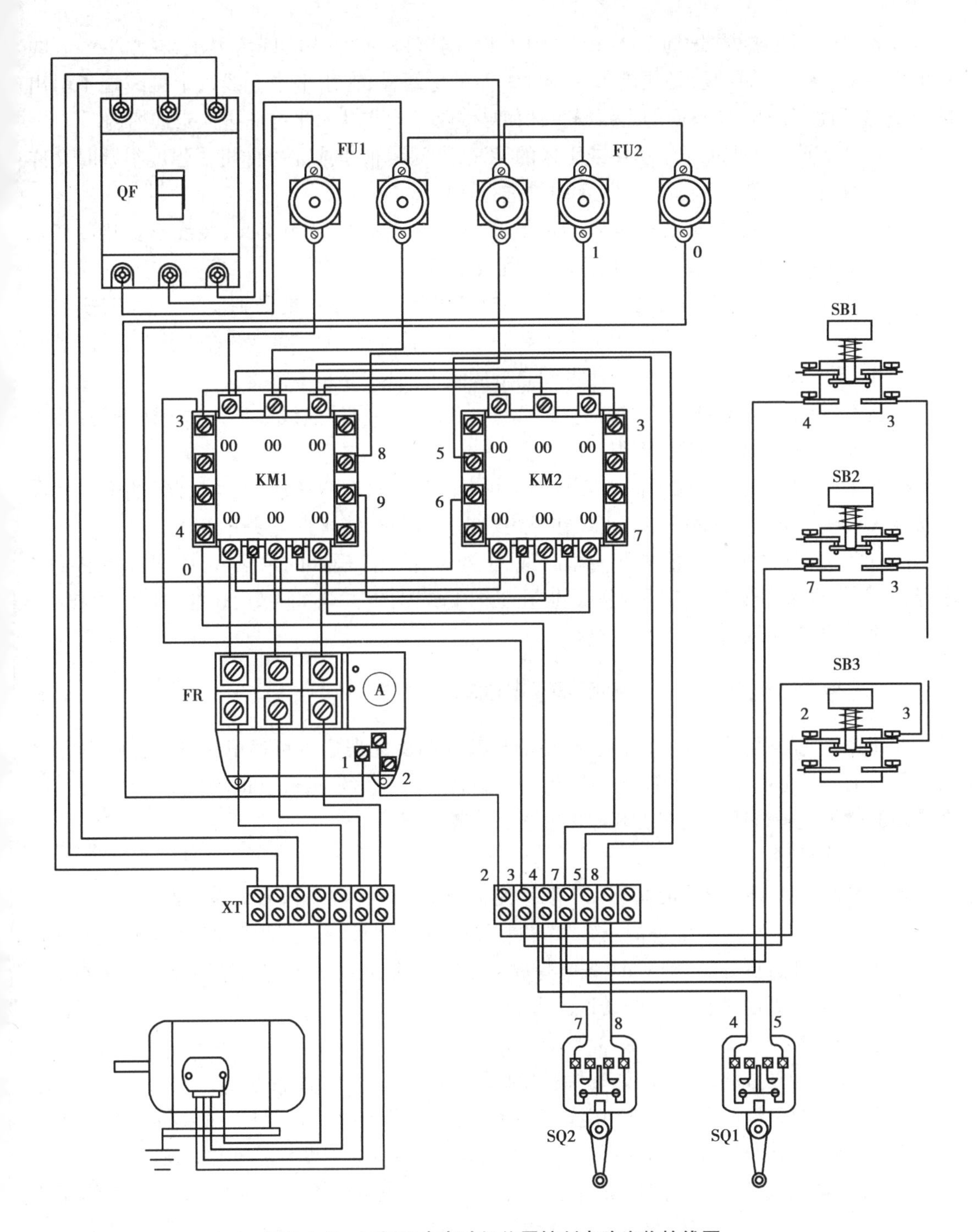

图2.6.3　三相异步电动机位置控制电路实物接线图

所用导线的最小截面积，在控制箱外为1 mm^2，在控制箱内为0.75 mm^2。但对控制箱内通过很小电流的电路连线，如电子逻辑电路，可用0.2 mm^2，并且可以采用硬线，但只能用于不移动又无振动的场合。

c. 布线时，严禁损伤线芯和导线绝缘。

d. 各电器元件接线端子引出导线的走向,以元器件的水平中心线为界限,在水平中心线以上接线端子引出的导线,必须进入元器件上面的走线槽;在水平中心线以下接线端子引出的导线,必须进入元器件下面的走线槽。任何导线都不允许从水平方向进入走线槽内。

e. 各电器元件接线端子上引出或引入的导线,除间距很小或元器件机械强度很差时允许直接架空敷设外,其他导线必须经过走线槽进行连接。

f. 进入走线槽内的导线要完全置于走线槽内,并应尽可能避免交叉,装线不要超过其容量的 70%,以便于能盖上线槽盖和以后的装配及维修。

g. 各电器元件与走线槽之间的外露导线,应走线合理,并尽可能做到横平竖直,变换走向要垂直。同一个元器件上位置一致的端子和同型号电器元件中位置一致的端子上,引出或引入的导线,要敷设在同一平面上,并应做到高低一致或前后一致,不得交叉。

h. 所有接线端子、导线线头上,都应套有与电路图上相应接点线号一致的编码套管,并按线号进行连接,连接必须牢靠,不得松动。

i. 在任何情况下,接线端子都必须与导线截面积和材料性质相适应。当接线端子不适合连接软线或较小截面积的软线时,可以在导线端头穿上针形或叉形轧头并压紧。

j. 一般一个接线端子只能连接一根导线,如果采用专门设计的端子,可以连接两根或多根导线,但导线的连接方式必须是公认的、在工艺上成熟的方式,如夹紧、压接、焊接、绕接等,并应严格按照连接工艺的工序要求进行。

(5)三相异步电动机位置控制电路通电试车

线路连接完毕后,必须经过自检,并经指导教师确认无误后方可通电试车。自检的方法及步骤与前面任务相似,此处不再赘述,读者可自行分析。学生通过自检和教师确认无误后,在教师的监护下进行通电试车。其操作方法和步骤如下:

1)空操作试验

合上电源开关 QF,按照前面任务中双重连锁的正反转控制线路的试验步骤检查各控制、保护环节的动作。试验结果一切正常后,再按下 SB1 使 KM1 得电动作,然后用绝缘棒按下 SQ1 的滚轮,使其触点分断,则 KM1 失电释放。用同样的方法检查 SQ2 对 KM2 的控制作用。反复操作几次,检查限位控制线路动作的可靠性。

2)带负荷试车

断开 QF,接好电动机接线,上好接触器的灭弧罩。合上 QF,做下述几项试验:

①检查电动机转向。按下 SB1,电动机启动拖带设备上的运动部件开始移动,如移动方向为正方向则符合要求;如果运动部件向反方向移动,则应立即断电停车。否则限位控制线路不起作用,运动部件越过规定位置后继续移动,可能造成机械故障。将 QF 上端子处的任意两相电源线交换后,再接通电源试车。电动机的转向符合要求后,操作 SB2 使电动机拖动部件反向运动,检查 KM2 的改换相序作用。

②检查行程开关的限位控制作用。作好停车的准备,启动电动机拖带设备正向运动,当部件移动到规定位置附近时,要注意观察挡块与行程开关 SQ1 滚轮的相对位置。SQ1 被挡块操作后,电动机应立即停车。按动反向启动按钮(SB2)时,电动机应能反向拖动部件返回。如出现挡块过高、过低或行程开关动作后不能控制电动机等异常情况,应立即断电停车进行检查。

③反复操作几次，观察线路的动作和限位控制动作的可靠性。在部件的运动中可以随时操作按钮改变电动机的转向，以检查按钮的控制作用。

(6)三相异步电动机位置控制电路检修方法

位置控制电路的常见故障与前面任务中双重连锁正反转控制线路的常见故障相似，其电气故障分析和检测方法在此不再赘述，读者可自行分析。在此仅就限位控制部分故障进一步说明，见表2.6.1。

表2.6.1　线路故障现象、原因及处理方法

故障现象	可能的原因	处理方法
挡铁碰撞行程开关SQ1(或SQ2)后，电动机不能停止	可能故障点是SQ1（或SQ2）不动作，其不动作的可能原因是： 1.行程开关的紧固螺钉松动，使传动机构松动或发生偏移； 2.行程开关被撞坏，机构失灵；或有杂质进入开关内部，使机械被卡住等	1.外观检查行程开关固定螺钉的松动情况，按压并放开行程开关，查看行程开关机构动作是否灵活； 2.断开电源，用万用表的电阻挡，将两支表笔连接在SQ1（或SQ2）常闭触头的两端，按压并放开行程开关，检查通断情况
挡铁碰撞到SQ1(或SQ2)，电动机停止，再按下SB2(或SB1)，电动机启动；挡铁碰撞到SQ2(或SQ1)，电动机停止，再按下SB1（或SB2)，电动机不启动运行	可能故障点是行程开关SQ1(或SQ2)不复位，其不复位的可能原因是： 1.行程开关不复位多为运动部件或挡铁撞块超行程太多，机械失灵、开关被撞坏、杂质进入开关内部，使机械部分被卡住，或开关复位弹簧失效，弹力不足使触头不能复位闭合； 2.触头表面不清洁、有污垢	1.检查外观，是否因为运动部件或撞块超行程太多，造成行程开关机械损坏； 2.断开电源，打开行程开关检查触头表面是否清洁； 3.断开电源，用万用表的电阻挡，将两支表笔连接在SQ1(或SQ2)常闭触头的两端，按压并放开行程开关，检查通断情况

2.6.2　三相异步电动机自动往返循环控制电路

在实际生产中有一些机械设备，如B2012A刨床工作台要求在一定行程内自动往返循环运动，X62W铣床工作台在纵向进给中自动循环工作，以便实现对工件的连续加工，提高生产效率。这就需要电气控制线路能对电动机实现自动换接正反转控制。而这种利用机械运动触碰行程开关实现电动机自动换接正反转控制的电路，就是电动机自动循环控制电路，如图2.6.4所示。

从图2.6.4所示的电路图中可知，为了使电动机的正反转控制与工作台的左右运动相配合，在控制线路中设置了4个行程开关SQ1、SQ2、SQ3和SQ4，并把它们安装在工作台所需限位的位置。其中，SQ1、SQ2被用来自动切换电动机正、反转控制电路，实现工作台的自动往返循环控制；SQ3和SQ4被用来作终端保护，以防止SQ1、SQ2失灵，工作台越过限定位置而造成事故。在工作台边的T形槽中装有两块挡铁，挡铁1只能和SQ1、SQ3相碰撞，挡铁2只能和SQ2、SQ4相碰撞。当工作台运动到所限位置时，挡铁碰撞行程开关，使其触头动作，自动切

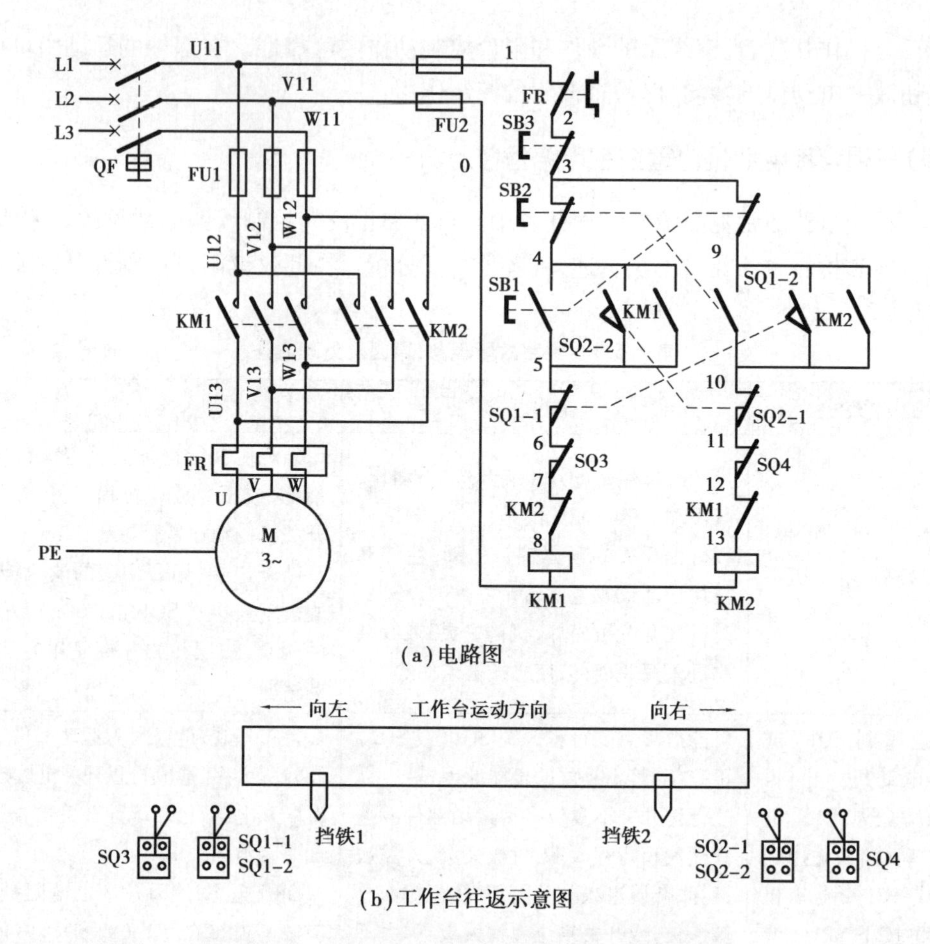

(a)电路图

(b)工作台往返示意图

图 2.6.4 三相异步电动机自动往返循环控制电路

换电动机正反转控制电路,通过机械传动机构使工作台自动往返循环运动。工作台的行程可通过移动挡铁位置来调节,拉开两块挡铁间的距离,行程就短,反之则长。自动往返循环控制线路的工作原理如下:

先合上电源开关 QF。

(1)自动往返循环控制

按下 SB1,KM1 线圈得电,KM1 常开辅助触头闭合,对 KM1 自锁,常开主触头闭合,电动机正转。同时 KM1 常闭触头断开,对 KM2 联锁,当松开 SB1 时,电动机继续保持正转,工作台左移,至限定位置挡铁 1 碰 SQ1 时,SQ1 常闭触头断开,KM1 线圈失电,KM1 常开主触头断开,电动机停转,同时 SQ1 - 1 分断,KM1 常开辅助触头断开,解除对 KM1 自锁,KM1 常闭触头恢复闭合,解除对 KM2 联锁,SQ1 - 2 常开触头闭合,KM2 线圈得电,KM2 常闭触头断开,对 KM1 联锁,KM2 常开触头闭合,对 KM2 自锁,KM2 常开主触头闭合,KM2 线圈得电,KM2 常开辅助触头闭合,对 KM2 自锁,常开主触头闭合,电动机反转,工作台向右运动,SQ1 触头复原,工作台继续向右运动,至限定位置挡铁 2 碰 SQ2,SQ2 - 1 常闭触头断开,KM2 线圈失电,KM2 常开主触头断开,电动机停止反转,工作台停止右移,KM2 常开触头断开,解除对 KM2 自锁,KM2 常闭触头闭合,解除对 KM1 联锁,挡铁碰 SQ2 - 2,SQ2 常开触头闭合,KM1 线圈得电,

KM1 常开辅助触头闭合，对 KM1 自锁，KM1 常开主触头闭合，电动机又正转，工作台又左移（SQ2 触头复位）KM1 常闭触头断开，对 KM2 联锁，就这样来回往复运行。

（2）停止控制

按下 SB3→整个控制电路失电→KM1（或 KM2）主触头分断→电动机 M 失电停转。这里，SB1、SB2 分别作为正转启动按钮和反转启动按钮，若启动时工作台在左端，则应按下 SB2 进行启动。

三相异步电动机行程控制电路

2.7　三相异步电动机降压启动电路

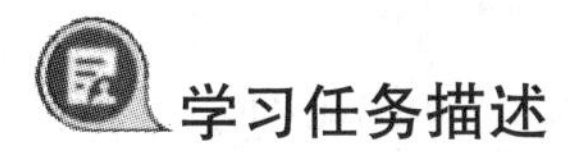

学习任务描述

在三相异步电动机直接启动时，启动电流较大（一般为额定电流的 4～7 倍），可能会影响同一供电电路中其他电气设备的正常工作。为了避免电动机启动时对电网产生较大的压降，启动电流不能太大，就产生出各种降压启动控制电路。而在各种降压启动电路中，Y-△减压启动是最常用的。

通常规定：电源容量在 180 kV · A 以上、电动机容量在 7 kW 以下的三相异步电动机可采用直接启动。对电动机是否能够直接启动，可根据以下经验公式来确定：

$$\frac{I_{st}}{I_N} \leqslant \frac{3}{4} + \frac{S}{4P}$$

式中　I_{st}——电动机全压启动电流，A；

I_N——电动机额定电流，A；

S——电源变压器容量，kV · A；

P——电动机功率，kW。

凡不满足直接启动条件的，均须采用减压启动。

由于电流随电压的降低而减小，所以减压启动达到了减小启动电流的目的。但是由于电动机的转矩与电压的二次方成正比，所以减压启动将导致电动机的启动转矩大为降低。减压启动在空载或轻载下进行。

常见减压启动方式有定子绕组串接电阻或电抗器减压启动、自耦变压器减压启动、Y－△减压启动、延边三角形减压启动等。

➢ 学习目标

1. 正确理解三相异步电动机定子绕组串接电阻减压启动的工作原理；
2. 能正确识读定子绕组串接电阻减压启动控制电路的原理图、接线图和布置图；
3. 可以按照工艺要求正确安装三相异步电动机定子绕组串接电阻减压启动控制电路；
4. 能根据故障现象，检修三相异步电动机定子绕组串接电阻减压启动控制电路；
5. 能正确理解三相异步电动机自耦变压器减压启动控制电路原理；

6. 掌握自耦变压器减压启动控制电路的安装、调试及故障的排除;
7. 正确理解三相异步电动机 Y-△减压启动控制电路的工作原理;
8. 能正确识读 Y-△减压启动控制电路的原理图、接线图和布置图;
9. 会按照工艺要求正确安装 Y-△减压启动控制电路;
10. 能根据故障现象,检修 Y-△减压启动控制电路;
11. 养成独立思考和动手操作的习惯,培养小组协调能力和互相学习的精神。

➢ 知识点学习

2.7.1 定子串电阻降压启动控制电路

定子绕组串接电阻降压启动控制电路是把电阻串接在电动机定子绕组与电源之间,电动机启动时,通过电阻的分压作用来降低定子绕组上的启动电压。待电动机启动结束后,再将电阻短接,使电动机定子绕组的电压恢复到全压运行。在实际生产应用中,通常运用时间继电器来实现短接电阻,达到自动控制的效果。定子串接电阻降压启动电路图如图 2.7.1 所示。

从图 2.7.1 所示的电路可知,用接触器 KM2 短接启动电阻 R,用时间继电器 KT 来控制电动机从降压启动到全压运行的时间,从而实现了自动控制。其工作原理如下:

①降压启动控制:先合上电源开关 QF。按下启动按钮 SB1,KM1 线圈得电,KM1 常开触点闭合自锁,同时,KM1 主触点闭合,电动机 M 接电阻 R 降压启动。

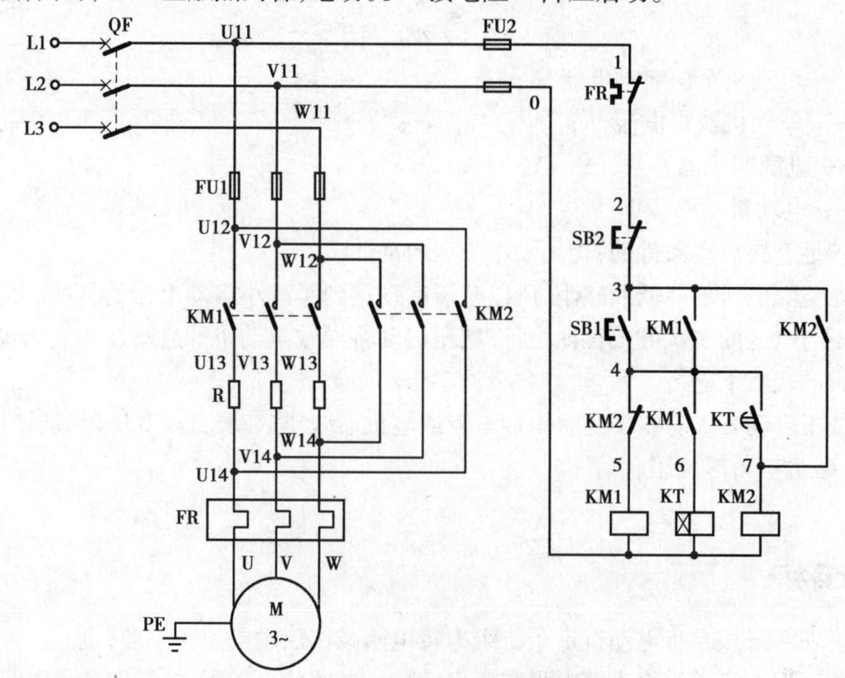

图 2.7.1 定子串接电阻降压启动电路图

在按下启动按钮 SB1 的同时,时间继电器 KT 线圈得电,开始计时,当转速上升到一定值时,KT 延时结束,KT 常开触点闭合,KM2 线圈得电,KM2 自锁触头闭合自锁,KM2 主触头闭合,电阻 R 被短接,电动机 M 全压运行。同时 KM2 辅助常闭触头分断,KM1、KT 线圈失去电,其触头复位。

②停止控制:按下 SB2 时,电动机 M 停止运行。

由以上分析可知,只要调整好时间继电器 KT 触头的动作时间,电动机由启动过程切换成运行过程就能准确可靠地自动完成。串电阻降压启动的缺点是减小了电动机的启动转矩,同时启动时在电阻上功率消耗较大。若频繁启动,则电阻的温度会很高,对精密度高的设备会有一定的影响。

2.7.2　自耦变压器降压启动控制电路

自耦变压器降压启动(补偿器降压启动)是指利用自耦变压器来降低加在电动机三相定子绕组上的电压,达到限制启动电流的目的。电动机启动时,定子绕组得到的电压是自耦变压器的二次电压,一旦启动完毕,自耦变压器便被切除,电动机全压正常运行。

(1)自耦降压启动器

实现自耦变压器降压启动电路的主要器件为自耦降压启动器,其外形如图 2.7.2 所示,其结构原理图如图 2.7.3 所示。

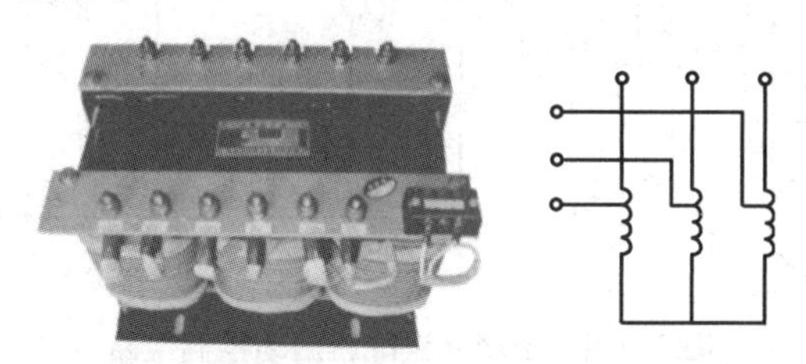

图 2.7.2　自耦变压器外形及星形联结示意图

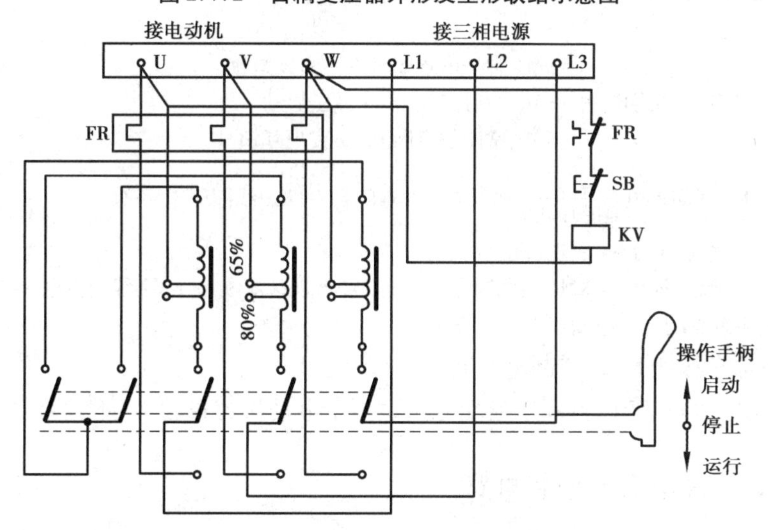

图 2.7.3　自耦降压启动器结构原理图

(2)自耦变压器降压启动控制电路的优缺点

优点:启动转矩相对较大,当其绕组抽头在 80% 处时,启动转矩可达直接启动时的 64%,

并且可以通过抽头调节启动转矩,能适应不同负载启动的需要。

缺点:冲击电流大、冲击转矩大,启动过程中存在二次冲击电流和冲击转矩。

(3)自耦变压器降压启动控制电路原理图

自耦变压器降压启动分为手动和自动操作两种。手动操作的补偿器有 QJ3、QJ5 等型号,自动操作的补偿器有 XJ01 型和 CT2 系列等。QJ3 型手动控制补偿器有 65%、80% 两组抽头。可以根据启动时负载大小来选择,出厂时接在 65% 的抽头上。XJ01 型自耦补偿降压启动器适用于 14 ~28 kW 的电动机,其控制电路如图 2.7.4 所示。其工作原理如下:

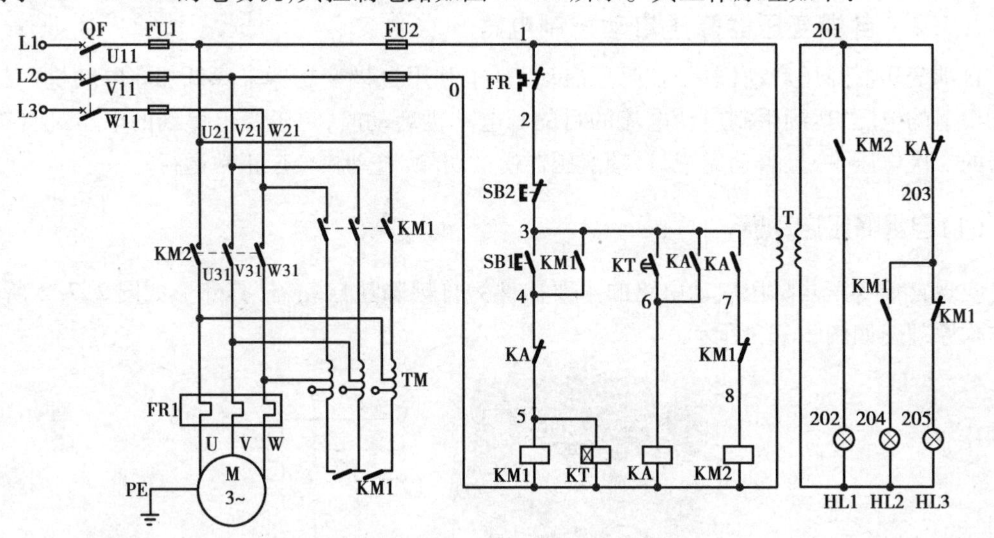

图 2.7.4 自耦补偿降压启动控制电路

合上断路器 QF,指示灯 HL3 亮。

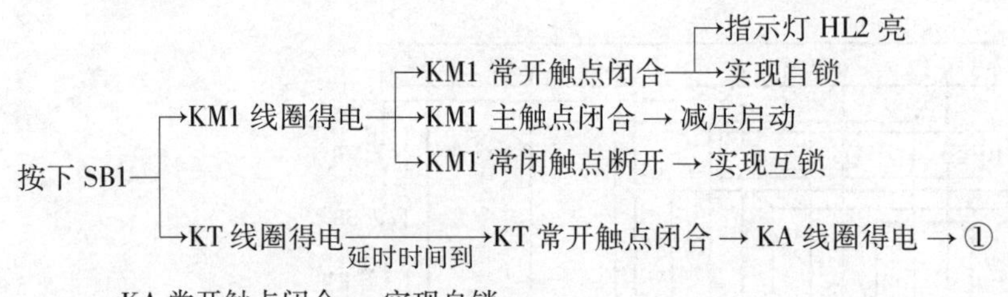

→KA 常开触点闭合 → 实现自锁

① →KA 常闭触点断开 → KM1 线圈断电 → KM1 常闭触点复位 → KM2 线圈得电 → ②

② ——→KM2 主触点闭合→电动机 M 全压运行

停车:按下停车按钮 SB2,控制电路断电,电动机 M 停转。

在实际应用中,自耦变压器降压启动方法适用于电动机容量较大、不频繁启动的场合。

2.7.3 Y-△降压启动控制电路

(1)时间继电器自动控制 Y-△降压启动线路

在实际生产中,如 M7475B 型平面磨床上的砂轮电动机,其电动机功率较大,是△接法,为了限制电动机的启动电流,采用的是 Y-△降压启动。如图 2.7.5 所示就是典型的时间继电器控制 Y-△降压启动控制电路。

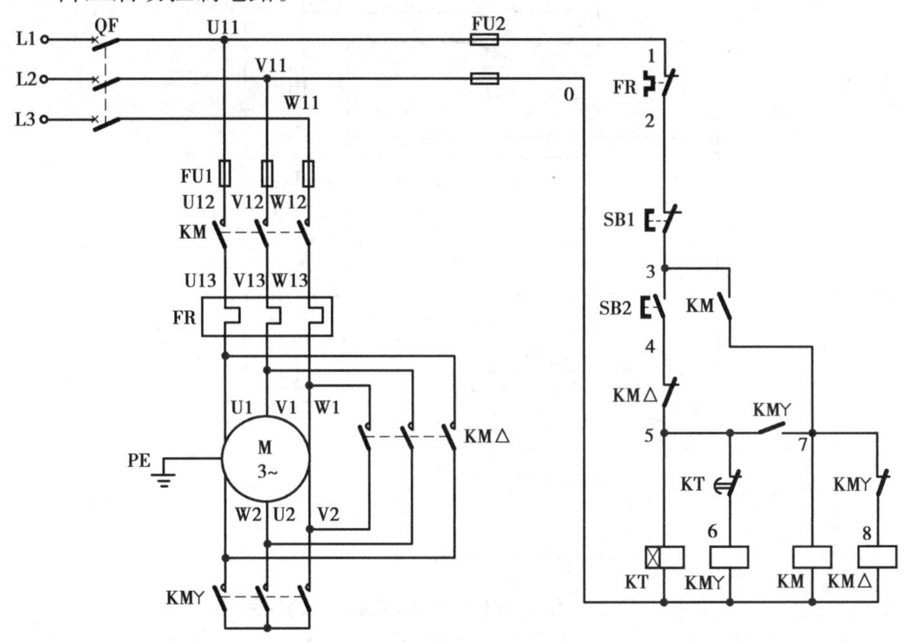

图 2.7.5　时间继电器控制 Y－△降压启动控制电路

从图 2.7.5 中分析 Y-△降压启动工作原理:

首先合上电源开关 QS。然后按下启动按钮 SB2,KMY 线圈得电,KMY 常开触头闭合,KM 线圈得电,KM 自锁触头闭合自锁、KM 主触头闭合;同时,KMY 线圈得电后,KMY 主触头闭合;电动机 M 接成 Y 形降压启动;KMY 联锁触头分断对 KM△联锁;在 KMY 线圈得电的同时,时间继电器 KT 线圈得电,延时开始,当电动机 M 的转速上升到一定值时,KT 延时结束,KT 动断触头分断,KMY 线圈失电,KMY 常开触头分断;KMY 主触头分断,解除 Y 形连接;KMY 联锁触头闭合,KM△线圈得电,KM△联锁触头分断对 KMY 联锁;同时 KT 线圈失电,KT 常闭触头瞬时闭合,KM△主触头闭合,电动机 M 接成△形全压运行。停止时,按下 SB2 即可。

线路特点:该线路中,接触器 KMY 得电以后,通过 KMY 的辅助常开触头使接触器 KM 得电动作,这样 KMY 的主触头是在无负载的条件下进行闭合的,可延长接触器 KMY 主触头的使用寿命。

(2)手动 Y-△降压启动控制线路

如图 2.7.6 所示为双投开启式负荷开关手动控制 Y-△降压启动控制线路。线路的工作原理如下:启动时,首先合上电源开关 QS1,然后把开启式负荷开关 QS2 扳到"启动"位置,电动机定子绕组便接成 Y 形降压启动;当电动机转速上升并接近额定值时,再将 QS2 扳到"运行"位置,电动机定子绕组便接成△形全压运行。

电动机启动时,定子绕组接成 Y 形,加在每相定子绕组上的启动电压只有△形接法的 1/3,电动机启动时,启动电流为△形接法的 1/3,动转矩也有只有△形接法的 1/3。这种降压启动方法,只适用于轻载或空载下启动。凡是在正常运行时定子绕组作△形连接的异步电动机,均可采用这种降压启动方法。

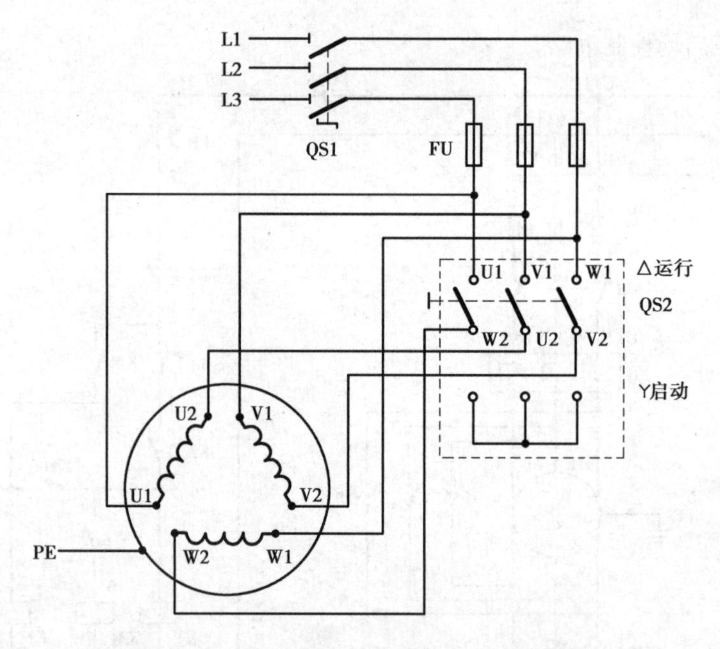

图 2.7.6　手动控制 Y-△降压启动控制线路

手动 Y-△启动器专门作为手动 Y-△降压启动用,有 QX1 和 QX2 系列,按控制电动机的容量分为 13 kW 和 30 kW 两种,启动器的正常操作频率为 30 次/h。

QX1 型手动 Y-△启动器的外形、接线图如图 2.7.7 所示,触头分合表见表 2.7.1。启动器有启动(Y)、停止(0)和运行(△)3 个位置,当手柄扳到"0"位置时,八对触头都分断,电动机脱离电源停转;当手柄扳到"Y"位置时,1、2、5、6、8 触头闭合接通,3、4、7 触头分断,定子绕组的末端 W2、U2、V2 通过触头 5 和 6 接成 Y 形,首端 U1、V1、W1 则分别通过触头 1、8、2 接入三相电源 L1、L2、L3,电动机进行 Y 形降压启动;当电动机转速上升并接近额定转速时,将手柄扳到"△"位置,这时 1、2、3、4、7、8 触头闭合,5、6 触头分断,定子绕组按 U1→触头 1→触头 3→W2、V1→触头 8→触头 7→U2、W1→触头 2→触头 4→V2 接成△形全压正常运转。

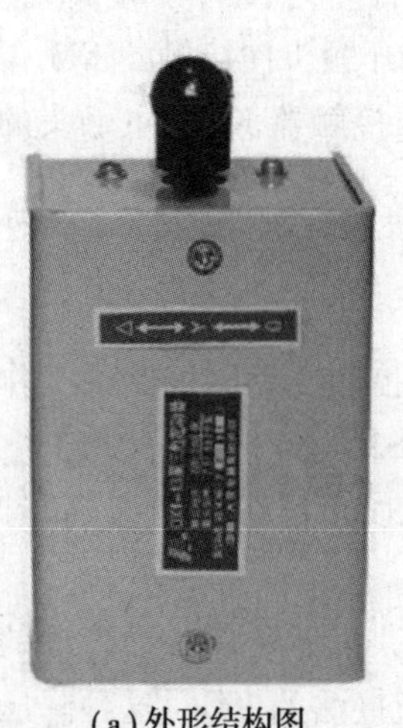

(a)外形结构图

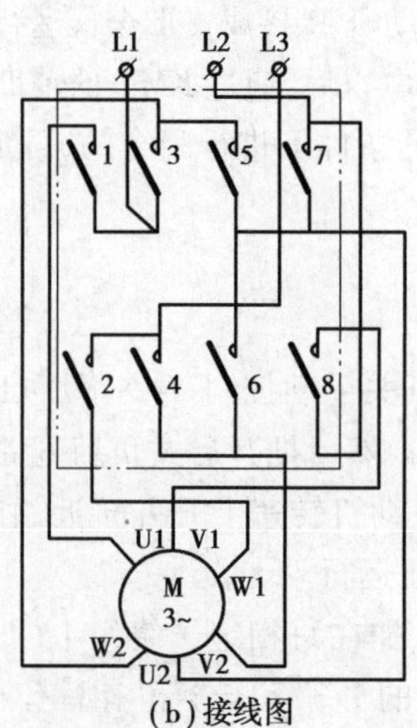

(b)接线图

图 2.7.7　QX1 型手动 Y-△启动器

表 2.7.1　触头分合表

接点	手柄位置		
	启动 Y	停止 0	运行△
1	×		×
2	×		×
3			×
4			×
5	×		
6	×		
7			×
8	×		×

注:×表示接通。

(3)按钮、接触器控制 Y-△降压启动线路

如图 2.7.8 所示为通过按钮、接触器控制 Y-△降压启动线路。该线路使用了 3 个接触器、1 个热继电器和 3 个按钮。接触器 KM1 起引入电源作用，接触器 KM2 和 KM3 分别作 Y 形启动用和△形运行用，SB2 是启动按钮，SB3 是 Y-△换接按钮，SB1 是停止按钮，FU1 作为主电路的短路保护，FU2 作为控制电路的短路保护，FR 作为过载保护。

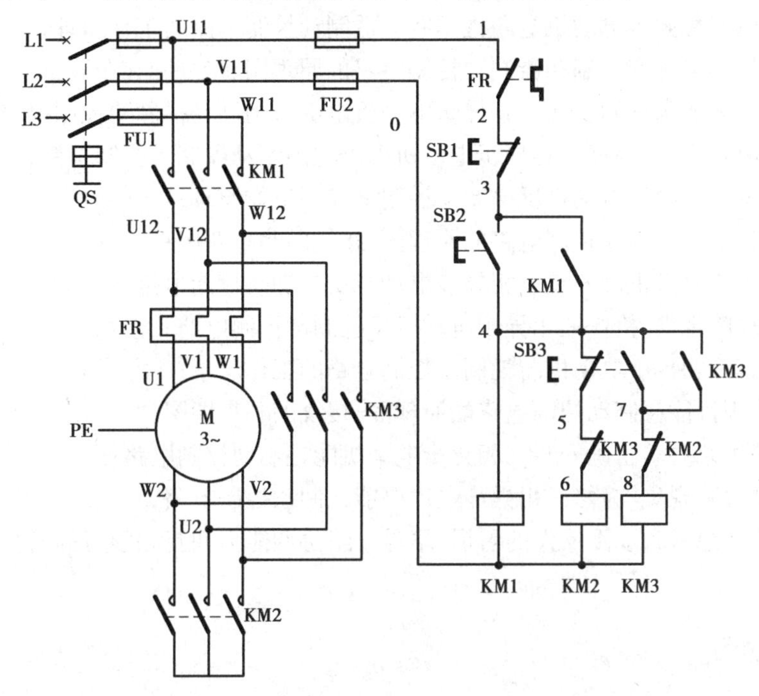

图 2.7.8　按钮、接触器控制 Y-△降压启动线路

电路工作原理：合上电源开关 QS，按下启动按钮 SB2，接触器 KM1 和 KM2 线圈同时得电，KM2 主触头闭合，把电动机绕组接成 Y 形，KM1 主触头闭合接通电动机电源，使电动机 M 接成 Y 形降压启动。当电动机转速上升到一定值时，按下按钮 SB3，SB3 常闭触头先分断，切断 KM2 线圈回路，SB3 常开触头后闭合，使 KM3 线圈得电，电动机 M 换接成△形运行，整个启动过程完成。当需要电动机停转时，按下停止按钮 SB1 即可。

2.8　三相异步电动机制动电路

三相异步电动机
降压启动电路

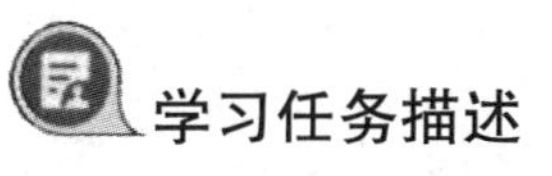

学习任务描述

当三相异步电动机切断电源后，电动机及生产机械的转动部分有转动惯性，需要经过较长时间才能停转，这对某些生产机械来说是允许的，如常用的砂轮机、风机等，这种停电后不加强制的停转称为自由停车。但有的生产机械要求迅速停车或准确停车，如吊车运送物品时，必须将货物准确停放在空中某一位置，机床更换加工零件时需要迅速停机，以节省工作时间，实现这些操作功能都要用到制动控制技术。

所谓制动,就是给电动机一个与转动方向相反的转矩使它迅速停转(或限制其转速)。三相异步电动机的制动有机械制动和电气制动两大类,电磁抱闸制动属于机械制动,反接制动和能耗制动属于电气制动,无论哪种制动,电动机的制动转矩方向总是与转动方向相反。

➢ 学习目标

1. 正确理解三相异步电动机电磁抱闸制动器制动控制电路的工作原理;
2. 能正确识读电磁抱闸制动器制动控制电路的原理图、接线图和布置图;
3. 会按照工艺要求正确安装三相异步电动机电磁抱闸制动器制动控制电路;
4. 能根据故障现象,检修三相异步电动机电磁抱闸制动器制动控制电路;
5. 正确理解三相异步电动机反接制动控制电路的工作原理;
6. 能正确识读反接制动控制电路的原理图、接线图和布置图;
7. 会按照工艺要求正确安装三相异步电动机反接制动控制电路;
8. 能根据故障现象,检修三相异步电动机反接制动控制电路;
9. 正确理解三相异步电动机能耗制动控制电路的工作原理;
10. 能正确识读能耗制动控制电路的原理图、接线图和布置图;
11. 会按照工艺要求正确安装三相异步电动机能耗制动控制电路;
12. 能根据故障现象,检修三相异步电动机能耗制动控制电路;
13. 养成独立思考和动手操作的习惯,培养小组协调能力和互相学习的精神。

➢ 知识点学习

2.8.1 三相异步电动机电磁抱闸制动器断电制动电路

电动机断开电源后,利用机械装置产生的反作用力矩使其迅速停转的方法称为机械制动。机械制动常用的方法有电磁抱闸制动器制动和电磁离合器制动。例如,X62W 万能铣床的主轴电动机就采用电磁离合器制动以实现准确停车;而在 20/5t 桥式起重机上,主钩、副钩、大车、小车全部采用电磁抱闸制动以保证电动机失电后的迅速停车。如图 2.8.1 所示为20/5t 桥式起重机副钩上采用的电磁抱闸断电制动控制电路。

断电制动型电磁抱闸制动器是当制动电磁铁的线圈得电时,制动器的闸瓦与闸轮分开,无制动作用;当线圈失电时,制动器的闸瓦紧紧抱住闸轮制动。电磁抱闸断电制动控制电路的工作原理如下:

(1)启动控制

合上电源开关 QS。按下启动按钮 SB1,接触器 KM 线圈得电,其自锁触头和主触头闭合,电动机 M 接通电源,同时电磁抱闸制动器 YB 线圈得电,衔铁与铁芯吸合,衔铁克服弹簧拉力,迫使制动杠杆向上移动,从而使制动器的闸瓦与闸轮分开,电动机正常运转。

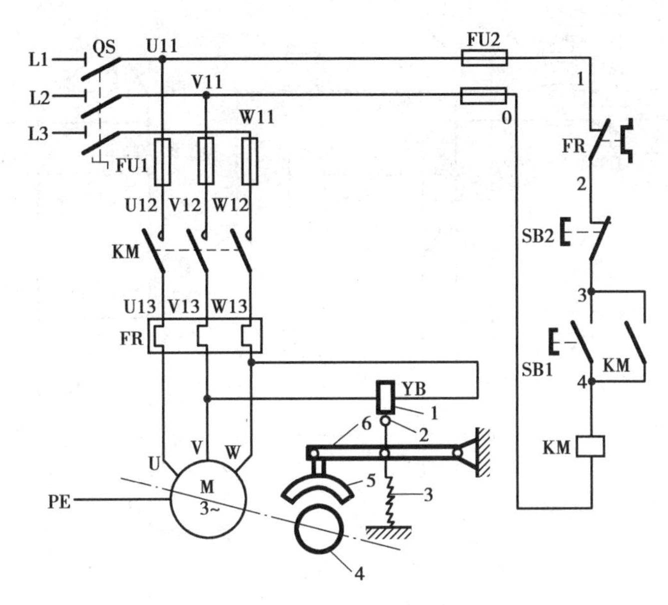

图 2.8.1　电磁抱闸断电制动控制电路

1—线圈；2—衔铁；3—弹簧；4—闸轮；5—闸瓦；6—杠杆

(2)制动控制

按下停止按钮 SB2，接触器 KM 线圈失电，其自锁触头和主触头分断，电动机 M 失电，同时电磁抱闸制动器 YB 线圈也失电，衔铁与铁芯分开，在弹簧拉力的作用下，制动器的闸瓦紧紧抱住闸轮，使电动机被迅速制动而停转。

电磁抱闸制动器断电制动在起重机械上被广泛采用。其优点是能够准确定位，同时可防止电动机突然断电时，重物自行坠落；缺点是不经济。由于电磁抱闸制动器线圈耗电时间与电动机一样长，另外，电磁抱闸制动器在切断电源后的制动作用使手动调整工件很困难，因此，对要求电动机制动后能调整工件位置的机床设备，可采用通电制动控制线路。

2.8.2　三相异步电动机单向启动反接制动电路

电力制动是指使电动机在切断定子电源停转的过程中，产生一个与电动机实际旋转方向相反的电磁力矩（制动力矩），迫使电动机迅速制动停转的方法。电力制动常用的方法有反接制动、能耗制动、电容制动和再生发电制动等。

如图 2.8.2 所示为单向启动反接制动控制电路。

(1)反接制动

依靠改变电动机定子绕组的电源相序来产生制动力矩，迫使电动机迅速停转的方法称为反接制动。反接制动的原理图如图 2.8.3 所示。

当电动机为正常运行时，电动机定子绕组的电源相序为 L1—L2—L3，电动机将沿旋转磁场方向以 $n < n_1$ 的速度正常运转。当电动机需要停转时，可拉开开关 QS，使电动机先脱离电源（此时转子仍按原方向旋转），当将开关迅速向下投合时，使电动机三相电源的相序发生改变，旋转磁场反转，此时转子将以 $n_1 + n$ 的相对速度沿原转动方向切割旋转磁场，在转子绕组

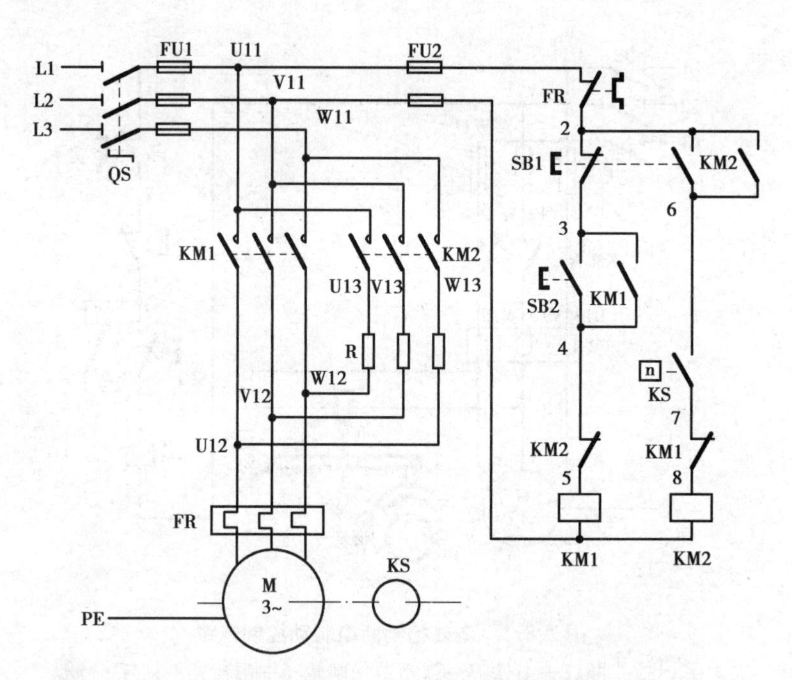

图 2.8.2　单向启动反接制动控制电路

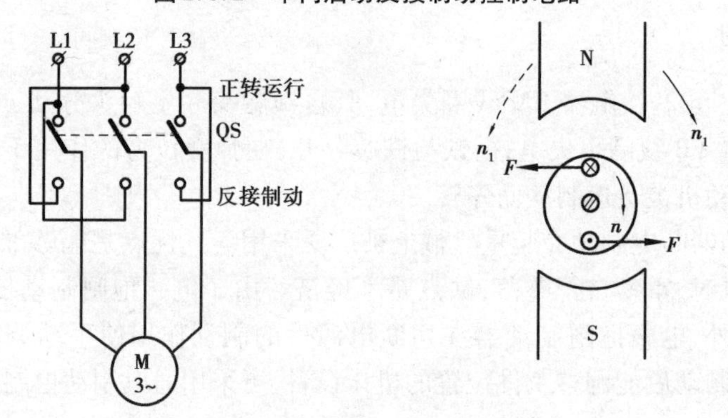

图 2.8.3　反接制动原理图

中产生感应电流,其方向可由左手定则判断出来,可见此转矩方向与电动机的转动方向相反,使电动机受制动迅速停转。

值得注意的是,当电动机转速接近零值时,应立即切断电动机的电源,否则电动机将反转。在反接制动设备中,为保证电动机的转速被制动到接近零值时能迅速切断电源,防止反向启动,常利用速度继电器来自动地及时切断电源。

(2)电动机单向启动反接制动控制线路分析

如图 2.8.2 所示为电动机单向启动反接制动控制线路,电路的主电路和正反转控制线路的主电路基本相同,只是在反接制动时增加了 3 个限流电阻 R。线路中 KM1 为正转运行接触器,KM2 为反接制动接触器,KS 为速度继电器,其轴与电动机轴相连。

线路的工作原理如下:先合上电源开关 QS。

①单向启动控制：

按下 SB2 → KMI 线圈得电 →KM1 自锁触头闭合自锁
→KM1 主触头闭合 → 电动机 M 启动运转 →
→KM1 连锁触头分断对 KM2 连锁

→至电动机转速上升到一定值(150 r/min 左右)时→KS 常开触头闭合为制动作准备

②反接制动控制：

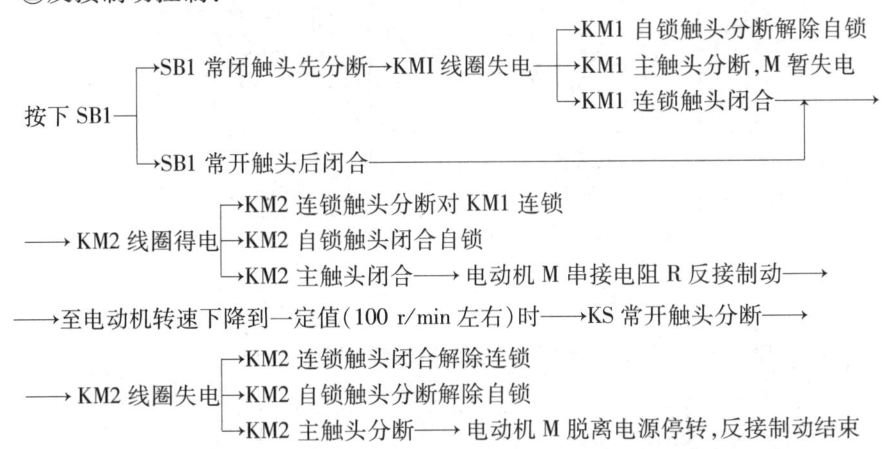

反接制动时,因旋转磁场与转子的相对转速(n_1+n)很高,故转子绕组中感生电流很大,致使定子绕组中的电流很大,一般为电动机额定电流的 10 倍左右。反接制动适用于 10 kW 以下小容量电动机的制动,并且对 4.5 kW 以上的电动机进行反接制动时,需在定子绕组回路中串入限流电阻 R,以限制反接制动电流。

反接制动的优点是制动力强,制动迅速;缺点是制动准确性差,制动过程中冲击强烈,易损坏传动零件,制动能量消耗大,不宜经常制动。反接制动一般适用于制动要求迅速、系统惯性较大、不经常启动与制动的场合,如铣床、镗床、中型车床等主轴的制动控制。

2.8.3　三相异步电动机能耗制动电路

前面任务介绍的反接制动优点是设备简单,调整方便,制动迅速,价格低;缺点是制动冲击大,制动能量损耗大,不宜频繁制动,且制动准确度不高,故适用于制动要求迅速,系统惯性较大、制动不频繁的场合。而对要求频繁制动的则采用能耗制动控制,如 C5225 车床工作台主拖动电动机的制动采用的就是能耗制动控制线路。如图 2.8.4 所示为典型的无变压器单相半波整流能耗制动控制电路。

(1)能耗制动

当电动机切断交流电源后,立即在定子绕组中通入直流电,迫使电动机停转的方法称为能耗制动。其制动原理如图 2.8.5 所示。

先断开电源开关 QS1,切断电动机的交流电源,这时转子仍沿原方向惯性运转;随后立即合上开关 QS2,并将 QS1 向下合闸,电动机 V、W 两相定子绕组通入直流电,使定子中产生一个恒定的静止磁场,这样做惯性运转的转子因切割磁力线而在转子绕组中产生感生电流,其方向可用右手定则判断出来,上面标“×”,下面标“·”。绕组中一旦产生了感生电流,又立

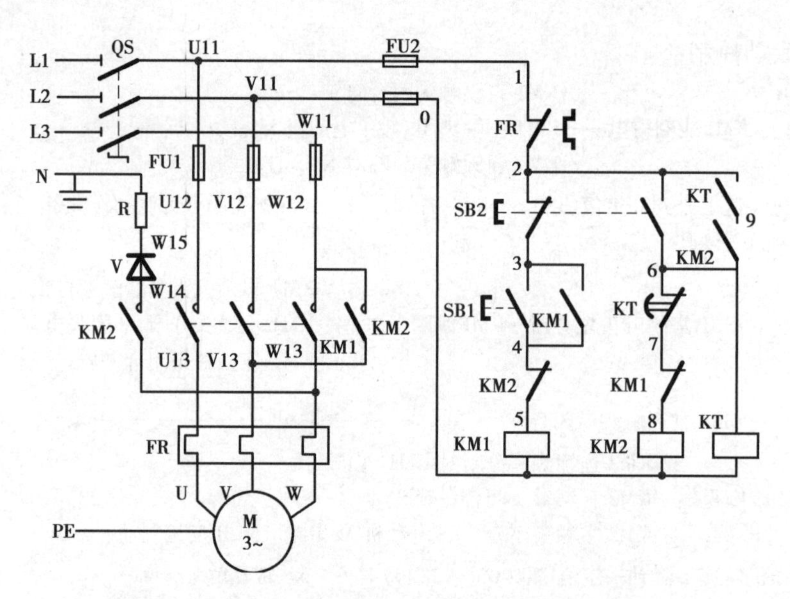

图 2.8.4　无变压器单相半波整流能耗制动控制电路

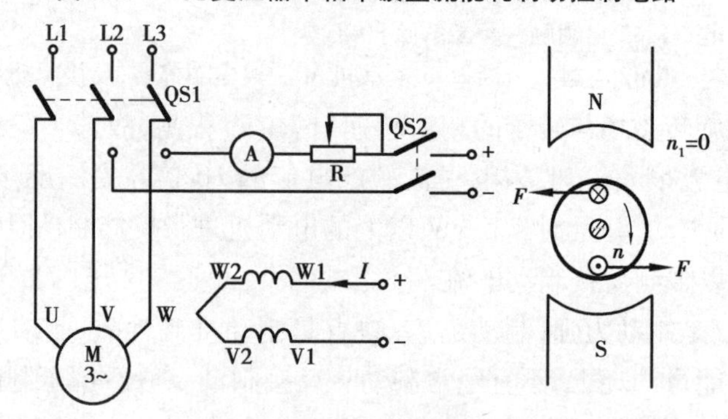

图 2.8.5　能耗制动原理图

即受到静止磁场的作用,产生电磁转矩,用左手定则判断,可知转矩的方向正好与电动机的转向相反,使电动机受制动迅速停转。由于这种制动方法是通过在定子绕组中通入直流电以消耗转子惯性运转的动能来进行制动的,所以称为能耗制动,又称动能制动。

对 10 kW 以下的电动机,常采用无变压器单相半波整流能耗制动自动控制线路,如图 2.8.4所示。对 10 kW 以上的电动机,常采用有变压器单相桥式整流单向启动能耗制动自动控制线路。

(2)无变压器单相半波整流能耗制动自动控制线路

无变压器单相半波整流能耗制动控制电路如图 2.8.4 所示,线路采用单相半波整流器作为直流电源,所用附加设备较少,线路简单,成本低。其工作原理如下:

①启动控制:首先合上电源开关 QS。

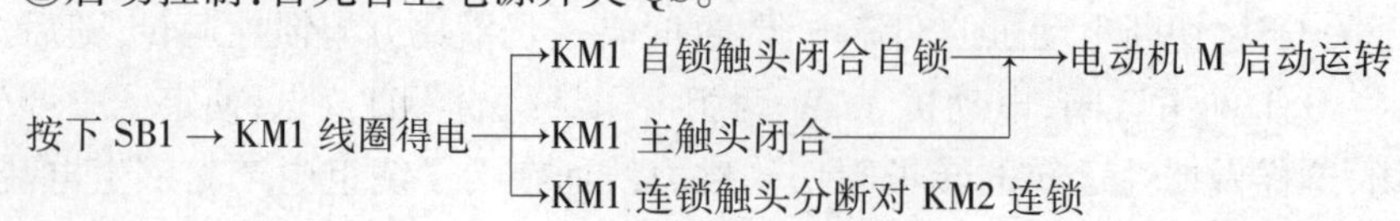

②停止制动控制：

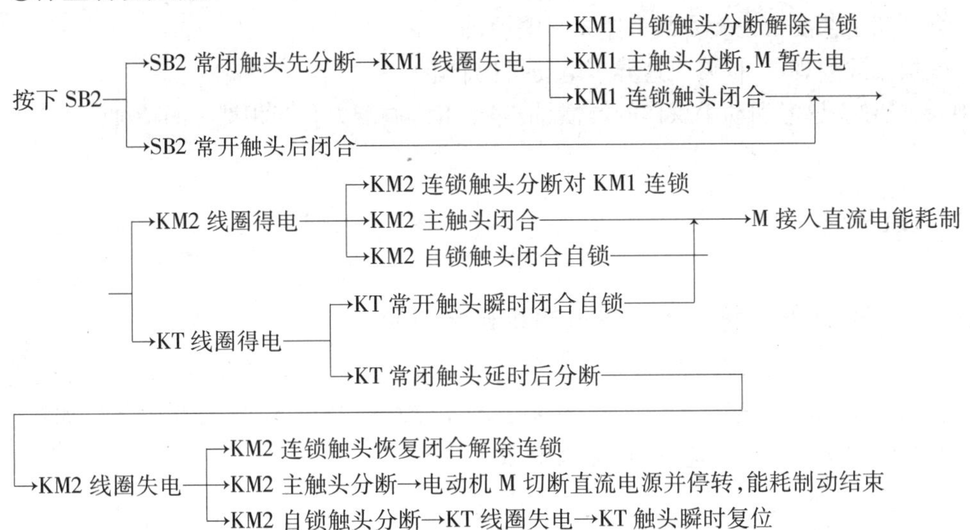

2.9　三相异步电动机调速电路

三相异步电动机制动电路

学习任务描述

在实际的机械加工生产中，许多生产机械为了适应各种工件加工工艺的要求，主轴需要有较大的调速范围，常采用的方法主要有两种：一种是通过变速箱机械调速；另一种是通过电动机调速。

由三相异步电动机的转速公式 $n=(1-s)\dfrac{66f_1}{p}$ 可知，改变异步电动机转速可通过 3 种方法来实现：一是改变电源频率 f_1；二是改变转差率 s；三是改变磁极对数 p。

改变异步电动机的磁极对数调速称为变极调速。变极调速是通过改变定子绕组的连接方式来实现的，它是有级调速，且只适用于笼型异步电动机。凡磁极对数可改变的电动机称为多速电动机。常见的多速电动机有双速、三速、四速等几种类型。随着变频技术的快速发展和变频设备价格的快速下降，变频调速的使用逐步增加，采用多速电动机变极调速在设备中的使用逐步减少。本任务仅学习双速和三速异步电动机的控制线路。

学习目标

1. 熟悉双速异步电动机的定子绕组连接图；
2. 正确理解双速异步电动机控制电路的工作原理；
3. 能正确识读双速异步电动机控制电路的原理图、接线图和布置图；
4. 会按照工艺要求正确安装双速异步电动机控制电路；
5. 能根据故障现象，检修双速异步电动机控制电路；
6. 正确理解三速异步电动机控制电路的工作原理；

7. 能正确识读三速异步电动机控制电路的原理图、接线图和布置图;
8. 会按照工艺要求正确安装三速异步电动机控制电路;
9. 能根据故障现象,检修三速异步电动机控制电路;
10. 养成独立思考和动手操作的习惯,培养小组协调能力和互相学习的精神。

➢ 知识点学习

2.9.1 时间继电器控制双速电动机控制电路

利用改变定子绕组极数的方法进行调速的异步电动机称为多速电动机。其中,双速异步电动机应用广泛,也比较经济,其调速方法有△/YY 变极调速和 Y/YY 变极调速。如图 2.9.1 为常见的时间继电器控制双速电动机控制电路。

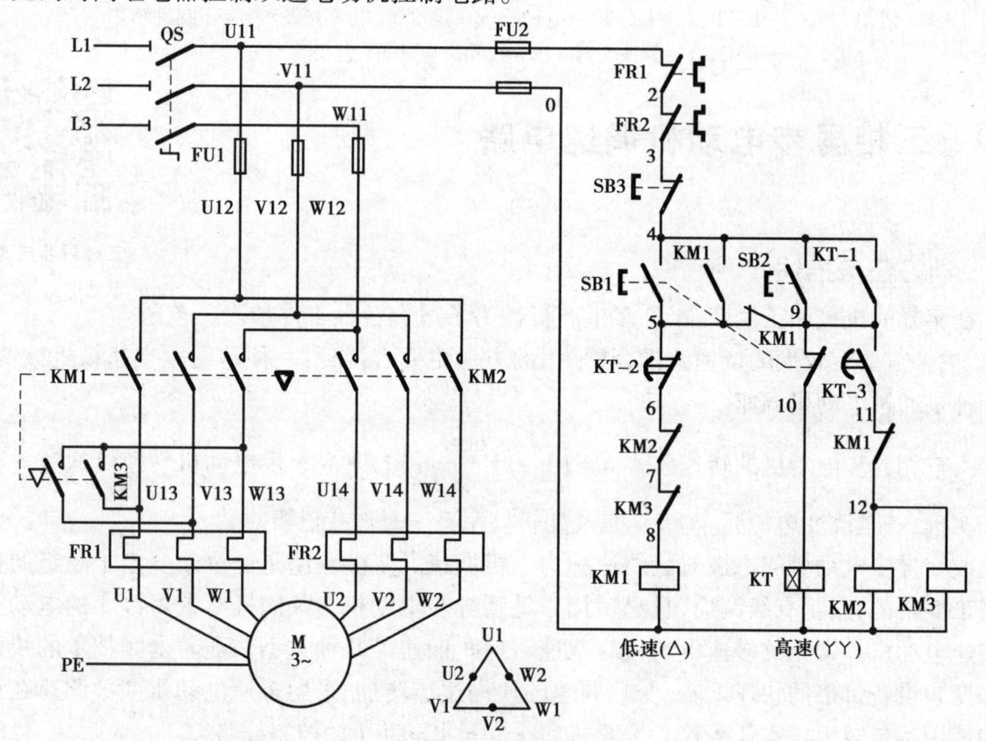

图 2.9.1 时间继电器控制双速电动机控制电路

(1)△/YY 变极调速

双速电动机定子绕组共有 6 个出线端。通过改变 6 个出线端与电源的连接方式,可以得到两种不同的转速。双速电动机定子绕组△/YY 接线图如图 2.9.2 所示。

低速时接成△接法,磁极为 4 极,同步转速为 1 500 r/min;高速时接成 YY 接法,磁极为 2 极,同步转速为 3 000 r/min。对△/YY 连接的双速电动机,其变极调速前后的输出功率基本不变,适用于负载功率基本恒定的恒功率调速,如普通金属切削机床等机械。

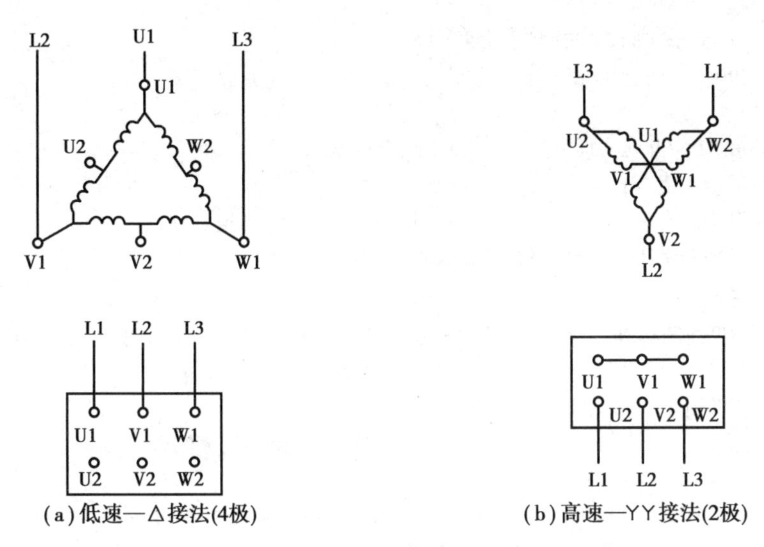

(a) 低速—△接法(4极)　　(b) 高速—YY接法(2极)

图2.9.2　双速电动机三相定子绕组△/YY接线图

(2)Y/YY变级调速

如图2.9.3所示,当U1、V1、W1接到三相交流电源时,三相绕组为Y连接,$2P=4$;如果将U1、V1、W1连接在一起,将U2、V2、W2接到电源上,则三相绕组成为YY连接,$2P=2$。对Y/YY连接的双速电动机,其变极调速前后的输出转矩基本不变,适用于负载转矩基本恒定的恒转矩调速,如起重机、带式运输机等机械。

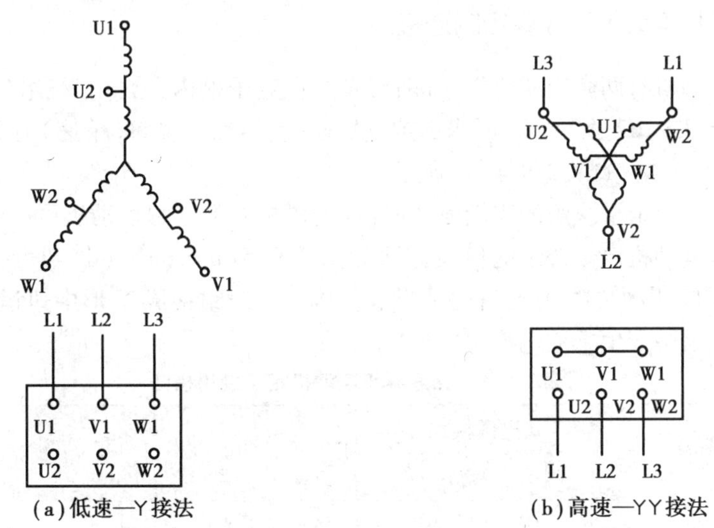

(a) 低速—Y接法　　(b) 高速—YY接法

图2.9.3　双速电动机三相定子绕组Y/YY接线图

值得注意的是,双速电动机定子绕组从一种接法改变为另一种接法时,必须把电源相序反接,以保证电动机的旋转方向不变。

(3)时间继电器控制双速电动机的控制线路

用时间继电器控制双速电动机低速启动高速运转的电路图如图2.9.1所示。其线路的工作原理如下:

①低速启动运行控制:合上电源开关QS。

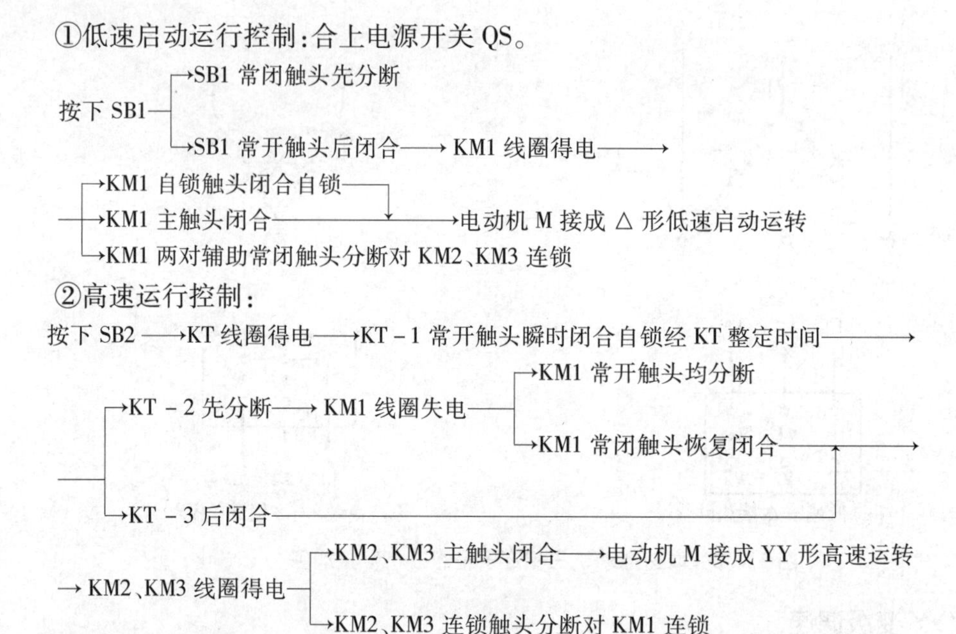

③停止控制:停止时,按下SB3即可。若电动机只需高速运转时,可直接按下SB2,则电动机△形低速启动后,YY形高速运转。

2.9.2 三速异步电动机控制电路

(1)三速异步电动机定子绕组的连接

三速异步电动机有两套定子绕组,分两层安放在定子槽内,第一套绕组(双速)有7个出线端U1、V1、W1、U3、U2、V2、W2,可作△或YY连接;第二套绕组(单速)有3个出线端U4、V4、W4,只作Y形连接,如图2.9.4(a)所示。

当分别改变两套定子绕组的连接方式(即改变磁极对数)时,电动机可以得到3种不同的转速。三速异步电动机定子绕组的接线方法如图2.9.4(b)、(c)、(d)和表2.9.1所示。图2.9.4中,W1和U3出线端分开的目的是当电动机定子绕组接成Y形中速运转时,避免在△形接法的定子绕组中产生感应电流。

表2.9.1 三速异步电动机定子绕组接法

转速	电源接线			并头	连接方式
	L1	L2	L3		
低速	U1	V1	W1	U3、W1	△
中速	U4	V4	W4	—	Y
高速	U2	V2	W2	U1、V1、W1、U3	YY

(2)接触器控制三速异步电动机控制电路原理图识读

用按钮和接触器控制三速异步电动机的线路如图2.9.5所示。其中SB1、KM1控制电动

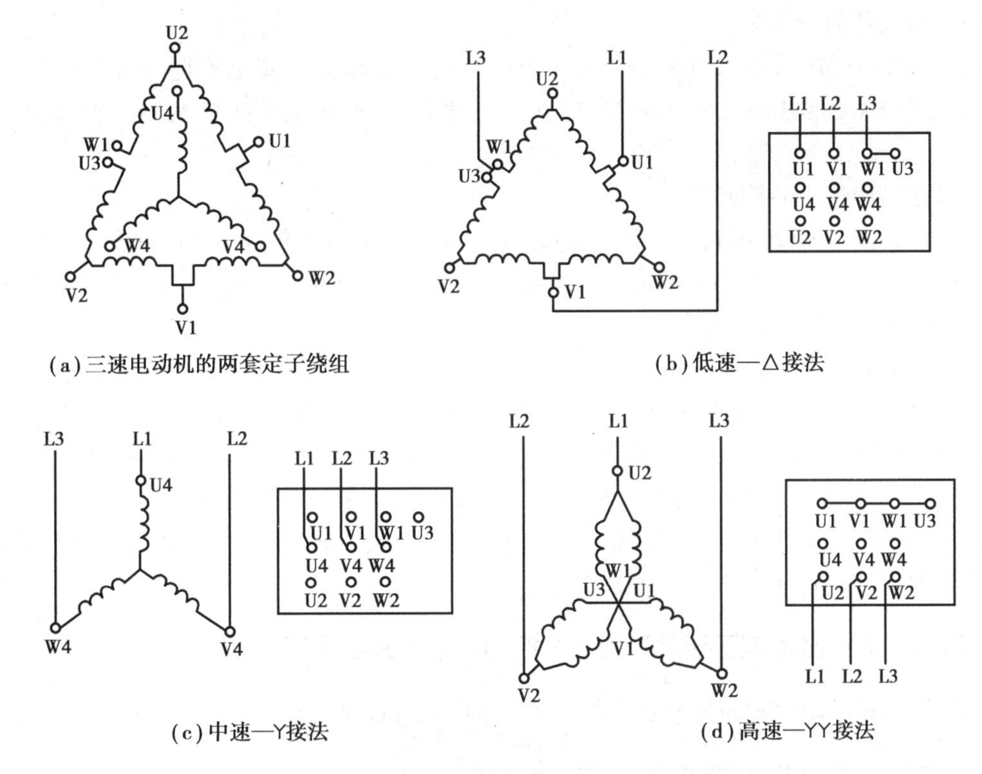

(a)三速电动机的两套定子绕组　(b)低速—△接法

(c)中速—Y接法　(d)高速—YY接法

图2.9.4　三速异步电动机定子绕组接线图

机△形接法下低速运转；SB2、KM2 控制电动机 Y 形接法下中速运转；SB3、KM3 控制电动机 YY 形接法下高速运转。

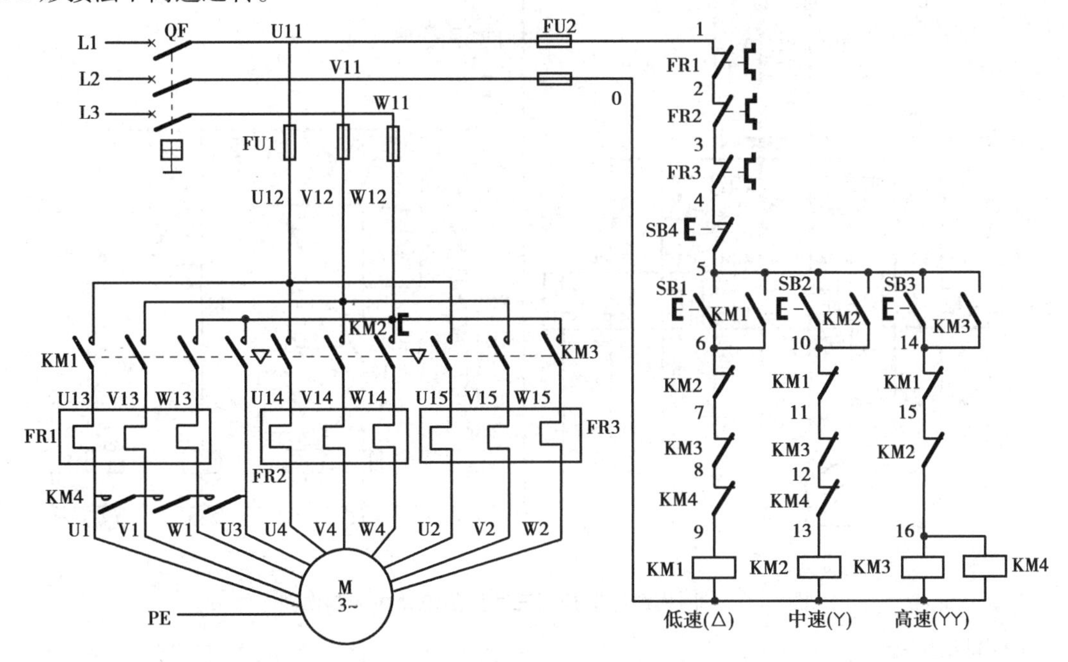

图2.9.5　按钮和接触器控制三速异步电动机线路

线路的工作原理如下：合上电源开关 QF。

1)△形低速启动运转

按下 SB1→KM1 线圈得电→KM1 触头动作→电动机 M 第一套定子绕组出线端 U1、V1、W1(U3 通过 KM1 常开触头与 W1 并接)与三相电源接通→电动机 M 接成△形低速启动运转。

2)低速转中速运转控制

按下停止按钮 SB4→KM1 线圈失电→KM1 触头复位→电动机 M 失电→按下 SB2→KM2 线圈得电→KM2 触头动作→电动机 M 第二套定子绕组出线端 U4、V4、W4 与三相电源接通→电动机 M 接成 Y 形中速运转。

3)中速转高速运转控制

按下停止按钮 SB4→KM2 线圈失电→KM2 触头复位→电动机 M 失电→按下 SB3→KM3 线圈得电→KM3 触头动作→电动机 M 第一套定子绕组出线端 U2、V2、W2 与三相电源接通(U1、V1、W1、U3 则通过 KM3 的 3 对常开触头并接)→电动机 M 接成 YY 形高速运转。

该线路的缺点是在进行速度转换时,必须先按下停止按钮 SB4 后,才能再按下相应的启动按钮变速,操作不方便。

(3)时间继电器控制三速异步电动机控制电路原理图识读

如图 2.9.6 所示为时间继电器控制三速异步电动机控制电路。

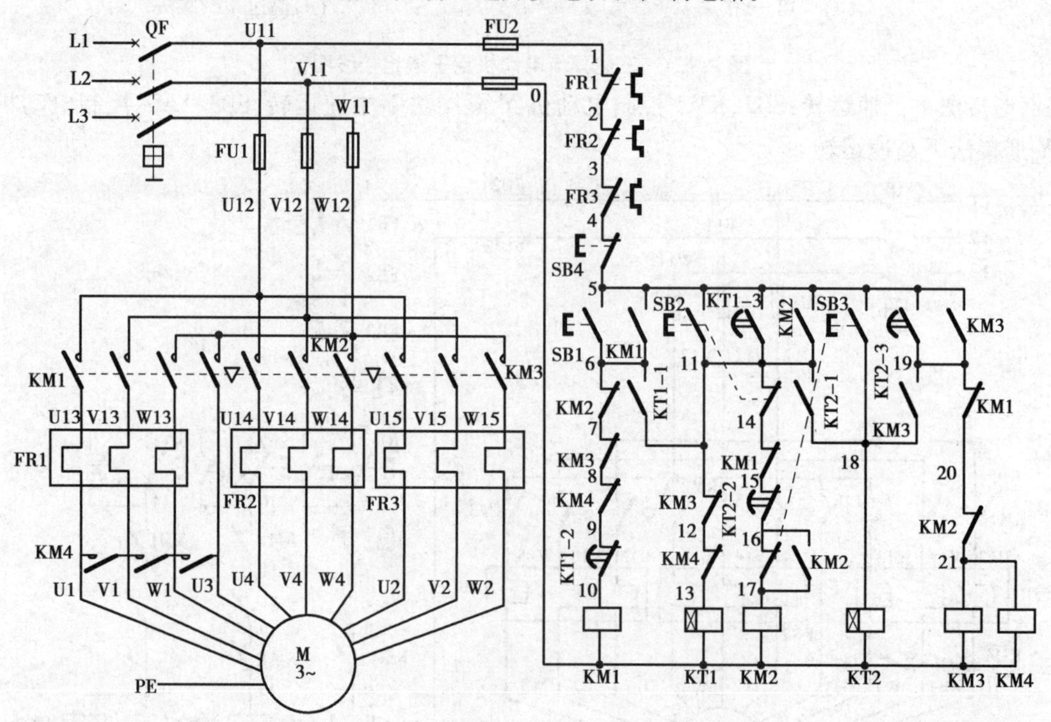

图 2.9.6　时间继电器控制三速异步电动机控制电路

1)电路组成

用时间继电器控制三速电动机的电路图如图 2.9.6 所示。其中 SB1、KM1 控制电动机△形接法下低速启动运转;SB2、KT1、KM2 控制电动机从△形接法下低速启动到 Y 形接法下中速运转的自动变换；SB3、KT1、KT2、KM3 控制电动机从△形接法下低速启动到 Y 形中速过渡。

2）线路工作原理

合上电源开关 QF。

①△形低速启动运转：

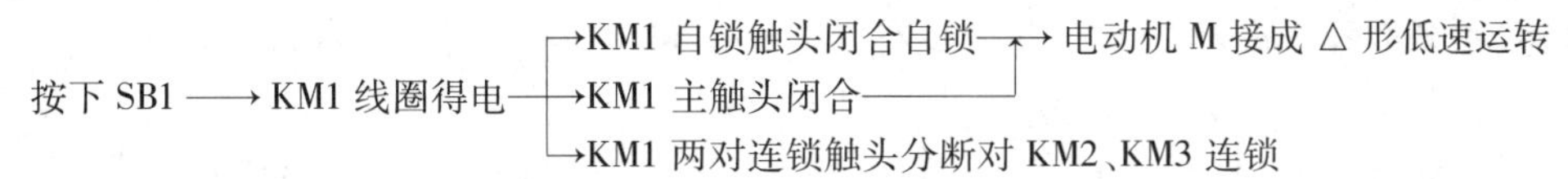

②△形低速启动 Y 中速运转：

按下 SB2 → SB2 常闭触头先分断
→ SB2 常开触头先闭合 → KT1 线圈得电 → KT1 －2、KT1 －3 未动作
→ KT1 －1 瞬时闭合 ⟶

⟶ KM1 线圈得电 ⟶ KM1 触头动作 ⟶ 电动机 M 接成△形低速启动 ⟶

经KT1整定时间 → KT1-2先分断 ⟶ KM1线圈失电 ⟶ KM1触头复位
→ KT1-3后闭合 ⟶ KM2线圈得电 → KM2两对常开触头闭合、KM2主触头闭合 → 电动机M接成Y形中速运转
→ KM2两对连锁触头分断对KM1、KM3连锁

③△形低速启动 Y 形中速运转过渡 YY 形高速运转：

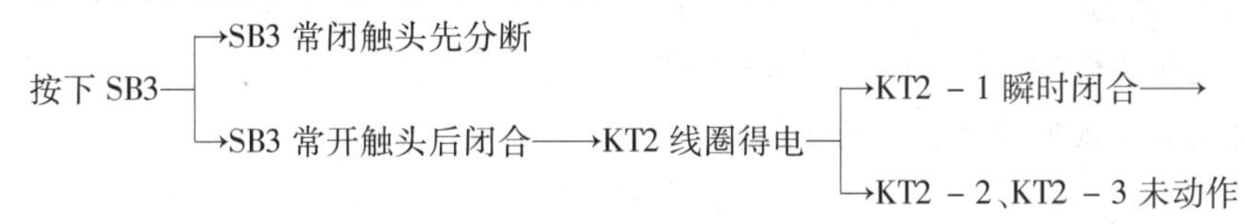

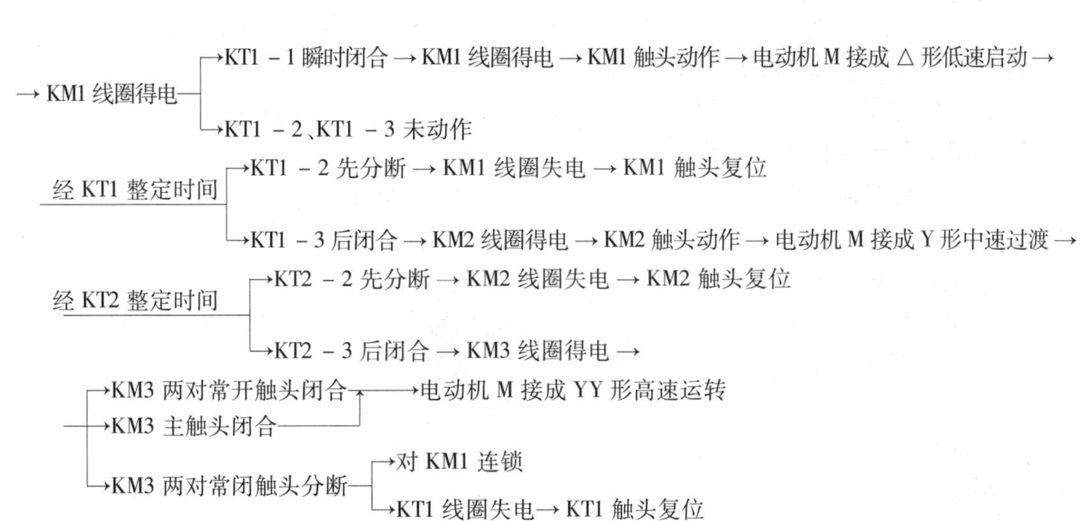

④停止控制：按下 SB4 即可完成停止控制。

三相异步电动机调速电路

习题

一、填空题

1. 欠压保护是指当线路________下降到低于某一数值时，电动机能自动

切断电源停转,避免电动机在________下运行的一种保护。

2. 失压保护是指电动机在正常运行中,由于外界某种原因引起突然________时,能自动切断电动机电源;当重新________时,保证电动机不能自动启动的一种保护。

3. 三相笼型异步电动机的控制电路一般由________、________、________这些低压电器组成。

4. 三相笼型异步电动机的启动方式有________和________。直接启动时,电动机启动电流 I_s 为________________的 4 ~7 倍。

5. 在接触器和按钮控制的线路中,自锁触点应与启动按钮________联。

6. 在电动机正、反转控制电路中,接触器的常开触点用于________;接触器的常闭触点用于________。

7. 多地控制是用多组________按钮和________按钮来进行控制的,就是把各启动按钮的常开触头________连接,各停止按钮的常闭触头________连接。

8. 在接触器正、反转控制电路中,若正转接触器和反转接触器同时通电会发生两相电源________。

9. Y-△降压启动是指电动机启动时,定子绕组接成________连接,以降压启动电压,限制启动电流,待电动机转速上升到接近________时,将定子绕组换接成________连接,电动机进入全压下的正常运转状态。

10. 反接制动是靠改变定子绕组中三相电源的________,产生一个与________方向相反的电磁转矩,使电动机迅速停下来,制动到接近________时,再将反相序电源切断。

二、选择题

1. 三相交流异步电动机正、反转控制的关键是改变(　　)。

A. 电源电压　　B. 电源相序　　C. 电源电流　　D. 负载大小

2. 三相笼型异步电动机的正反转是(　　)实现的。

A. 正转接触器的常闭触点和反转接触器的常闭触点联锁

B. 正转接触器的常开触点和反转接触器的常开触点联锁

C. 正转接触器的常闭触点和反转接触器的常开触点联锁

D. 正转接触器的常开触点和反转接触器的常闭触点联锁

3. 正反转控制电路中,在实际工作中最常用、最可靠的是(　　)。

A. 倒顺开关　　B. 接触器联锁

C. 按钮联锁　　D. 按钮、接触器双重联锁

4. 在操作按钮联锁或按钮、接触器双重联锁的正反转控制电路中,要使电动机从正转改为反转,正确的操作方法是(　　)。

A. 可直接按下反转启动按钮

B. 可直接按下正转启动按钮

C. 必须先按下停止按钮,再按下反转启动按钮

D. 必须先按下停止按钮,再按下正转启动按钮

5. 自动往返循环控制电路需要对电动机实现自动转换的(　　)控制才能达到要求。

A. 自锁　　B. 点动　　C. 联锁　　D. 正反转

6. 为了使三相异步电动机能采用 Y-△减压启动,电动机在正常运行时必须是(　　)。

A. Y 连接　　B. △连接　　C. Y/△连接　　D. 延边△连接

7. 三相异步电动机的能耗制动是向三相异步电动机定子绕组中通入(　　)电流。

A. 单相交流　　B. 三相交流　　C. 直流　　D. 反相序三相交流

8. 采用 Y/YY 连接三相变极调速时,调速前后电动机的(　　)基本不变。

A. 输出转矩　　B. 输出转速　　C. 输出功率　　D. 磁极对数

三、问答题

1. 绘出点动正转控制线路的电气原理图,并写出其控制原理。
2. 简述电气控制电路的装接原则和接线工艺要求。
3. 试分析判断如题图 2.1 所示主电路能否实现正、反转控制。若不能,试说明其原因。

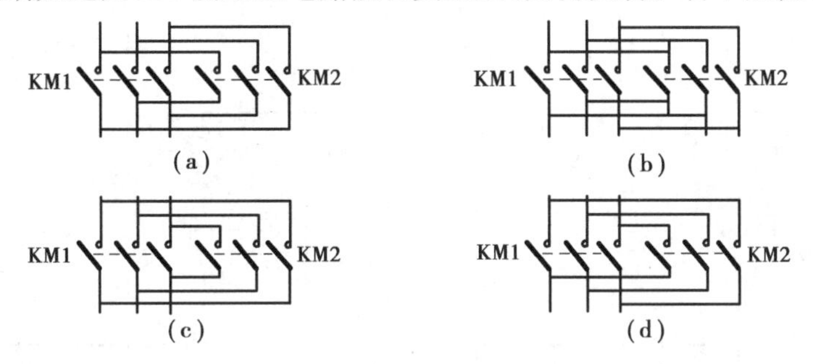

题图 2.1

4. 什么是自锁? 什么是互锁?
5. 试分析判断如题图 2.2 所示控制电路能否实现正、反转控制。若不能,试说明其原因。
6. Y-△降压启动有什么特点? 叙述其工作原理。
7. 能耗制动控制的原理是什么?
8. 三相异步电动机的调速方法有哪 3 种? 笼型异步电动机的变极调速是如何实现的?
9. 如题图 2.3 所示是 3 条传送带运输机的示意图,请设计 3 条传送带运输机按一定时间顺序进行启动或停止控制电路。对这 3 条传送带运输机的电气要求如下:

①启动顺序为 1 号、2 号、3 号,即顺序启动,以防止货物在传送带上堆积。

②停止顺序为 3 号、2 号、1 号,即逆顺停止,保证停止后传送带上不残存货物,即 3 号停止 5 s 后,2 号停止,2 号停止 5 s 后,1 号停止。

③当 1 号或 2 号出现故障停止时,3 号能随即停止,以免继续进料。

④各运输机均应设置短路保护、过载保护。

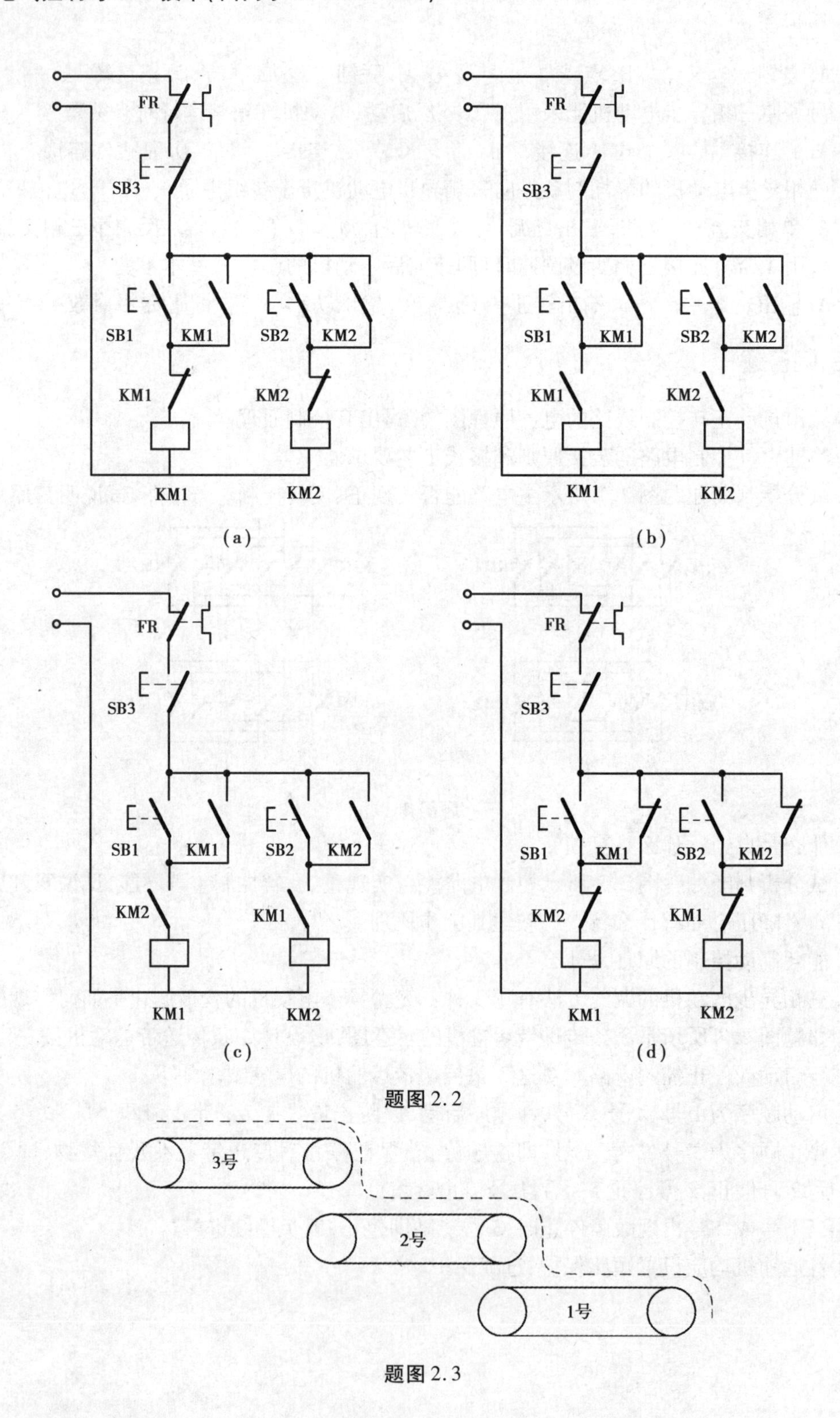
FR
SB3
SB1
KM1
SB2
KM2
KM1
KM2
KM1
KM2
(a)
FR
SB3
SB1
KM1
SB2
KM2
KM1
KM2
KM1
KM2
(b)
FR
SB3
SB1
KM1
SB2
KM2
KM2
KM1
KM1
KM2
(c)
FR
SB3
SB1
KM1
SB2
KM2
KM2
KM1
KM1
KM2
(d)

题图 2.2

3号
2号
1号

题图 2.3

西门子S7-1200/1500软硬件的认知及使用

S7-1200/1500是西门子公司面向简单而高精度的自动化任务的新一代PLC。它集成了PROFINET接口,采用模块化设计并具备强大的工艺功能,适用于多种场合,满足不同的自动化需求。在基于STEP7Basic工程组态软件的平台下,西门子S7-1200/1500为用户提供了全新的小型自动化解决方案。这些产品的完美整合及其所具有的创新特点,为小型自动化系统带来了前所未有的高效率。西门子S7-1200控制器具有模块化结构紧凑、功能全面等特点,适用于多种应用领域,能够保障现有投资的长期安全。控制器具有可扩展的灵活设计,拥有符合工业通信最高标准的通信接口以及全面的集成工艺功能,可以作为一个组件集成在完整的综合自动化解决方案中。本模块的主要内容有可编程控制器基础、S7-1200/1500的硬件结构与硬件组态、编程软件的安装和使用等。

3.1 可编程控制器基础

学习任务描述

可编程逻辑控制器(Programmable Logic Controller,PLC,简称"可编程控制器")自20世纪60年代问世以来,很快被应用到汽车制造、机械加工、冶金、矿业、轻工等各个领域,并大大地推进了机电一体化进程。经过长时间的发展和完善,PLC的编程概念和控制思想已为广大的自动化行业人员所熟悉,目前没有任何其他工业控制器能够与之相提并论。西门子S7-1200 PLC作为中小型PLC的佼佼者,无论在硬件配置还是在软件编程上都具有强大的优势。

➢ 学习目标

1. 掌握PLC诞生的背景以及PLC的定义;
2. 掌握PLC的特点以及分类;
3. 掌握PLC的结构组成;
4. 掌握PLC的工作原理;
5. 能够根据要求正确选用合适的PLC型号;
6. 养成主动学习、勤于动手、细心的习惯。

➢ 知识点学习

3.1.1 PLC 概述

PLC 即可编程控制器,最初缩写为 PC(Programmable Controller),为了与个人计算机区别,缩写改为 PLC(Programmable Logic Controller)。第一台 PLC 是美国数字设备公司于 1969 年在美国通用汽车公司提出取代继电器控制装置的背景下研制出来的。它是一种嵌入了继电器、定时器及计数器等功能,专为工业环境下的应用而设计,且用于控制生产设备和工作过程的特殊计算机。

随着计算机技术的发展,PLC 在模拟量处理能力、数字运算能力、人机接口能力和网络能力方面得到了大幅度提高,在某些应用上取代了过程控制领域中的其他系统。PLC 是一种专为工业环境应用而设计的特殊计算机,不仅具有可靠性高、抗干扰能力强的特点,还具有稳定可靠、价格便宜、功能齐全、应用灵活方便且操作维护方便的优点,这是它能在工业控制中得到广泛持久应用的根本原因。

目前,生产 PLC 的厂家及品牌繁多,在我国应用较多的国外 PLC 主流品牌见表 3.1.1。

表 3.1.1　常用国外 PLC 及其生产厂家

生产厂家	产品型号
日本欧姆龙(OMRON)公司	C 系列
日本三菱(MITSUBISHI)公司	FX 系列、Q 系列
美国罗克韦尔(ROCKWELL)国际公司	MicroLogix1500、SLC-500,CompactLogix、ControlLogix 系列
美国通用电气(GE)公司	90-70 系列
德国西门子(SIEMENS)公司	S7 系列

3.1.2 PLC 的分类

为满足工业控制要求,PLC 的生产制造商不断推出具有更高性能和丰富内部资源的 PLC。目前 PLC 分类通常采用以下两种方法:

①按照 PLC 的输入/输出点数、存储器容量和功能分类,可将 PLC 分为小型机、中型机和大型机。

小型 PLC 的功能一般以开关量控制为主,其输入/输出总点数一般在 256 点以下,用户存储器容量在 4 kB 以下。部分高性能小型 PLC 还具有一定的通信能力和模拟量信号处理能力。这类 PLC 的特点是价格低廉、体积小巧,适用于单机或小规模生产过程的控制,如西门子的 S7-200 系列 PLC。

中型 PLC 的输入/输出总点数为 256 ~ 1024 点,用户存储器容量为 2 ~ 64 kB。中型 PLC 不仅具有开关量和模拟量的控制功能,还具有更强的数字计算能力,它的网络通信功能和模拟量处理能力更强大。中型机的指令比小型机更丰富,适用于复杂的逻辑控制系统以及连续生产过程的过程控制场合,如西门子的 S7-300 系列 PLC 属于中型机。

大型 PLC 的输入/输出总点数在 1024 点以上,用户存储器容量可达到几 MB。大型 PLC 的性能已经与工业控制计算机相当,它具有非常完善的指令系统,具有齐全的中断控制、过程控制、智能控制和远程控制功能,网络通信功能十分强大,向上可与上位监控机通信,向下与下位计算机、PLC、数控机床、机器人等通信,适用于大规模过程控制、分布式控制系统和工厂自动化网络。例如,西门子的 S7-400 系列 PLC 属于大型机,而西门子新推出的 S7-1200/1500 系列 PLC 则属于中、大型 PLC。

以上的划分没有一个明确的界限,随着 PLC 技术的飞速发展,某些小型 PLC 也具有中型或大型 PLC 的功能,这是 PLC 的发展趋势。

②根据 PLC 结构形式的不同,PLC 主要可分为整体式和模块式两类

整体式结构的特点是将 PLC 的各主要部件,如 CPU、RAM、ROM、I/O 接口以及与编程器等相连接的接口、电源、指示灯等集于一体,装在一个标准机壳内,构成一个完整的 PLC 基本单元。为了扩展输入/输出点数,主机上设有标准端口,通过扩展电缆可与扩展模块相连,以构成 PLC 不同的配置。整体式 PLC 的特点是结构紧凑、体积小、成本低、安装方便。一般小型 PLC 为整体式结构,如 OMRON 公司的 C20P、C40P、C60P,三菱公司的 FX 系列 PLC,西门子公司的 S7-200 系列。

模块式结构的 PLC 由一些独立的标准模块构成,这种形式将 PLC 的每个工作单元都制作成为一个独立的模块,如 CPU 模块、输入模块、输出模块、电源模块、通信模块以及其他功能模块。用户可根据控制要求选用不同档次的 CPU 和各种模块,将这些模块插在机架或基板上,构成需要的 PLC 系统。模块式结构的 PLC,配置灵活,装配和维修方便,便于功能扩展,缺点是体积较大。中、大型 PLC 通常采用这种结构,如 OMRON 公司的 C1000H、C2000H,西门子公司的 S7-300、S7-400 系列等。

3.1.3　PLC 的组成

PLC 是一种以微处理器为核心的专用于工业控制的特殊计算机,其硬件配置与一般微型计算机类似。前面介绍了 PLC 有不同的结构,但其组成部分相同,主要由中央处理单元(CPU)、存储单元、输入单元、输出单元、电源、通信接口、I/O 扩展接口及编程器等构成。整体式 PLC 的结构及组成如图 3.1.1 所示,模块式 PLC 的结构及组成如图 3.1.2 所示。

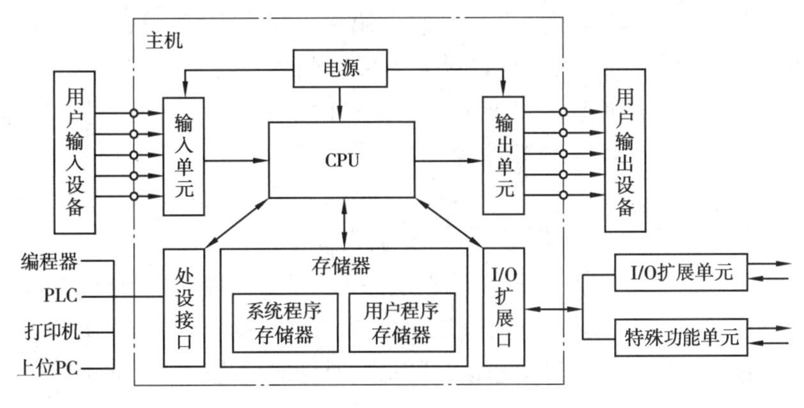

图 3.1.1　整体式 PLC 的结构及组成

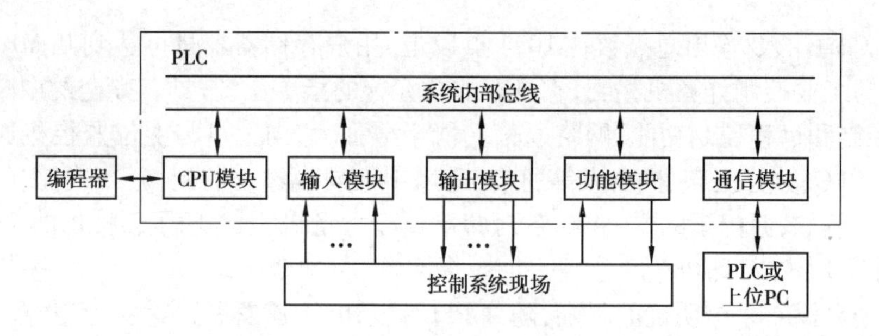

图 3.1.2 模块式 PLC 的结构及组成

(1)中央处理单元(CPU)

与一般的计算机控制系统相同,CPU 是 PLC 的控制中枢。PLC 在 CPU 的控制下有条不紊地协调工作,实现对现场各个设备的控制。CPU 的主要任务如下:

①接收与存储用户程序和数据。

②以扫描的方式通过输入单元接收现场的状态或数据,并存入相应的数据区。

③诊断 PLC 的硬件故障和编程中的语法错误等。

④执行用户程序,完成各种数据的处理、传送和存储等功能。

⑤根据数据处理的结果,通过输出单元实现输出控制、制表打印或数据通信等功能。

(2)存储器

PLC 的存储空间一般可分为 3 个区域:系统程序存储区、系统 RAM 存储区和用户程序存储区。

系统程序存储区用来存放由 PLC 生产厂家编写的操作系统,包括监控程序、功能子程序、管理程序以及系统诊断程序等,并固化在 ROM 内。它使 PLC 具有基本的智能,能够完成 PLC 设计者规定的各项工作。

系统 RAM 存储区包括 I/O 映像区、计数器、定时器以及数据存储器等,用于存储输入/输出状态、逻辑运算结果和数据处理结果等。

用户程序存储区用于存放用户自行编制的用户程序。该区一般采用 EPROM、EEPROM 或 FlashMemory(闪存)等存储器,也可以有带备用电池的 RAM。

系统 RAM 存储区和用户程序存储区容量的大小关系到 PLC 内部可使用存储资源的多少和用户程序容量的大小,是反映 PLC 性能的重要指标之一。

(3)输入/输出单元

输入/输出单元是 PLC 与外部设备连接的接口。根据处理信号类型的不同,分为数字量(开关量)输入/输出单元和模拟量输入/输出单元。数字量信号只有“接通”(“1”信号)和“断开”(“0”信号)两种状态,而模拟量信号的值则是随时间连续变化的量。

1)数字量输入/输出单元

数字量输入单元用来接收按钮、选择开关、行程开关、限位开关、接近开关、光电开关以及压力继电器等开关量传感器的输入信号。数字量输出单元用来控制接触器、继电器、电磁阀、指示灯、数字显示装置和报警装置等输出设备。

常见的开关量输入单元有直流输入单元和交流输入单元。如图 3.1.3 所示为开关量直流输入单元的典型电路,如图 3.1.4 所示为开关量交流输入单元的典型电路。图 3.1.3 和图 3.1.4 中点画线框中的部分为 PLC 内部电路,框外为用户接线。从图 3.1.3 和图 3.1.4 中可知,直流和交流输入电路中均采用光耦合器件将现场与 PLC 内部在电气上隔离开。当输入开关闭合时,光耦合器中的发光二极管发光,光耦合晶体管从截止状态变为饱和导通状态,从而使 PLC 的输入数据发生改变,同时输入指示灯 LED 亮。

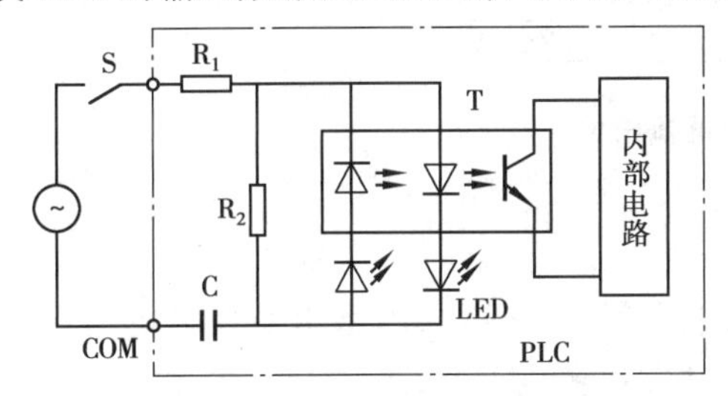

图 3.1.3　开关量直流输入单元

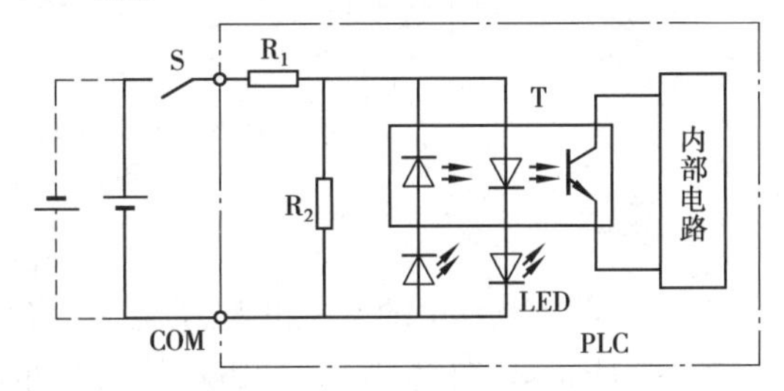

图 3.1.4　开关量交流输入单元

图 3.1.3 和图 3.1.4 中电路是对应于一个输入点的电路,同类的各点电路内部结构相同,每点分输入端和公共端(COM),输入端接输入设备,公共端接电源极。

常见的开关量输出单元有晶体管输出型、双向晶闸管输出型和继电器输出型。图 3.1.5 所示为晶体管输出型的典型电路,图 3.1.6 所示为双向晶闸管输出型的典型电路,图 3.1.7 所示为继电器输出型的典型电路。图中点画线框中的电路为 PLC 内部电路,框外为 PLC 输出点的驱动负载电路,各种输出电路均带有输出指示灯 LED。晶体管型和双向晶闸管型为无触点输出方式,它们可靠性高,响应速度快,寿命长,但是负载能力有限。晶体管型适用于高频小功率直流负载,双向晶闸管型适用于高速大功率交流负载。继电器型为有触点输出方式,既可带直流负载又可带交流负载,电压适用范围宽,导通压降小,承受瞬时过电压和过电流的能力较强,但动作速度较慢,寿命较短,适用于低频大功率直流或交流负载。

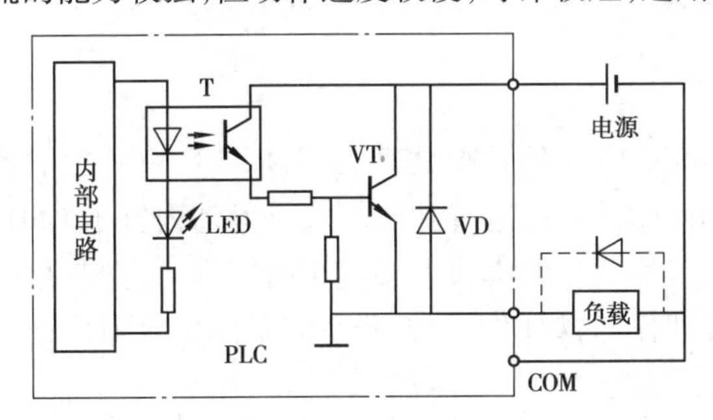

图 3.1.5　开关量晶体管输出单元

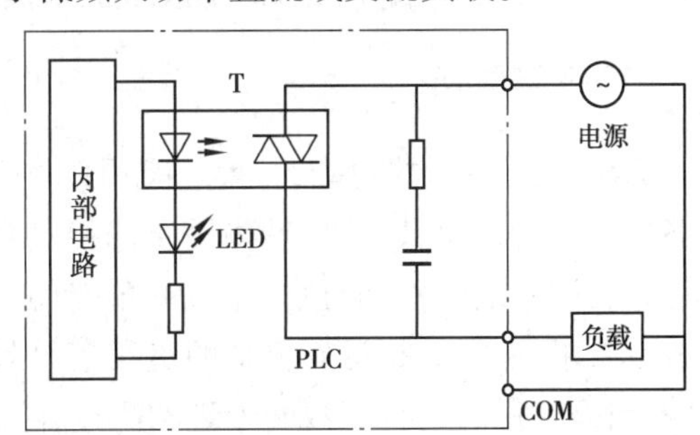

图 3.1.6　开关量双向晶闸管输出单元

2)模拟量输入/输出单元

模拟量输入单元用来接收压力、流量、液位、温度以及转速等各种模拟量传感器提供的连续变化的输入信号。常见的模拟量输入信号有电压型、电流型、热电阻型和热电偶型等。

模拟量输出单元用来控制电动调节阀、变频器等执行设备,进行温度、流量、压力及速度等 PID 回路调节,可实现闭环控制。常见的模拟量输出信号有电压型和电流型。

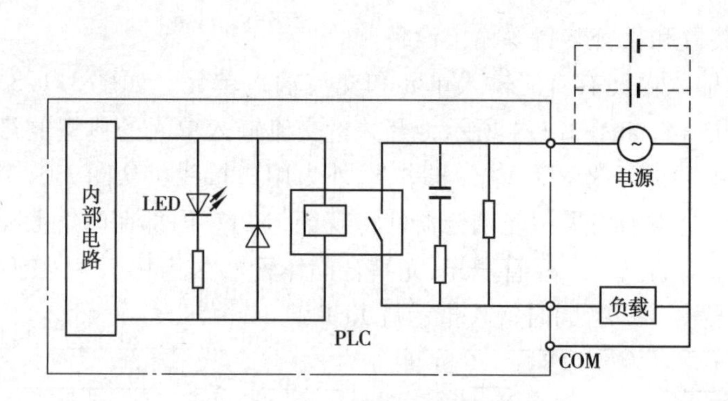

图 3.1.7　开关量继电器输出单元

(4)电源

PLC 配有一个专用的开关式稳压电源,将交流电源转换为 PLC 内部电路所需的直流电源,使 PLC 能正常工作。整体式 PLC 的电源部件封装在主机内部,模块式 PLC 的电源部件一般采用单独的电源模块。此外,传送现场信号或驱动现场执行机构的负载电源需另外配置。

(5)I/O 扩展接口

扩展接口用于扩展输入/输出单元,它使 PLC 的控制规模配置更加灵活,这种扩展接口实际上为总线形式,可以配置开关量的 I/O 单元,也可配置模拟量和高速计数等特殊 I/O 单元及通信适配器等。

(6)通信接口

PLC 配有多种通信接口,通过这些通信接口与编程器、监控设备或其他的 PLC 相连接。与编程器相连时,可以编辑和下载程序;与监控设备相连时,可以实现对现场运行情况的上位监控;与其他 PLC 相连时,可以组成多机系统或连成网络,实现更大规模的控制。

(7)智能单元

为了增强 PLC 的功能,扩大其应用领域,减轻 CPU 的数据处理负担,PLC 厂家开发了各种各样的功能模块,以满足更加复杂的控制功能的需要。这些功能模块一般都内置了 CPU,具有自己的系统软件,能独立完成一项专门的工作。功能模块主要用于时间要求苛刻、存储器容量要求较大、数据运算复杂的过程信号处理任务,如用于位置调节需要的位置闭环控制模块、对高速脉冲进行计数和处理的高速计数模块等。

(8)外部设备

PLC 还可配有编程器、可编程终端(触摸屏等)、打印机、EPROM 写入器等其他外部设备。其中编程器供用户进行程序的编写、调试和监视功能使用,现在许多 PLC 厂家为自己的产品设计了计算机辅助编程软件,安装在 PC 上,再配备相应的接口和电缆,则该 PC 就可以作为编程器使用。

3.1.4　PLC 的工作原理

众所周知,继电器控制系统是一种“硬件逻辑系统”,它所采用的是并行工作方式,也就是条件一旦形成,多条支路可以同时动作。PLC 是在继电器控制系统逻辑关系基础上发展演变而来的。而 PLC 也是一种专用的工业控制计算机,其工作原理是建立在计算机工作原理基础上的。为了可靠地应用在工业环境下,便于现场电气技术人员的使用和维护,应有大量的接口器件、特定的监控软件和专用的编程器件。这样一来,不但其外观不像计算机,其操作使用方法、编程语言及工作过程与计算机控制系统也有区别。

PLC 的工作特点是采用循环扫描方式,理解和掌握 PLC 的循环扫描工作方式对学习 PLC 十分重要。PLC 的一个循环扫描工作过程主要包括 CPU 自检、通信处理、读取输入、执行程序和刷新输出 5 个阶段,如图 3.1.8 所示。整个过程扫描一次所需的时间称为扫描周期,下文将详细介绍。

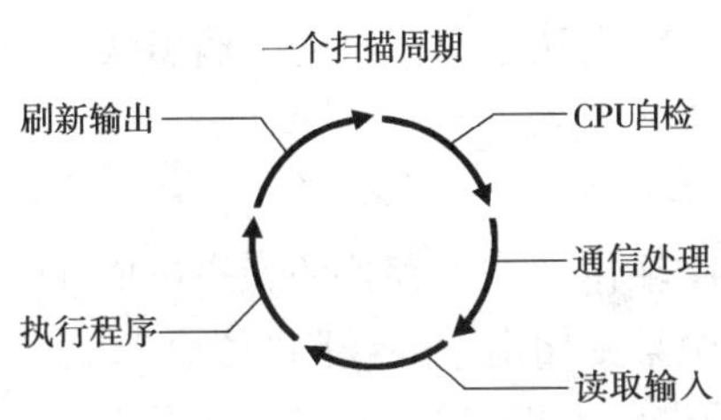

图 3.1.8　PLC 的循环扫描工作过程

(1)循环扫描工作过程

1)CPU 自检阶段

CPU 自检阶段包括 CPU 自诊断测试和复位监视定时器。

在自诊断测试阶段,CPU 检测 PLC 各模块的状态,若出现异常立即进行诊断和处理,同时给出故障信号,点亮 CPU 面板上的 LED 指示灯。当出现致命错误时,CPU 被强制为 STOP 方式,停止执行程序。CPU 的自诊断测试有助于及时发现或提前预报系统的故障,提高系统的可靠性。

监视定时器又称看门狗定时器(Watch Dog Timer,WDT),它是 CPU 内部的一个硬件时钟,是为了监视 PLC 的每次扫描时间而设置的。CPU 运行前设定好规定的扫描时间,每个扫描周期都要监视扫描时间是否超过规定值。这样可以避免 PLC 在执行程序的过程中进入死循环,或者 PLC 执行非预定的程序造成系统故障,从而导致系统瘫痪。如果程序运行正常,则在每次扫描周期的内部处理阶段对 WDT 进行复位(清零)。如果程序运行失常进入死循环,则 WDT 得不到按时清零而触发超时溢出,CPU 将给出报警信号或停止工作。采用 WDT 技术是提高系统可靠性的一个有效措施。

2)通信处理阶段

在通信处理阶段,CPU 检查有无通信任务,如果有则调用相应进程,完成与其他设备(带微处理器的智能模块、远程 I/O 接口、编程器、HMI 装置等)的通信处理,并对通信数据作相应处理。

3)读取输入

在读取输入阶段,PLC 扫描所有输入端子,并将各输入端的“通”/“断”状态存入相对应的输入映像寄存器中,刷新输入映像寄存器的值。此后,输入映像寄存器与外界隔离,无论外设输入情况如何变化,输入映像寄存器的内容都不会改变。输入端状态的变化只能在下一个循环扫描周期的读取输入阶段才被拾取。这样可以保证在一个循环扫描周期内使用相同的输入信号状态。要注意输入信号的宽度要大于一个扫描周期,否则很可能造成信号的丢失。

4)执行程序阶段

可编程控制器的用户程序由若干条指令组成,指令在存储器中按顺序排列。当 PLC 处于运行模式执行程序时,CPU 对用户程序按顺序进行扫描。如果程序用梯形图表示,则按先上后下、从左至右的顺序逐条执行程序指令。每扫描到一条指令,所需要的输入信号的状态均从输入映像寄存器中读取,而不是直接使用现场输入端子的“通”/“断”状态。在执行用户程序过程中,根据指令作相应的运算或处理,每一次运算的结果不是直接送到输出端子立即驱动外部负载,而是将结果先写入输出映像寄存器中。输出映像寄存器中的值可以被后面的读指令所使用。

5)刷新输出阶段

CPU 执行完用户程序后,将输出映像寄存器的状态(ON/OFF),如 Q0.0 的 1 状态传送到输出模块并锁存起来,梯形图中某一输出位的线圈“得电”时,对应的输出映像寄存器为 1 状态。信号经输出模块隔离和功率放大后,继电器型输出模块中对应的硬件继电器(确实存在的物理器件)的线圈(如 KM)得电,它对应的主电路中的常开触点闭合,使外部负载如工作台通电工作。到此,刷新输出阶段结束,CPU 进入下一个扫描周期。

(2)PLC 的扫描周期

PLC 每一次循环扫描所用的时间称为扫描周期或工作周期。PLC 的扫描周期是一个较为重要的指标,它决定了 PLC 对外部变化的响应时间,直接影响控制信号的实时性和正确性。在 PLC 的一个扫描周期中,读取输入和刷新输出的时间是固定的,一般只需要 1~2 ms,通信任务的作业时间必须被控制在一定范围内,而程序执行时间则因程序的长度不同而不同,扫描周期主要取决于用户程序的长短和扫描速度。一般 PLC 的扫描周期为 10~100 ms。

(3)输入/输出映像寄存器

可编程控制器对输入和输出信号的处理采用了将信号状态暂存在输入/输出映像寄存器中的方式。由 PLC 的工作过程可知,在 PLC 的程序执行阶段,即使输入信号的状态发生了变化,输入映像寄存器的状态值也不会变化,要等到下一个扫描周期的读取输入阶段其状态值才能被刷新。同样,暂存在输出映像寄存器中的输出信号要等到一个扫描周期结束时,集中送给输出锁存器,这才成为实际的 CPU 输出。

PLC 采用输入/输出映像寄存器的优点如下:

①在 CPU 一个扫描周期内,输入映像寄存器向用户程序提供的过程信号保持一致,以保证 CPU 在执行用户程序过程中数据的一致性。

②在 CPU 扫描周期结束时,将输出映像寄存器的最终结果送给外设,避免了输出信号的

抖动。

③输入/输出映像寄存器区位于 CPU 的系统存储器区,访问速度比直接访问信号模块要快,缩短了程序执行时间。

(4)PLC 的输入/输出滞后

PLC 以循环扫描的方式工作,从 PLC 的输入端信号发生变化到 PLC 输出端对该输入变化作出反应,需要一段时间,这种现象称为 PLC 输入/输出响应滞后。扫描周期越长,滞后现象就越严重。但是 PLC 的扫描周期一般为几十毫秒,对一般的工业设备(状态变化的时间约为数秒)不会影响系统的响应速度。

在实际应用中,这种滞后现象可起到滤波的作用。对于慢速控制系统来说,滞后现象增加了系统的抗干扰能力。这是因为输入采样阶段仅在输入刷新阶段进行,PLC 在一个工作周期的大部分时间是与外设隔离的,而工业现场的干扰常常是脉冲、短时间的,误动作将大大减少。即使在某个扫描周期干扰侵入并造成输出值错误,由于扫描周期时间远远小于执行器的机电时间常数,因此当它还没有来得及使执行器发生错误的动作,下一个扫描周期正确的输出就会将其纠正,使 PLC 的可靠性显得更高。

对控制时间要求较严格、响应速度要求较快的系统,必须考虑滞后对系统性能的影响,在设计中应采取相应的处理措施,尽量缩短扫描周期。例如,选择高速 CPU 提高扫描速度,采用中断方式处理高速的任务请求,选择快速响应模块、高速计数模块等。对于用户来说,要提高编程能力,尽可能优化程序。例如,选择分支或跳转程序等,都可以减少用户程序执行时间。

3.2　S7-1200 PLC 的硬件组成

可编程控制器基础

学习任务描述

S7-1200 是小型 PLC,它主要由 CPU 模块、信号板、信号模块、通信模块和编程软件组成,各种模块安装在标准 DIN 导轨上。S7-1200 的硬件组成具有高度的灵活性,用户可以根据自身需求确定 PLC 的结构,系统扩展十分方便。西门子 S7-1200 PLC 作为中小型 PLC 的佼佼者,无论在硬件配置还是在软件编程上都具有强大的优势。

➢ 学习目标

1. 掌握 S7-1200 的硬件组成;
2. 掌握 S7-1200 的 CPU 模块的特点以及外部接线方法;
3. 掌握 S7-1200 的信号板与信号模块的使用方法;
4. 掌握 S7-1200 集成的通信接口与通信模块;
5. 能够根据实际要求选择合适的 PLC 模块;
6. 养成主动学习、勤于动手、细心的习惯。

知识点学习

3.2.1 S7-1200 PLC 的硬件结构

(1)CPU 模块

S7-1200 PLC 的 CPU 模块(图 3.2.1)将微处理器、电源、数字量输入/输出电路、模拟量输入/输出电路、PROFINET 以太网接口、高速运动控制功能组合到一个设计紧凑的外壳中。每块 CPU 内可以安装一块信号板(图 3.2.2),安装以后不会改变 CPU 的外形和体积。微处理器相当于人的大脑和心脏,它不断地采集输入信号,执行用户程序,刷新系统的输出,存储器用来储存程序和数据。

S7-1200 集成的 PROFINET 接口用于与编程计算机、HMI(人机界面)、其他 PLC 或其他设备通信。此外,它还通过开放的以太网协议支持与第三方设备的通信。

图 3.2.1 S7-1200 PLC

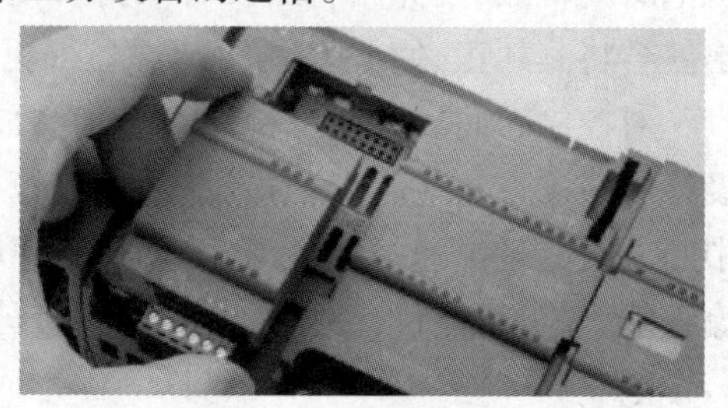

图 3.2.2 安装信号板

(2)信号模块

输入(Input)模块和输出(Output)模块简称为 I/O 模块,数字量(又称为开关量)输入模块和数字量输出模块简称为 DI 模块和 DQ 模块,模拟量输入模块和模拟量输出模块简称为 AI 模块和 AQ 模块,它们统称为信号模块,简称为 SM。

信号模块安装在 CPU 模块的右边,扩展能力最强的 CPU 可以扩展 8 个信号模块,以增加数字量和模拟量输入、输出点。

信号模块是系统的眼、耳、手、脚,是联系外部现场设备和 CPU 的桥梁。输入模块用来接收和采集输入信号,数字量输入模块用来接收从按钮、选择开关、数字拨码开关、限位开关、接近开关、光电开关、压力继电器等送来的数字量输入信号。模拟量输入模块用来接收电位器、测速发电机和各种变送器提供的连续变化的模拟量电流、电压信号,或者直接接收热电阻、热电偶提供的温度信号。

数字量输出模块用来控制接触器、电磁阀、电磁铁、指示灯、数字显示装置和报警装置等输出设备,模拟量输出模块用来控制电动调节阀、变频器等执行器。

CPU 模块内部的工作电压一般是 DC 5 V,而 PLC 的外部输入/输出信号电压一般较高,如 DC 24 V 或 AC 220 V。从外部引入的尖峰电压和干扰噪声可能损坏 CPU 中的元器件,或使 PLC 不能正常工作。在信号模块中,用光耦合器、光敏晶闸管、小型继电器等器件来隔离

PLC 的内部电路和外部的输入、输出电路。信号模块除了传递信号外,还有电平转换与隔离的作用。

(3)通信模块

通信模块安装在 CPU 模块的左边,最多可以添加 3 块通信模块,可以使用点对点通信模块、PROFIBUS 模块、工业远程通信模块、AS-i 接口模块和 IO – Link 模块。

(4)精简系列面板

精简系列面板主要与 S7-1200 配套,64K 色高分辨率宽屏显示器的尺寸为 4.3 in、7 in、9 in 和 12 in,支持垂直安装,用 TIA 博途中的 WinCC 组态。它们有一个 RS-422/RS-485 接口或一个 RJ45 以太网接口,还有一个 USB2.0 接口。USB 接口可连接键盘、鼠标或条形码扫描仪,可用 U 盘实现数据记录。

(5)编程软件

TIA 是 Totally Integrated Automation(全集成自动化)的简称,TIA 博途(TIA Portal)是西门子自动化的全新工程设计软件平台。S7-1200 可以用 TIA 博途中的 STEP7 Basic(基本版)编程。S7-300/400/1200/1500 可以用 TIA 博途中的 STEP7 Professional(专业版)编程。

3.2.2　CPU 模块

(1)CPU 的共性

①S7-1200 可以使用梯形图(LAD)、函数块图(FDB)和结构化控制语言(SCL)这 3 种编程语言。每条布尔运算指令、字传送指令和浮点数数学运算指令的执行时间分别为 0.08 μs、1.7 μs 和 2.3 μs。

②集成了最大 150 kB(B 是字节的缩写)的工作存储器、最大 4 MB 的装载存储器和 10 kB 的保持性存储器。CPU 1211C 和 CPU 1212C 的位存储器(M)为 4 096 B,其他 CPU 为 8 192 B。可以用可选的 SIMATIC 存储卡扩展存储器的容量和更新 PLC 的固件,还可以用存储卡将程序传输到其他 CPU。

③过程映像输入、过程映像输出各 1 024 B。集成的数字量输入电路的输入类型为漏型/源型,电压额定值为 DC 24 V,输入电流为 4 mA。1 状态允许的最小电压/电流为 DC 15 V/2.5 mA,0 状态允许的最大电压/电流为 DC 5 V/1 mA。输入延迟时间可以组态为 0.1 μs ~ 20 ms,有脉冲捕获功能。在过程输入信号的上升沿或下降沿可以产生快速响应的硬件中断。

继电器输出的电压范围为 DC 5 ~ 30 V 或 AC 5 ~ 250 V,最大电流 2 A。白炽灯负载为 DC 30 W或 AC 200 W。DC/DC/DC 型 CPU 的 MOSFET(场效应管)的 1 状态最小输出电压为 DC 20 V,0 状态最大输出电压为 DC 0.1 V,输出电流 0.5 A。最大白炽灯负载为 5 W。脉冲输出最多 4 路,CPU 1217 支持最高 1 MHz 的脉冲输出,其他 DC/DC/DC 型的 CPU 本机最高 100kHz,通过信号板可以输出 200 kHz 的脉冲。

④有 2 点集成的模拟量输入(0 ~ 10 V),10 位分辨率,输入电阻大于等于 100 kΩ。

⑤集成的 DC 24 V 电源可供传感器和编码器使用,也可以用来做输入回路的电源。

⑥CPU 1215C 和 CPU 1217C 有两个带隔离的 PROFINET 以太网端口,其他 CPU 有一个以太网端口,传输速率为 10M/100Mbit/s。

⑦实时时钟的保存时间通常为 20 d,40 ℃时最少为 12 d,最大误差为 ±60s/月。

(2)CPU 的技术规范

S7-1200 PLC 现在有 5 种型号的 CPU 模块(表 3.2.1),此外还有故障安全型 CPU。CPU 可以扩展 1 块信号板,左侧可以扩展 3 块通信模块。

表 3.2.1 S7-1200 CPU 技术规范

特 性	CPU 1211C	CPU 1212C	CPU 1214C	CPU 1215C	CPU 1217C
本机数字量 I/O 点数 本机模拟量 I/O 点数	6 入/4 出 2 入	8 入/6 出 2 入	14 入/10 出 2 入	14 入/10 出 2 入/2 出	14 入/10 出 2 入/2 出
工作存储器/装载存储器	50 kB/1 MB	75 kB/2 MB	100 kB/4 MB	125 kB/4 MB	150 kB/4 MB
信号模块扩展个数	无	2	8	8	8
最大本地数字量 I/O 点数	14	82	284	284	284
最大本地模拟量 I/O 点数	13	19	67	69	69
高速计数器	最多可以组态 6 个使用任意内置或信号板输入的高速计数器				
脉冲输出(最多 4 点)	100 kHz	100 kHz 或 30 kHz	100 kHz 或 30 kHz		1 MHz 或 100 kHz
上升沿/下降沿中断点数	6/6	8/8	12/12		
脉冲捕获输入点数	6	8	14		
传感器电源输出电流/mA	300	300	400		
外形尺寸/mm	90×100×75	90×100×75	110×100×75	130×100×75	150×100×75

每种 CPU 有 3 种具有不同电源电压和输入、输出电压的版本(表 3.2.2)。

表 3.2.2 S7-1200 CPU 的 3 种版本

版 本	电源电压	DI 输入电压	DQ 输出电压	DQ 输出电流
DC/DC/DC	DC 24 V	DC 24 V	DC 24 V	0.5 A,MOSFET
DC/DC/Relay	DC 24 V	DC 24 V	DC 5～30 V,AC 5～250 V	2 A,DC 30W/AC 200 W
AC/DC/Relay	AC 85～264 V	DC 24 V	DC 5～30 V,AC 5～250 V	2A,DC 30W/AC 200 W

(3)CPU 的外部接线图

CPU 1214CA C/DC/Relay(继电器)型的外部接线图如图 3.2.3 所示。输入回路一般使用 CPU 内置的 DC 24 V 传感器电源,漏型输入时需要去除图 3.2.3 中的外接 DC 电源,将输入回路的 1M 端子与 DC 24 V 传感器电源的 M 端子连接起来,将内置的 24 V 电源的 L+端子接到外接触点的公共端。源型输入时将 DC 24 V 传感器电源的 L + 端子连接到 1 M 端子。

CPU 1214C DC/DC/Relay 的接线图与图 3.2.3 的区别在于前者的电源电压为 DC 24 V。CPU 1214C DC/DC/DC 的电源电压、输入回路电压和输出回路电压均为 DC 24 V。输入回路也可以使用内置的 DC 24 V 电源。

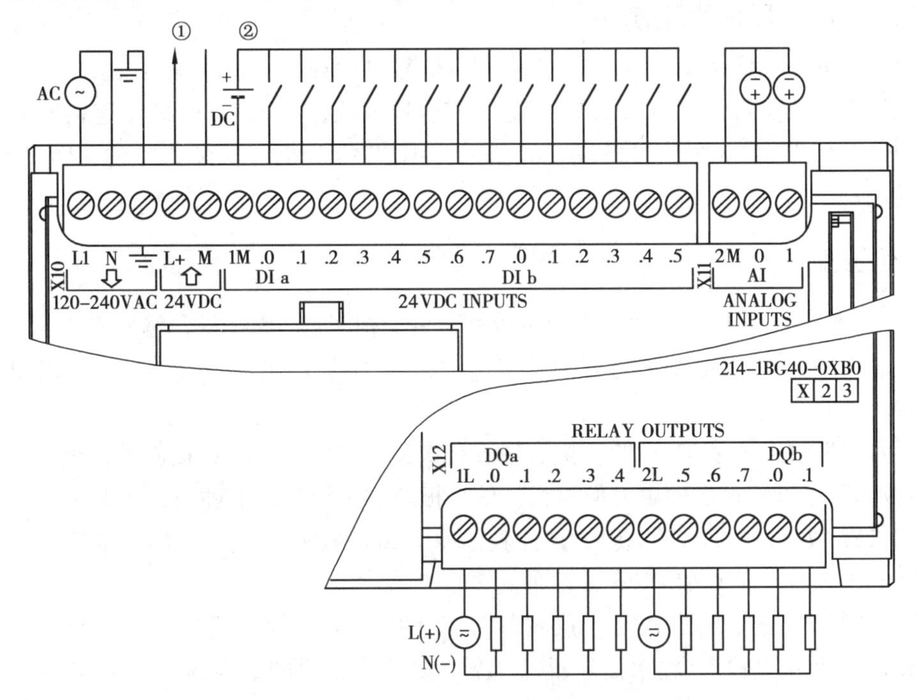

图 3.2.3　CPU 1214CA C/DC/Relay 的外部接线图

(4)CPU 集成的工艺功能

S7-1200 集成的工艺功能包括高速计数与频率测量、高速脉冲输出、PWM 控制、运动控制和 PID 控制。

1)高速计数器

最多可组态 6 个使用 CPU 内置或信号板输入的高速计数器,CPU 1217C 有 4 点最高频率为 1MHz 的高速计数器。其他 CPU 可组态 100 kHz(单相)/80 kHz(正交相位)或 30 kHz(单相)/20 kHz(正交相位)的高速计数器(与输入点地址有关)。如果使用信号板,最高计数频率为 200 kHz(单相)/160 kHz(正交相位)。

2)高速输出

各种型号的 CPU 最多有 4 点高速脉冲输出(包括信号板的 DQ 输出)。CPU 1217C 的高速脉冲输出最高频率为 1 MHz,其他 CPU 为 100 kHz,信号板为 200 kHz。

3)运动控制

S7-1200 的高速输出可以用于步进电机或伺服电机的速度和位置控制。通过一个轴工艺对象和 PLCopen 运动控制指令,它们可以输出脉冲信号来控制步进电机速度、阀位置或加热元件的占空比。除了返回原点和点动功能以外,还支持绝对位置控制、相对位置控制和速度控制。轴工艺对象有专用的组态窗口、调试窗口和诊断窗口。

4)用于闭环控制的PID功能

PID功能用于对闭环过程进行控制,建议PID控制回路的个数不要超过16个。STEP7中的PID调试窗口提供用于参数调节的形象直观的曲线图,支持PID参数自整定功能。

3.2.3 信号板与信号模块

各种CPU的正面都可以增加一块信号板。信号模块连接到CPU的右侧,以扩展其数字量或模拟量I/O的点数。CPU 1211C不能扩展信号模块,CPU 1212C只能连接两个信号模块,其他CPU可以连接8个信号模块。所有的S7-1200 CPU都可以在CPU的左侧安装最多3个通信模块。

(1)信号板

S7-1200所有的CPU模块的正面都可以安装一块信号板,并且不会增加安装的空间。有时添加一块信号板,就可以增加需要的功能。例如,数字量输出信号板使继电器输出的CPU具有高速输出的功能。

安装时首先取下端子盖板,然后将信号板直接插入S7-1200 CPU正面的槽内。信号板有可拆卸的端子,可以很容易地更换信号板。信号板和电池板有以下种类:

①SB1221数字量输入信号板,最高计数频率为200 kHz。数字量输入、数字量输出信号板的额定电压有DC 24 V和DC 5 V两种。

②SB1222数字量输出信号板,4点固态MOSFET输出的最高计数频率为200 kHz。

③SB1223数字量输入/输出信号板,2点输入和2点输出的最高频率均为200 kHz。

④SB1231热电偶信号板和RTD(热电阻)信号板,它们可选多种量程的传感器,分辨率为0.1 ℃/0.1 ℉,15位+符号位。

⑤SB1231模拟量输入信号板,有一路12位的输入,可测量电压和电流。

⑥SB1232模拟量输出信号板,一路输出,可输出分辨率为12位的电压和11位的电流。

⑦CB1241RS485信号板,提供一个RS-485接口。

⑧BB1297电池板,适用于实时时钟的长期备份。

各种CPU、信号板和信号模块的技术规范可以在西门子官方网站中的《S7-1200产品样本》和《S7-1200系统手册》查找。

(2)数字量I/O模块

数字量输入/数字量输出(DI/DQ)模块和模拟量输入/模拟量输出(AI/AQ)模块统称为信号模块。可以选用8点、16点和32点的数字量输入/数字量输出模块(表3.2.3)来满足不同的控制需要。8继电器输出(双态)的DQ模块的每一点,可以通过有公共端子的一个常闭触点和一个常开触点,在输出值为0和1时,分别控制两个负载。

所有的模块都能方便地安装在标准的35 mm DIN导轨上。所有的硬件都配备了可拆卸的端子板,不用重新接线就能迅速地更换组件。

表 3.2.3　数字量输入/输出模块

型　号	型　号
SM1221,8 输入 DC 24 V	SM1222,8 继电器输出(双态),2 A
SM1221,16 输入 DC 24 V	SM1223,8 输入 DC 24 V/8 继电器输出,2 A
SM1222,8 继电器输出,2 A	SM1223,16 输入 DC 24 V/16 继电器输出,2 A
SM1222,16 继电器输出,2 A	SM1223,8 输入 DC 24 V/8 输出 DC24V,0.5 A
SM1222,8 输出 DC24 V,0.5 A	SM1223,16 输入 DC 24 V/16 输出 DC 24 V,0.5 A
SM1222,16 输出 DC24 V,0.5 A	SM1223,8 输入 AC 230 V/8 继电器输出,2 A

(3)模拟量 I/O 模块

在工业控制中,某些输入量(如压力、温度、流量、转速等)是模拟量,某些执行机构(如电动调节阀和变频器等)要求 PLC 输出模拟量信号,而 PLC 的 CPU 只能处理数字量。模拟量首先被传感器和变送器转换为标准量程的电流或电压,如 4 ~ 20 mA,0 ~ 10 V,PLC 用模拟量输入模块的 A-D 转换器将它们转换成数字量。带正负号的电流或电压在 A-D 转换后用二进制补码来表示。模拟量输出模块的 D-A 转换器将 PLC 中的数字量转换为模拟量电压或电流,再去控制执行机构。模拟量 I/O 模块的主要任务就是实现 A-D 转换(模拟量输入)和 D-A 转换(模拟量输出)。

A-D 转换器和 D-A 转换器的二进制位数反映了它们的分辨率,位数越多,分辨率越高。模拟量输入/模拟量输出模块的一个重要指标是转换时间。

1)SM1231 模拟量输入模块

有 4 路、8 路的 13 位模块和 4 路的 16 位模块。模拟量输入可选 ±10 V、±5 V 和 0 ~ 20 mA、4 ~ 20 mA 等多种量程。电压输入的输入电阻大于等于 9 MΩ,电流输入的输入电阻为 280 Ω。双极性和单极性模拟量满量程转换后对应的数字分别为 -27 648 ~ 27 648 和0 ~ 27 648。

2)SM1231 热电偶和热电阻模拟量输入模块

有 4 路、8 路的热电偶(TC)模块和 4 路、8 路的热电阻(RTD)模块。可选多种量程的传感器,分辨率为 0.1°C/0.1°F,15 位 + 符号位。

3)SM1232 模拟量输出模块

有 2 路和 4 路的模拟量输出模块, -10 ~ +10V 电压输出为 14 位,最小负载阻抗 1 000 Ω。0 ~ 20 mA 或 4 ~ 20 mA 电流输出为 13 位,最大负载阻抗 600 Ω。 -27 648 ~ 27 648 对应满量程电压,0 ~ 27 648 对应满量程电流。

电压输出负载为电阻时转换时间为 300 μs,负载为 1 μF 电容时转换时间为 750 μs。电流输出负载为 1 mH 电感时转换时间为 600 μs,负载为 10 mH 电感时为 2 ms。

4)SM1234 4 路模拟量输入/2 路模拟量输出模块

SM1234 模块的模拟量输入和模拟量输出通道的性能指标分别与 SM1231 AI 4 × 13bit 模块和 SM1232 AQ 2 × 14bit 模块相同,相当于这两种模块的组合。

3.2.4 集成的通信接口与通信模块

S7-1200 具有非常强大的通信功能,提供下列通信选项:I – Device(智能设备)、PROFINET、PROFIBUS、远距离控制通信、点对点(PtP)通信、USS 通信、ModbusRTU、AS-i 和 I/OLink-MASTER。

(1)集成的 PROFINET 接口

实时工业以太网是现场总线发展的方向,PROFINET 是基于工业以太网的现场总线(IEC61158 现场总线标准的类型 10),是开放式的工业以太网标准,它使工业以太网的应用扩展到了控制网络最底层的现场设备。S7-1200 CPU 集成的 PROFINET 接口可以与下列设备通信:计算机、其他 S7CPU、PROFINETI/O 设备(如 ET200 远程 I/O 和 SINAMICS 驱动器),以及使用标准的 TCP 通信协议的设备。

该接口使用具有自动交叉网线(auto – cross – over)功能的 RJ45 连接器,用直通网线或者交叉网线都可以连接 CPU 和其他以太网设备或交换机,数据传输速率为 10 M/100 Mbit/s。支持最多23 个以太网连接,其中3 个连接用于与 HMI 的通信;1 个连接用于与编程设备(PG)的通信;8 个连接用于开放式用户通信;3 个连接用于使用 GET/PUT 指令的 S7 通信的服务器;8 个连接用于使用 GET/PUT 指令的 S7 通信的客户端。

CSM1277 是紧凑型交换机模块,有 4 个具有自检测和交叉自适应功能的 RJ45 连接器,能以线型、树型或星型拓扑结构,将 S7-1200 连接到工业以太网。它安装在 S7-1200 的安装导轨上,不需要组态。

(2)PROFIBUS 通信与通信模块

S7-1200 最多可以增加 3 个通信模块,它们安装在 CPU 模块的左边。

PROFIBUS 是目前国际上通用的现场总线标准之一,已被纳入现场总线的国际标准 IEC61158。S7-1200CPU 从固件版本 V2.0 开始,组态软件 STEP7 从版本 V11.0 开始,支持 ROFIBUS-DP 通信。

通过使用 PROFIBUS-DP 主站模块 CM1243-5,S7-1200 可以与其他 CPU、编程设备、人机界面和 PROFIBUS-DP 从站设备(如 ET200 和 SINAMICS 驱动设备)通信。CM1243-5 可以做 S7 通信的客户机或服务器。

通过使用 PROFIBUS-DP 从站模块 CM1242-5,S7-1200 可以作为一个智能 DP 从站设备与 PROFIBUS-DP 主站设备通信。

(3)点对点(PtP)通信与通信模块

通过点对点通信,S7-1200 可以直接发送信息到外部设备,如打印机;从其他设备接收信息,如条形码阅读器、RFID(射频识别)读写器和视觉系统;可以与 GPS 装置、无线电调制解调器以及其他类型的设备交换信息。

CM1241 是点对点高速串行通信模块,可执行的协议有 ASCII、USS 驱动协议、ModbusRTU 主站协议和从站协议,可以装载其他协议。3 种模块分别有 RS-232、RS- 485 和 RS- 422/485

通信接口。

通过 CM1241 通信模块或者 CB1241RS 485 通信板,可以与支持 ModbusRTU 协议和 USS 协议的设备进行通信。S7-1200 可以作 Modbus 主站或从站。

(4)AS-i 通信与通信模块

AS-i 是执行器传感器接口(Actuator Sensor Interface)的缩写,它是用于现场自动化设备的双向数据通信网络,位于工厂自动化网络的最底层。AS-i 已被列入 IEC62026 标准。AS-i 是单主站主从式网络,支持总线供电,即两根电缆同时作信号线和电源线。

S7-1200 的 AS-i 主站模块为 CM1243-2,其主站协议版本为 V3.0,可配置 31 个标准开关量/模拟量从站或 62 个 A/B 类开关量/模拟量从站。

(5)远程控制通信与通信模块

通过使用 GPRS 通信处理器 CP1242-7,S7-1200 CPU 可以与下列设备进行无线通信:中央控制站、其他远程站、移动设备(SMS 短消息)、编程设备(远程服务)和使用开放式用户通信(UDP)的其他通信设备。通过 GPRS 可以实现简单的远程监控。

(6)IO-Link 主站模块

IO-Link 是 IEC 61131-9 中定义的用于传感器/执行器领域的点对点通信接口,使用非屏蔽的 3 线制标准电缆。IO-Link 主站模块 SM1278 用于连接 S7-1200 CPU 和 IO-Link 设备,它有 4 个 IO-Link 端口,同时具有信号模块功能和通信模块功能。

3.3　S7-1500 PLC 的硬件组成

S7-1200PLC 的硬件组成

学习任务描述

S7-1500 自动化系统是西门子工业自动化集团在 S7-300 和 S7- 400 系统的基础上进一步开发的自动化系统,于 2013 年正式推出。该系列专为中高端设备和工厂自动化设计,不仅具有卓越的系统性能,还集成运动控制、工业信息安全以及可实现便捷安全应用的故障安全功能,创新的设计使调试和安全操作简单便捷。

西门子 S7-1500 初期上市产品包括 3 种型号的 CPU,分别为 1511、1513 和 1516,这 3 种型号适用于中端性能的应用。每一种型号都推出了 F 型产品(故障安全型),以提供安全应用,并根据端口数量、位处理速度、显示屏规格和数据内存等性能特点分成不同等级。S7-1500 系统与传统 PLC 相比,增加了内置显示屏,在技术、工业信息安全、故障安全和系统性能方面都有显著提高。

➢ 学习目标

1. 掌握 S7-1500 的硬件组成;

2. 掌握 S7-1500 的 CPU 模块的特点以及外部接线方法;
3. 掌握 S7-1500 的信号板与信号模块的使用方法;
4. 掌握 S7-1500 集成的通信接口与通信模块;
5. 能够根据实际要求选择合适的 PLC 模块;
6. 养成主动学习、勤于动手、细心的习惯。

➢ 知识点学习

3.3.1 S7-1500 CPU 模块

(1)S7-1500 CPU 模块的特点

S7-1500 的 CPU 模块的响应时间快速,位指令执行时间最短可达 1 ns。集成有可用于调试和诊断的 CPU 显示面板、最多 128 轴的运动控制功能、标准以太网接口、PROFINET 接口和 Web 服务器,可以通过网页浏览器快速浏览诊断信息。支持高达 2 GB 的存储卡,可存储项目数据、归档、配方和相关文档。优化存储的程序块可以提高处理器的访问速度。

CPU 具有优化的诊断机制和高效的故障分析能力,可用 STEP7、HMI、Web 服务器和 CPU 的显示面板显示统一的诊断数据,集成了系统诊断功能。因此,CPU 即使处于停止模式,也不会丢失系统故障和报警消息。

S7-1500 可以使用 LAD、FBD、STL、SCL、GRAPH 这几种编程语言。有标准型、工艺型、紧凑型、高防护等级型、分布式和开放式、故障安全型 CPU,以及基于 PC 的软控制器。其额定电源电压为 DC 24 V。

(2)标准型 CPU 模块的技术规范

S7-1500 现在有 6 种型号的标准型 CPU 模块(表 3.3.1 和图 3.3.1),中央机架可以安装 32 块模块。插槽式装载存储器(SIMATIC 存储卡)最大 32 GB。各 CPU 集成了一个带两端口交换机的 PROFINET 接口。此外,有的 CPU 还集成了以太网接口和 PROFIBUS-DP 接口。输入、输出的 I/O 最大地址范围各 32 kB,所有输入/输出均在过程映像中。

表 3.3.1 S7-1500 标准型 CPU 技术规范

特 性	CPU1511-1PN	CPU1513-1PN	CPU1515-2PN	CPU 1516-3PN/DP	CPU 1517-3PN/DP	CPU 1518- 4PN/DP
位/字/定点/浮点运算指令执行时间/ns	60/72/96/384	40/48/64/256	30/36/48/192	10/12/16/64	2/3/3/12	1/2/2/6
集成程序存储器/数据存储器	150 kB /1 MB	300 kB /1.5 MB	500 kB /3 MB	1 MB /5 MB	2 MB /8 MB	4 MB /20 MB
CPU 块总计最大个数	2 000	2 000	6 000	6 000	10 000	10 000

续表

特　性	CPU 1511-1PN	CPU 1513-1PN	CPU1515-2PN	CPU 1516-3PN/DP	CPU 1517-3PN/DP	CPU 1518-4PN/DP
最大模块/子模块个数	1024	2048	8192	8192	16384	16384
可扩展的通信模块个数（DP、PN、以太网）	4	6	8	8	8	8
集成的以太网接口/DP接口个数	1/0	1/0	2/0	2/1	2/1	3/1
可连接的 IO 设备数/最大连接资源数	128/96	128/128	256/192	256/256	512/320	512/384

图 3.3.1　标准型 CPU 模块

(3)紧凑型控制器

紧凑型控制器(图 3.3.2)CPU1511C 和 CPU1512C 集成了离散量、模拟量输入/输出和高速计数功能,还可以像标准型控制器一样扩展 25 mm 和 35 mm 的 IO 模块。它们分别集成了 16DI/16DQ 和 32DI/32DQ,均有 4 + 1AI 和 2AQ,6 通道 400 kHz(4 倍频)的高速计数器,所有集成的模块都自带前连接器。集成自带交换机功能的 PROFINET 端口,作为 IO 控制器可带最多 128 个 IO 设备,支持 iDevice、IRT、MRP、PROFIenergy 和 Optionhanding 等功能。支持开放式以太网通信,集成了 Web 服务器、Trace、运动控制、闭环控制和信息安全功能。通过在生产空闲时使用 PROFIenergy 命令,适用于 PROFINET 的 PROFIenergy 可以降低能耗。

图 3.3.2　紧凑型控制器

(4)ET200SP CPU 模块

西门子 ET200SP CPU 是 S7-1500 控制器家族的新成员,是兼备 S7-1500 的突出性能与 ET200SP I/O 简单易用,身形小巧的控制器。它具有热插拔功能,控制器右侧可以直接扩展 ET200SP I/O 模块。

ET200SP 的 CPU 1510SP-1PN、CPU 1512SP-1PN 与 S7-1500 的 CPU 1511-1PN、CPU1513-1PN 具有相同的功能,可以直接连接 ET200SP I/O,具有体积小、使用灵活、接线方便、价格便宜等特点。PROFINET 接口带有 3 个交换端口。

ET200SP 开放式控制器 CPU1515SPPC 是将 PC-based 平台与 ET200SP 控制器功能相结合的可靠、紧凑的控制系统(图 3.3.3),使用双核 1GHz 的 AMDGSeriesAPUT40E 处理器,2G/4G 内存。用 8G/16GCfast 卡作为硬盘,使用 32 位或 64 位的 Windows7 嵌入版操作系统。有 1 个千兆以太网接口、3 个 USB2.0 接口,1 个 DVI-I 接口。预装 S7-1500 软控制器 CPU1505S,可选择预装 WinCC 高级版 Runtime。支持 ET200SP I/O 模块,通过总线适配器可以扩展 1 个 PROFINET 接口(两端口交换机)。通过 ET200SP CMDP 模块可以支持 PROFIBUS-DP 通信,可以通过 ODK1500S 软件开发包,使用高级语言 C/C ++ 进行二次开发。

图 3.3.3　CPU1515SPPC

(5)S7-1500 软件控制器

S7-1500 软件控制器采用 Hypervisor 技术,安装到 SIEMENS 工控机后,将工控机的硬件资源虚拟成两套硬件,其中一套运行 Windows 系统,另一套运行 S7-1500 PLC 实时系统。两套系统并行运行,通过 SIMATIC 通信的方式交换数据。软 PLC 与 S7-1500 硬 PLC 代码 100% 兼容,它的运行独立于 Windows 系统,可以在软 PLC 运行时重启 Windows。

有两个可选型号 CPU 1505S 和 CPU 1507S。可以通过 ODK1500S,使用高级语言 C/C ++ 进行功能扩展。CPU 1507S 软件控制器只能在 SIEMENS 工控机上运行,其硬件配置有以下要求:必须是多核处理器;内存不低于 4GB;不能装有 RAID 硬盘,安装操作系统的存储空间不小于 8 GB。

(6)故障安全型控制器

故障安全型控制器(FCPU)适用于对安全性要求很高的系统,在发生故障时可以确保切换到安全的模式。FCPU 的安全功能包含在 CPU 的 F 程序中和包含在故障安全信号模块中。信号模块通过差异分析监视输入和输出信号。CPU 通过自检、指令测试和顺序程序流控制来监视 PLC 的运行。通过请求信号检查 I/O,如果系统诊断出一个错误,则转入安全状态。

CPU、I/O 模块和 PROFIBUS/PROFINET 都应具有故障安全功能。

S7-1500F 安全模块是 S7-1500 PLC 家族中的一员，它除了拥有 S7-1500 所有特点外，还集成了安全功能，将安全技术轻松地与标准自动化无缝集成在一起。

S7-1500 FCPU 故障安全控制器模块用于故障安全功能和标准功能，每一种标准型 CPU 都有对应的故障安全型 CPU。例如，CPU1511F-1PN 对应 CPU1511-1PN，它们支持到 SIL3/Category4/PLe 安全等级，可灵活构建不同的网络结构，硬件参数可以从站点中完整上载，支持 SharedI-Device，用读访问监控实现快速诊断。

(7)电源模块

S7-1500 的电源模块分为系统电源模块和负载电源模块。

1)系统电源模块

系统电源模块(PS 电源模块)专门为背板总线提供内部所需的系统电源，可以为模块的电子元件和 LED 指示灯供电，具有诊断报警和诊断中断功能。系统电源应安装在背板总线上，必须用 TIA 博途组态。系统电源模块有 PS 25 W 24 V DC、PS 60 W 24/48/60 V DC 和 PS 60 W 120/230 V AC/DC 这 3 种型号。一个机架最多可以使用 3 个 PS 模块，通过系统电源模块内部的反向二极管，划分不同的电源段。

机架上可以没有系统电源模块，CPU 或接口模块 IM155-5 的电源由负载电源模块 PM 或其他 DC 24 V 电源提供。CPU/IM155-5 向背板总线供电，但是功率有限，最多只能连接 12 个模块。如果需要连接更多的模块，需要增加系统电源模块 PS。

如果在 CPU/IM155-5 左边的 0 号槽放置一块系统电源模块，CPU/IM155-5 的电源端子同时连接 DC 24 V 电源，它们将一起向背板总线供电。

如图 3.3.4(a)所示为有两个系统电源模块的机架，0 号槽的系统电源模块为 1 ~ 3 号槽的模块供电，4 号槽的系统电源模块为 5、6 号槽的模块供电。选中 4 号槽的电源模块后，选中巡视窗口左边的“电源段概览”[图 3.3.4(b)]，可以查看 PS 模块功率分配的详细信息。负的功率表示消耗，该 PS 模块还剩余 22.75 W 的功率。

选中 CPU 的巡视窗口中的“系统电源”，可以查看 0 号槽的 PS 模块的功率分配信息。

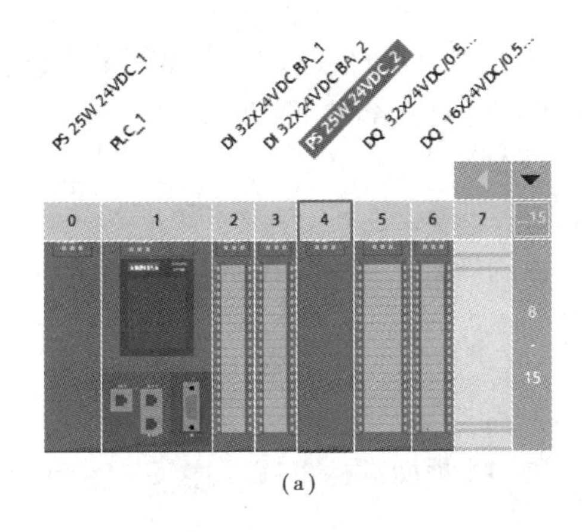

(a)

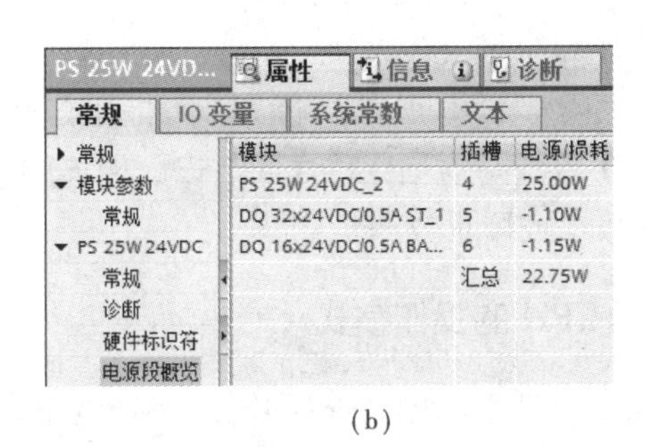

(b)

图 3.3.4　有两个系统电源的机架

2)负载电源模块

负载电源模块(PM 电源模块)通过外部接线可以为 CPU/IM、I/O 模块、PS 电源等提供高效、稳定、可靠的 DC 24 V 供电。输入电压为 AC 120/230 V 自适应,可用于世界各地的供电网络。负载电源不能通过背板总线向 S7-1500 和 ET200MP 供电,可以不安装在机架上,可以不在博途中组态。它具有输入抗过压性能和输出过压保护功能。负载电源有 24 V/3 A 和 24 V/8 A 两种型号的模块。

3.3.2 CPU 模块的前面板

(1)CPU 模块的状态与故障显示 LED

如图 3.3.5 所示为不带前面板(即显示屏)的 CPU1516-3PN/DP 的前视图。面板上的 LED 的意义如下:

①仅 RUN/STOP LED 亮时,绿色表示 CPU 处于 RUN 模式,黄色表示处于 STOP 模式。

②仅 ERROR LED(红色)闪烁时表示出现错误。

③RUN/STOP LED 绿灯和 MAINT LED(黄色)同时亮表示设备要求维护、有激活的强制作业或 PROFIenergy 暂停。

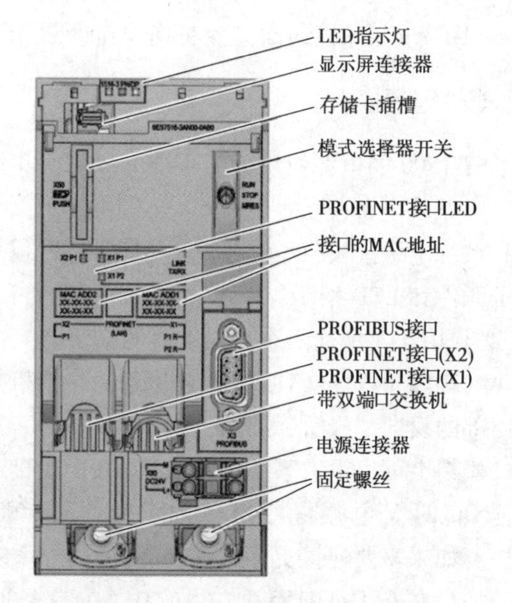

图 3.3.5 不带前面板的 CPU 前视图

④RUN/STOP LED 绿灯亮和 MAINT LED(黄色)闪动表示设备需要维护或有组态错误。

⑤3 个 LED 同时闪动表示下列 3 种情况:CPU 正在启动;启动、插入模块时测试 LED 指示灯;LED 指示灯闪烁测试。

3 个 LED 状态的其他组合见 CPU 的用户手册。

(2)LINK TX 和 RX LED

每个 PROFINET 通信端口都有 LINK 和 TX/RX LED。它们熄灭表示 PROFINET 设备的 PROFINET 接口与通信伙伴之间没有以太网连接,当前未通过 PROFINET 接口收发任何数据,或者没有 LINK 连接。

绿色闪烁表示正在执行"LED 指示灯闪烁测试"。绿色点亮表示 PROFINET 设备的 ROFINET 接口与通信伙伴之间有以太网连接。黄色闪烁表示当前正在向以太网上的通信伙伴发送数据或接收数据。

(3)CPU 的操作模式

通过 CPU 上的模式选择开关、CPU 的显示屏和 TIA 博图软件,可以切换 S7-1500CPU 的操作模式。

①STOP(停止)模式:该模式不执行用户程序。如果从运行模式切换到停止模式,CPU 将

根据输出模块的参数设置,禁用或激活相应的输出。

②RUN(运行)模式:刷新过程映像输入和输出,执行用户程序,处理中断和故障信息。

③STARTUP(启动)模式:与 S7-300/400 相比,S7-1500 的启动模式只有暖启动,暖启动将清除非保持存储器和过程映像输出,执行启动组织块,更新过程映像输入等。如果满足启动条件,CPU 将进入运行模式。

④MRES(存储器复位):将模式选择开关从 STOP 位置扳到 MRES 位置,或单击“在线和诊断”视图中 CPU 操作面板的“MRES”按钮,将使 CPU 切换到“初始”状态,即工作存储器中的内容和保持性、非保持性数据被删除,诊断缓冲区、实时时间和 IP 地址被保留。复位完成后,CPU 存储卡中保存的项目数据从装载存储器复制到工作存储器。

(4)模式选择开关

CPU 的模式选择开关在 RUN(运行)位置时 CPU 执行用户程序,在 STOP(停止)位置时 CPU 不执行用户程序。

用选择开关复位存储器时按下述顺序操作:

①PLC 通电后将模式选择开关扳到 STOP 位置,RUN/STOP LED 指示灯呈黄色点亮。

②将模式选择器开关切换到 MRES 位置,直至 RUN/STOP LED 指示灯呈黄色第二次点亮,并持续处于点亮状态(需要 3s)。该位置不能保持,在这个位置松手,开关自动返回 STOP 位置。

③在接下来 3s 内,将模式选择器开关切换回 MRES,然后重新返回到 STOP 模式。CPU 将执行存储器复位,在此期间 RUN/STOP LED 指示灯黄色闪烁。如果 RUN/STOP LED 呈黄色点亮,则表示 CPU 已完成存储器复位。

3.3.3 信号模块

(1)信号模块的共同问题

S7-1500 的信号模块支持通道级诊断,采用统一的前连接器,具有预接线功能。它们既可以用于中央机架进行集中式处理,也可以通过 ET200MP 进行分布式处理。模块的设计紧凑,用 DIN 导轨安装,中央机架最多可以安装 32 个模块。

信号模块有集成的短接片,简化了接线操作。全新的盖板设计,双卡位可以最大化扩展电缆存放空间。自带电路接线图,接线方便。模拟量模块 8 通道转换时间低至 125 μs,模拟量输入模块具有自动线性化特性,适用于温度测量和限值监测。

S7-1500 的模块型号中的 BA(Basic)为基本型,它的价格便宜,功能简单,需要组态的参数少,没有诊断功能。型号中的 ST(Standard)为标准型,中等价格,有诊断功能。型号中的 HF(High Feature)为高性能型,功能复杂,可以对通道组态,支持通道级诊断。高性能型模拟量模块允许较高的共模电压。HS(High Speed)为高速型,用于高速处理,有等时同步功能。

S7-1500 的模块宽度有 25 mm 和 35 mm 两种。25 mm 宽的模块自带前连接器,接线方式为弹簧压接。35mm 宽的模块的前连接器需要单独订货,统一采用 40 针前连接器,接线方式为螺丝连接或弹簧连接。

(2)数字量I/O模块

数字量输入/输出模块见表3.3.2。数字量输入模块的最短输入延时时间为50μs,DI模块型号中的SRC为源型输入,无SRC的为漏型输入。详细参数和接线图见《S7-1500 DI 16×24 V DC HF模块设备手册》和《S7-1500 DQ 16×24 V DC 0.5 A HF模块设备手册》。数字量输入/输出混合模块“16DI,DC24 V基本型/16DQ,DC24 V/0.5 A基本型”是输入模块“16DI,DC24 V基本型”和输出模块“16DQ,DC24 V/0.5 A基本型”的组合。数字量I/O模块使用屏蔽电缆和非屏蔽电缆的最大长度分别为1 000 m和600 m。

表3.3.2　数字量输入/输出模块

型　号	型　号	型　号
16 DI,DC 24 V高性能型,漏型输入	32 DI,DC 24 V基本型,漏型输入	16 DQ,DC 24 V/0.5 A基本型,晶体管源输出
16 DI,DC 24 V基本型,漏型输入	8 DQ,230 VAC/2 A标准型,可控硅输出	16 DQ,230 VAC/1 A标准型,晶闸管输出
16 DI,AC 230 V基本型,漏型输入	8 DQ,DC 24 V/2 A高性能型,晶体管源输出	16 DQ,230 VAC/2 A标准型,继电器输出
16 DI,DC 24 VSRC基本型,源型输入	8 DQ,230 VAC/5 A标准型,继电器输出	32 DQ,DC 24 V/0.5 A标准型,晶体管源输出
32 DI,DC 24 V高性能型,漏型输入	16 DQ,DC 24 V/0.5 A标准型,晶体管源输出	32 DQ,DC 24 V/0.5 A基本型,晶体管源输出

(3)数字量输出模块感性负载的处理

感性负载(如继电器、接触器的线圈)具有储能作用,PLC内控制它的触点或场效应晶体管断开时,电路中的感性负载会产生高于电源电压数倍甚至数十倍的反电势。触点接通时,会因为触点的抖动而产生电弧,它们都会对系统产生干扰。对此可以采取下述的措施:

输出端接有直流感性负载时,应在它两端并联一个续流二极管。如果需要更快的断开时间,可以串接一个稳压管(图3.3.6),二极管可以选1N4001,场效应晶体管输出可以选8.2 V/5 W的稳压管,继电器输出可以选36V的稳压管。

输出端接有AC220 V感性负载时,应在它两端并联RC串联电路(图3.3.6),可以选0.1 μF的电容和100~120 Ω的电阻。电容的额定电压应大于电源峰值电压。要求较高时,还可以在负载两端并联压敏电阻,其压敏电压应大于线圈额定电压有效值的2.2倍。

为了减少电动机和电力变压器投切时产生的干扰,可以在PLC的电源输入端设置浪涌电流吸收器。

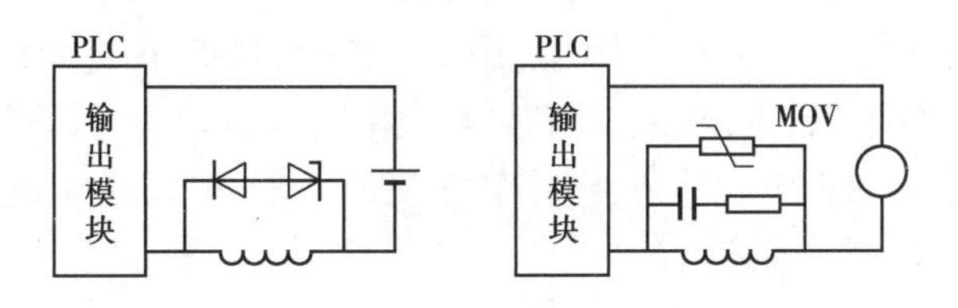

图 3.3.6　输出电路感性负载的处理

(4)模拟量 I/O 模块

S7-1500 的多功能模拟量输入模块具有自动线性化特性,适用于温度测量和限值监测,背板总线通信速度达 400 Mbit/s,有通道级诊断功能。可读取电子识别码,快速识别所有的组件。模拟量模块带有电缆屏蔽附件,电源线与信号线分开走线,增强了抗电磁干扰能力。模拟量模块的分辨率均为 16 位。高速型模拟量输入、模拟量输出模块的转换速度极快。

1)模拟量输入模块

4AI 和 8AIU/I/RTD/TC 标准型模块的输入信号为电压、电流、热电阻、热电偶和电阻。每通道的转换时间分别为 9 ms、23 ms、27 ms、107 ms(与组态的 A-D 转换的积分时间有关)。电流/电压、热电阻/热电偶和电阻输入时屏蔽电缆的最大长度分别为 800 m、200 m 和 50 m。每个通道的测量类型和范围可以任意选择,不需要 S7-300 模拟量输入模块那样的量程卡,只需要改变硬件配置和外部接线。

AI8xU/I/RTD/TCST 模块详细的参数、对各种信号和传感器的接线图见《S7-1500 8AI 标准型模块设备手册》。“8AI,U/I”高速型模块的输入信号为电流和电压,通道的转换时间为 62.5 μs。屏蔽电缆的最大长度为 800 m。

2)模拟量输出模块

“2AQ,U/I”和“4AQ,U/I”标准型模块可输出电流和电压,转换时间为 0.5 ms。电流、电压输出时屏蔽电缆的最大长度分别为 800 m 和 200 m。AQ4xU/IST 模块详细的参数和电压、电流输出的接线图见《S7-15004AQ 标准型模块设备手册》。“8AQ,U/I”高速型模块可输出电流和电压,通道的转换时间为 50μs,屏蔽电缆的最大长度为 200 m。

3)模拟量输入/输出模块

“4AI,U/I/RTD/TC 标准型/2AQ,U/I 标准型”模块的性能指标分别与“4AI,U/I/RTD/TC 标准型”模块和“2AQ,U/I 标准型”模块相同,相当于这两种模块的组合。

3.3.4　工艺模块与通信模块

(1)工艺模块

工艺模块用于高速计数和测量,以及快速信号预处理。

1)高速计数模块

计数和位置检测模块具有硬件级的信号处理功能,可以对各种传感器进行快速计数、测量和位置记录。支持增量式编码器和 SSI 绝对值编码器,支持集中式和分布式操作。

TMCount2 ×24 V 和 TMPosInput2 模块的供电电压为 DC 24 V,可连接两个增量式编码器或位置式编码器,计数范围 32 位。它们的计数频率分别为 200 kHz 和 1 MHz,4 倍频时分别为 800

kHz 和 4 MHz。分别集成了 6 个和 4 个 DI 点,用于门控制、同步、捕捉和自由设定。还集成了 4 个 DQ 点,用于比较值转换和自由设定。它们具有频率、周期和速度测量功能,以及绝对位置和相对位置检测功能,还具有同步、比较值、硬件中断、诊断中断、输入滤波器、等时模式等功能。

2)时间戳模块

TMTimerDIDQ16 ×24V 时间戳模块可以读取离散量输入信号的上升沿和下降沿,并标以高精度的时间戳信息。离散量输出可以基于精确的时间控制。离散量输入信号支持时间戳检测、计数、过采样(Oversampling)等功能。离散量输出信号支持过采样、时间控制切换和脉冲宽度调制等功能。该模块可用于电子凸轮控制、长度检测、脉冲宽度调制和计数等多种应用,有 16 个数字量输入和输出点,输入和输出点的个数可组态。输入频率最大 50 kHz,计数频率最大 200 kHz。支持等时模式,有硬件中断和诊断中断、模块级诊断功能。

(2)通信模块

1)点对点通信模块

点对点通信模块可以连接数据读卡器或特殊传感器,可以集中使用,也可以在分布式 ET200MPI/O 系统中使用。可以使用 3964(R)、ModbusRTU(仅高性能型)或 USS 协议,以及基于自由口的 ASCII 协议。它有 CMPtPRS422/485 基本型和高性能型、CMPtPRS232 基本型和高性能型这 4 种模块。基本型的通信速率为 19.2 kbit/s,最大报文长度 1 kB,高性能型为 115.2 kbit/s和 4 kB。RS-422/485 接口的屏蔽电缆最大长度 1 200 m,RS-232 接口为 15 m。

2)PROFIBUS 模块

PROFIBUS 模块 CM1542-5 可以作 PROFIBUS-DP 主站和从站,有 PG/OP 通信功能,可使用 S7 通信协议,两种订货号的模块分别可以连接 32 个和 125 个从站。CPU 集成的 DP 接口只能作 DP 主站。传输速率为 9.6kbit/s ~ 12Mbit/s。

3)PROFINET 模块

PROFINET 模块 CP1542-1 是可以连接 128 个 IO 设备的 IO 控制器,有实时通信(RT)、等时实时通信(IRT)、MRP(介质冗余)、NTP(网络时间协议)和诊断功能,可以作 Web 服务器。支持通过 SNMP(简单网络管理协议)版本 V1 进行数据查询。设备更换无须可交换存储介质。支持开放式通信、S7 通信、ISO 传输、TCP、ISO-on-TCP、UDP 协议和基于 UDP 连接组播等。传输速率为 10 M/100 Mbit/s。

4)以太网模块

CP1543-1 是带有安全功能的以太网模块,在安全方面支持基于防火墙的访问保护、VPN、FTPSServer/Client 和 SNMPV1、V3。支持 IPv6 和 IPv4、FTPServer/Client、FETCH/WRITE 访问(CP 作为服务器)、E-mail 和网络分割。支持 Web 服务器访问、S7 通信和开放式用户通信。传输速率为 10 M/100 M/1 000 Mbit/s。

5)ET200MP 的接口模块

ET200MP 通过接口模块进行分布式 I/O 扩展,ET200MP 与 S7-1500 的中央机架使用相同的 I/O 模块。模块采用螺钉压线方式,高速背板通信,支持 PROFINET 或 PROFIBUS,使用 DC24V 电源电压,有硬件中断和诊断中断功能。

IM155-5DP 标准型 PROFIBUS 接口模块支持 12 个 I/O 模块。IM155-5PN 标准型和高性能

型 PROFINET 接口模块支持 30 个 I/O 模块，支持等时同步模式、IRT（同步实时）、MRP（介质冗余）和优先化启动。支持开放式 IE 通信，最短周期 250 μs。有硬件中断和诊断中断功能。标准型和高性能型模块分别有两个和 4 个 IO 控制器，高性能型支持 PROFINET 系统冗余。

3.4　TIA 博途软件的安装与使用

S7-1500PLC 的硬件组成

学习任务描述

TIA 博途是西门子自动化的全新工程设计软件平台，它将所有自动化软件工具集成在统一的开发环境中，是世界上第一款将所有自动化任务整合在一个工程设计环境下的软件。

西门子的编程及组态软件为 STEP7 系列。S7-300/400 专用的编程软件为 STEP7，后来推出了 S7-1200 和 S7-1500PLC，相应的编程及组态软件也称为 STEP7。为了区分这两款不同的软件，S7-300/400 专用的 STEP7 编程软件称为经典 STEP7，而适用于 S7-1200/1500PLC 的编程软件称为 TIA（Totally Integrated Automation）Portal 软件，也称 TIA 博途软件。S7-1200 用 TIA 博途中的 STEP7 Basic（基本版）或 STEP7 Professional（专业版）。STEP7 Professional 可用于 S7-1200/1500、S7-300/400 和 WinAC 的组态和编程。

➤ 学习目标

1. 了解西门子自动化的全新工程设计软件平台；
2. 掌握 STEP7 Professional 软件的安装；
3. 掌握 TIA 博途软件的升级；
4. 掌握 TIA 博途软件的使用；
5. 能够正确安装使用 S7-1200 编程软件；
6. 养成主动学习、勤于动手、细心的习惯。

➤ 知识点学习

3.4.1　TIA 博途软件介绍

TIA 博途是西门子自动化的全新工程设计软件平台，它将所有自动化软件工具集成在统一的开发环境中。该软件的组态设计框架将全部自动化组态设计系统完美地组合在一个开发环境中。应用该软件，不仅可以对 PLC 进行硬件及网络组态和软件编程，还可以进行上位监控组态和驱动组态等，提高了项目管理的一致性和集成性。

TIA 博途中的 WinCC 是用于西门子的 HMI、工业 PC 和标准 PC 的组态软件。WinCC 的基本版用于组态精简面板，STEP7 集成了 WinCC 的基本版。WinCC 的精智版用于组态精简面板、精智面板和移动面板。WinCC 的高级版可以组态 PC 单站，WinCC 的专业版可以组态

SCADA 系统。高级版和专业版分为开发工具(Engineering Software)和运行工具(Runtime)。

TIA 博途中的西门子 TEP7 Safety 适用于标准和故障安全自动化的工程组态系统,支持所有的 S7-1200F/1500F-CPU 和老型号 F-CPU。

TIA 博途中的 SINAMICSStartdrive 适用于所有西门子驱动装置和控制器的工程组态平台,集成了硬件组态、参数设置以及调试和诊断功能,可以无缝集成到 SIMATIC 自动化解决方案。

STEP7 的操作直观、上手容易、使用简单。它具有通用的项目视图、直观化的用户界面、高效的导航设计、智能的拖曳功能以及共享的数据处理等,保证了项目的质量。

3.4.2 安装 STEP7

STEP7 Professional(专业版)和 STEP7 Basic(基本版)安装前的大小相差不大。推荐的计算机硬件配置如下:处理器主频 3.3 GHz 或更高(最小 2.2 GHz),内存 8 GB 或更大(最小 4 GB),硬盘 300 GB,15.6 in 宽屏显示器,分辨率 1 920 ×1 080。

当计算机的硬件和软件满足系统要求时,关闭所有正在运行的程序,将 Portal 软件包安装介质插入驱动器后,安装程序便会立即启动。

如果安装程序没有自动启动,则可通过双击"Start. exe"文件手动启动。

启动后,打开选择安装语言的对话框。选择用来显示安装程序对话框的语言后,单击"阅读说明(Read Notes)"或"安装说明(Installation Notes)"按钮,阅读关于产品和安装的信息。阅读后,关闭文件并单击"下一步(Next)"按钮,打开选择产品语言的对话框。选择产品用户界面使用的语言(始终将"英语"作为基本产品语言安装),然后单击"下一步(Next)"按钮。打开选择产品组态的对话框,单击"最小(Minimal)"/"典型(Typi-cal)"/"用户自定义(User-defined)"按钮选择要安装的产品。

如果要在桌面上创建快捷方式,请选"创建桌面快捷方式(Create desktop shortcut)"复选框。如果要更改安装的目标目录,请单击"浏览(Browse)"按钮。注意,安装路径的长度不能超过 89 个字符。单击"下一步(Next)"按钮,打开许可条款对话框。要继续安装,请阅读并接受所有许可协议,并单击"下一步(Next)"按钮。

如果在安装 TIA Portal 软件时需要更改安全和权限设置,则打开安全设置对话框,接受对安全和权限设置的更改,并单击"下一步(Next)"按钮。

下一对话框将显示安装设置概览。检查所选的安装设置。如果要进行任何更改,请单击"上一步(Back)"按钮,直到到达想要在其中进行更改的对话框位置。完成所需更改之后,通过单击"下一步(Next)"按钮返回概述部分。单击"安装(Install)"按钮,安装随即启动。

如果安装过程中未找到许可密钥,则可以将其传送到 PC 中。如果跳过许可密钥传送,稍后可通过 Automation License Manager 进行注册。

安装后,将收到一条消息,指示安装是否成功。

3.4.3 TIA 博途软件的升级

博途有软件自动更新的功能。安装软件以后,如果计算机通过互联网查询到有可用的更新软件,在计算机开机时,将会自动出现"TIA Updater(TIA 更新)"对话框。如果列出有可用的更新,选中其中的某个更新,单击"下载"按钮,开始下载。可以在下载过程中关闭 TIA Updater,下载将在后台继续进行,可以断点续传。

选中显示“已下载”的某个软件后,单击“安装”按钮,安装选中的软件。用“帮助”菜单打开“已安装的软件”对话框,单击“检查更新”按钮,也可以打开“TIA Updater”对话框。单击如图 3.4.1 所示中的“选项”,打开的“选项”对话框显示保存下载的文件的文件夹。

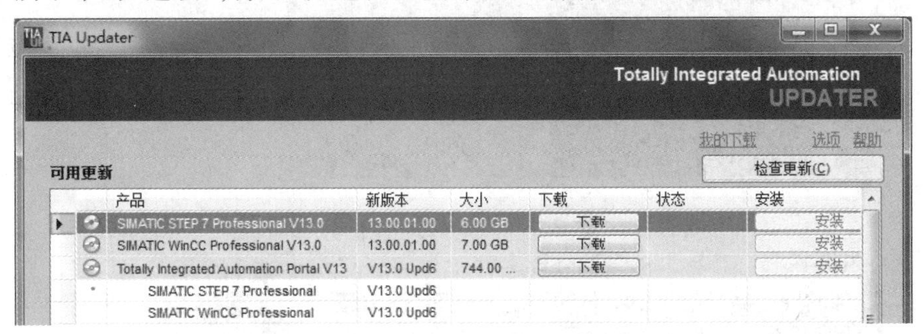

图 3.4.1　“TIA Updater”对话框

3.4.4　TIA 博途软件使用入门

(1)工程项目创建

第 1 步,打开“VMware Workstation Pro”虚拟机软件,在虚拟机桌面找到博途软件快捷方式并双击打开。

第 2 步,单击创建项目,如图 3.4.2 所示。

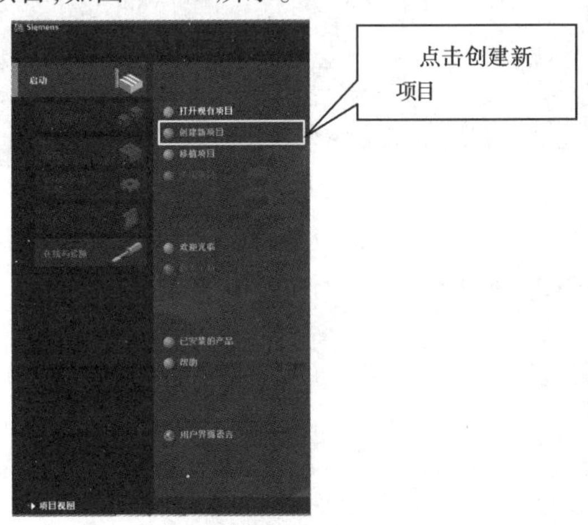

图 3.4.2　创建新项目

第 3 步,在右边编写项目名称,选择路径等完成后单击创建,如图 3.4.3 所示。

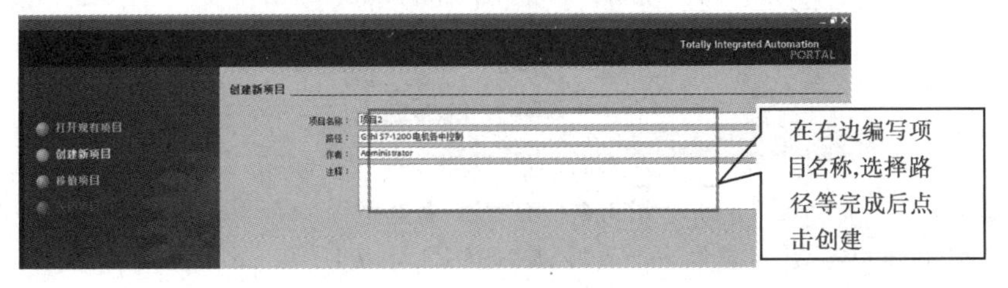

图 3.4.3　创建项目

第 4 步,点击创建 PLC 程序,如图 3.4.4 所示。

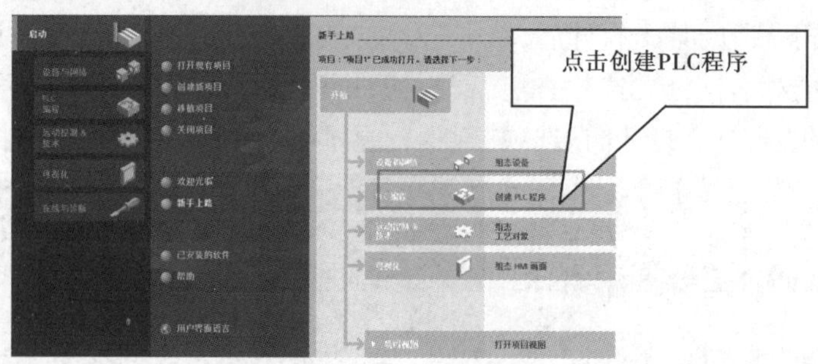

图 3.4.4　创建 PLC 程序

第 5 步,组态设备,如图 3.4.5 所示。

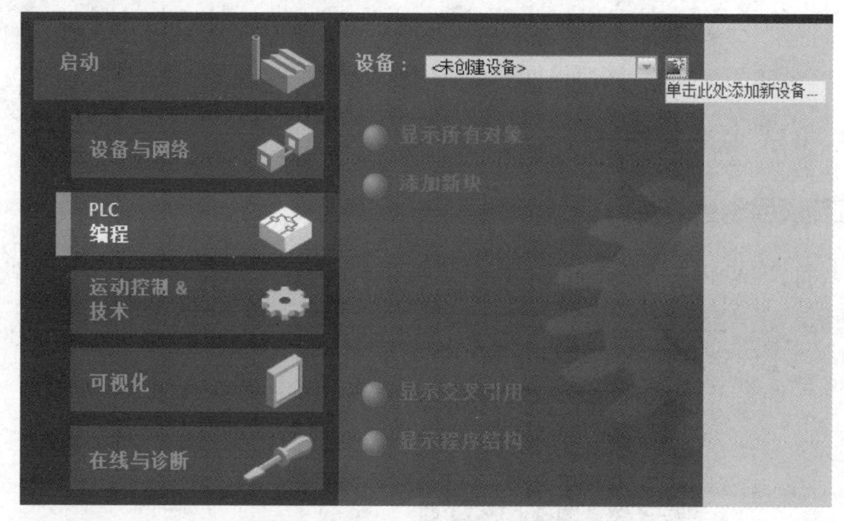

图 3.4.5　组态设备

第 6 步,选择合适的 PLC 型号和订货号单击确定,组态完成,如图 3.4.6 所示。

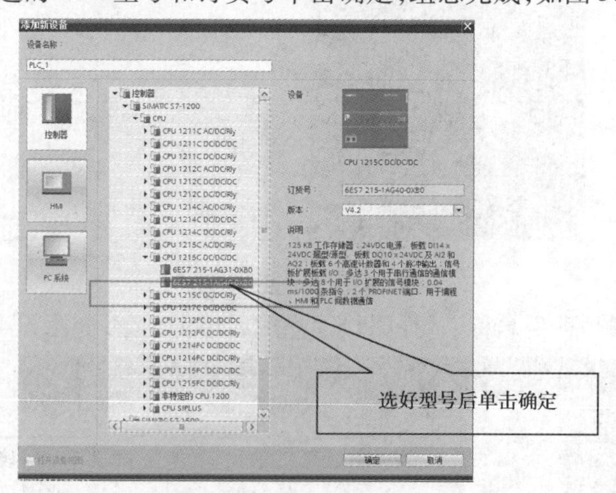

图 3.4.6　PLC 设备选型

第 7 步,单击项目视图切换到 Portal 视图,如图 3.4.7 所示。

完成以上操作后,项目创建完成,如图 3.4.8 所示。

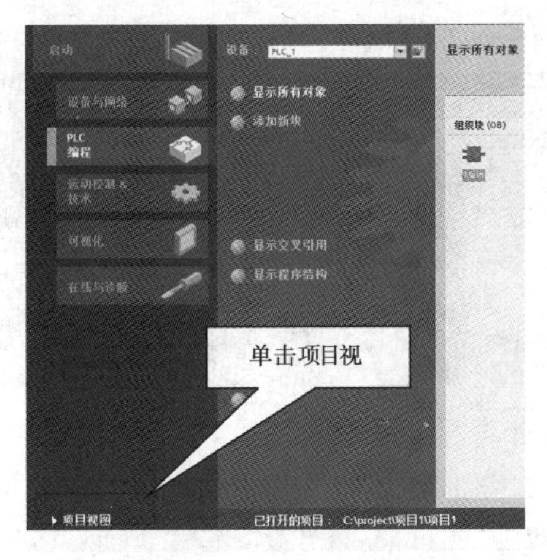

图 3.4.7　项目视图

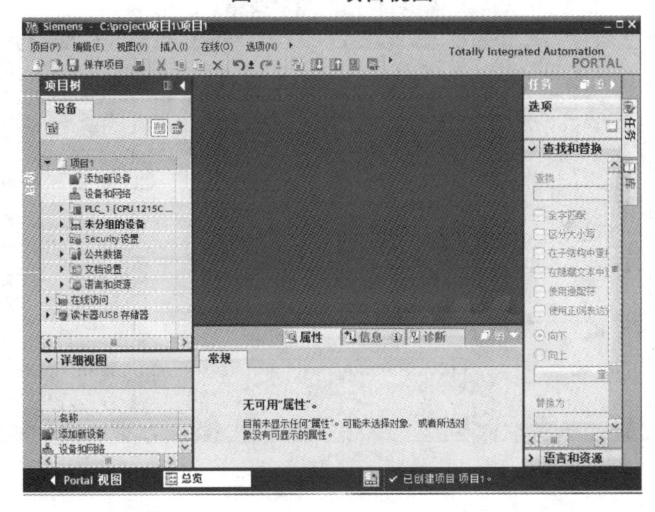

图 3.4.8　项目创建完成

(2) PLC 程序的编写

第 1 步，编写变量表，如图 3.4.9 所示。

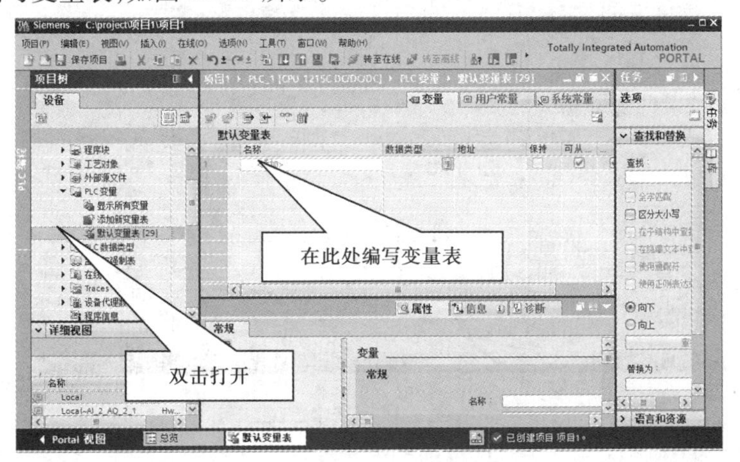

图 3.4.9　编写变量表

第 2 步,编写程序,如图 3.4.10 和图 3.4.11 所示。

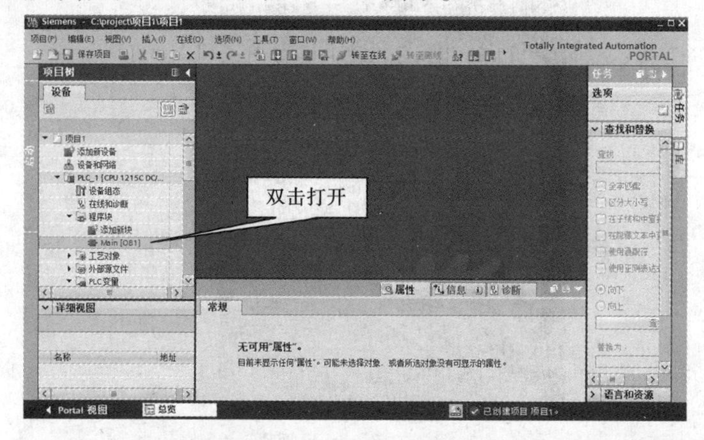

图 3.4.10　编写程序

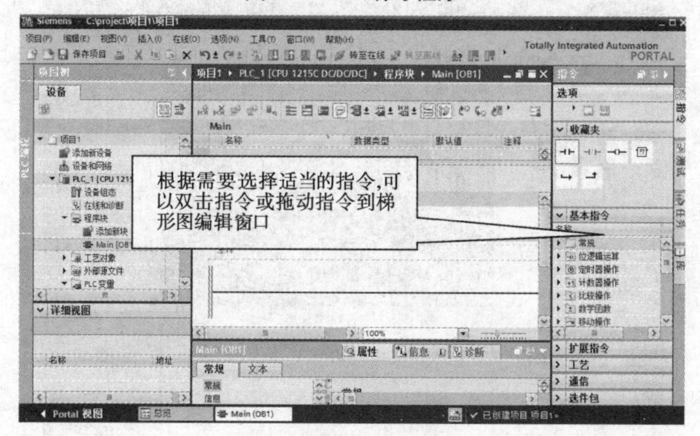

图 3.4.11　编写程序

(3)编译下载程序

第 1 步,编写完成程序后选中 PLC,如图 3.4.12 所示。

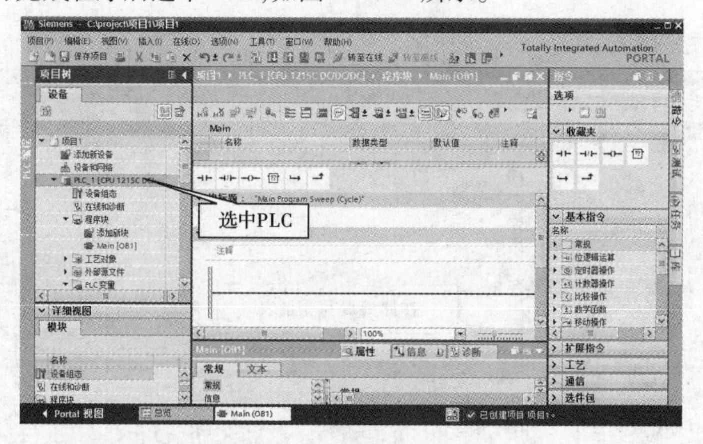

图 3.4.12　选中 PLC

第 2 步,点击编译图标,如图 3.4.13 所示。

图 3.4.13　编译

第 3 步,选中 PLC;

第 4 步,单击黑方框内的下载按钮;

第 5 步,选择 PN/IE;

第 6 步,选择刚才记住网卡名字;

第 7 步,单击开始搜索;

第 8 步,单击下载,如图 3.4.14 所示。

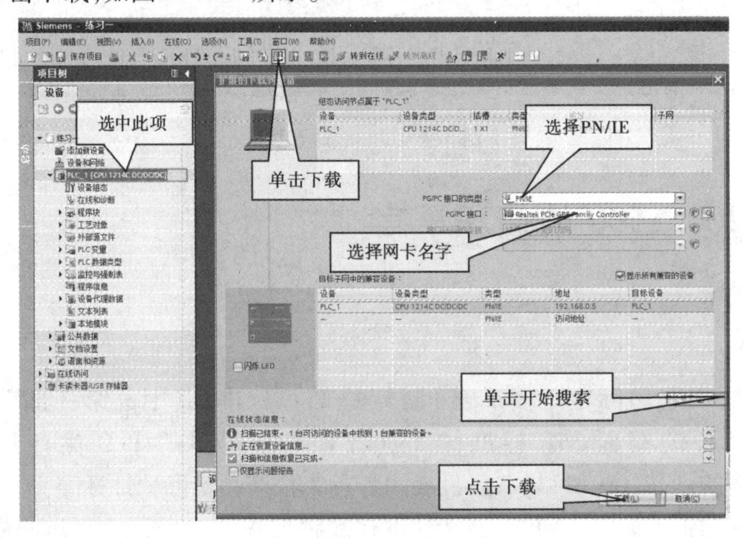

图 3.4.14　下载程序

第 9 步,观察方框内是否显示全部停止。如果不是,点击下拉箭头选择全部停止,然后点击下载,如图 3.4.15 所示。

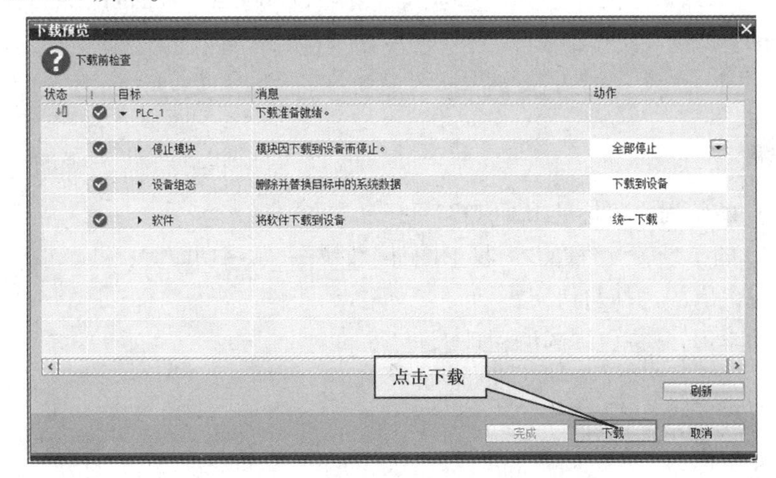

图 3.4.15　下载程序

第10步,点击完成,完成下载程序,如图3.4.16所示。

下载结果
下载到设备后的状态和动作
状态 ! 目标 消息 动作
PLC_1 下载到设备已顺利完成。
启动模块 下载到设备后启动模块。 全部启动
点击完成,完成下载程序
完成 下载 取消

图3.4.16　完成下载

3.5　S7-1200/1500的编程语言

TIA博途软件的安装与使用

学习任务描述

IEC61131是IEC(国际电工委员会)制订的PLC标准,其中的第三部分IEC61131-3是PLC的编程语言标准。目前已有越来越多的PLC生产厂家提供符合IEC61131-3标准的产品,IEC61131-3已经成为各种工控产品实际软件标准。

IEC61131-3详细地说明了句法、语义和下述5种编程语言:指令表(Instruction List,IL),西门子PLC称为语句表,简称为STL;结构文本(Structured Text),西门子PLC称为结构化控制语言,简称为S7-SCL;梯形图(Ladder Diagram,LD),西门子PLC简称为LAD;函数块图(Function Block Diagram),简称为FBD;顺序功能图(Sequential Function Chart,SFC),对应西门子的S7-Graph。

➢ 学习目标

1. 了解PLC的编程语言标准IEC61131-3;
2. 掌握PLC的指令表、结构文本、梯形图、函数块图、顺序功能图;
3. 掌握编程语言的选择与切换;
4. 能够主动学习,掌握先进的编程理念。

➤ 知识点学习

3.5.1　PLC 编程语言

(1)顺序功能图

顺序功能图(SFC)是一种位于其他编程语言之上的图形语言,用来编制顺序控制程序,如图 3.5.1 所示。

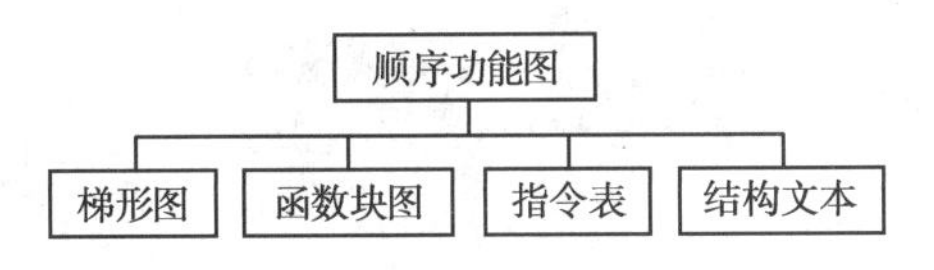

图 3.5.1　PLC 的编程语言

(2)梯形图

梯形图(LAD)是使用得最多的 PLC 图形编程语言。梯形图与继电器电路图很相似,具有直观易懂的优点,很容易被工厂熟悉继电器控制的电气人员掌握,特别适合数字量逻辑控制。有时把梯形图称为电路或程序。

梯形图由触点、线圈和用方框表示的指令框组成。触点代表逻辑输入条件,如外部的开关、按钮和内部条件等。线圈通常代表逻辑运算的结果,常用来控制外部的负载和内部的标志位等。指令框用来表示定时器、计数器或者数学运算等指令。

触点和线圈等组成的电路称为程序段,英语名称为 Network,STEP7 自动地为程序段编号。可以在程序段编号的右边加上程序段的标题,在程序段编号的下面为程序段加上注释(图 3.5.2)。单击编辑器工具栏上的 按钮,可以显示或关闭程序段的注释。

在分析梯形图的逻辑关系时,为了借用继电器电路图的分析方法,可以想象在梯形图的左右两侧垂直“电源线”之间有一个左正右负的直流电源电压,当图 3.5.2 中 I0.0 与 I0.1 的触点同时接通,或 Q0.0 与 I0.1 的触点同时接通时,有一个假想的“能流”(Power Flow)流过 Q0.0 的线圈。利用能流这一概念,可以借用继电器电路的术语和分析方法,更好地理解和分析梯形图。能流只能从左往右流动。

程序段内的逻辑运算按从左往右的方向执行,与能流的方向一致。如果没有跳转指令,程序段之间按从上到下的顺序执行,执行完所有的程序段后,下一次扫描循环返回最上面的程序段 1,重新开始执行。

(3)函数块图

函数块图(FBD)使用类似于数字电路的图形逻辑符号来表示控制逻辑,有数字电路基础的人很容易掌握。国内很少有人使用函数块图语言。

如图 3.5.3 所示为是图 3.5.2 中的梯形图对应的函数块图,图 3.5.3 同时显示绝对地址和符号地址。

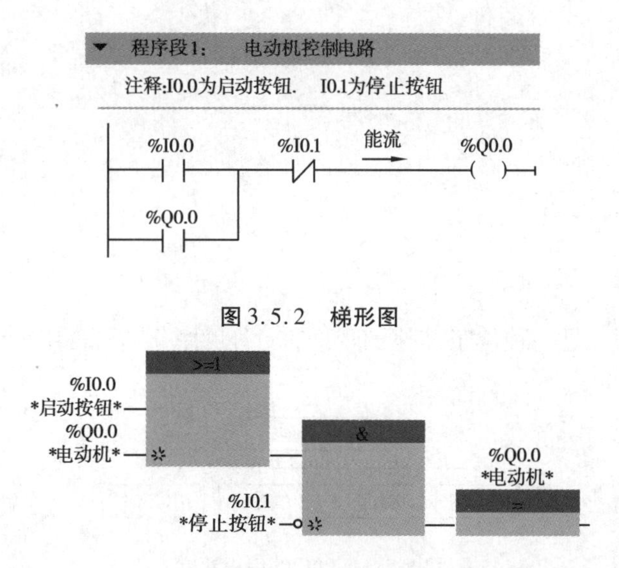

图 3.5.2　梯形图

图 3.5.3　函数块图

在函数块图中,用类似于与门(带有符号"&")、或门(带有符号">=1")的方框来表示逻辑运算关系,方框的左边为逻辑运算的输入变量,右边为输出变量,输入、输出端的小圆圈表示"非"运算,方框被"导线"连接在一起,信号自左向右流动。指令框用来表示一些复杂的功能,如数学运算等。

(4)SCL

SCL(Structured Control Language,结构化控制语言)是一种基于 Pascal 的高级编程语言。

SCL 除包含 PLC 的典型元素(如输入、输出、定时器或存储器位)外,还包含高级编程语言中的表达式、赋值运算和运算符。SCL 提供了简便的指令进行程序控制,如创建程序分支、循环或跳转。SCL 尤其适用于下列应用领域:数据管理、过程优化、配方管理和数学计算、统计任务。

(5)语句表

语句表(STL)是一种类似于微机的汇编语言的文本语言,多条语句组成一个程序段。语句表比较适合经验丰富的程序员使用。

3.5.2　编程语言的选择与切换

S7-1200 只能使用梯形图、函数块图和 SCL,S7-1500 可以使用上述 5 种编程语言。在"添加新块"对话框中,S7-1200 的代码块可以选择 LAD、FBD 和 SCL,S7-1500 的代码块可以选择 LAD、FBD、STL 和 SCL。生成 S7-1500 的函数块(FB)时还可以选择 GRAPH。

右键单击项目树中 PLC 的"程序块"文件夹中的某个代码块,选中快捷菜单中的"切换编程语言",单击需要切换的编程语言。也可以在程序块的属性对话框的"常规"条目中切换。编程语言的切换是有限制的,S7-1200/1500 的 LAD 和 FBD 可以互换,但是不能切换为 STL,SCL 和 GRAPH 不能切换为其他编程语言。

右键单击 S7-1500 的 LAD 或 FBD 程序块中的某个程序段，执行快捷菜单命令，可以在该程序段的下面插入一个 STL 程序段。

3.6　PLC 工作原理及程序结构

S7-1200　和　1500 的编程语言

学习任务描述

一个系统的控制功能是由用户程序决定的。为完成特定的控制任务，需要编写用户程序，使得 PLC 能以循环扫描的工作方式执行用户程序。PLC 采用模块化编程，根据工程项目控制和数据处理的需要，程序可以由不同的块构成。PLC 的程序块主要有组织块 OB、功能块 FC、功能块 FB 和数据块 DB。

➤ 学习目标

1. 掌握 PLC 的工作原理；
2. 掌握 PLC 的程序结构；
3. 掌握 CPU 的 3 种操作模式；
4. 掌握模块化编程以及程序块的运用；
5. 能够主动学习，掌握先进的编程理念。

➤ 知识点学习

3.6.1　PLC 的工作原理

(1)PLC 的操作系统与用户程序

CPU 的操作系统用来实现与具体的控制任务无关的 PLC 的基本功能。操作系统的任务包括处理暖启动、刷新过程映像输入/输出、调用用户程序、检测中断事件和调用中断组织块、检测和处理错误、管理存储器，以及处理通信任务等。

用户程序包含处理具体的自动化任务必需的所有功能、用户程序由用户编写并下载到 CPU，用户程序的任务包括：

①检查是否满足暖启动需要的条件，如限位开关是否在正确的位置。

②处理过程数据，如用数字量输入信号来控制数字量输出信号，读取和处理模拟量输入信号，输出模拟量值。

③用组织块(OB)中的程序对中断事件作出反应，如在诊断错误中断组织块 OB82 中发出报警信号和编写处理错误的程序。

(2)CPU 的操作模式

CPU 有 3 种操作模式:RUN(运行)、STOP(停机)与 START UP(启动)。CPU 面板上的状态 LED(发光二极管)用来指示当前的操作模式,可以用编程软件改变 CPU 的操作模式。

在 STOP 模式,CPU 仅处理通信请求和进行自诊断,不执行用户程序,不会自动更新过程映像。上电后 CPU 进入 START UP(启动)模式,进行上电诊断和系统初始化,检查到某些错误时,将禁止 CPU 进入 RUN 模式,保持在 STOP 模式。

在 CPU 内部的存储器中,设置了一片区域来存放输入信号和输出信号的状态,它们被称为过程映像输入区和过程映像输出区。从 STOP 模式切换到 RUN 模式时,CPU 进入启动模式,执行下列操作(见图 3.6.1 中各阶段的符号):

①阶段 A 复位过程映像输入区(I 存储区)。

②阶段 B 用上一次 RUN 模式最后的值或替代值来初始化输出。

③阶段 C 执行一个或多个启动 OB,将非保持性 M 存储器和数据块初始化为其初始值,并启用组态的循环中断事件和时钟事件。

④阶段 D 将外设输入状态复制到过程映像输入区。

⑤阶段 E(整个启动阶段)将中断事件保存到队列,以便在 RUN 模式进行处理。

⑥阶段 F 将过程映像输出区(Q 区)的值写到外设输出。

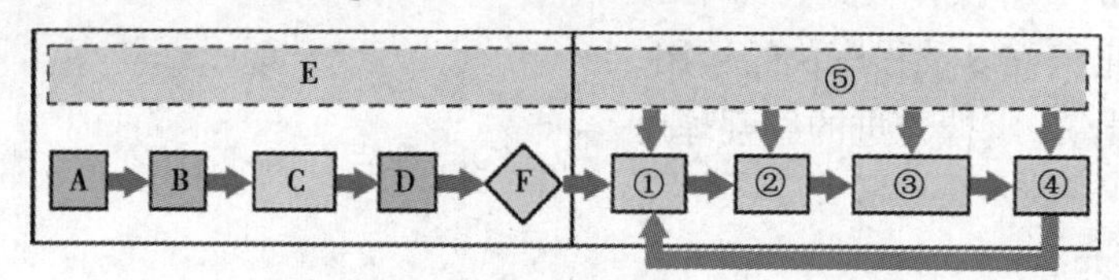

图 3.6.1　启动与运行过程示意图

启动阶段结束后,进入 RUN 模式。为了使 PLC 的输出及时地响应各种输入信号,CPU 反复地分阶段处理各种不同的任务(见图 3.6.1 各阶段的符号):

①阶段①将过程映像输出区的值写到输出模块。

②阶段②将输入模块处的输入传送到过程映像输入区。

③阶段③执行一个或多个程序循环 OB,首先执行主程序 OB1。

④阶段④处理通信请求和进行自诊断。

上述任务是按顺序循环执行的,这种周而复始的循环工作方式称为扫描循环。在扫描循环的任意阶段(阶段⑤)出现中断事件时,执行中断程序。

(3)操作模式的切换

S7-1200CPU 模块上没有切换操作模式的模式选择开关,只能用 STEP7“在线和诊断”视图中的 CPU 操作面板,或工具栏上的按钮和按钮,来切换 STOP 或 RUN 模式,也可以在用户程序中用 STP 指令使 CPU 进入 STOP 模式。

S7-1500 还可以用 CPU 的小显示屏和模式选择开关来改变 CPU 的操作模式。

(4)冷启动和暖启动

下载了用户程序的块和硬件组态后,下一次切换到 RUN 模式时,CPU 执行冷启动。冷启动时复位输入,初始化输出;复位存储器,即清除工作存储器、非保持性存储区和保持性存储区,并将装载存储器的内容复制到工作存储器。存储器复位不会清除诊断缓冲区,也不会清除永久保存的 IP 地址。

冷启动之后,在下一次下载之前的 STOP 到 RUN 模式的切换均为暖启动。

暖启动时所有非保持的系统数据和用户数据被初始化,不会清除保持性存储区。S7-1500 的启动模式只有暖启动。暖启动不对存储器复位,可以用“在线和诊断”视图的“CPU 操作面板”中的“MRES”按钮来复位存储器。S7-1500 还可以用模式选择开关来复位存储器。

S7-1200/1500CPU 之间通过开放式用户通信进行的数据交换只能在 RUN 模式进行。移除或插入中央模块将导致 CPU 进入 STOP 模式。

(5)RUN 模式 CPU 的操作

1)写外设输出

在扫描循环的第一阶段,操作系统将过程映像输出中的值写到输出模块并锁存起来。梯形图中某输出位的线圈“通电”时,对应的过程映像输出位中的二进制数为 1。信号经输出模块隔离和功率放大后,继电器型输出模块中对应的硬件继电器的线圈通电,其常开触点闭合,使外部负载通电工作。若梯形图中某输出位的线圈“断电”,对应的过程映像输出位中的二进制数为 0。将它送到继电器型输出模块,对应的硬件继电器的线圈断电,其常开触点断开,外部负载断电,停止工作。

可以用指令立即改写外设输出点的值,同时将刷新过程映像输出。

2)读外设输入

在扫描循环的第二阶段,读取输入模块的输入,并传送到过程映像输入区。外接的输入电路闭合时,对应的过程映像输入位中的二进制数为 1,梯形图中对应的输入点的常开触点接通,常闭触点断开。外接的输入电路断开时,对应的过程映像输入位中的二进制数为 0,梯形图中对应的输入点的常开触点断开,常闭触点接通。

可以用指令立即读取数字量或模拟量的外设输入点的值,但是不会刷新过程映像输入。

3)执行用户程序

PLC 的用户程序由若干条指令组成,指令在存储器中按顺序排列。读取输入后,从第一条指令开始,逐条顺序执行用户程序中的指令,包括程序循环 OB 调用 FC 和 FB 的指令,直到最后一条指令。

在执行指令时,从过程映像输入/输出或别的位元件的存储单元读出其 0、1 状态,并根据指令的要求执行相应的逻辑运算,运算的结果写入相应的过程映像输出和其他存储单元,它们的内容随着程序的执行而变化。

程序执行过程中,各输出点的值被保存到过程映像输出,而不是立即写给输出模块。

在程序执行阶段,即使外部输入信号的状态发生了变化,过程映像输入的状态也不会随之而变,输入信号变化了的状态只能在下一个扫描周期的读取输入阶段被读入。执行程序时,对输入/输出的访问通常是通过过程映像,而不是实际的I/O点,这样做有以下好处:①在整个程序执行阶段,各过程映像输入点的状态是固定不变的,程序执行完后再用过程映像输出的值更新输出模块,使系统的运行稳定。②过程映像保存在CPU的系统存储器中,访问速度比直接访问信号模块快得多。

4)通信处理与自诊断

在扫描循环的通信处理和自诊断阶段,处理接收到的报文,在适当的时候将报文发送给通信的请求方。此外还要周期性地检查固件、用户程序和I/O模块的状态。

5)中断处理

事件驱动的中断可以在扫描循环的任意阶段发生。有事件出现时,CPU中断扫描循环,调用组态给该事件的OB。OB处理完事件后,CPU在中断点恢复用户程序的执行。中断功能可以提高PLC对事件的响应速度。

3.6.2 PLC的程序结构

(1)模块化编程

模块化编程将复杂的自动化任务划分为对应生产过程的技术功能的较小的子任务,每个子任务对应一个称为"块"的子程序,可以通过块与块之间的相互调用来组织程序。这样的程序易于修改、查错和调试。块结构显著地增加了PLC程序的组织透明性、可理解性和易维护性。各种块的简要说明见表3.6.1,其中的OB、FB、FC都包含程序,统称为代码(Code)块。代码块的个数没有限制,但是受到存储器容量的限制。

表3.6.1 用户程序中的块

块	简要描述
组织块(OB)	操作系统与用户程序的接口,决定用户程序的结构
函数块(FB)	用户编写的包含经常使用的功能的子程序,有专用的背景数据块
函数(FC)	用户编写的包含经常使用的功能的子程序,没有专用的背景数据块
背景数据块(DB)	用于保存FB的输入、输出参数和静态变量,其数据在编译时自动生成
全局数据块(DB)	存储用户数据的数据区域,供所有的代码块共享

被调用的代码块可以调用别的代码块,这种调用称为嵌套调用。从程序循环OB或启动OB开始,S7-1200的嵌套深度为16;从中断OB开始,S7-1200的嵌套深度为6。S7-1500每个优先级等级的嵌套深度为24。

在块调用中,调用者可以是各种代码块,被调用的块是OB之外的代码块。调用函数块时需要为它指定一个背景数据块。

(2)组织块

组织块(Organization Block,OB)是操作系统与用户程序的接口,由操作系统调用,用于控制扫描循环和中断程序的执行、PLC的启动和错误处理等。组织块的程序是用户编写的。

每个组织块必须有一个唯一的 OB 编号,123 之前的某些编号是保留的,其他 OB 的编号应大于等于 123。CPU 中特定的事件触发组织块的执行,OB 不能相互调用,也不能被 FC 和 FB 调用。只有启动事件(如诊断中断事件或周期性中断事件)可以启动 OB 的执行。

1)程序循环组织块

OB1 是用户程序中的主程序,CPU 循环执行操作系统程序,在每一次循环中,操作系统程序调用一次 OB1。OB1 中的程序是循环执行的。允许有多个程序循环 OB,默认的是 OB1,其他程序循环 OB 的编号应大于等于 123。

2)启动组织块

当 CPU 的操作模式从 STOP 切换到 RUN 时,执行一次启动(STARTUP)组织块,来初始化程序循环 OB 中的某些变量。执行完启动 OB 后,开始执行程序循环 OB。可以有多个启动 OB,默认的为 OB100,其他启动 OB 的编号应大于等于 123。

3)中断组织块

中断处理用来实现对特殊内部事件或外部事件的快速响应。如果没有中断事件出现,CPU 循环执行 OB1 和它调用的块。如果出现中断事件,如诊断中断和时间延迟中断等,OB1 的中断优先级最低,操作系统在执行完当前程序的当前指令(即断点处)后,立即响应中断。CPU 暂停正在执行的程序块,自动调用一个分配给该事件的组织块(即中断程序)来处理中断事件。执行完中断组织块后,返回被中断的程序的断点处继续执行原来的程序。

这意味着部分用户程序不必在每次循环中处理,而是在需要时才被及时地处理。处理中断事件的程序放在该事件驱动的 OB 中。

(3)函数

函数(Function)是用户编写的子程序,简称为 FC。它包含完成特定任务的代码和参数。FC 和 FB(函数块)有与调用它的块共享的输入参数和输出参数。执行完 FC 和 FB 后,返回调用它的代码块。

函数是快速执行的代码块,可用于完成标准的和可重复使用的操作,如算术运算,也可用于完成技术功能,如使用位逻辑运算的控制。

可以在程序的不同位置多次调用同一个 FC 和 FB,这样可以简化重复执行的任务的编程。函数没有固定的存储区,函数执行结束后,其临时变量中的数据就丢失了。

(4)函数块

函数块(Function Block)是用户编写的子程序,简称为 FB。调用函数块时,需要指定背景数据块,后者是函数块专用的存储区。CPU 执行 FB 中的程序代码,将块的输入、输出参数和局部静态变量保存在背景数据块中,以便在后面的扫描周期访问它们。FB 的典型应用是执行不能在一个扫描周期完成的操作。在调用 FB 时,自动打开对应的背景数据块,后者的变量可以供其他代码块使用。

调用同一个函数块时使用不同的背景数据块,可以控制不同的对象。

S7-1200/1500 的某些指令(如符合 IEC 标准的定时器和计数器指令)实际上是函数块,在调用它们时需要指定配套的背景数据块。

(5)数据块

数据块(Data Block,DB)是用于存放执行代码块时所需数据的数据区,与代码块不同,数据块没有指令,STEP7 按变量生成的顺序自动地为数据块中的变量分配地址。

如图 3.6.2 所示,有两种类型的数据块:

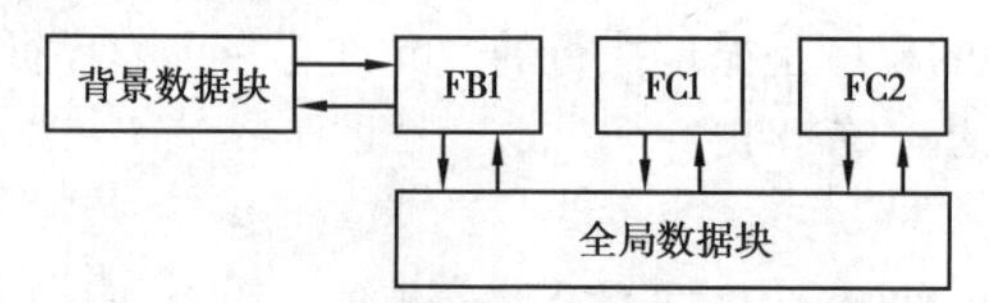

图 3.6.2 全局数据块与背景数据块

①全局数据块存储供所有的代码块使用的数据,所有的 OB、FB 和 FC 都可以访问它们。

②背景数据块存储的数据供特定的 FB 使用,背景数据块中保存的是对应的 FB 的输入、输出参数和局部静态变量。FB 的临时数据(Temp)不是用背景数据块保存的。

PLC 工作原理及程序结构

3.7 PLC 的数据类型以及系统存储区

学习任务描述

用户在编写程序时,变量的格式必须与指令的数据类型相匹配。S7 系列 PLC 的数据类型主要分为基本数据类型、复合数据类型和参数类型,对 S7-1200/1500PLC,还包括系统数据类型和硬件数据类型。

PLC 的存储器与计算机的存储器功能相似,用来存储系统程序、用户程序和数据。S7 系列的 PLC 根据不同功能,将存储器细分为若干个不同的存储区,如装载存储器(Load Memory)区、工作存储器(Work Memory)区、保持存储器(Retentive Memory)区和系统存储器(System Memory)区。

➢ 学习目标

1. 掌握数制转换以及 PLC 的数据类型;
2. 掌握 PLC 的直接寻址和间接寻址方式;
3. 掌握 PLC 的系统存储器分类,以及各区域的作用;
4. 能够主动学习,掌握先进的编程理念。

➤ 知识点学习

3.7.1　数制与编码

(1)数制

1)二进制数

二进制数的1位(bit)只能取0和1这两个不同的值,可以用来表示开关量(或称数字量)的两种不同的状态,如触点的断开和接通、线圈的通电和断电等。如果该位为1,则表示梯形图中对应的位编程元件(如位存储器M和过程映像输出位Q)的线圈“通电”,其常开触点接通,常闭触点断开,以后称该编程元件为TRUE或1状态;如果该位为0,则对应的编程元件的线圈和触点的状态与上述相反,称该编程元件为FALSE或0状态。

2)二进制整数

计算机和PLC用多位二进制数来表示数字,二进制数遵循逢二进一的运算规则,从右往左的第 n 位(最低位为第0位)的权值为 $2n$。二进制常数以2#开始,用下式计算2#1100对应的十进制数:

1　23 +1　22 +0　21 +0　20 =8 +4 =12

表3.7.1给出了不同进制的数和BCD码的表示方法。

表3.7.1　不同进制的数的表示方法

十进制数	十六进制数	二进制数	BCD码	十进制数	十六进制数	二进制数	BCD码
0	0	00000	00000000	9	9	01001	00001001
1	1	00001	00000001	10	A	01010	00010000
2	2	00010	00000010	11	B	01011	00010001
3	3	00011	00000011	12	C	01100	00010010
4	4	00100	00000100	13	D	01101	00010011
5	5	00101	00000101	14	E	01110	00010100
6	6	00110	00000110	15	F	01111	00010101
7	7	00111	00000111	16	10	10000	00010110
8	8	01000	00001000	17	11	10001	00010111

3)十六进制数

多位二进制数的书写和阅读很不方便。为了解决这一问题,可以用十六进制数来取代二进制数,每个十六进制数对应4位二进制数。十六进制数的16个数字是0~9和A~F(对应十进制数10~15)。B#16#、W#16#和DW#16#分别用来表示十六进制字节、字和双字常数,如W#16#13AF。在数字后面加“H”也可以表示十六进制数,如16#13AF可以表示为13AFH。

(2)编码

1)补码

有符号二进制整数用补码来表示,其最高位为符号位,最高位为 0 时为正数,为 1 时为负数。正数的补码就是它本身,最大的 16 位二进制正数为 2#0111111111111111,对应的十进制数为 32767。

将正数的补码逐位取反(0 变为 1,1 变为 0)后加 1,得到绝对值与它相同的负数的补码。例如,将 1158 对应的补码 2#0000010010000110 逐位取反后加 1,得到 -1158 的补码 1111101101111010。

将负数的补码的各位取反后加 1,得到它的绝对值对应的正数。例如,将 -1158 的补码 2#1111101101111010 逐位取反后加 1,得到 1158 的补码 2#0000010010000110。整数的取值范围为 -32768 ~ 32767,双整数的取值范围为 -2147483648 ~ 2147483647。BCD 码 BCD(Binary-coded Decimal)是二进制编码的十进制数的缩写,BCD 码用 4 位二进制数表示一位十进制数,每一位 BCD 码允许的数值范围为 2#0000 ~ 2#1001,对应十进制数 0 ~ 9。BCD 码各位之间的关系是逢十进一,图 3.7.1 中的 BCD 码为 -829。BCD 码的最高位二进制数用来表示符号,负数为 1,正数为 0。一般令负数和正数的最高 4 位二进制数分别为 1111 或 0000(见图 3.7.1)。3 位 BCD 码的范围为 -999 ~ 999,7 位 BCD 码(见图 3.7.2)的范围为 -9999999 ~ 9999999。

BCD 码常用来表示 PLC 的输入/输出变量的值。TIA 博途中的日期和时间一般都采用 BCD 码来显示和输入。拨码开关(图 3.7.3)内的圆盘的圆周面上有 0 ~ 9 这 10 个数字,用按钮来增、减各位要输入的数字。它用内部硬件将 10 个十进制数转换为 4 位二进制数。PLC 用输入点读取的多位拨码开关的输出值就是 BCD 码,可以用"转换值"指令 CONVERT 将它转换为二进制整数。

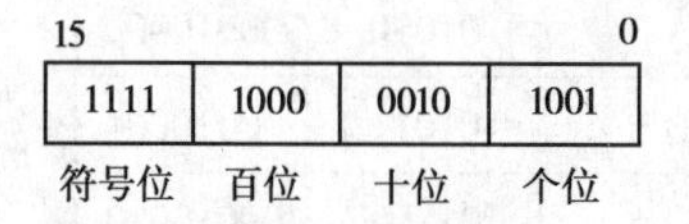

图 3.7.1 3 位 BCD 码的格式

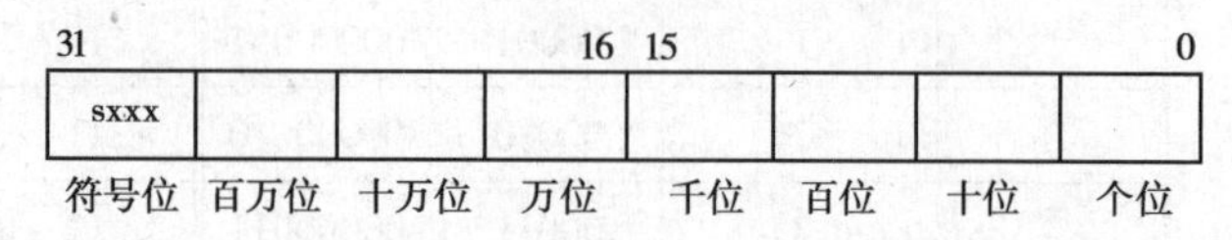

图 3.7.2 7 位 BCD 码的格式

用 PLC 的 4 个输出点给译码驱动芯片 4547 提供输入信号,可以用 LED 七段显示器显示一位十进制数(图 3.7.4)。需要使用"转换值"指令 CONVERT,将 PLC 中的二进制整数或双整数转换为 BCD 码,然后分别送给各个译码驱动芯片。

2)ASCII 码

ASCII 码(American Standard Codefor Information Interchange,美国信息交换标准代码)由美国国家标准局(ANSI)制订,它已被国际标准化组织(ISO)定为国际标准(ISO646 标准)。ASCII 码用来表示所有的英语大/小写字母、数字 0 ~ 9、标点符号和在美式英语中使用的特殊控制字符。数字 0 ~ 9 的 ASCII 码为十六进制数 30H ~ 39H,英语大写字母 A ~ Z 的 ASCII 码为 41H ~ 5AH,英语小写字母 a ~ z 的 ASCII 码为 61H ~ 7AH。

图 3.7.3　拨码开关

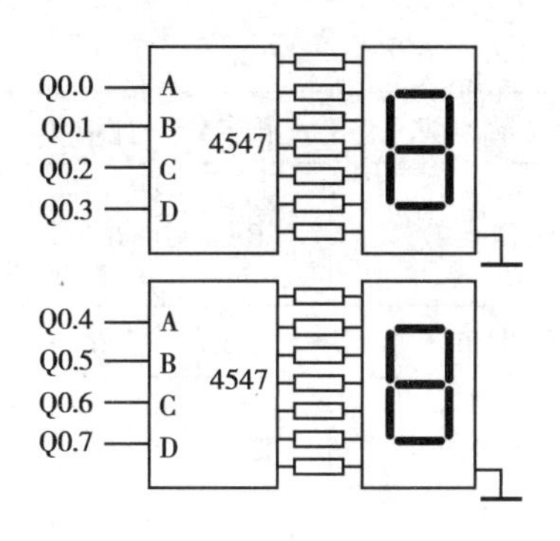

图 3.7.4　LED 七段显示器电路

3.7.2　基本数据类型

(1)数据类型

数据类型用来描述数据的长度(即二进制的位数)和属性。

很多指令和代码块的参数支持多种数据类型。将鼠标的光标放在某条指令某个参数的地址域上,过一会儿在出现的黄色背景的小方框中,可以看到该参数支持的数据类型。

不同的任务使用不同长度的数据对象,如位逻辑指令使用位数据,MOVE 指令使用字节、字和双字等。表 3.7.2 给出了基本数据类型的属性,其中 * 仅用于 S7-1500。

表 3.7.2　基本数据类型

变量类型	符号	位数	取值范围	常数举例
位	Bool	1	1、0	TRUE、FALSE 或 2#1、2#0
字节	Byte	8	16#00 ~ 16#FF	16#12,B#16#AB
字	Word	16	16#0000 ~ 16#FFFF	16#ABCD,W#16#B001
双字	DWord	32	16#00000000 ~ 16#FFFF_FFFF	DW#16#02468ACE
长字 *	LWord	64	16#0 ~ 16#FFFF_FFFF_FFFF_FFFF	L#16#000000005F52DE8B
短整数	SInt	8	-128 ~ 127	123、-123
整数	Int	16	-32768 ~ 32767	12573、-12573
双整数	DInt	32	-2147483648 ~ 2147483647	12357934、-12357934
无符号短整数	USInt	8	0 ~ 255	123
无符号整数	UInt	16	0 ~ 65535	12321
无符号双整数	UDInt	32	0 ~ 4294967295	1234586
64 位整数 *	LInt	64	-9223372036854775808 ~ +9223372036854775807	+154325790816159
无符号 64 位整数 *	ULInt	64	0 ~ 18446744073709551615	154325790816159
浮点数(实数)	Real	32	±1.175495×10-38 ~ ±3.402823×1038	12.45、-3.4、-1.2E+12、3.4E-3

续表

变量类型	符号	位数	取值范围	常数举例
长浮点数	LReal	64	±2. 2250738585072014×10？308 ~ ±1. 7976931348623158×10308	12345. 123456789, -1. 2E+40
S7 时间 *	S5TIME	16	S5T#0MS~S5T#2H_46M_30S_0MS	S5T#10s
IEC 时间	Time	32	T#-24d20h31m23s648ms~ T#+24d20h31m23s647ms	T#10d20h30m20s630ms
IEC 时间 *	LTime	64	LT#-106751d23h47m16s854ms775μs 808ns~ LT#+106751d23h47m16s854ms775μs 807ns	LT#11350d20h25m14s830 ms65 2μs315ns
日期	Date	16	D#1990-1-1~D#2169-06-06	D#2016-10-31
实时时间 TOD	Time_of_ Day	32	TOD#00:00:00. 000~TOD#23: 59:59. 999	TOD#10:20:30. 400
LTOD *	LTime_of_ Day	64	LTOD#00:00:00. 000000000~ LTOD#23:59:59. 999999999	LTOD#10:20: 30. 400_365_215
日期和日时钟 *	Date_and_ Time(DT)	64	DT#1990-01-01-00: 00:00. 000~ DT#2089-12-31-23: 59:59. 999	DT#2016-10-25-8:12: 34. 567
日期和时间 LDT *	Date_and_L Time	64	LDT#1970-01-01-0:0: 0. 000000000~ LDT#2263-04-11-23:47: 16. 854775808	LDT#2016-10-13:12: 34. 567
长格式日期和时间	DTL	12B	最大 DTL#2262-04-11:23:47: 16. 854775807	DTL#2016-10-16-20: 30:20. 250
字符	Char	8	16#00~16#FF	´A´、´t´
16 位宽字符	WChar	16	16#0000~16#FFFF	WCHAR#´a´

(2)位数据

位数据的数据类型为 Bool(布尔)型,在编程软件中,Bool 变量的值 2#1 和 2#0 用英语单词 TRUE(真)和 FALSE(假)来表示。

位存储单元的地址由字节地址和位地址组成,如 I3. 2 中的区域标识符“I”表示输入(Input),字节地址为 3,位地址为 2(图 3. 7. 5)。这种存取方式称为“字节. 位”寻址方式。

(3)位字符串

数据类型 Byte、Word、Dword、Lword(后者仅用于 S7-1500)统称为位字符串。它们不能比较大小，它们的常数一般用十六进制数表示。

①字节(Byte)由8位二进制数组成，如I3.0～I3.7组成了输入字节IB3(图3.7.5)，B是Byte的缩写。

②字(Word)由相邻的两个字节组成，如字MW100由字节MB100和MB101组成(图3.7.6)。MW100中的M为区域标识符，W表示字。

③双字(DWord)由两个字(或4个字节)组成，双字MD100由字节MB100～MB103或字MW100、MW102组成(图3.7.6)，D表示双字。

④S7-1500的64位位字符串(LWord)由连续的8个字节组成。

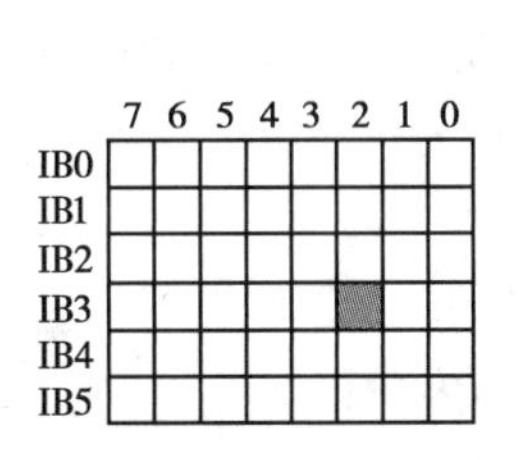

图3.7.5　字节与位

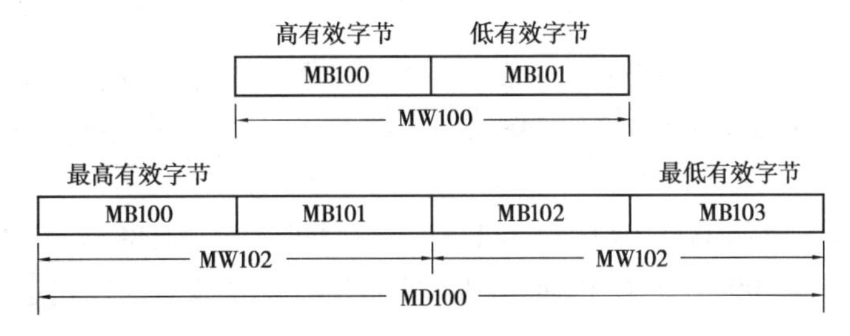

图3.7.6　字节、字和双字

需要注意以下两点：

①用组成双字的编号最小的字节MB100的编号作为双字MD100的编号。

②组成双字MD100的编号最小的字节MB100为MD100的最高位字节，编号最大的字节MB103为MD100的最低位字节。字和LWord有类似的特点。

(4)整数数据类型

S7-1200有6种整数，SInt和USInt分别为8位的短整数和无符号短整数，Int和UInt分别为16位的整数和无符号整数，DInt和UDInt分别为32位的双整数和无符号双整数。S7-1500还有64位整数LInt和64位无符号整数ULInt。

所有整数的符号中均有Int。符号中带S的为8位整数(短整数)，带D的为32位双整数，带L的为64位整数。不带S、D和L的为16位整数。带U的为无符号整数，不带U的为有符号整数。

有符号整数用补码来表示，最高位为符号位，最高位为0时为正数，为1时为负数。

(5)浮点数数据类型

32位的浮点数(Real)又称为实数，最高位(第31位)为浮点数的符号位(图3.7.7)，正数时为0，负数时为1。规定尾数的整数部分总是为1，第0～22位为尾数的小数部分。8位指数加上偏移量127后(0～255)，放在第23～30位。

浮点数的优点是用很小的存储空间(4B)可以表示非常大和非常小的数。PLC输入和输出的数值大多是整数，如AI模块的输出值和AQ模块的输入值。用浮点数来处理这些数据需要进行整数和浮点数之间的相互转换，浮点数的运算速度比整数的运算速度慢一些。

在编程软件中，用十进制小数来输入或显示浮点数，如50是整数，而50.0为浮点数。LReal为64位的长浮点数，它的最高位(第63位)为符号位。尾数的整数部分总是为1，第

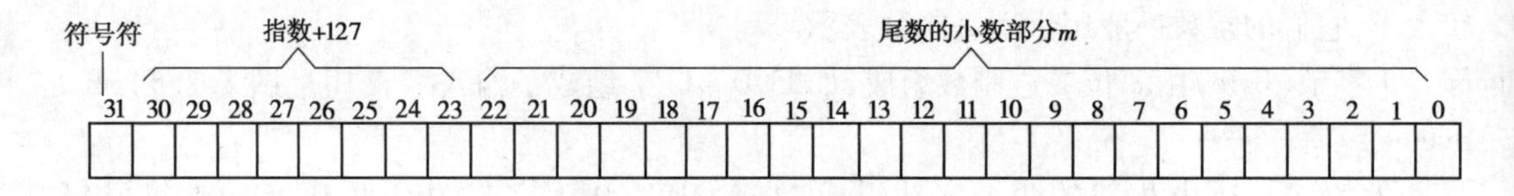

图 3.7.7 浮点数的结构

0~51 位为尾数的小数部分。11 位的指数加上偏移量 1023 后(0~2047),放在第 52~62 位。浮点数 Real 和长浮点数 LReal 的精度最高为十进制 6 位和 15 位有效数字。

(6)定时器数据类型

Time 是 IEC 格式时间,它是有符号双整数,其单位为 ms,取值范围为 T#-24d_20h_31m_23s_648ms~T#+24d_20h_31m_23s_647ms。其中的 d、h、m、s、ms 分别为天、小时、分钟、秒和毫秒。下面两种数据类型仅用于 S7-1500。

S5Time 是 16 位的 BCD 格式的时间,用于 SIMATIC 定时器。S5Time 由 3 位 BCD 码时间值(0~999)和时间基准组成(图 3.7.8)。持续时间以指定的时间基准为单位。

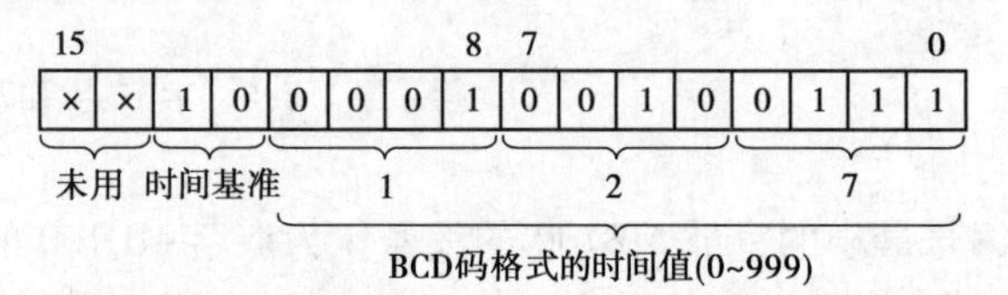

图 3.7.8 SIMATIC 定时器字

定时器字的第 12 位和第 13 位是时间基准,未用的最高两位为 0。时间基准代码为二进制数 00、01、10 和 11 时,对应的时间基准分别为 10ms、100ms、1s 和 10s。持续时间等于 BCD 时间值乘

如定时器字为 W#16#2127 时(图 3.7.8),时间基准为 1s,持续时间为 127×1=127s。CPU 自动选择时间基准,选择的原则是根据预设时间值选择最小的时间基准。允许的最大时间值为 9990s(2H_46M_30S)。

S5T#1H_12M_18S 中的 H 表示小时,M 为分钟,S 为秒,MS 为毫秒。

LTime 是 64 位的 IEC 格式时间,其单位为 ns,能表示的最大时间极长。

(7)表示日期和时间的数据类型

Date(IEC 日期)为 16 位无符号整数,其操作数为十六进制格式,如 D#2016-12-31,对应自 1990 年 1 月 1 日(16#0000)以来的天数。

TOD(Time_of_Day)为从指定日期的 0 时算起的毫秒数(无符号双整数)。其常数必须指定小时(24 小时/天)、分钟和秒,毫秒是可选的。

数据类型 DTL 的 12 个字节为年(占 2B)、月、日、星期的代码、小时、分、秒(各占 1B)和纳秒(占 4B),均为 BCD 码。星期日、星期一——星期六的代码分别为 1~7。可以在块的临时存储器或者 DB 中定义 DTL 数据。

下面的日期和时间数据类型仅用于 S7-1500。

LTOD(LTime_of_Day)为从指定日期的 0 时算起的纳秒(ns)数(无符号 64 位数)。其常

数必须指定小时(24 小时/天)、分钟和秒,纳秒是可选的。

DT(Date_and_Time,日期和日时钟)是 8 个字节的 BCD 码。第 1 ~6 字节分别存储年的低两位、月、日、时、分和秒,第 7 字节是毫秒的两个最高有效位,第 8 字节的高 4 位是毫秒的最低有效位,星期存放在第 8 字节的低 4 位。星期日、星期一——星期六的代码分别为 1 ~7。例如,2017 年 5 月 22 日 12 点 30 分 25.123 秒可以表示为 DT#17 -5 -22 -12:30:25.123,可以省略毫秒部分。

LDT(Date_and_LTime)占 8 个字节,存储自 1970 年 1 月 1 日 0:0 以来的日期和时间信息,单位为纳秒。例如,LDT#2018 -10 -25 -8:12:34.854775808。

(8)字符

每个字符(Char)占一个字节,Char 数据类型以 ASCII 格式存储。字符常量用英语的单引号来表示,如'A'。WChar(宽字符)占两个字节,可以存储汉字和中文的标点符号。

3.7.3　寻址方式

寻址方式,即对数据存储区进行读写访问的方式。S7 系列 PLC 的寻址方式有立即数寻址、直接寻址和间接寻址三大类。立即数寻址的数据在指令中以常数(常量)形式出现;直接寻址是指在指令中直接给出要访问的存储器或寄存器的名称和地址编号,直接存取数据,间接寻址是指使用地址指针间接给出要访问的存储器或寄存器的地址。

(1)直接寻址

对系统存储器中的 I、Q、M 和 L 存储区,是按字节进行排列的,对其中的存储单元进行的直接寻址方式包括位寻址、字节寻址、字寻址和双字寻址。

位寻址是对存储器中的某一位进行读写访问。格式:地址标识符字节地址. 位地址。其中,地址标识符指明存储区的类型,可以是 I、Q、M 和 L。字节地址和位地址指明寻址的具体位置。例如,访问输入过程映像区 I 中的第 3 字节第 4 位,如图 3.7.9 阴影部分所示,地址表示为 I3.4。

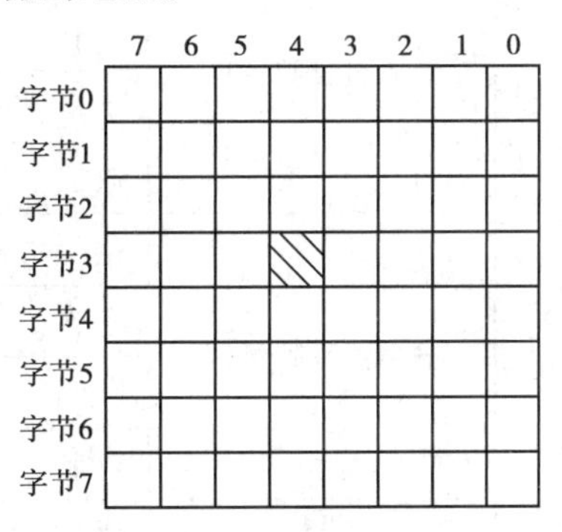

图 3.7.9　位寻址示意图

对 I、Q、M 和 L 存储区也可以以 1B 或 2B 或 4B 为单位进行一次读写访问。格式:地址标识符长度类型字节起始地址。其中,长度类型包括字节、字和双字,分别用“B”(Byte)、“W”(Word)和“D”Double Word)表示。

例如,VB100 表示变量存储器区中的第 100 字节,VW100 表示变量存储器区中的第 100 和 101 两个字节,VD100 表示变量存储器区中的第 100、101、102 和 103 四个字节。需要注意,当数据长度为字或双字时,最高有效字节为起始地址字节。如图 3.7.10 所示为 VB100、VW100、VD100 三种寻址方式所对应访问的存储器空间及高低位排列的方式。

对 I/O 外设,也可以使用位寻址、字节寻址、字寻址和双字寻址。例如,IB0:P,表示输入过程映像区第 0 字节所对应的输入外设存储器单元;再如,Q1.2:P,表示输出过程映像区第 1

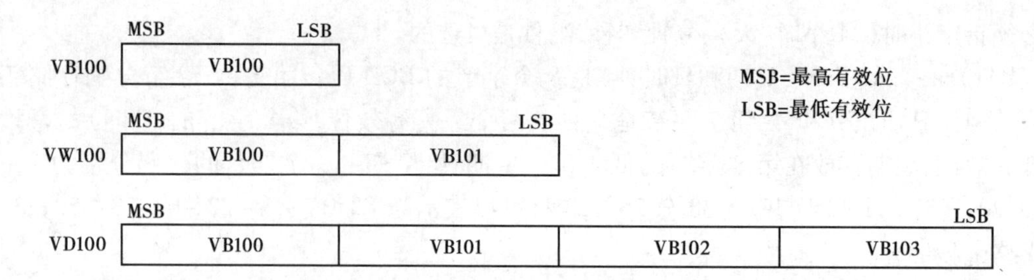

图 3.7.10 字节/字/双字寻址举例

字节第 2 位所对应的输出外设存储器单元。

数据块存储区也是按字节进行排列的,也可以使用位寻址、字节寻址、字寻址和双字寻址方式对数据块进行读写访问。其中,字节、字和双字的寻址格式同 I、Q、M、L 存储区,位寻址的格式需要在地址标识符 DB 后加 X。例如,DBX2.3,表示寻址数据块第 2 字节第 3 位;DBB10 表示寻址数据块第 10 字节;DBW4 表示寻址数据块第 4、5 两个字节;DBD20 表示寻址数据块第 20、21、22 和 23 四个字节。表 3.7.3 为 I、Q、M、L、I/O 外设和数据块存储区 74 的直接寻址方式。

表 3.7.3 存储区的直接寻址方式

存储区	可访问的地址单元	地址标识符	举例
输入过程映像区	位	I	I0.0
	字节	IB	IB1
	字	IW	IW2
	双字	ID	ID0
输出过程映像区	位	Q	Q8.5
	字节	QB	QB5
	字	QW	QW6
	双字	QD	QD10
位存储器区	位	M	M10.3
	字节	MB	MB30
	字	MW	MW32
	双字	MD	MD34
输入外设存储区	位	I:P	I0.5:P
	字节	IB:P	IB50:P
	字	IW:P	IW62:P
	双字	ID:P	ID86:P

续表

存储区	可访问的地址单元	地址标识符	举例
输出外设存储区	位	Q:P	Q2.1:P
	字节	QB:P	QB99:P
	字	QW:P	QW106:P
	双字	QD:P	QD168:P
数据块	位	DBX	DBX3.4
	字节	DBB	DBB3
	字	DBW	DBW6
	双字	DBD	DBD8

(2)间接寻址

采用间接寻址时,只有当程序执行时,用于读或写数值的地址才得以确定。使用间接寻址,可实现每次运行该程序语句时使用不同的操作数,从而减少程序语句并使得程序更灵活。

对 S7-1500PLC,所有的编程语言都可以通过指针、数组元素的间接索引等方式进行间接寻址。当然,不同的语言也支持特定的间接寻址方式,如在 STL 编程语言中,可以直接通过地址寄存器寻址操作数。

由于操作数只在运行期间通过间接寻址计算,因此可能会出现访问错误,而且程序可能会使用错误值来操作。此外,存储区可能会无意中被错误值覆盖,从而导致系统作出意外响应。使用间接寻址时需格外小心。

在此只对间接寻址作简单介绍,具体使用时需查询手册。

3.7.4 PLC 存储区

(1)物理存储器

PLC 的操作系统使 PLC 具有基本的智能,能够完成 PLC 设计者规定的各种工作。用户程序由用户设计,它使 PLC 能完成用户要求的特定功能。

1)PLC 使用的物理存储器

①随机存取存储器。CPU 可以读出随机存取存储器(RAM)中的数据,也可以将数据写入 RAM。它是易失性的存储器,电源中断后,存储的信息将会丢失。RAM 的工作速度高,价格便宜,改写方便。在关断 PLC 的外部电源后,可以用锂电池保存 RAM 中的用户程序和某些数据。

②只读存储器。只读存储器(ROM)的内容只能读出,不能写入。它是非易失的,电源消失后,仍能保存存储的内容,ROM 一般用来存放 PLC 的操作系统。

③快闪存储器和可电擦除可编程只读存储器。快闪存储器(Flash EPROM)简称为 FEPROM,可电擦除可编程只读存储器简称为 EEPROM。它们是非易失性的,可以用编程装

置对它们编程,兼有ROM的非易失性和RAM的随机存取优点,但是将数据写入它们所需的时间比RAM长得多。它们用来存放用户程序和断电时需要保存的重要数据。

2)装载存储器与工作存储器

①装载存储器。装载存储器具有断电保持功能,用于保存用户程序、数据块和组态信息等。S7-1200的CPU有内部的装载存储器。CPU插入存储卡后,用存储卡作装载存储器。S7-1500用存储卡作装载存储器。项目下载到CPU时,首先保存在装载存储器中,然后复制到工作存储器中运行。装载存储器类似于计算机的硬盘,工作存储器类似于计算机的内存条。

②工作存储器。工作存储器是集成在CPU中的高速存取的RAM,为了提高运行速度,CPU将用户程序中的代码块和数据块保存在工作存储器。CPU断电时,工作存储器中的内容将会丢失。S7-1500集成的程序工作存储器用于存储FB、FC和OB。集成的数据工作存储器用于存储数据块和工艺对象中与运行有关的部分。有些数据块可以存储在装载存储器中。

3)存储卡

SIMATIC存储卡基于FEPROM,是预先格式化的SD存储卡,有保持功能,用于存储用户程序和某些数据。存储卡用来作装载存储器(Load Memory)或作便携式媒体。

SIMATIC存储卡带有序列号,可以与S7-1500的用户程序绑定。将存储卡插入读卡器,右键单击项目树的“读卡器/USB存储器”文件夹中的存储卡,选中快捷菜单中的“属性”,可以查看存储卡的属性信息。可以设置存储卡的模式为“程序”“传送”和“更新固件”。

不能使用Windows中的工具格式化存储卡。如果误删存储卡中隐藏的文件,应将存储卡安装在S7-1500CPU中,用TIA博途对它在线格式化,恢复存储卡中隐藏的文件。

存储卡可以用作传送卡或程序卡。装载了用户程序和组态数据的存储卡(传送卡)将替代S7-1200的内部装载存储器。无须使用STEP7,用传送卡就可将项目复制到CPU的内部装载存储器,传送过程完成后,必须取出传送卡。

将模块的固件存储在存储卡上,就可以执行固件更新。忘记密码时,插入空的传送卡将会自动删除CPU内部装载存储器中受密码保护的程序,以后就可以将新的程序下载到CPU中。S7-1200的存储卡的详细使用方法见PLC使用手册的“使用存储卡”。

4)保持性存储器

具有断电保持功能的保持性存储器用来防止在PLC电源关断时丢失数据,暖启动后保持性存储器中的数据保持不变,存储器复位时其值被清除。

S7-1200CPU提供了10 kB的保持性存储器,S7-1500CPU的保持性存储器的字节数见CPU的设备手册。可以在断电时,将工作存储器的某些数据(如数据块或位存储器M)的值永久保存在保持性存储器中。

断电时组态的工作存储器的值被复制到保持性存储器。电源恢复后,系统将保持性存储器保存的断电之前工作存储器的数据,恢复到原来的存储单元。

在暖启动时,所有非保持的位存储器被删除,非保持的数据块的内容被设置为装载存储器中的初始值。保持性存储器和有保持功能的数据块的内容被保持。

可以用下列方法设置变量的断电保持属性:

①位存储器、定时器和计数器:可以在PLC变量表或分配列表中,定义从MB0、T0和C0开始有断电保持功能的地址范围。S7-1200只能设置M区的保持功能。

②函数块的背景数据块(IDB)的变量:如果激活了FB的“优化的块访问”属性,可以在FB的接口区,单独设置各变量的保持性为“保持”“非保持”和“在IDB中设置”。

对“在IDB中设置”的变量,可以在IDB中设置其保持性。它们的保持性设置会影响所有使用“在IDB中设置”选择的块接口变量。

如果没有激活FB的“优化的块访问”属性,只能在背景数据块中定义所有的变量是否有保持性。

③全局数据块中的变量:如果激活了“优化的块访问”属性,可以对每个变量单独设置断电保持属性。对具有结构化数据类型的变量,将为所有变量元素传送保持性设置。

如果禁止了数据块的“优化的块访问”属性,只能设置数据块中所有的变量是否有断电保持属性。

在线时可以用“CPU操作面板”上的“MRES”按钮复位存储器,只能在STOP模式复位存储器。存储器复位使CPU进入所谓的“初始状态”,清除所有的工作存储器,包括保持和非保持的存储区,将装载存储器的内容复制给工作存储器,数据块中变量的值被初始值替代。编程设备与CPU的在线连接被中断,诊断缓冲区、时间、IP地址、硬件组态和激活的强制任务保持不变。

诊断缓冲区、运行小时计数器和时钟时间均具有保持性。

5)其他系统存储区

其他存储区包括位存储器、定时器和计数器、本地临时数据区和过程映像。它们的大小与CPU的型号有关。

6)查看存储器的使用情况

用鼠标右键单击项目树中的某个PLC,执行出现的快捷菜单中的“资源”命令,可以查看当前项目的存储器使用情况。

与PLC联机后双击项目树中PLC文件夹内的“在线和诊断”,双击工作区左边窗口“诊断”文件夹中的“存储器”,可以查看PLC运行时存储器的使用情况。

(2)系统存储器

系统存储器是集成在CPU内部的RAM存储器,数据掉电丢失,容量不能扩展。系统存储器区主要包括输入过程映像区、输出过程映像区、位存储器区、定时器区、计数器区、局部数据区和I/O外设存储器区。

1)输入过程映像区

在每个循环扫描的开始,CPU读取数字量输入模块的状态值,并保存到输入过程映像区。输入过程映像区的地址标识符为I。

2)输出过程映像区

程序运行过程中,输出的状态值被写入输出过程映像区。当所有指令执行完毕后,CPU将输出过程映像区的状态写到数字量输出模块。输出过程映像区的地址标识符为Q。

3)位存储器

位存储器为用户提供了存放程序中间计算结果和数据的存储空间,可以按位、字节、字或双字存取数据。位存储器区的地址标识符为M。

4)定时器

定时器为用户提供了定时控制功能,每个定时器占用定时时间值的 16 位地址空间和定时器状态的 1 位地址空间。定时器的地址标识符为 T。

5)计数器

计数器为用户提供了计数控制功能,每个计数器占用计数值的 16 位地址空间和计数器状态的 1 位地址空间。计数器的地址标识符为 C。

6)局域数据区

局域数据区是一个临时数据存储区,用来保存程序块中的临时数据。局域数据区的地址标识符为 L。

7)I/O 外设存储器区

I/O 外设存储器区允许用户不经过输入/输出过程映像区而直接访问输入/输出模块。外设存储器的地址标识符为 I/O 地址后加":P"。

PLC 的数据类型以及系统存储区

习题

一、填空题

1. PLC 主要由________、________、________和________等组成。
2. 继电器的线圈"断电"时,其常开触点________,常闭触点________。
3. 外部输入电路接通时,对应的输入过程映像寄存器 I 为________状态,梯形图中对应的常开触点________,常闭触点________。
4. 若梯形图中输出 Q 的线圈"断电",对应的输出过程映像寄存器为________状态,在修改输出阶段后,继电器型输出模块中对应的硬件继电器的线圈________,其常开触点________,外部负载________。
5. 按结构形式分类,PLC 可分为________式和________式两种。
6. PLC 采用________工作方式,其过程可分为 5 个阶段:________、通信处理、输入采样、执行用户程序和________,称为一个扫描周期。
7. 将编程器内编写的程序写入 PLC 时,PLC 必须处在________模式。
8. S7-1200 CPU 所支持的程序块类型有____________________。

二、选择题

1. 世界上第一台 PLC 诞生于(　　)。

   A. 日本松下公司,1970 年　　B. 德国西门子公司,1969 年

   C. 美国通用公司,1968 年　　D. 美国数字设备公司,1969 年

2. 下列不属于 PLC 硬件系统组成的是(　　)。

   A. 用户程序　　B. 输入输出接口

   C. 中央处理单元　　D. 通信接口

3. PLC 的工作方式为(　　)。

A. 等待工作方式　　B. 中断工作方式
C. 扫描工作方式　　D. 循环扫描工作方式

4. 下列编程语言不能用于 S7-1200 编程的是(　　)
A. LAD　　B. FBD　　C. STL　　D. SCL

5. 下列关于梯形图的叙述错误的是(　　)。
A. 按自上而下、从左到右的顺序排列
B. 所有继电器既有线圈,又有触点
C. 一般情况下,某个编号继电器线图只能出现一次,而继电器触点可出现无数多次
D. 梯形图中的继电器不是物理继电器,而是软继电器

6. 在 PLC 中,用来存放用户程序的是(　　)。
A. RAM　　B. ROM　　C. EPROM　　D. EEPROM

三、问答题

1. PLC 的特点是什么?
2. PLC 主要应用在哪些领域?
3. PLC 的工作原理是什么?
4. PLC 的 5 种编程语言是什么?
5. 什么是寻址方式?

PLC常用指令的应用

PLC 程序的设计、安装与调试包括 PLC 系统设计、接线图设计、PLC 程序设计、PLC 系统柜内接线及调试。程序设计涉及内容:(1)整理 IO 表,明确各 IO 地址对应的现场信号,可以为各 IO 地址分配一个简明的符号,为下一步导入符号作编程准备。(2)编程,根据工艺设计的要求,采用梯形图、语句表、流程图等形式进行编程,实现工艺设计的要求。编程一般有离线编程、在线编程两种方式,前者只在编程设备上进行,编程结束再下载到 PLC;后者需要编程设备与 PLC 实时通信,所编的程序即刻存到 PLC 中。(3)程序调试,可以分为出厂调试和现场调试,目的是测试、验证程序是否实现了工艺设计的要求。本模块以实际工作任务为载体,由易到难学习 PLC(西门子 S7-1200/1500)的编程指令的应用、编程的技巧,并熟练掌握 PLC 系统的接线安装技能。

4.1 PLC 控制三相异步电动机正反转任务的实现

学习任务描述

工业控制中,如生产线的传输、电梯的升降、机械手的运动都需要用到电动机正反转控制。以手动控制电动机正反转为例,用 3 个按钮手动控制电动机的启停,正转启动按钮控制电动机正转,反转启动按钮控制电动机反转,停止按钮控制电动机停止,按照控制要求和步骤设计出 PLC 程序,并在控制平台上完成接线和调试。

➤ 学习目标

1. 掌握基本位逻辑指令、置位和复位指令的应用;
2. 掌握 PLC 程序设计的步骤及方法;
3. 掌握简单 PLC 系统的安装与调试方法;
4. 能够运用基本位逻辑指令、置位和复位指令编写简单程序;
5. 能够对简单 PLC 系统进行安装与调试;
6. 养成主动学习、勤于动手、细心的习惯;

7. 培养团结合作、精益求精的工匠精神。

➢ 知识点学习

位逻辑运算指令包含触点和线圈等基本元素指令、置位和复位指令、上升沿和下降沿指令。位逻辑运算指令中如果有操作数，则为 BOOL 型，操作数的编址范围可以是 I、I_:P、Q、Q_:P、M、L 和 DB。

触点和线圈等基本元素指令包括触点指令、NOT 逻辑反相器指令、输出线圈指令，主要是与位相关的输入/输出及触点的简单连接。置位和复位指令包含：置位和复位线圈指令、置位和复位位域指令、置位优先和复位优先指令。置位即置 1 且保持，复位即置 0 且保持，即置位和复位指令具有“记忆”功能。

4.1.1　常开触点与常闭触点

(1)常开触点

常开触点的激活取决于相关操作数的信号状态。当操作数的信号状态为“1”时，常开触点将关闭，同时输出的信号状态置位为输入的信号状态。当操作数的信号状态为“0”时，不会激活常开触点，同时该指令输出的信号状态复位为“0”。两个或多个常开触点串联时，将逐位进行“与”运算，串联时，所有触点都闭合后才产生信号流；常开触点并联时，将逐位进行“或”运算，并联时，有一个触点闭合就会产生信号流。

(2)常闭触点

常闭触点的激活取决于相关操作数的信号状态。当操作数的信号状态为“1”时，常闭触点将打开，同时该指令输出的信号状态复位为“0”。当操作数的信号状态为“0”时，常闭触点关闭，同时该指令输出的信号状态为“1”。两个或多个常闭触点串联时，将逐位进行“与”运算；并联时，将逐位进行“或”运算。

常开与常闭触点指令见表 4.1.1。

表 4.1.1　常开与常闭触点指令

<table>
<tr><th>LAD</th><th>说明</th></tr>
<tr><td>“IN”
─| |─</td><td rowspan="2">常开触点和常闭触点；
可将触点相互连接并创建用户自己的组合逻辑
如果用户指定的输入位使用存储器标识符 I(输入)或 Q(输出)，则从过程映像寄存器中读取位值
控制过程中的物理触点信号连接到 PLC 上的 I 端子。CPU 扫描已连接的输入信号并持续更新过程映像输入寄存器中的相应状态值
通过在 I 偏移量后追加“:P”，可执行立即读取物理输入(如“%I3.4:P”)
对立即读取，直接从物理输入读取位数据值，而非从过程映像寄存器中读取，立即读取不会更新过程映像寄存器</td></tr>
<tr><td>“IN”
─|/|─</td></tr>
</table>

4.1.2 取反 RLO 触点

使用“取反 RLO”指令,可对逻辑运算结果(RLO)的信号状态进行取反。如果该指令输入的信号状态为“1”,则指令输出的信号状态为“0”;如果该指令输入的信号状态为“0”,则输出的信号状态为“1”。见表 4.1.2。

表 4.1.2 取反 RLO 触点指令

LAD	说明
—|NOT|—	对于 FBD 编程,可从“收藏夹”(Favorites)工具栏或指令树中拖动“取反逻辑运算结果”(Invert RLO)工具,然后将其放置在输入或输出端,在该功能框连接器上创建逻辑反相器 LAD NOT 触点取反能流输入逻辑状态 如果没有能流流入 NOT 触点,则会有能流流出 如果有能流流入 NOT 触点,则没有能流流出

4.1.3 输出线圈和赋值功能框

线圈输出指令写入输出位值。如果用户指定的输出位使用存储器标识符 Q,则 CPU 接通或断开过程映像寄存器中的输出位,同时将指定的位设置为等于能流状态。

控制执行器的输出信号连接到 CPU 的 Q 端子,在 RUN 模式下,CPU 系统将连续扫描输入信号,并根据程序逻辑处理输入状态,然后通过在过程映像输出寄存器中设置新的输出状态值进行响应。CPU 系统会将存储在过程映像寄存器中的新的输出状态响应传送到已连接的输出端子。

线圈和赋值取反,如表 4.1.3 所示:

表 4.1.3 线圈和赋值取反

LAD	说明
“OUT” —( )—	在 FBD 编程中,LAD 线圈变为分配(= 和/ =)功能框,可在其中为功能框输出指定位地址。功能框输入和输出可连接到其他功能框逻辑,用户也可以输入位地址 通过在 Q 偏移量后加上“:P”,可指定立即写入物理输出(如“%Q3.4:P”) 对立即写入,将位数据值写入过程映像输出并直接写入物理输出
“OUT” —(/)—	

4.1.4 置位、复位线圈指令

使用“置位输出”指令,可将指定操作数的信号状态置位为“1”。仅当线圈输入的逻辑运算结果(RLO)为“1”时,才执行该指令。如果信号流通过线圈(RLO =“1”),则指定的操作数置位为“1”;如果线圈输入的 RLO 为“0”(没有信号流过线圈),则指定操作数的信号状态将保持不变。

可以使用“复位输出”指令将指定操作数的信号状态复位为“0”。仅当线圈输入的逻辑运算结果（RLO）为“1”时，才执行该指令。如果信号流通过线圈（RLO ＝“1”），则指定的操作数复位为“0”；如果线圈输入的 RLO 为“0”（没有信号流过线圈），则指定操作数的信号状态将保持不变。

表 4.1.4　置位和复位输出

LAD	说明
“OUT” —(S)—	置位输出： S 激活时，OUT 地址处的数据值设置为 1；S 未激活时，OUT 不变
“OUT” —(R)—	复位输出： R 激活时，OUT 地址处的数据值设置为 0；R 未激活时，OUT 不变

S（置位输出）、R（复位输出）指令将指定的位操作数置位和复位。如果同一操作数的 S 线圈和 R 线圈同时断电，指定操作数的信号状态不变。置位输出指令与复位输出指令主要的特点是有记忆和保持功能。分析图 4.1.1，如果 I0.4 的常开触点闭合，Q0.5 变为 1 状态并保持该状态。即使 I0.4 的常开触点断开，Q0.5 也仍然保持 1 状态。当 I0.5 的常开触点闭合，Q0.5 才变为 0 状态。

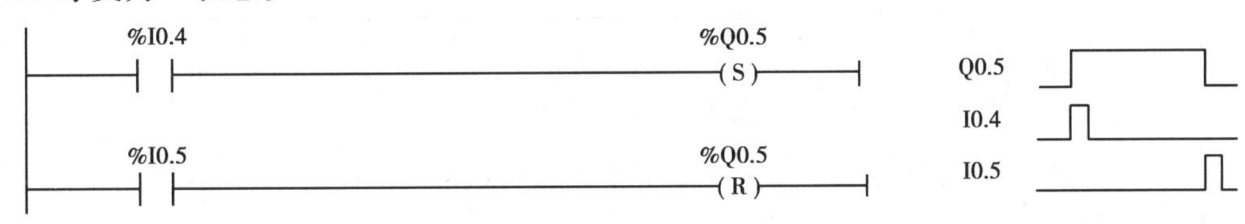

图 4.1.1　程序图

4.1.5　置位位域指令和复位位域指令

SET_BF 和 RESET_BF 指令，如表 4.1.5 所示：

表 4.1.5　置位和复位位域

LAD	说明
“OUT” —(SET_BF)—┤ “n”	置位位域： SET_BF 激活时，为指定的地址开始的连续若干个位地址置位（变为 1 状态并保持）
“OUT” —(RESET_BF)┤ “n”	复位位域： RESET_BF 激活时，为指定的地址开始的连续若干个位地址复位（变为 0 状态并保持）

“置位位域”指令 SET_BF 将指定的地址开始的连续的若干个位地址置位，“复位位域”指令 RESETBF 将指定的地址开始的连续的若干个位地址复位。置位/复位位域指令操作数的说明见表 4.1.6。图 4.1.2 中程序实现功能：当 M0.0 触点闭合状态为 1 时，从 DB1. array[0] 开始的 5 位（即 DB1. array[0] ~ DB1. array[4]，DB1. DBX0. 1 ~ DB1. DBX0. 4），置位为 1，同时，从 Q0.0 开始 5 位（即 Q0.0 ~ Q0.4），置位为 1。图 4.1.3 中程序实现功能：当 M0.1 触点

闭合时,从 DB1. array[0]开始的5位(即 DB1. array[0] ~ DB1. array[4],DB1. DBX0. 1 ~ DB1. DBX0. 4),复位为0。

表4.1.6　置位复位位域指令操作数

参数	声明	数据类型	存储区	说明
操作数1	n	UINT	常数	要操作的位数
操作数2	OUT	BOOL	I、Q、M、DB 或 IDB,类型的 ARRAY[…]当中的元素	指向要操作位的第一位指针

程序段 1:
注释
%M0.0
"Tag_1"
%DB1.DB X0.0
"数据块_1"
array[O]
SET_BF
%Q0.0
"Tag_3"
SET_BF
5

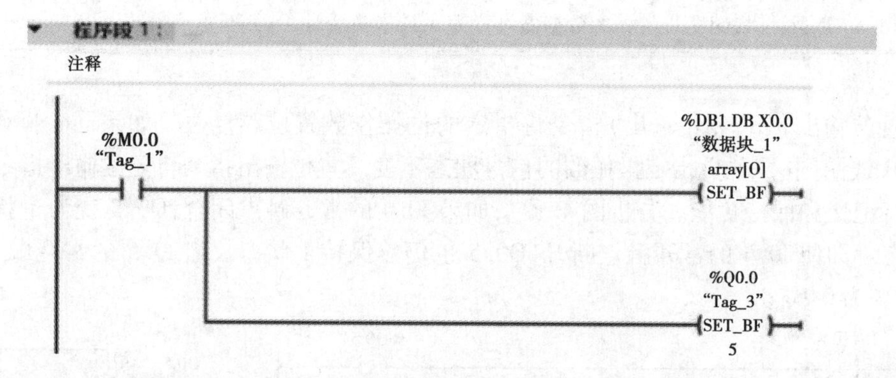

图4.1.2　程序图

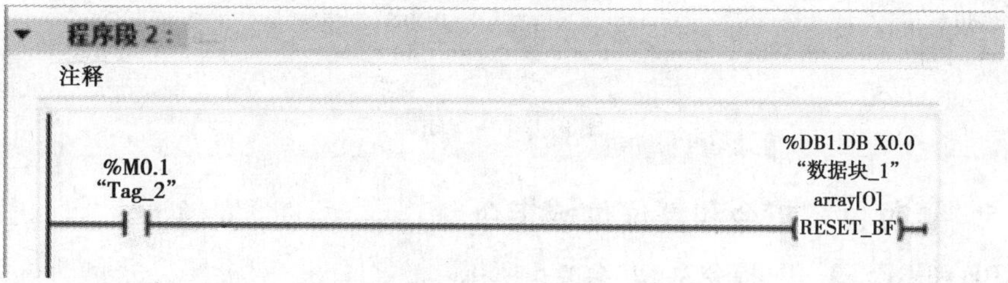

程序段 2:
注释
%M0.1
"Tag_2"
%DB1.DB X0.0
"数据块_1"
array[O]
RESET_BF

图4.1.3　程序图

4.1.6　置位/复位触发器与复位/置位触发器

图4.1.4 中所示的 SR 方框是置位/复位(复位优先)触发器,其输入/输出关系见表4.1.7。

分析图4.1.4 的程序功能,SR 方框是置位/复位(复位优先)触发器,在置位(S)和复位(R1)信号同时为1时,方框上的输出位 M7.2 被复位为0,可选的输出 Q 反映了 M7.2 的状态。RS 方框是复位/置位(置位优先)触发器,在置位(S1)和复位(R)信号同时为1时,方框上的 M7.6 为置位为1,可选的输出 Q 反映了 M7.6 的状态。

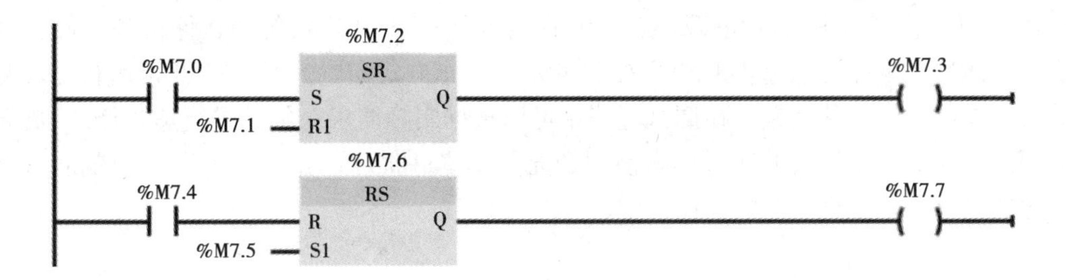

图4.1.4 程序图

表4.1.7 SR和RS触发器的功能

置位/复位(SR)触发器			复位/置位(RS)触发器		
S	R1	输出位	S1	R	输出位
0	0	保持状态	0	0	保持
0	1	0	0	1	0
1	0	1	1	0	1
1	1	0	1	1	1

4.1.7 PLC系统设计方法

(1)PLC程序设计步骤

第一步,了解被控对象的控制要求,确定必须完成的动作及完成的顺序,归纳出工作循环和状态流程图,确定控制对象及控制范围。

第二步,PLC型号的选定。根据生产工艺要求,分析被控对象的复杂程度,进行I/O点数和I/O点的类型(数字量、模拟量等)统计,列出清单。适当进行内存容量的估计,确定适当的留有余量而不浪费资源的机型(小、中、大型机器)。结合市场情况,考察PLC生产厂家的产品及其售后服务、技术支持、网络通信等综合情况,选定价格性能比较好的PLC机型。

第三步,硬件设计根据所选用的PLC产品,了解其使用的性能。按随机提供的资料结合实际需求,同时考虑软件编程的情况进行外电路的设计,绘制电气控制系统总装配图和接线图。

第四步,软件设计。在进行硬件设计的同时可以着手软件的设计工作。软件设计的主要任务是根据控制要求将工艺流程图转换为梯形图,这是PLC应用关键的问题,程序的编写是软件设计的具体表现。在程序设计的时候建议将使用的软继电器(内部继电器、定时器、计数器等)列表,标明用途以便于程序设计、调试和系统运行维护,检修时候查阅。

第五步,程序初调。程序初调也称模拟调试。将设计好的程序通过程序编辑工具下载到PLC控制单元中。由外接信号源加入测试信号,通过各种状态指示灯了解程序运行的情况,观察输入/输出之间的变化关系及逻辑状态是否符合设计要求,并及时修改和调整程序,消除缺陷,直到满足设计的要求为止。

第六步,现场调试。在初调合格的情况下,将PLC与现场设备连接。在正式调试前全面检查整个 PLC 控制系统,包括电源、接地线、设备连接线、I/O 连线等。在保证整个硬件连接正确无误的情况下即可送电。把 PLC 控制单元的工作方式布置为“RUN”开始运行。反复调试消除可能出现的各种问题。在调试过程中可以根据实际需求对硬件进行适当修改,配合软件的调试。应保持足够长的运行时间使问题充分暴露并加以纠正。试运行无问题后可将程序固化在具有长久记忆功能的存储器中,并作备份。

(2)PLC 程序设计案例

走廊灯两地控制,楼上和楼下两地的开关都能控制走廊灯的亮灭。按照给出的控制要求编写梯形图程序, 输入可编程序控制器中运行,根据运行情况进行调试、修改程序,直到通过为止。

1)I/O 分配表

I/O 分配表见表 4.1.8。

表 4.1.8 I/O 分配表

	序号	I/O	名称	元件或端子
输入	1	I0.0	楼下开关	PLC80 通用元件控制模块中钮子开关 S20
	2	I0.1	楼上开关	PLC80 通用元件控制模块中钮子开关 S21
输出	1	Q0.0	灯泡	PLC80 通用元件控制模块中发光二极管 D0(灯)

2)电气原理图/接线图(图 4.1.5)

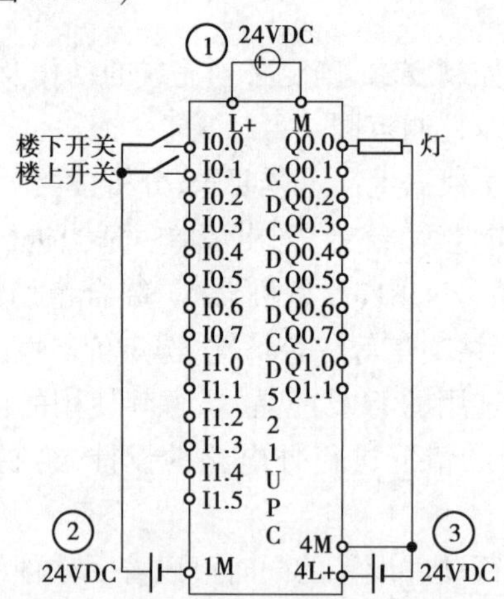

图 4.1.5 接线图

基本接线:①PLC 供电电源,L + 接 24V + ,M 接 24V GND;②传感器供电电源,可以使用外接电源,也可以使用 PLC 自带电源;③负载电源:外接电源,4L + 接 24V + ,4M 接 24V GND;④S7-1200 系列 PLC 为高电平输入,PLC80 通用元件控制模块中 XCOM 接 1215C 输入区的 L + ; ⑤S7-1200 系列 PLC 为高电平输出,PLC80 通用元件控制模块中 YCOM 接 1215C 输入区的 M。

3)参考程序(图4.1.6)

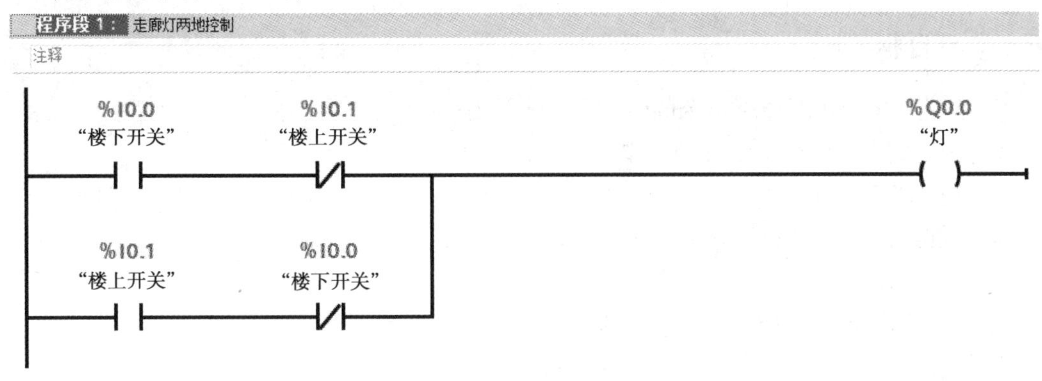

图4.1.6　程序图

4)实验结果

闭合S20,断开S21,发光二极管D0亮;闭合S21,断开S20,发光二极管D0亮;闭合或同时断开S20和S21,发光二极管D0不会亮。

PLC控制三相异步电动机正反转任务的实现

4.2　PLC控制工作台自动往返任务的实现

学习任务描述

磨床是利用磨具对工件表面进行磨削加工的机床。如图4.2.1所示中磨床的外部有一个砂轮电机和一个工作台电机,砂轮电机是一个自锁电路,只需要调整好高低启动即可。这里主要了解工作台自动往返电路,自动往返电路在电动机行程控制中有详细讲解,本节学习任务需要将自动往返控制电路通过PLC控制实现。控制要求:当工作台左右运动能通过按钮点动实现,也能通过按启动自动实现往返。当工作台往右运动过程中碰到SQ1时,工作台马上切换为往左运动;往左运动过程中碰到SQ2时,工作台立即切换为往右运动;当按停止按钮时,工作台停止运动。

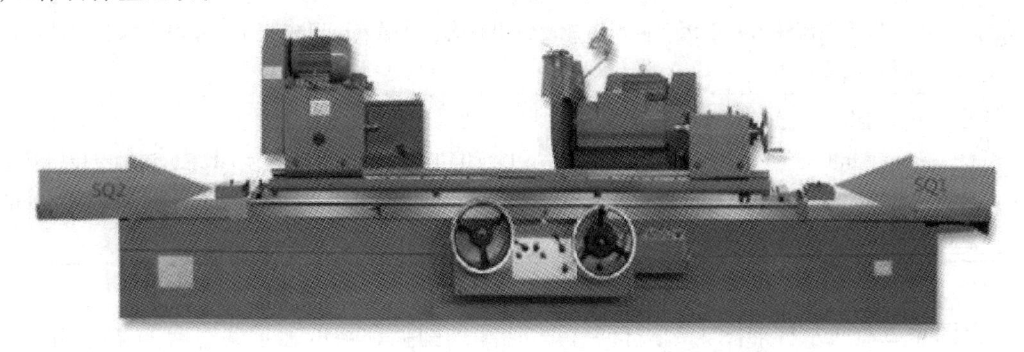

图4.2.1　磨床实物图

学习目标

1. 掌握上升沿和下降沿指令的应用;
2. 熟练掌握 PLC 程序设计的步骤及方法;
3. 掌握 PLC 系统的安装与调试方法;
4. 能够运用上升沿和下降沿指令编写程序;
5. 能够对 PLC 系统进行安装与调试;
6. 养成主动学习、勤于动手、细心的习惯;
7. 培养团结合作、精益求精的工匠精神。

知识点学习

上升沿和下降沿指令包含扫描操作数信号边沿指令、在信号边沿置位操作数指令、扫描 RLO 的信号边沿指令、检测信号边沿指令。

4.2.1 扫描操作数信号边沿指令

P 和 N 触点指令扫描 IN 的上升沿和下降沿。分配位 IN 为指令要扫描的信号,数据类型为布尔型;分配位 M_ BIT 保存上次扫描的 IN 的信号状态,数据类型为布尔型。仅将 M、全局 DB 或静态存储器(在背景 DB 中)用于 M_BIT 存储器分配。执行指令时,P 和 N 触点指令比较 IN 的当前信号状态与保存在操作数 M_ BIT 中的上一次扫描的信号状态。"扫描操作数的信号上升沿"和"扫描操作数的信号下降沿"指令说明见表 4.2.1。

表 4.2.1 P 和 N 触点指令

LAD	说明
"IN" ─┤P├─ "M_BIT"	扫描操作数的信号上升沿 在分配的"IN"位上检测到正跳变(由 0 到 1)时,该触点的状态为 TRUE。该触点逻辑状态随后与能流输入状态组合以设置能流输出状态。P 触点可以放置在程序段中除分支结尾外的任何位置
"IN" ─┤N├─ "M_BIT"	扫描操作数的信号下降沿 在分配的输入位上检测到负跳变(由 1 到 0)时,该触点的状态为 TRUE。该触点逻辑状态随后与能流输入状态组合以设置能流输出状态。N 触点可以放置在程序段中除分支结尾外的任何位置

以图 4.2.2 所示梯形图为例进行分析。连续的圆弧和字母表示状态为 1(在实际程序运行中,颜色为绿色)用间断的圆弧和字母表示状态为 0(在实际程序运行中,颜色为蓝色)。中间有 P 的触点的名称为"扫描操作数的信号上升沿",在 I0.6 的上升沿,该触点接通一个扫描周期。M4.3 为边沿存储位,用来存储上一次扫描循环时 I0.6 的状态。通过比较 I0.6 前后两次循环的状态,来检测信号的边沿。边沿存储位的地址只能在程序中使用一次。不能用代码

块的临时局部数据或 I/O 变量来作边沿存储位。中间有 N 的触点的名称为“扫描操作数的信号下降沿”，在 M4.4 的下降沿，RESET_ BF 的线圈“通电”一个扫描周期。该触点下面的 M4.5 为边沿存储位。

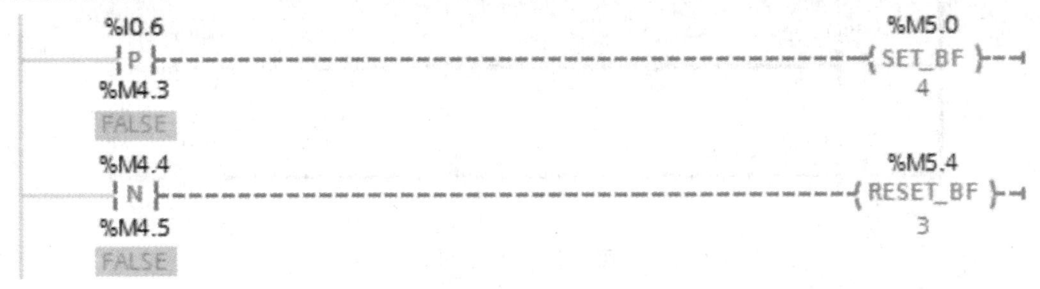

图 4.2.2　程序图

4.2.2　在信号边沿置位操作数指令

P 和 N 线圈指令在信号上升沿和下降沿，将分配位 OUT 在一个程序周期内置位为“1”。分配位 OUT 数据类型为布尔型；分配位 M_ BIT 保存上次查询的线圈输入信号状态，数据类型为布尔型。仅将 M、全局 DB 或静态存储器（在背景 DB 中）用于 M_ BIT 存储器分配。执行指令时，P 和 N 线圈指令将比较当前线圈输入信号状态与保存在操作数 M_ BIT 中的上一次查询的信号状态。“在上升沿信号置位操作数”和“在信号下降沿置位操作数”指令说明见表 4.2.2 所示。

表 4.2.2　P 和 N 线圈指令

LAD	说明
“OUT” —(P)— “M_BIT”	在信号上升沿置位操作数 LAD：在进入线圈的能流中检测到正跳变（由 0 到 1）时，分配的位“OUT”为 TRUE。能流输入状态总是通过线圈后变为能流输出状态。P 线圈可以放置在程序段中的任何位置
“OUT” —(N)— “M_BIT”	在信号下降沿置位操作数 LAD：在进入线圈的能流中检测到负跳变（由 1 到 0）时，分配的位“OUT”为 TRUE。能流输入状态总是通过线圈后变为能流输出状态。P 线圈可以放置在程序段中的任何位置

以如图 4.2.3 所示梯形图为例进行分析，中间有 P 的线圈是“在信号上升沿置位操作数”指令，仅在流进该线圈的能流的上升沿，该指令的输出位 M6.1 为 1 状态。其他情况下 M6.1 均为 0 状态，M6.2 为保存 P 线圈输入端的 RLO 的边沿存储位。中间有 N 的线圈是“在信号下降沿置位操作数”指令，仅在流进该线圈的能流的下降沿，该指令的输出位 M6.3 为 1 状态。其他情况下 M6.3 均为 0 状态，M6.4 为保存 N 线圈边沿存储位。上述两条线圈格式的指令对能流是畅通无阻的，这两条指令可以放置在程序段的中间或最右边。在运行时改变 I0.7 的状态，可以使 M6.6 置位和复位。

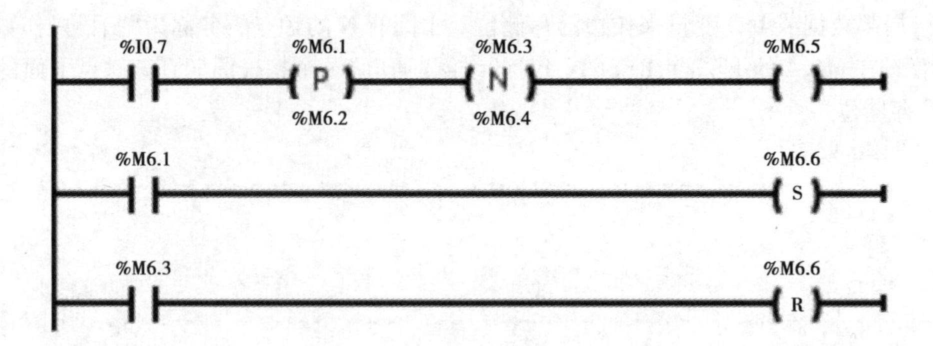

图 4.2.3 程序图

4.2.3 扫描 RLO 的信号边沿指令

P_ TRIG 和 N_ TRIG 功能框指令分配位 CLK 为指令要扫描的信号,数据类型为布尔型;分配位 M_ BIT 保存上次扫描的 CLK 的信号状态,数据类型为布尔型;Q 为指令边沿检测的结果,数据类型为布尔型。执行指令时,P_ TRIG 和 N_ TRIG 指令比较 CLK 输入的 RLO 当前状态与保存在操作数 M_BIT 中上一次查询的信号状态。"扫描 RLO 的信号上升沿"和"扫描 RLO 的信号下降沿"指令说明见表 4.2.3。

表 4.2.3 P_ TRIG 和 N_ TRIG 功能框指令

LAD	说明
P_TRIG CLK Q "M_BIT"	扫描 RLO 的信号上升沿 LAD:检测到 CLK 输入的 RLO_上升沿时,P_TRIG 指令的 Q 将在一个程序周期内置位为"1";在其他任何情况下,输出 Q 的信号状态均为"0" 在 LAD 编程中,P_TRIG 指令不能放置在程序段的开头或结尾
N_TRIG CLK Q "M_BIT"	扫描 RLO 的信号下降沿 LAD:检测到 CLK 输入的 RLO 下降沿时,N_TRIG 指令的 Q 将在一个程序周期内置位为"1";在其他任何情况下,输出 Q 的信号状态均为"0" 在 LAD 编程中,N_ _TRIG 指令不能放置在程序段的开头或结尾

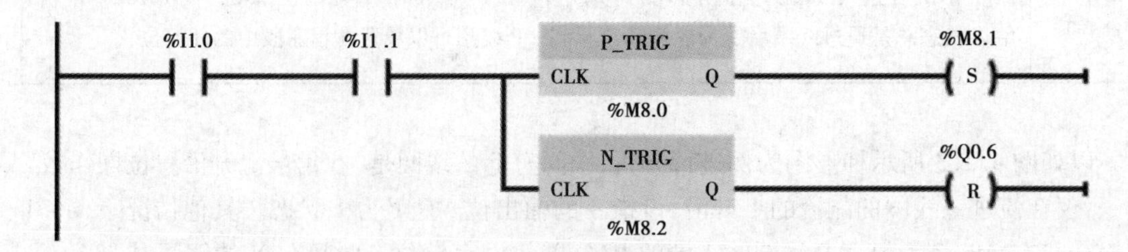

图 4.2.4 程序图

以如图 4.2.4 所示梯形图为例进行分析,在流进"扫描 RLO 的信号上升沿"指令(P_TRIG 指令)的 CLK 输入端的能流(即 RLO)的上升沿,Q 端输出脉冲宽度为一个扫描周期的能流,方框下面的 M8.0 是脉冲存储位。在流进"扫描 RLO 的信号下降沿"指令(N _TRIG 指令)的

CLK 输入端的能流的下降沿，Q 端输出一个扫描周期的能流。方框下面的 M8.2 是脉冲存储器位。P__TRIG 指令与 N__TRIG 指令不能放在电路的开始处和结束处。

4.2.4　检测信号边沿指令

R_TRIG 和 F_TRIG 功能框指令检测分配位 CLK 信号的上升沿和下降沿。分配位 CLK 为指令要扫描的信号，分配位 Q 为指令边沿检测的结果，分配位 M_ BIT 保存上次扫描的 CLK 的信号状态，所有数据类型均为布尔型。指令调用时，分配的背景数据块可存储 CLK 输入的前一状态。使能输入 EN 为“1”时，执行 R_ TRIG 和 F_ TRIG 指令。执行指令时，R_TRIG 和 F_TRIG 指令比较参数 CLK 输入的当前状态与保存在背景数据块中上一次查询的信号状态。“检测信号上升沿”和“检测信号下降沿”指令说明见表 4.2.4。

表 4.2.4　R_TRIG 和 F_TRIG 功能框指令

LAD	说明
“R_TRIG_DB” R_TRIG EN　ENO CLK　O	检测信号上升沿 LAD：检测到参数 CLK 输入信号上升沿时，R_TRIG 指令的输出 Q 将在一个程序周期内置位为“1”；在其他任何情况下，输出 Q 的信号状态均为“0” 在 LAD 编程中，R_TRIG 指令不能放置在程序段的开头或结尾
“I_TRIG_DR_1” P_IRIG EN　ENO CLI　O	检测信号下升沿 LAD：检测到参数 CLK 输入信号下降沿时，F_TRIG 指令的输出 Q 将在一个程序周期内置位为“1”；在其他任何情况下，输出 Q 的信号状态均为“0” 在 LAD 编程中，F_TRIG 指令不能放置在程序段的开头或结尾

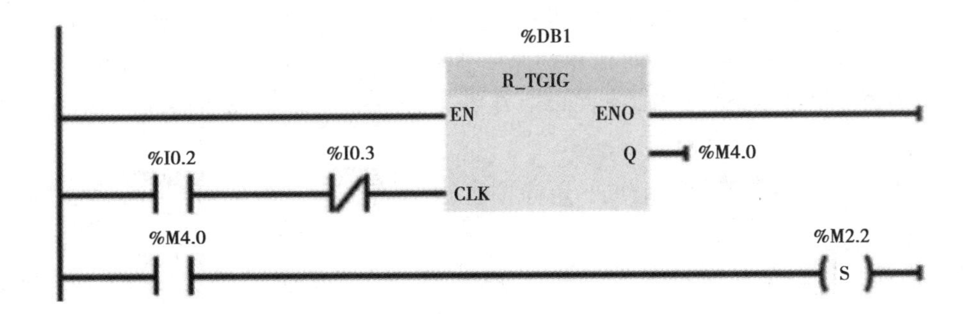

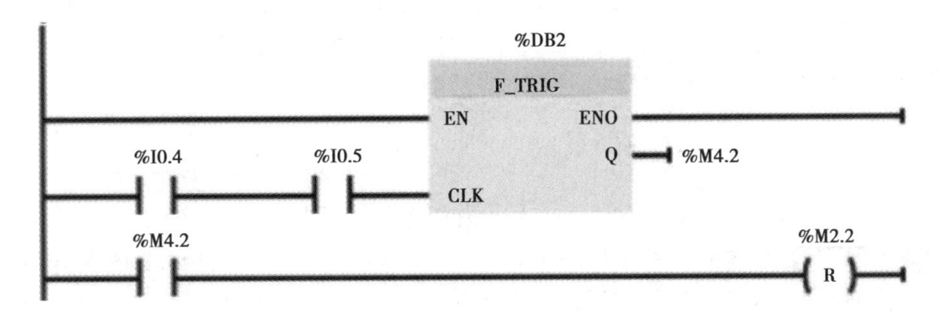

图 4.2.5　程序图

以如图4.2.5所示梯形图为例进行分析,R_TRIG是"检测信号上升沿"指令,F_TRIG是"检测信号下降沿"指令。它们是函数块,在调用时应为它们指定背景数据块。这两条指令将输入CLK的当前状态与背景数据块中的边沿存储位保存的上一个扫描周期的CLK的状态进行比较。如果指令检测到CLK的上升沿或下降沿,将会通过Q端输出一个扫描周期的脉冲。在输入CLK输入端的电路时,选中左侧的垂直"电源"线,双击收藏夹中的打开"分支"按钮,生成一个串联电路。用鼠标将串联电路右端的双箭头拖拽到CLK端。松开鼠标左键,串联电路被连接到CLK端。

4.2.5 上升沿和下降沿指令应用

(1)上升沿和下降沿指令使用注意事项

对控制柜或操作台使用的实体按钮,如何选用上升沿或下降沿?实体按钮分有锁(按下触发→松开保持→再次按下复位)和无锁(按下触发→松开复位),而按钮的触点分为常闭触点和常开触点。对于无锁按钮而言,按钮作为常开或常闭触点,与PLC的输入端子连接,确定了PLC程序中唯一的输入地址,与PLC程序中的变量存在一一对应的关系,其状态存储在映像寄存器中,PLC扫描外输入状态时,扫描到输入电路接通或断开状态,则将对应的映像寄存器中的状态置为1或0。对于PLC来说,并不能区分输入点是常开触点还是常闭触点,PLC只能扫描监测输入点的通或断。

控制系统在一般情况下,启动、停止、复位按钮接常开触点,按钮的常开触点对应PLC的变量是"0",即低电平,当按下按钮的瞬间,按钮由常开变为闭合,对应的PLC变量产生了从"0"到"1"的变化,即产生了上升沿。当然,也可以使用实体按钮抬起时,按钮从闭合到断开的过程,从"1"到"0"的变化,即产生了下降沿。也就是说,按一次自复位型的按钮过程中产生了一个上升沿和一个下降沿,都可以在程序中使用,但有一个细微的差别,如果按下按钮后保持不动,仍然保持接通的状态,那么产生上升沿后,并没有立即产生下降沿,只有到抬起时才产生下降沿,这就存在了延时。

那什么时候采用外接常闭的触点?急停按钮、限位开关等一般采用常闭触点,只要是基于安全考虑,常开触点对PLC输入时,正常运行状态下都是断开状态,如果期间发生触点接触不良或线路断开的情况,在需要急停和限位作用时,无法实现接通,会造成安全事故。如果接常闭触点作为PLC的输入,则无论哪种情况的断开都会让设备停止运行,提高设备的安全性。急停按钮具有自锁功能,需要手动复位操作,才能再次接通;限位在触发时,第一时间停止运行的设备,也就保持了触发的状态,同样需要手动复位。这两种类型都采用常闭触点,如果需要对复位的变化状态作出动作,则可以采用下降沿触发。

(2)上升沿和下降沿指令区别

西门子S7-1200/1500有4组检测信号上升沿和下降沿的指令,以上升沿检测为例,详细比较4种边沿检测指令的功能,程序如图4.2.6所示。在P触点上面的I0.0的上升沿,该触点接通一个扫描周期。P触点用于检测触点上面的地址的上升沿,并且直接输出上升沿脉冲。其他3种指令都是用来检测逻辑运算结果RLO(即流入指令输入端的能流)的上升沿。

在流过P线圈的能流的上升沿，线圈上面的地址M2.2在一个扫描周期为1状态。P线圈用于检测能流的上升沿，并用线圈上面M2.2的触点来输出上升沿脉冲，其他3种指令都是直接输出检测结果。

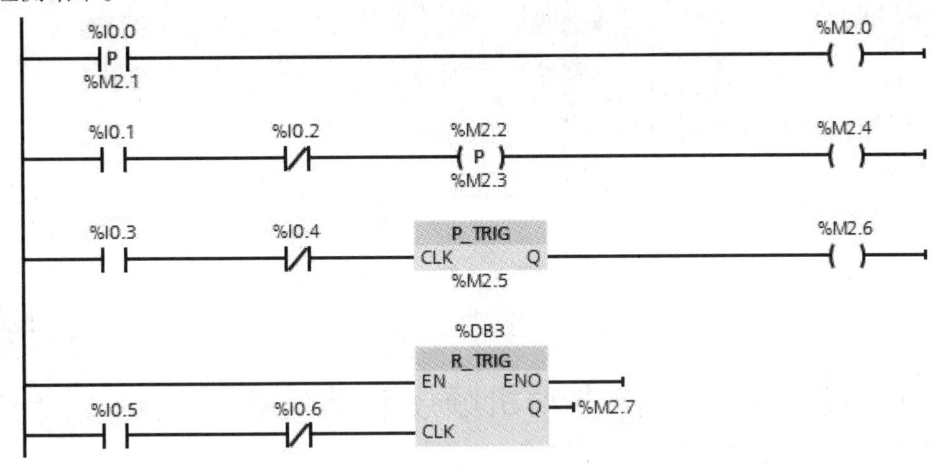

图4.2.6 程序图

R_TRIG指令与P_TRIG指令都是用于检测流入它们的CLK端的能流的上升沿，并用Q端直接输出检测结果。其区别在于R_TRIG是函数块，用它的背景数据块DB3保存上一次扫描循环CLK端信号的状态，而P_TRIG指令用边沿存储位M2.5来保存它。P触点和P线圈则分别用边沿存储位M2.1和M2.3来保存它们的输入信号的状态。

(3)上升沿和下降沿指令应用

例如，按动一次复位按钮，灯亮；再按一次复位按钮，灯灭。

1)I/O分配表

表4.2.5 I/O分配表

	I/O	名称
输入	I0.0	按钮
输出	Q4.0	灯泡

2)参考程序

参考程序如图4.2.7所示。

3)程序分析

当第一次按下按钮，I0.0由0变1，RS触发器S1位为1，R位为0，输出Q为1，则Q4.0状态为1，灯亮；灯亮后，RS触发器S1位为0，R位为0，状态保持，输出Q仍然为1，灯保持亮的状态；再次按下按钮，I0.0再次由0变1，RS触发器S1位为0，R位为1，输出Q为0，则Q4.0状态为0，灯灭；灯灭后，RS触发器S1位为0，R位为0，状态保持，输出Q仍然为0，灯保持熄灭的状态。

4)实验结果

第一次按按钮，灯亮；再按一次，灯熄灭；再按一次按钮，灯又点亮；再按一次，灯又熄灭，

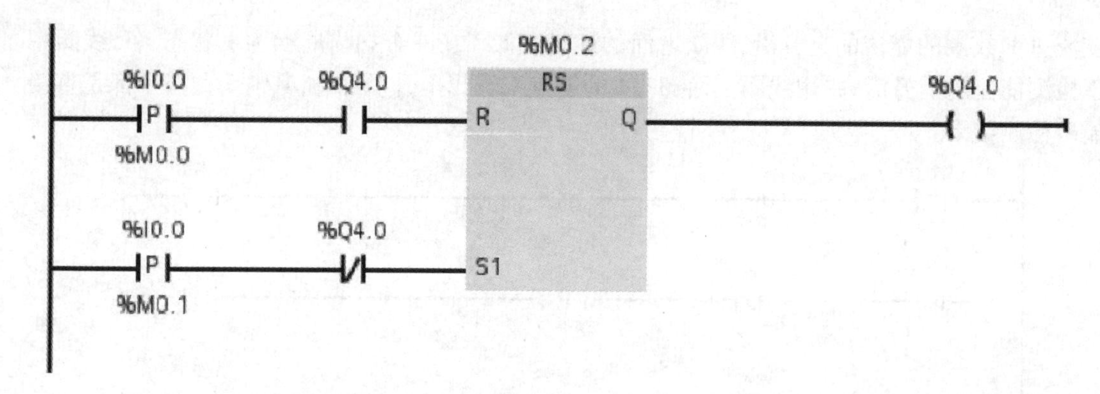

图 4.2.7

如此循环。

4.3　PLC 控制三相异步电动机顺序启动任务的实现

PLC 控制工作台自动往返任务的实现

学习任务描述

电力作业人员都很熟悉,在装有多台电动机的生产机械上,各电动机所起的作用是不同的,有时需要两台或多台电动机并行同时运转,有时需要两台或多台电动机顺序启动、停止,才能保证操作过程的合理和工序的有效进行。在运输作业中,为了保证货物不堆积,皮带运输机采用的是顺序启动和停止。模块 2 中介绍过继电器控制的电动机顺序启动,本节采用 PLC 控制电动机顺序启动,启动的电动机越多,PLC 控制的优势越明显。本节以 3 台电动机为例,按下启动按钮后,3 台电动机以时间间隔 5s 的时间顺序启动,按停止按钮,3 台电动机都停止。如图 4.3.1 所示为货物传送带实物。

图 4.3.1　货物传送带实物图

➢ 学习目标

1. 掌握定时器指令的应用;
2. 熟练掌握 PLC 程序设计的步骤及方法;
3. 掌握 PLC 系统的安装与调试方法;
4. 能够运用定时器指令编写程序;

5. 能够对 PLC 系统进行安装与调试；
6. 养成主动学习、勤于动手、细心的习惯；
7. 培养团结合作、精益求精的工匠精神。

➢ 知识点学习

S7-1200 PLC 定时器属于函数块，每个定时器使用时都需要给它分配一个数据块来保存相应的数据，使用定时器指令可创建编程的时间延时，用户程序中可以使用的定时器数仅受 CPU 存储器容量限制。每个定时器均使用 16 字节的 IEC_TIMER 数据类型的 DB 结构来存储功能框或线圈指令顶部指定的定时器数据。STEP 7 会在插入指令时自动创建 DB。

S7-1500 可以使用 IEC 定时器和 SIMATIC 定时器，IEC 定时器仅占用 CPU 的工作存储器资源，可使用的数量与工作存储器大小有关；而 SIMATIC 定时器是 CPU 特定的资源，数量固定。例如，CPU1515-2PN 的 SIMATIC 定时器个数是 2048 个（CPU 技术数据称为 S7 定时器）。两种定时器相比较，IEC 定时器可设定的时间要远远大于 SIMATIC 定时器，时间精度也高。

S7-1200/1500IEC 定时器包括脉冲型定时器 TP、接通延时定时器 TON、关断延时定时器 TOF 和保持性接通延时定时器 TONR。此外还包含复位定时器（RT）和加载持续时间（PT）这两个指令。

4.3.1　脉冲型定时器

脉冲型定时器的指令标识为 TP，该指令用于可生存具有预设宽度时间的脉冲，定时器指令的 IN 管脚用于启用定时器，PT 管脚表示定时器的设定值，ET 表示定时器的当前值，它们的数据类型为 32 位的 Time，单位为 ms，最大定时时间为 24d 多。Q 表示定时器的输出状态，各参数均可以使用 I（仅用于输入参数）、Q、M、D、L 存储区，PT 可以使用常量。定时器指令可以放在程序段的中间或结束处。指令使用说明见表 4.3.1。

表 4.3.1　TP 定时器

LAD	说明	时序图
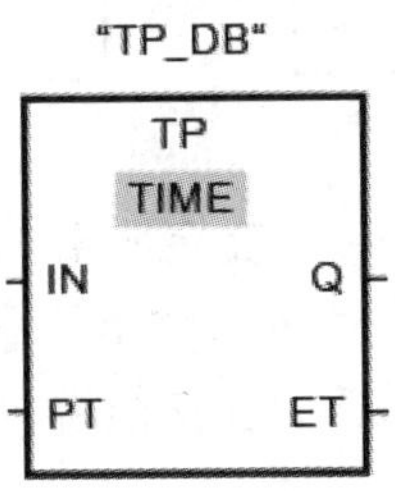 "TP_DB" TP TIME IN　Q PT　ET	IN 从“0”变为“1”，定时器启动，Q 立即输出“1” 当 ET < PT 时，IN 的改变不影响 Q 的输出和 ET 的计时 当 ET = PT 时，ET 立即停止计时，如果 IN 为“0”，则 Q 输出“0”，ET 回到 0；如果 IN 为“1”，则 Q 输出“1”，ET 保持	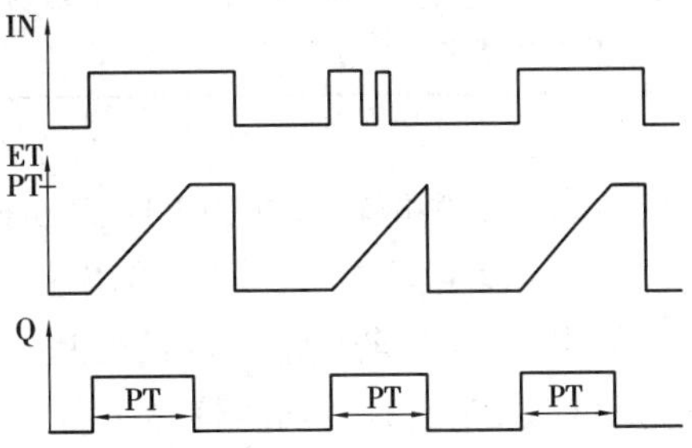 IN ET PT Q PT　PT　PT

使用 TP 指令，可以将输出 Q 置位为预设的一段时间，当定时器的使能端的状态从 OFF 变为 ON 时，可启动该定时器指令，定时器开始计时。无论后续使能端的状态如何变化，都将输出 Q 置位由 PT 指定的一段时间。若定时器正在计时，即使检测到使能端的信号在此从

OFF 变为 ON 的状态,输出 Q 的信号状态也不会受到影响。

以如图 4.3.2 所示梯形图为例进行分析。M0.0 接通状态为 ON 时,定时器启动,Q 端输出为 ON,Q0.0 状态为 ON,指示灯亮;当定时器接通时间到达 20s 时,定时器输出为 OFF,Q0.0 状态为 OFF,指示灯灭。当 M0.0 断开状态后并再次接通时,定时器启动,Q 端输出为 ON,Q0.0 状态为 ON,指示灯再次点亮;在 20s 内 M0.0 断开后接通不影响定时器输出状态,指示灯仍然是亮的,直到 20s 时间到,定时器输出为 OFF,Q0.0 状态为 OFF,指示灯灭。

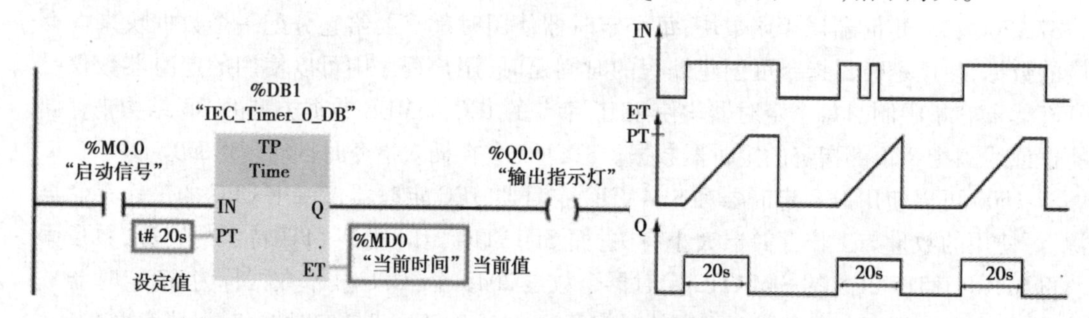

图 4.3.2 TP 定时器程序及时序图

4.3.2 接通延时定时器

接通延时定时器的指令标识符为 TON ,接通延时定时器输出端 Q 在预设的延时时间过后,输出状态为 ON ,指令中管脚定义与 TP 定时器指令管脚定义一致。指令使用说明见表 4.3.2。

表 4.3.2 TON 定时器

LAD	说明	时序图
"TON_DB" TON TIME IN Q PT ET	IN 从"0"变为"1",定时器启动 当 ET = PT 时,Q 立即输出"1",ET 立即停止计时并保持 在任意时刻,只要 IN 变为"0",ET 立即停止计时并回到 0,Q 输出"0"	IN ET PT Q PT PT

当定时器的使能输入端为 1 时启动该指令。定时器指令启动后开始计时。在定时器的当前值 ET 与设定值 PT 相等时,输出端 Q 输出为 ON。只要使能端的状态仍为 ON ,输出端 Q 就保持输出为 ON。若使能端的信号状态变为 OFF ,则将复位输出端 Q 为 OFF。在使能端再次变为 ON 时,该定时器功能将再次启动。

以图 4.3.3 所示梯形图为例进行分析。根据接通延时定时器的执行时序图分析,该段程序主要完成的是启动输出后,延时一段时间后自动断开的程序:当 I0.5 接通为 ON 时,执行复位优先指令中的置位功能,使得 Q0.4 输出为 ON ,当 Q0.4 输出为 ON 时,启动接通延时定时器 TON,使该定时器工作进行延时,延时 10s 后,定时器的输出端 Q 输出为 ON 状态,此时复位优先指令中的复位端信号为 ON ,执行复位功能,所以 Q0.4 输出为 ON。

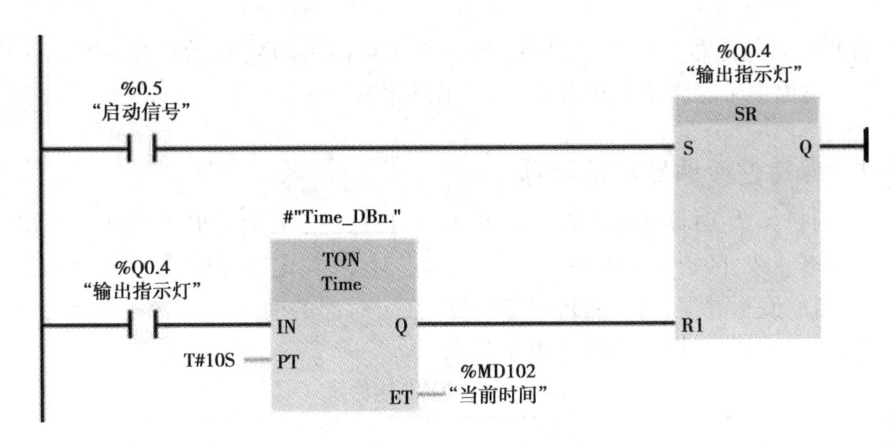

图 4.3.3　程序图

4.3.3　关断延时定时器

关断延时定时器的指令标识符为 TOF,关断延时定时器输出 Q 在预设的延时时间过后,重置为 OFF。指令中管脚定义与 TP/TON 定时器指令管脚定义一致。指令说明见表 4.3.3。

表 4.3.3　TOF 定时器

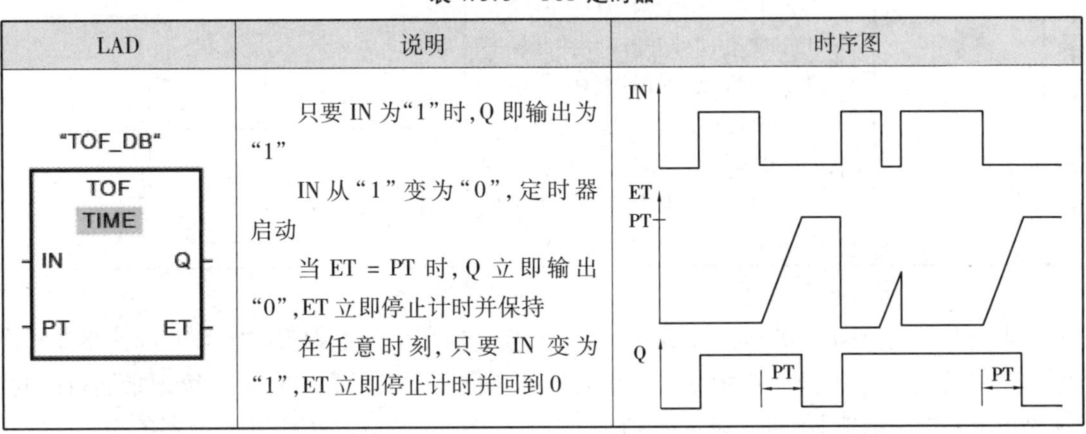

LAD	说明	时序图
"TOF_DB" TOF TIME IN Q PT ET	只要 IN 为“1”时,Q 即输出为“1” IN 从“1”变为“0”,定时器启动 当 ET = PT 时,Q 立即输出“0”,ET 立即停止计时并保持 在任意时刻,只要 IN 变为“1”,ET 立即停止计时并回到 0	IN ET PT Q PT PT

关断延时定时器 TOF 是要断开之后才开始延时,延时时间到之后使对应的输出端 Q 输出为1。关断延时定时器 TOF 的执行情况:当输入端 IN 为 1 时,TOF 定时器指令启动,输出端 Q 输出为 1 ;当输入端 IN 断开从 1 变成 0 时,定时器开始计时,当前值存储在 ET 端,当 ET = PT 时,定时器的输出端 Q 输出为 0;当输入端 IN 重新变为 1 时,定时器的当前值 ET 清 0。

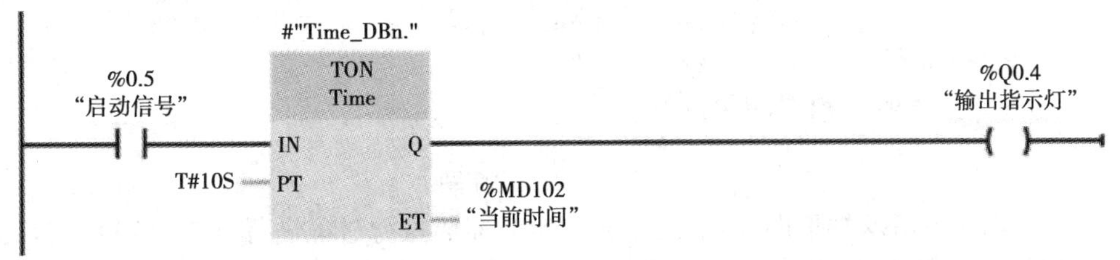

图 4.3.4　TP 定时器程序及时序图

以如图 4.3.4 所示梯形图为例,根据对 TOF 定时器的执行过程的分析可知,该程序表示的是一个断开延时的过程,当 I0.5 为 ON 时,Q0.4 输出为 ON,指示灯亮;当 I0.5 变为 OFF 时,Q0.4 保持输出 10s 后自动断开为 OFF,指示灯灭。

4.3.4 保持性接通延时定时器

保持性接通延时定时器的标识符为 TONR ,保持性接通延时定时器的功能与接通延时定时器的功能基本一致,区别在于保持型接通延时定时器,在定时器的输入端的状态变为 OFF 时,定时器的当前值不清零,而接通延时定时器,在定时器的输入端的状态变为 OFF 时,定时器的当前值会自动清零。指令说明见表 4.3.4。

表 4.3.4 TONR 定时器

LAD	说明	时序图
"TONR_DB" TONR TIME IN Q R ET PT	只要 IN 为"0"时,Q 即输出为"0"。IN 从"0"变为"1",定时器启动;当 ET < PT 时,IN 为"1"时,则 ET 保持计时,IN 为"0"时,ET 立即停止计时并保持 当 ET = PT 时,Q 立即输出"1",ET 立即停止计时并保持,直到 IN 变为"0",ET 回到 0 在任意时刻,只要 R 为"1"时,Q 输出"0",ET 立即停止计时并回到 0。R 从"1"变为"0"时,如果此时 IN 为"1",定时器启动	IN ET —PT Q R

当定时器使能端为 ON 时,启动定时器。只要定时器的使能端保持为 ON,则记录运行时间。如果使能端变为 OFF,则指令暂停计时。如果使能端变回为 ON,则继续记录运行时间。如果定时器的当前值 ET 等于设定值 PT 时,并且指令的使能端为 ON,则定时器的输出端的状态为 1。若定时器的复位端为 ON 时,则定时器的当前值清零,输出端的状态变为 OFF。

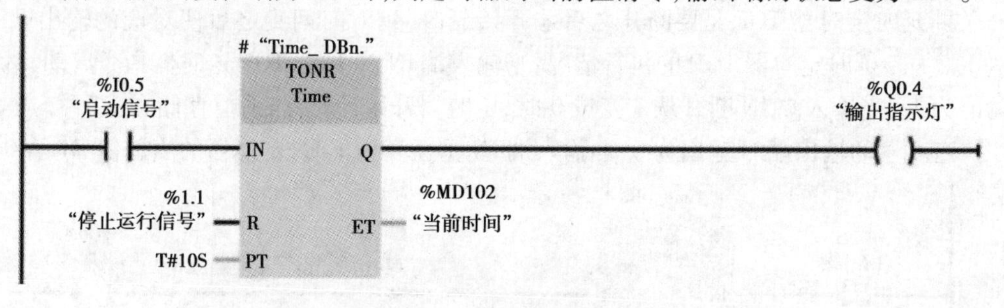

图 4.3.5 程序图

以如图 4.3.5 所示梯形图为例,对 TONR 定时器的执行过程进行分析,当 I0.5 接通为 ON 时,定时器 TONR 开始执行延时功能,若在定时器的延时时间未到达 10s 时,I0.5 变为 OFF ,则定时器的当前值保持不变;当 I0.5 再次变为 ON 时,定时器在原基础上行继续往上计时;当定时器的延时时间到达 10s 时,Q0.4 输出为 ON,指示灯亮;在任何时候,只要 11.1 的状态为

ON,则该定时器的当前值都会被清零,输出 Q0.4 复位,指示灯灭。

4.3.5　定时器指令的应用

(1)定时器创建方法

①功能框指令直接拖入块中,自动生成定时器的背景数据块,该块位于“系统块”→“程序资源”中,如图 4.3.6 所示。

②功能框指令直接拖入 FB 块中,生成多重背景,如图 4.3.7 所示。

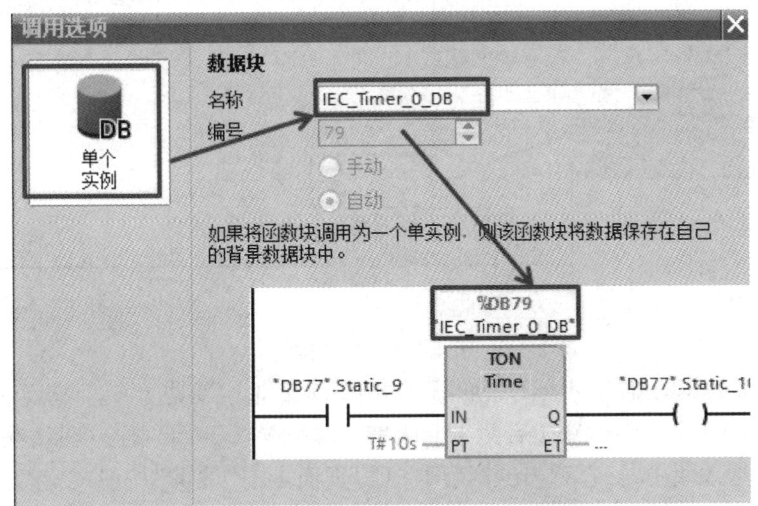

图 4.3.6　自动生成定时器的背景数据块

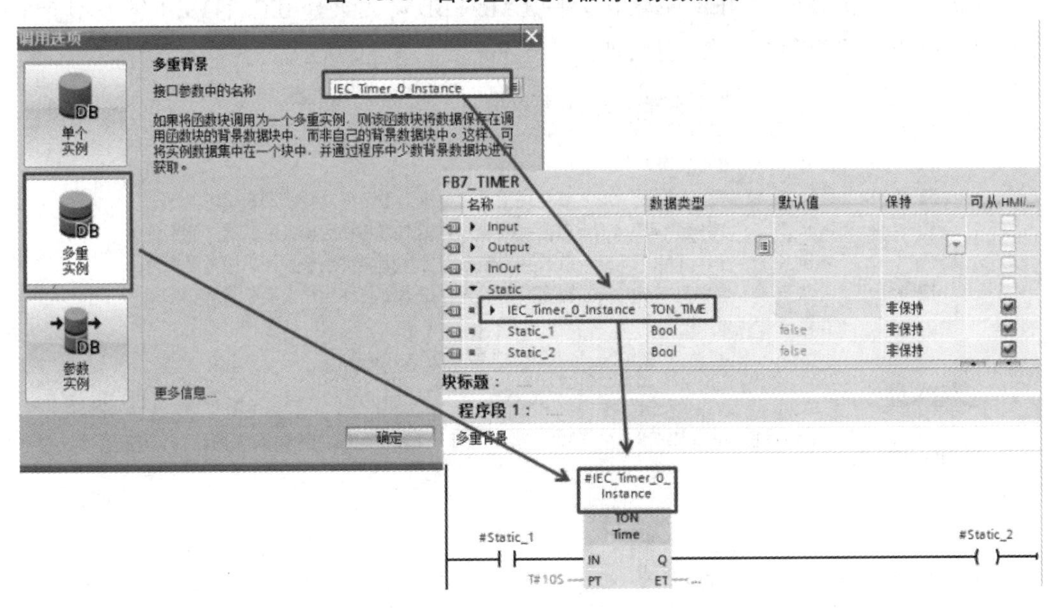

图 4.3.7　多重背景

③功能框指令直接拖入 FB、FC 块中,生成参数实例,从 TIA 博途 V14 开始,如图 4.3.8 所示。

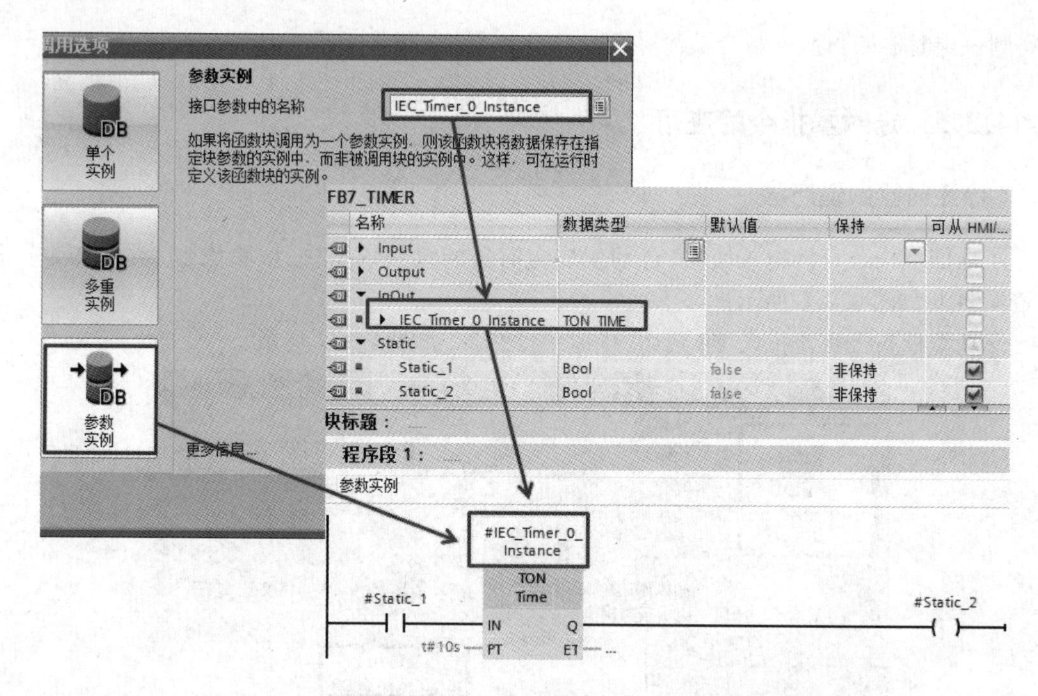

图 4.3.8 参数实例

④在 DB 块、FB 的静态变量、FC 和 FB 的 INOUT 变量中新建 IEC_TIMER、TP_TIME、TON_TIME、TOF_TIME、TONR_TIME(后面 4 个从 TIA 博途 V11 开始)类型变量，在程序中将功能框定时器指令拖入块中时，在弹出的"调用选项"页面点击"取消"按钮，将建好的变量填入指定位置。对线圈型指令，这是首选方法。

a. DB 块中新建 IEC_TIMER 等类型变量(LAD/FBD)，如果是 IEC_TIMER 等类型变量的数组，S7-1500 从 V2.0 版本开始支持，如图 4.3.9—图 4.3.11 所示。

名称	数据类型	注释
Static		
Static_1	IEC_TIMER	
Static_2	TP_TIME	需要完整输入数据类型名称后输入回车键才能出现
Static_3	TON_TIME	需要完整输入数据类型名称后输入回车键才能出现
Static_4	TOF_TIME	需要完整输入数据类型名称后输入回车键才能出现
Static_5	TONR_TIME	需要完整输入数据类型名称后输入回车键才能出现

图 4.3.9 DB 块中的定义

程序段 1： .....

"DB78".Static_5的位置使用IEC_TIMER、TP_TIME、TON_TIME、TOF_TIME、TONR_TIME都可以，定时器类型取决于块类型

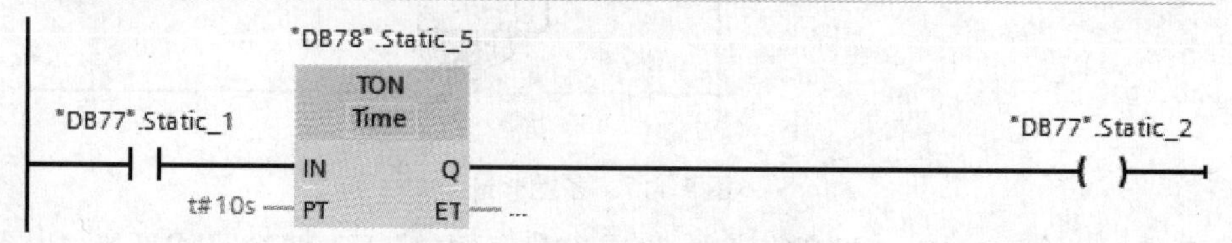

图 4.3.10 功能框定时器使用

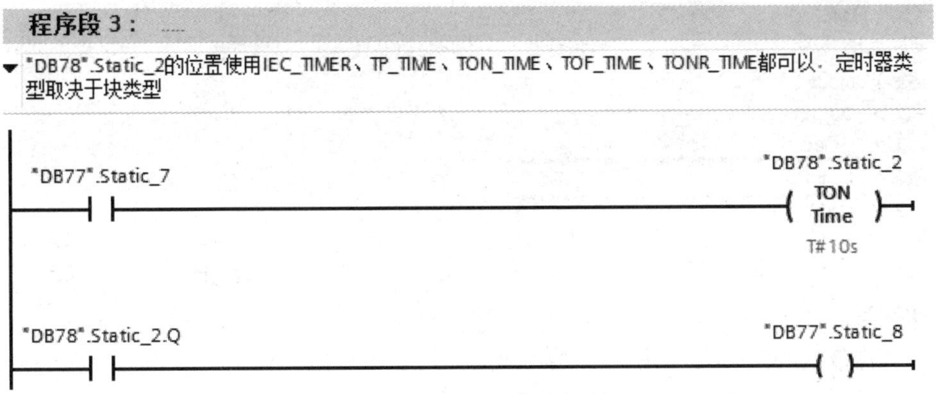

程序段 3：
"DB78".Static_2的位置使用IEC_TIMER、TP_TIME、TON_TIME、TOF_TIME、TONR_TIME都可以．定时器类型取决于块类型
"DB77".Static_7
"DB78".Static_2
TON
Time
T#10s
"DB78".Static_2.Q
"DB77".Static_8

图 4.3.11　线圈型定时器使用

b. FB 的静态变量中新建 IEC_ TIMER 等类型变量(LAD/FBD），如果是 IEC_ _TIMER 等类型变量的数组，S7-1500 从 V2.0 版本开始支持，如图 4.3.12 所示。

程序段 1：
自定义IEC_TIMER等类型的静态变量．可以是IEC_TIMER等类型的数组
#Static_3
TON
Time
#Static_1
IN
Q
#Static_2
t#10s
PT
ET

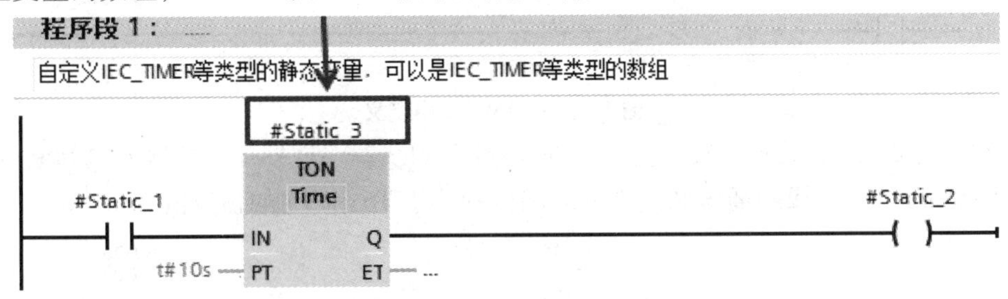

图 4.3.12　静态变量中定义

c. C 和 FB 的 INOUT 变量中新建 IEC _TIMER 等类型变量(LAD/FBD），如果是 IEC _TIMER 等类型变量的数组，S7-1500 从 V2.0 版本开始支持，从 TIA 博途 V14 开始支持 IEC。TIMER 等类型变量的变长数组(ARRAY[#])，如图 4.3.13 所示。

(2)定时器常见问题

①定时器的输入位需要有电平信号的跳变，定时器才会开始计时。如果保持不变的信号作为输入位是不会开始计时的。TP、TON、TONR 需要 IN 从“0”变为“1”启动，TOF 需要 IN 从“1”变为“0”启动。

②定时器的背景数据块重复使用。

③只有在定时器功能框的 Q 点或 ET 连接变量，或者在程序中使用背景 DB(或 IEC_TIMER 类型的变量)中的 Q 点或者 ET，定时器才会开始计时，并且更新定时时间。

(3)定时器的应用

控制要求：用接通延时定时器设计周期和占空比可调的振荡电路。

振荡电路程序分析：如图 4.3.14 所示的串联电路接通后，定时器 T5 的 IN 输入信号为 1 状态，开始定时。2s 后定时时间到，它的 Q 输出使定时器 T6 开始定时，同时 Q0.7 的线圈通电。3s 后 T6 的定时时间到，它的输出“T6”Q 的常闭触点断开，使 T5 的 IN 输入电路断开，其 Q 输出变为 0 状态，使 Q0.7 和定时器 T6 的 Q 输出也变为 0 状态。下一个扫描周期因为“T6”

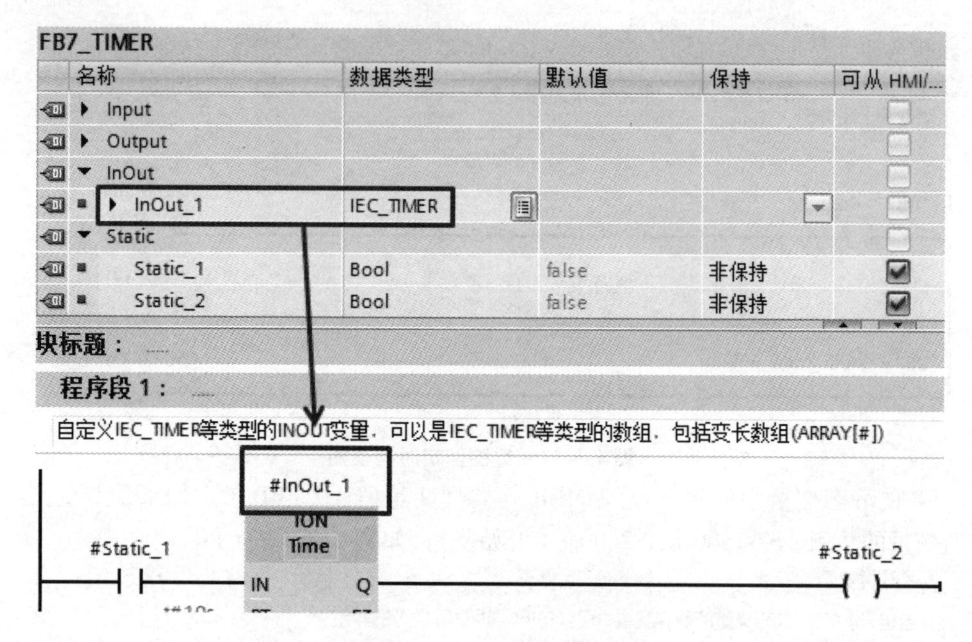

图 4.3.13　INOUT 中定义

Q 的常闭触点接通,T5 又从预设值开始定时。Q0.7 的线圈将这样周期性地通电和断电,直到串联电路断开。Q0.7 线圈通电和断电的时间分别等于 T6 和 T5 的预设值。

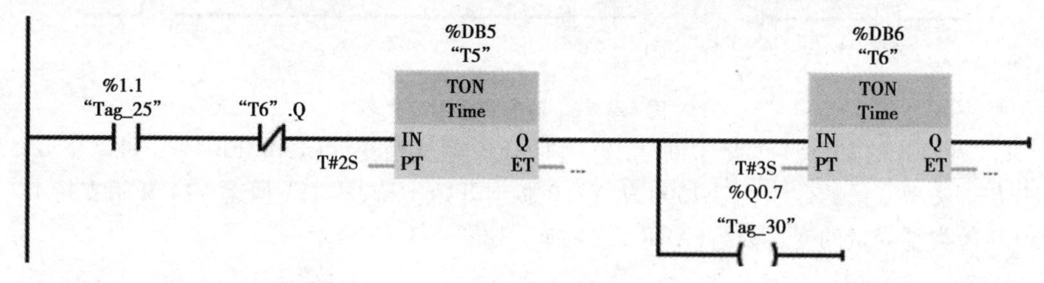

图 4.3.14　振荡电路

4.4　PLC 控制多功能流水灯任务的实现

PLC 控制三相异步电动机顺序启动任务的实现

学习任务描述

流水灯在现实生活中所起的作用越来越重要。流水灯简易轻巧,外形美观,能呈现多彩的颜色,广告流水灯越来越多地出现在城市中;在繁忙的交通路段,流水交通灯提醒着人们要遵守交通规则;在大型的晚会现场,流水灯是不可缺少的一道景观。本节需要完成多功能流水灯的控制任务:控制 8 个流水灯,8 个灯依次点亮,循环 5 次后熄灭。如图 4.4.1 所示为流水灯实物图。

图4.4.1　流水灯实物图

➤ 学习目标

1. 掌握计数器指令的应用；
2. 熟练掌握 PLC 程序设计的步骤及方法；
3. 掌握 PLC 系统的安装与调试方法；
4. 能够运用计数器指令编写程序；
5. 能够对 PLC 系统进行安装与调试；
6. 养成主动学习、勤于动手、细心的习惯；
7. 培养团结合作、精益求精、勇于创新的工匠精神。

➤ 知识点学习

S7-1200/1500 的计数器为 IEC 计数器，用户程序中可以使用的计数器数量仅受 CPU 的存储器容量限制。计数器用来累计输入脉冲次数，最大计数速率受所在 OB 的执行速率限制。指令所在 OB 的执行频率必须足够高，以检测输入脉冲的所有变化，如果需要更快的计数操作，请参考高速计数器（HSC）。S7-1200 的计数器包含 3 种计数器：加计数器（CTU）、减计数器（CTD）、加减计数器（CTUD）。

S7-1200 的计数器属于函数块，调用时需要生成背景数据块。单击指令助记符下面的问号，用下拉式列表选择某种整数数据类型。CU 和 CD 分别是加计数输入和减计数输入，在 CU 或 CD 信号的上升沿，当前计数器值 CV 被加 1 或减 1。PV 为预设计数值，CV 为当前计数器值，R 为复位输入，Q 为 BOOL 输出。

4.4.1　加计数器

首次扫描，计数器输出 Q 为 0，当前值 CV 为 0。加计数器对计数输入端 CU 脉冲输入的每个上升沿，计数 1 次，当前值增加 1 个单位。PV 表示预设值，R 用来将计数值重置为零，CV 表示当前计数值，Q 表示计数器的输出参数。对每种计数器，计数值可以是任何整数数据类型，并且需要使用每种整数对应的数据类型的 DB 结构（表 4.4.1）或背景数据块来存储计数器数据。加计数器引用及时序图见表 4.4.2（本书均以 INT 计数器为例）。

表 4.4.1　计数器类型及范围

整数类型	计数器类型	计数器类型(TIA 博途 V14 开始)			计数范围
SINT	IEC_SCOUNTER	CTU_SINT	CTD_SINT	CTUD_SINT	-128 ~ 127
INT	IEC_COUNTER	CTU_INT	CTD_INT	CTUD_INT	-32768 ~ 32767
DINT	IEC_DCOUNTER	CTU_DINT	CTD_DINT	CTUD_DINT	-2147483648 ~ 2147483647
USINT	IEC_USCOUNTER	CTU_USINT	CTD_USINT	CTUD_USINT	0 ~ 255
UINT	IEC_UCOUNTER	CTU_UINT	CTD_UINT	CTUD_UINT	0 ~ 65535
UDINT	IEC_UDCOUNTER	CTU_UDINT	CTD_UDINT	CTUD_UDINT	0 ~ 4294967295

表 4.4.2　CTU 指令使用及时序图

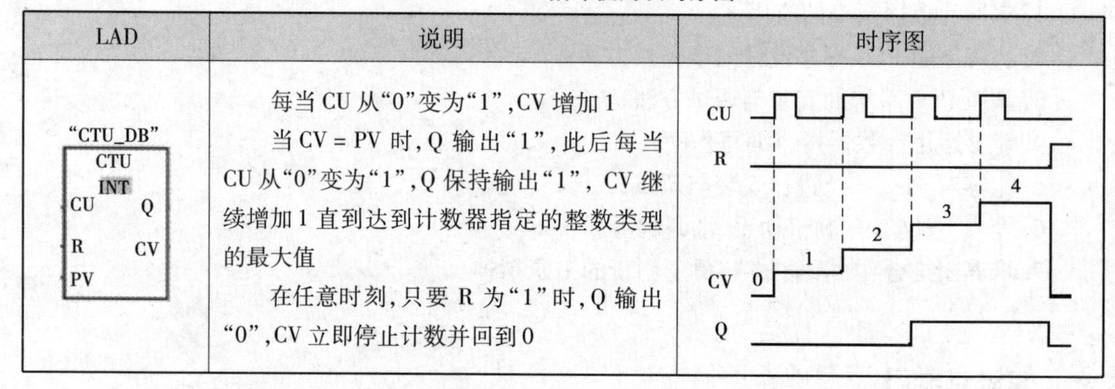

LAD	说明	时序图
"CTU_DB" CTU INT CU Q R CV PV	每当 CU 从"0"变为"1",CV 增加 1 当 CV = PV 时,Q 输出"1",此后每当 CU 从"0"变为"1",Q 保持输出"1",CV 继续增加 1 直到达到计数器指定的整数类型的最大值 在任意时刻,只要 R 为"1"时,Q 输出"0",CV 立即停止计数并回到 0	CU R CV 0 1 2 3 4 Q

4.4.2　减计数器

首次扫描,计数器输出 Q 为 0,CV 为当前值,PV 为预设值。减计数器对计数输入端 CD 脉冲输入的每个上升沿,计数 1 次,当前值减少 1 个单位。LD 用来重新装载预设值,PV、CV、Q 与 CTU 加计数器指令管脚定义一致。指令使用说明见表 4.4.3。

表 4.4.3　CTD 指令使用及时序图

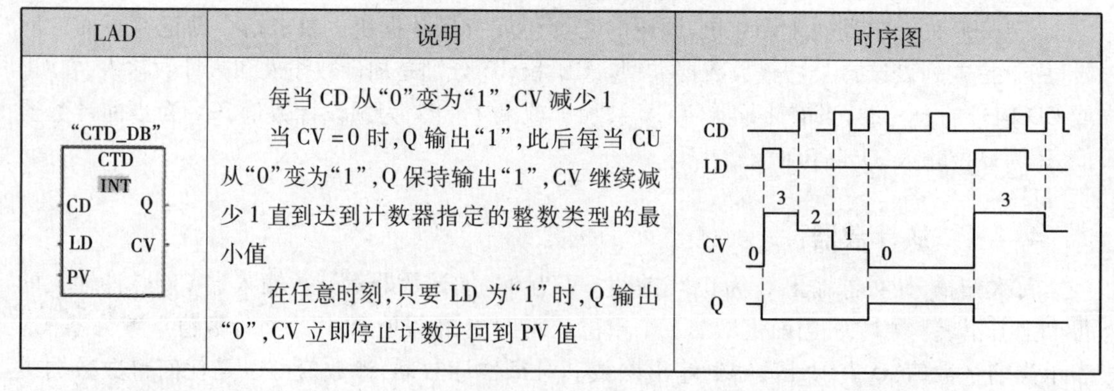

LAD	说明	时序图
"CTD_DB" CTD INT CD Q LD CV PV	每当 CD 从"0"变为"1",CV 减少 1 当 CV =0 时,Q 输出"1",此后每当 CU 从"0"变为"1",Q 保持输出"1",CV 继续减少 1 直到达到计数器指定的整数类型的最小值 在任意时刻,只要 LD 为"1"时,Q 输出"0",CV 立即停止计数并回到 PV 值	CD LD CV 0 3 2 1 0 3 Q

分析表 4.4.3 中时序图,当 LD 为 1 时,CV 装载预设值 PV(PV =3);当 CD 端有脉冲输入时,在每个脉冲上升沿时刻,当前值 CV 减 1;当 CD 端输入第 3 个脉冲时,在其上升沿时刻,CV 值为 0,Q 输出为 1,并保持为 1;直到下个 LD 为 1 时,CV 值重新设置为 3,同时 Q 输出为 0。

4.4.3　加减计数器

首次扫描,计数器输出 QU 和 QD 均为 0,当前值 CV 为 0。加减计数器对计数输入端 CU 脉冲输入的每个上升沿,当前值增加 1 个单位;对计数输入端 CD 脉冲输入的每个上升沿,当前值减少 1 个单位。R 用来将计数值重置为零,LD 用来重新装载预设值,QU、QD 表示计数器的输出参数,PV、CV 与 CTU 加计数器指令管脚定义一致。指令使用说明见表 4.4.4,时序图如图 4.4.2 所示。

表 4.4.4　CTUD 指令

LAD	说明
“CTD_DB” CTD INT CD　Q LD　CV PV	每当 CU 从“0”变为“1”,CV 增加 1,每当 CD 从“0”变为“1”,CV 减少 1 当 CV > =PV 时,QU 输出“1”,当 CV < PV 时,QU 输出“0”;当 CV < =0 时,QD 输出“1”,当 CV >0 时,QD 输出“0”;CV 的上下限取决于计数器指定的整数类型的最大值与最小值 在任意时刻,只要 R 为“1”时,QU 输出“0”,CV 立即停止计数并回到 0;只要 LD 为“1”时,QD 输出“0”,CV 立即停止计数并回到 PV 值

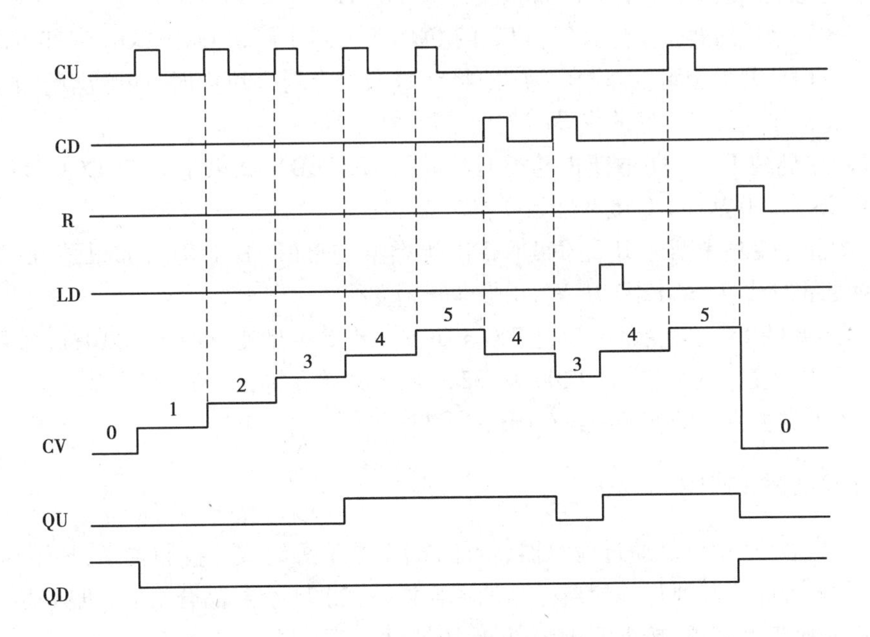

图 4.4.2　加减计数器时序图

4.4.4　计数器指令的应用

(1)计数器创建

①指令直接拖入块中,自动生成计数器的背景数据块,该块位于“系统块”→“程序资源”中,如图 4.4.3 所示。需要在指令中修改计数值类型。

②指令直接拖入 FB 块中,生成多重背景。多重背景的数据类型在 TIA 博途 V14 之前是

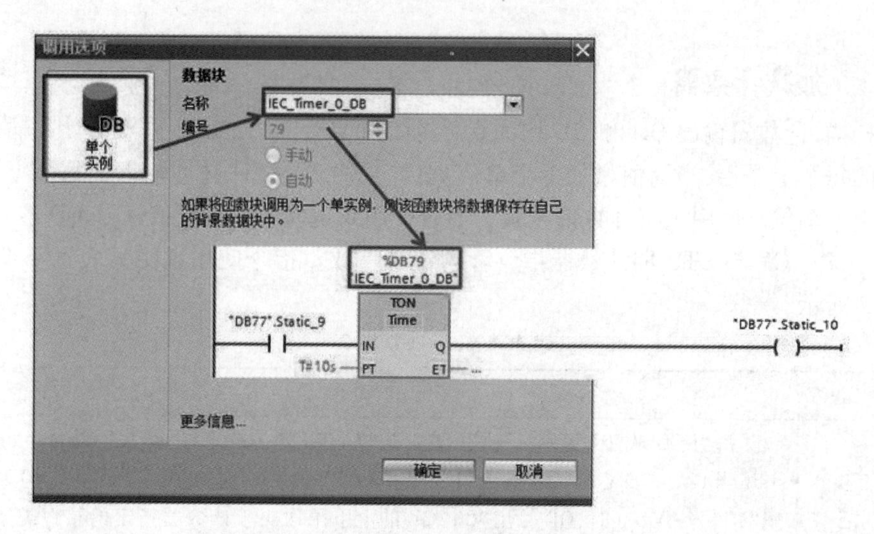

图 4.4.3　自动生成计数器的背景数据块

IEC_ COUNTER 类型,从 TIA 博途 V14 开始是 CTU_INT、CTD_ INT、CTUD_INT 等类型(取决于指令)。

③指令直接拖入 FB、FC 块中,生成参数实例,从 TIA 博途 V14 开始。

④在 DB 块、FB 的静态变量、FC 和 FB 的 INOUT 变量中新建 IEC _COUNTER、CTU_ INT、CTD _INT、CTUD_ INT 类型变量,在程序中将计数器指令拖入块中时,在弹出的"调用选项"页面点击"取消"按钮,将建好的变量填入指定位置。

a. DB 块中新建 IEC_COUNTER 等类型变量(LAD/FBD),如果是 IEC_ COUNTER 等类型变量的数组,S7-1200 从 V2.0 版本开始支持。

b. FB 的静态变量中新建 IEC_COUNTER 等类型变量(LAD/FBD),如果是 IEC_COUNTER 等类型变量的数组,S7-1200 从 V2.0 版本开始支持。

c. FC 和 FB 的 INOUT 变量中新建 IEC_COUNTER 等类型变量(LAD/FBD),如果是 IEC_COUNTER 等类型变量的数组,S7-1200 从 V2.0 版本开始支持,从 TIA 博途 V14 开始支持 IEC_ COUNTER 等类型变量的变长数组(ARRAY[#])。

(2)计数器指令应用

产品检验生产线由产品通过检测器、传送带、机械手等组成。控制要求:按下启动按钮,传送开始运输产品,产品通过检测器检测是否合格,检测 24 个产品合格后,机械动作一次,2s 后机械手电磁阀自动切断;按下停止按钮,传送带停止工作,如图 4.4.4 所示。

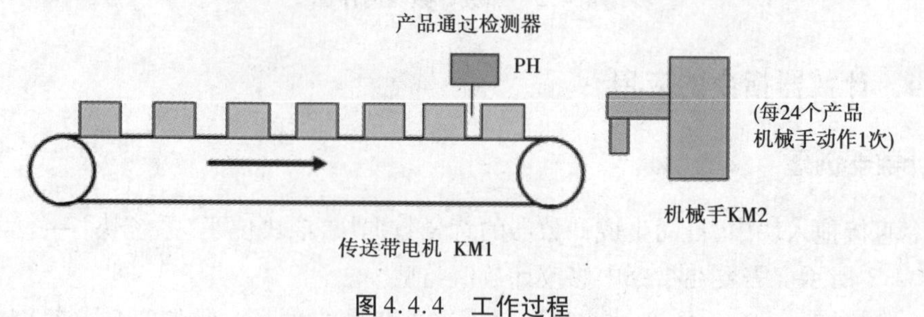

图 4.4.4　工作过程

1)I/O 分配表

I/O 分配表见表4.4.5。

表4.4.5　I/O 分配表

	序号	I/O	名称
输入	1	I0.0	传送带停机按钮
	2	10.1	传送带启动按钮
	3	10.3	产品通过检测器
输出	1	Q0.0	传送带电机 KM1
	2	Q0.1	机械手电磁阀

2)程序设计

程序设计如图4.4.5所示。

PLC 控制多功能流水灯任务的实现

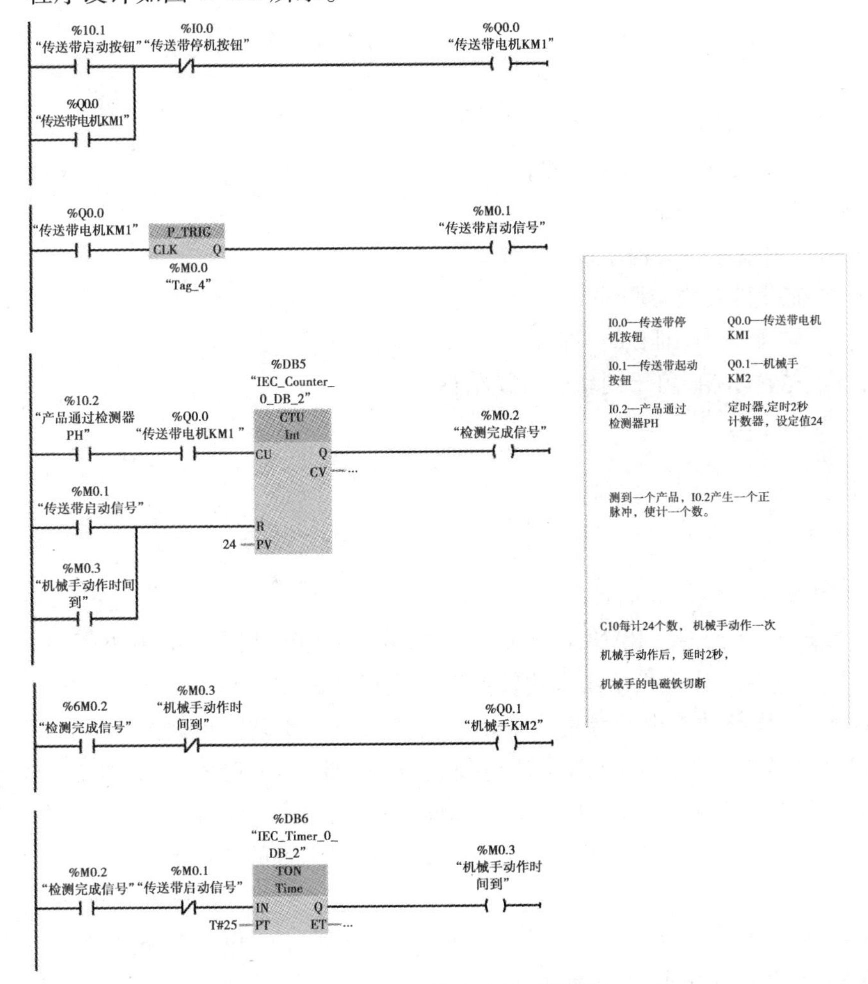

图4.4.5　程序图

4.5 PLC 控制水箱水位任务的实现

学习任务描述

民用建筑用水池、水塔、水箱,以及石油化工、造纸、食品、污水处理等行业的开口或密闭储罐,地下池槽中各种液位的液位测量,实现水箱(水塔)自动补水,或自动排水,也可以实现上/下水池的联合控制,有效防止水池水位过高溢出或水泵空转损坏,液位控制已得到广泛应用。本节需要完成水箱水位的控制任务:控制 3 个水箱,系统能够自动检测水箱“空”和“满”的状态,当检测到“空”信号的时候,则对水箱注水;当检测到“满”信号时,则停止注水。水箱“空”和“满”的状态是随机的,每次只能对一个水箱注水,注水顺序和排空顺序一致,按照实际情况确定。

➢ 学习目标

1. 掌握数据处理指令的应用;
2. 熟练掌握 PLC 程序设计的步骤及方法;
3. 掌握 PLC 系统的安装与调试方法;
4. 能够运用数据处理指令编写程序;
5. 能够对 PLC 系统进行安装与调试;
6. 养成主动学习、勤于动手、细心的习惯;
7. 培养团结合作、精益求精、勇于创新的工匠精神。

➢ 知识点学习

4.5.1 比较指令

比较指令包含比较值指令、IN_ RANGE 和 OUT_ RANGE 功能框指令、OK 和 NOT_OK 指令、VARIANT 指针比较指令。比较指令用来比较数据类型相同的两个数 IN1 与 IN2 的大小。操作数可以是 I/Q/M/L/D 存储区中的变量或常量。比较指令需要设置数据类型,可以设置比较条件。“值在范围内”指令 IN_ RANGE 与“值超出范围”指令 OUT_RANGE 可以视为一个等效的触点,MIN、MAX 和 VAL 的数据类型必须相同,有能流流入且满足条件时等效触点闭合,有能流流出。OK 和 NOT OK 触点指令检查是否是有效或无效的浮点数,具体用法见表 4.5.1—表 4.5.4。

对 LAD 和 FBD:单击指令名称(如“ = = ”),以从下拉列表中更改比较类型。单击“???”,并从下拉列表中选择数据类型。

表 4.5.1　比较指令 1

LAD	FBD	SCL	说明
"IN1" == Byte "IN2"	== Byte "IN1" — IN1 "IN2" — IN2	out := in1 = in2; or IF in1 = in2 THEN out := 1; ELSE out := 0; END_IF;	比较数据类型相同的两个值。该 LAD 触点比较结果为 TRUE 时，则该触点会被激活。如果该 FBD 功能框比较结果为 TRUE，则功能框输出为 TRUE

表 4.5.2　参数的数据类型

参数	数据类型	说明
IN1，IN2	Byte、Word、DWord、SInt、Int、DInt、USInt、UInt、UDInt、Real、LReal、String、WString、Char、Time、Date、TOD、DTL、常数	要比较的值

表 4.5.3　比较说明

关系类型	满足以下条件时比较结果为真
=	IN1 等于 IN2
< >	IN1 不等于 IN2
> =	IN1 大于或等于 IN2
< =	IN1 小于或等于 IN2
>	IN1 大于 IN2
<	IN1 小于 IN2

表 4.5.4　比较指令 2

指令	关系类型	满足以下条件比较结果为真	支持的数据类型
IN_RANGE ??? MIN VAL MAX	IN_RANGE（值在范围内）	MIN < = VAL < = MAX	SINT、INT、DINT、USINT、UINT、UDINT、Real、Constant
OUT_RANGE ??? MIN VAL MAX	OUT_RANGE（值在范围外）	VAL < MIN 或 VAL > MAX	
—|OK|—	OK（检查有效性）	输入值为有效 REAL 数	Real、LReal
—|NOT_OK|—	NOT_OK（检查无效性）	输入值不是有效 REAL 数	

如图 4.5.1 所示,这是"CMP = ="等于指令应用,实现的功能上电后接通开关 I0.0,观察两数值相同或不相同时,线圈 Q0.0 的动作情况。当两值相同时,线圈 Q0.0 吸合;当两值不相等时,线圈 Q0.0 不吸合。

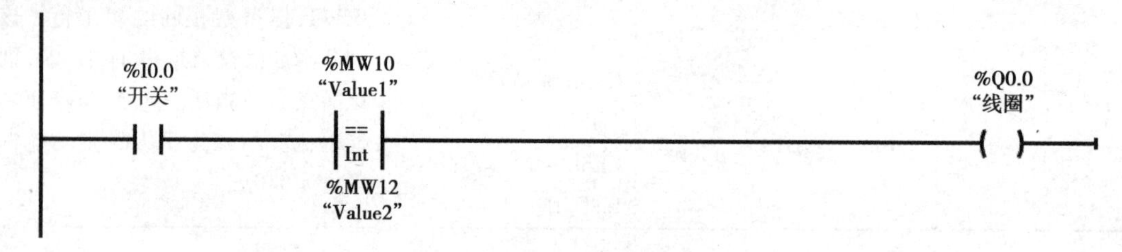

图 4.5.1　比较指令程序

4.5.2　移动指令

移动指令包含 MOVE 指令、MOVE_ BLK 指令和 UMOVE_ BLK 指令、FILL BLK 指令和 UFILL_ BLK 指令、SWAP 交换指令、Variant 指针移动指令。

(1)MOVE 指令

MOVE 指令用于将 IN 输入的源数据传送给 OUT1 输出的目的地址,并且转换为 OUT1 允许的数据类型(与是否进行 IEC 检查有关),源数据保持不变。MOVE 指令的 IN 和 OUT1 可以是 BOOL 之外所有的基本数据类型、数据类型 DTL、Struct、Array, IN 还可以是常数。如果 IN 数据类型的位长度超出 OUT1 数据类型的位长度,源值的高位丢失;如果 IN 数据类型的位长度小于输出 OUT1 数据类型的位长度,目标值的高位被改写为 0。

(2)SWAP 指令

SWAP 为交换指令,支持 Word 和 DWord 数据类型,用于调换二字节和四字节数据元素的字节顺序,但不改变每个字节中的位顺序。使能输入 EN 为"1"时,执行 SWAP 指令,更改输入 IN 中 Word 和 DWord 类型数据的顺序,并在输出 OUT 中查询结果(图 4.5.2)。

图 4.5.2　MOVE 指令和 SWAP 指令程序

(3)MOVE_ BLK 指令和 UMOVE_ BLK 指令

MOVE_ BLK (可中断移动块)和 UMOVE_ BLK (不可中断移动块)指令可将数据块或临时存储区中一个存储区的数据移动到另一个存储区中,要求源范围和目标范围的数据类型相同(图 4.5.3)。IN 指定源起始地址,OUT 指定目标起始地址,COUNT 用于指定将移动到目标范围中的元素个数。通过 IN 中元素的宽度来定义元素待移动的宽度。

MOVE_ BLK 和 UMOVE_ BLK 指令在处理中断的方式上有所不同:MOVE_BLK 指令在执行过程中可排队并响应中断,UMOVE_BLK 指令在执行过程中可排队但不响应中断。IN 和

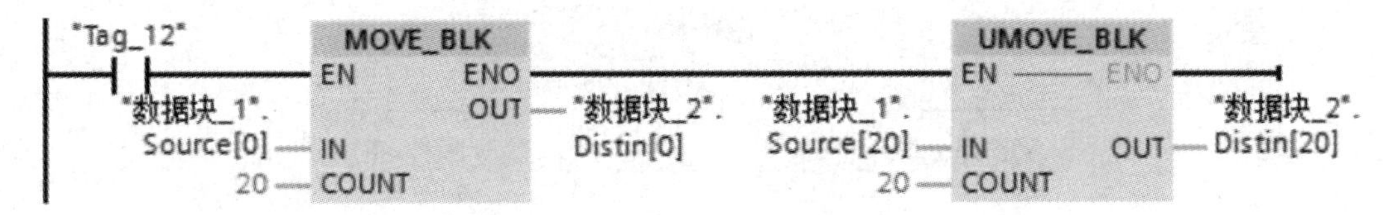

图 4.5.3　MOVE_ BLK 和 UMOVE_ BLK 指令程序

OUT 支持的数据类型为 SInt、Int、Dint、USInt、UInt、UDInt、Real、LReal、Byte、Word、DWord、Time、Date、TOD、WChar。COUNT 的数据类型为 UInt 或常数。

(4)FILL_ BLK 和 UFILL_ BLK 指令

FILL _BLK (可中断填充)和 UFIL_ BLK (不可中断填充)指令,使能输入 EN 为"1"时执行填充操作,输入 IN 的数据会从输出 OUT 指定的目标起始地址开始填充目标存储区域,输入 COUNT 指定填充范围(图 4.5.4)。

图 4.5.4　FILL_ BLK 和 UFILL_ BLK 指令程序

IN 和 OUT 支持的数据类型为 SInt、Int、Dint、USInt、UInt、UDInt、Real、LReal、Byte、Word、DWord、Time、Date、TOD、WChar。IN 中数据可为常数。OUT 指定的目标存储区域只能在数据块(DB)或临时存储区(L) 中。COUNT 的数据类型为 UInt 或常数。

4.5.3　数据转换指令

数据转换指令包含数据类型转换(CONV)指令、浮点数取整指令、SCALE_ X 指令和 NORM_ X 指令。

(1)CONV 指令

CONV 指令将输入数据作数据类型转换,结果存储在输出中(图 4.5.5)。BCD32 只能转换为 DINTBCD16 只能转换为 INT,IN 可以是常数,OUT 不可以。

图 4.5.5　CONV 指令程序

(2)浮点取整指令

浮点取整指令是将浮点数转换为双字整数,指令中的 IN 为浮点,OUT 为整数。ROUND 取整遵循四舍五入的规则(图 4.5.6);CEIL 取大于等于 IN 的最小整数;FLOOR 取小于等于 IN 的最大整数;TRUNC 截位取整,舍去小数点之后的数,见表 4.5.5。

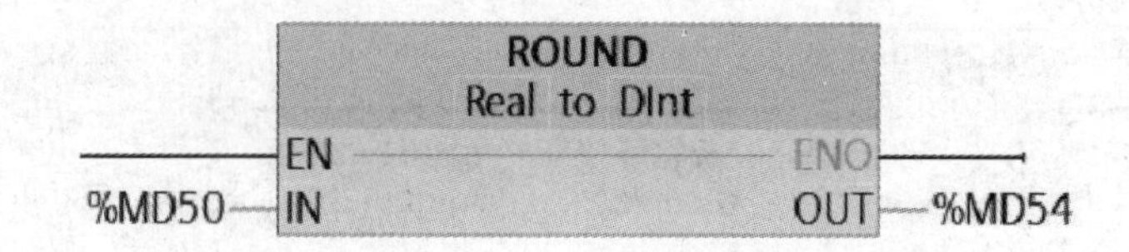

图 4.5.6 ROUND 指令

表 4.5.5 浮点取整指令用法说明

指令	取整前	取整后	说明
ROUND	100.6 -100.6	101 -101	四舍五入
CEIL	100.2 -100.6	101 -100	将浮点数转换为大于或等于它的最小双整数
FLOOR	100.6 -100.2	100 -101	将浮点数转换为小于或等于它的最小双整数
TRUNC	100.7 -100.7	100 -100	将浮点数转换为截位取整得双整数

(3)SCALE_ X 指令

SCALE_ X(标定或缩放)指令按比例,将百分比小数(浮点数)变为整数(图 4.5.7)。指令中 VALUE 为百分比小数或浮点数,OUT 为整数,OUT = MIN + VALUE(MAX-MIN) 。

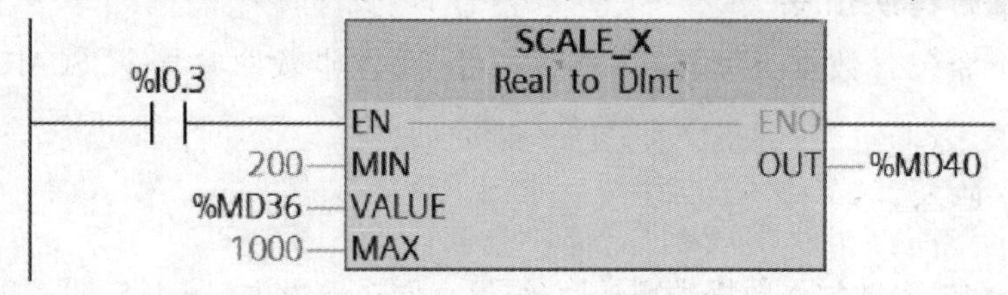

图 4.5.7 SCALE_ X 指令程序

(4)NORM_ X 指令

NORM_ X(标准化)指令按比例,将整数值变为小数(图 4.5.8)。指令中 VALUE 为整数,OUT 为百分比小数或浮点数,OUT = (VALUE-MIN)/(MAX-MIN)。

4.5.4 移位和循环移位指令

移位和循环移位指令见表 4.5.6。

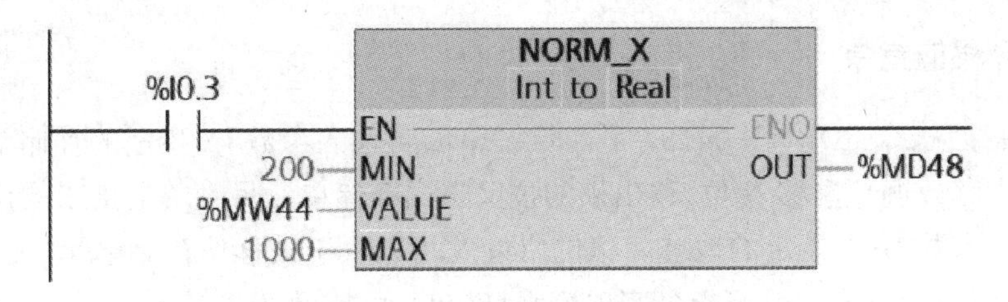

图 4.5.8　NORM_ X 指令程序

表 4.5.6　移位和循环移位指令

LAD/FBD	SCL	说明
SHR ??? EN — ENO IN OUT N	out：= SHR (in：=_variant_in_, n：=_uint_in)；	使用移位指令 SHR 移动参数 IN 的位序列。结果将分配给参数 OUT。参数 N 指定移位的位数
SHL ??? EN — ENO IN OUT N	out：= SHL (in：=_variant_in_, n：=_uint_in)；	使用移位指令 SHL 移动参数 IN 的位序列。结果将分配给参数 OUT。参数 N 指定移位的位数
ROR ??? EN — ENO IN OUT N	out：= ROL (in：=_variant_in_, n：=_uint_in)；	循环指令(ROR)用于将参数 IN 的位序列循环移位。结果分配给参数 OUT。参数 N 定义循环移位的位数
ROL ??? EN — ENO IN OUT N	out：= ROR (in：=_variant_in_, n：=_uint_in)；	循环指令(ROL)用于将参数 IN 的位序列循环移位。结果分配给参数 OUT。参数 N 定义循环移位的位数

(1)移位指令

右移指令 SHR 和左移指令 SHL 将输入参数 IN 指定的存储单元的整个内容逐位右移或左移 N 位。需要设置指令的数据类型。有符号数右移后空出来的位用符号位填充。无符号数移位和有符号数左移后空出来的位用 0 填充。右移 n. 位相当于除以 2n,左移 n 位相当于乘以 2n。如果移位后的数据要送回原地址,应在信号边沿操作。

(2)循环移位指令

“循环右移”指令 ROR 和“循环左移”指令 ROL 将输入参数 IN 指定的存储单元的整个内容逐位循环右移或循环左移 N 位,移出来的位又送回存储单元另一端空出来的位。移位的结果保存在输出参数 OUT 指定的地址。移位位数 N 可以大于被移位存储单元的位数。

如图 4.5.9 所示,通过循环指令实现流水灯控制,由按键 I0.0 启动。

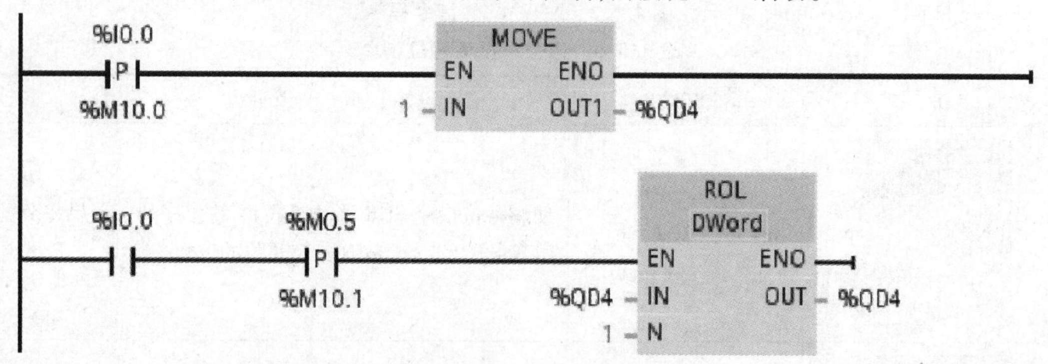

图 4.5.9 流水灯程序

I0.0 为控制开关,M0.5 为周 期为 1s 的时钟存储器位,实现的功能为当按下 I0.0,QD4 中为 1 的输出位每秒钟向左移动一位。第 1 段程序的功能是赋初值,即将 QD4(Q4.0 ~ Q4.7、Q5.0 ~ Q5.7、Q6.0 ~ Q6.7、Q7.0 ~ Q7.7)中的 Q7.0 置位,第 2 段程序的功能是每秒钟 QD4 循环左移一位。

4.5.5 数据处理指令的应用

(1)循环移位指令的应用

控制要求:单方向按顺序逐个亮或灭,相当于灯的亮灭按顺序作位置移动。当位移按钮(I0.0)按下时,信号灯依次从第一个灯开始向后逐个亮;按钮松开时,信号灯依次从第一个灯开始向后逐个灭。位移间隔时间为 0.5s。当复位按钮按下时,灯全灭。

分析:实现 PLC 控制器上 8 个输出指示灯的顺序控制。两个按钮控制,一个作为位移按钮(I0.0),一个作为复位按钮(I0.1)。单方向按顺序逐个亮/灭,即灯的亮灭按顺序作位置移动。当位移按钮按下时,Q0.0 到 Q0.7 逐个点亮;按钮松开时,信号灯依次从第一个灯开始向后逐个灭。位移间隔时间为 0.5s。当复位按钮按下时,灯全灭。

1)I/O 分配表

I/O 分配表见表 4.5.7。

2)程序设计

程序设计如图 4.5.10 和图 4.5.11 所示。

(2)数据转换指令应用

控制要求:某温度变送器的量程为-200 ~ 850°C,输出信号为 4 ~ 20mA,符号地址为“模拟值”的 IW96,将 0 ~ 20mA 的电流信号转换为数字 0 ~ 27648,求以℃为单位的浮点数温度值。

表 4.5.7　I/O 分配表

	序号	I/O	名称	连接端子
输入	1	10.0	位移	依据实验平台，接在对应的按钮端子上，并在分配表中标明
	2	10.1	复位	
输出	1	Q0.0	指示灯 1	依据实验平台，接在对应的指示灯上，并在分配表中标明对应指示灯的编号
	2	Q0.1	指示灯 2	
	3	Q0.2	指示灯 3	
	4	Q0.3	指示灯 4	
	5	Q0.4	指示灯 5	
	6	Q0.5	指示灯 6	
	7	Q0.6	指示灯 7	
	8	Q0.7	指示灯 8	

1）分析

4mA 对应的模拟值为 5530，IW96 将-200～850°C 的温度转换为模拟值 5530～27648，用“标准化”指令 NORM_ X 将 5530～27648 的模拟值归一化为 0.0～1.0 的浮点数“归一化”，然后用“缩放”指令 SCALE _X 将归一化后的数字转换为-200～850°C 的浮点数温度值，用变量“温度值”保存。

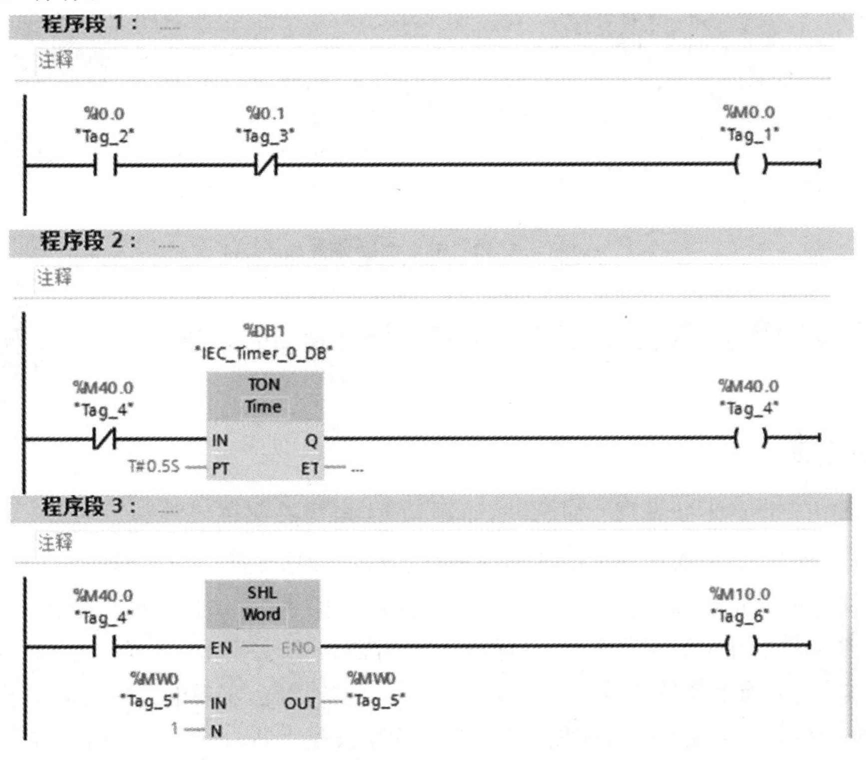

图 4.5.10　程序图

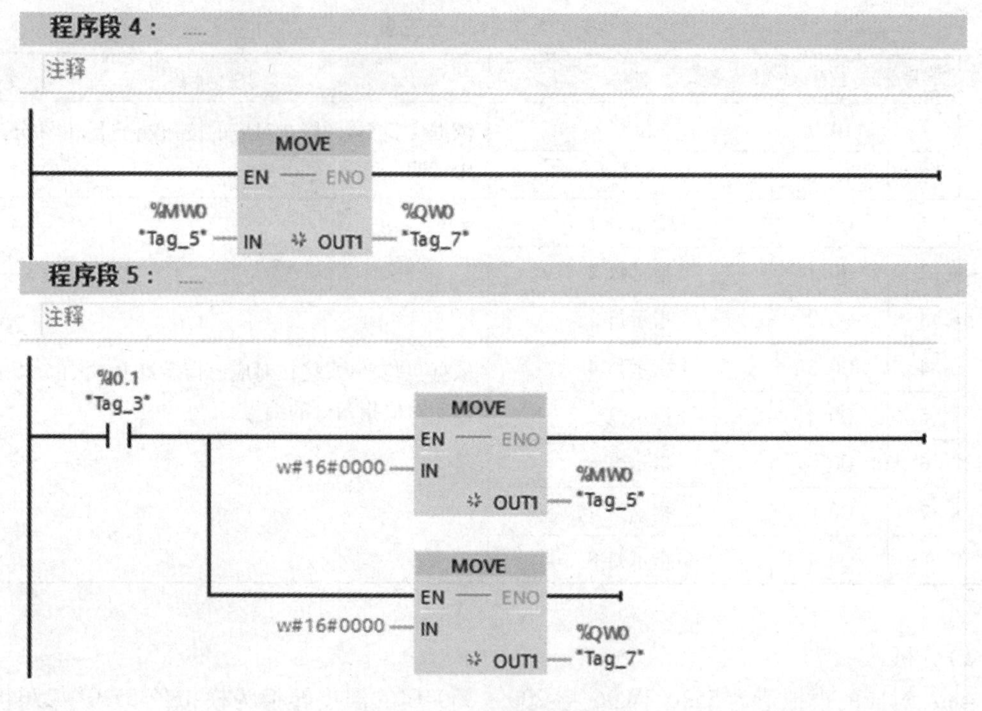

图 4.5.11 彩灯控制程序

2)程序设计

温度变速器程序如图 4.5.12 所示。

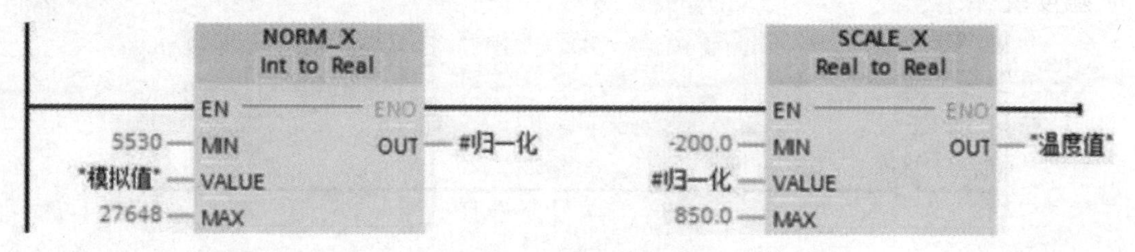

图 4.5.12 温度变送器程序

4.6 PLC 控制电梯轿厢楼层显示任务的实现

PLC 控制水箱水位任务的实现

学习任务描述

随着城市建设的不断发展,高层建筑不断增多,电梯在国民经济和生活中有着广泛的应用。电梯作为高层建筑中垂直运行的交通工具已与人们的日常生活密不可分。实际上电梯是根据外部呼叫信号以及自身控制规律等运行的,而呼叫是随机的,电梯实际上是一个人机交互式的控制系统。目前电梯的控制普遍采用两种方式:一是采用微机作为信号控制单元,完成电梯信号的采集、运行状态和功能的设定,实现电梯的自动调度和集选运行功能,拖动控制则由变频器来完成;二是采用可编程控制器(PLC)取代微机实现信号集选控制。国内普遍采用的是 PLC 控制,通过 PLC 编程显示电梯轿厢所在楼层,让楼层在数码管上显示。

➤ 学习目标

1. 掌握数据运算指令、字符串指令、日期和时间指令的应用；
2. 熟练掌握 PLC 程序设计的步骤及方法；
3. 掌握 PLC 系统的安装与调试方法；
4. 能够运用运算指令、字符串指令、日期和时间指令编写程序；
5. 能够对 PLC 系统进行安装与调试；
6. 养成主动学习、勤于动手、细心的习惯；
7. 培养团结合作、精益求精、勇于创新的工匠精神。

➤ 知识点学习

4.6.1　数学运算指令

(1)ADD、SUB、MUL 和 DIV 指令

ADD、SUB、MUL 和 DIV 指令可选多种整数和实数数据类型。IN1、IN2 的数据类型为 SInt、Int、Dint、USInt、UInt、UDInt、Real、LReal 和常数，IN1、IN2 和 OUT 的数据类型应相同。ADD 和 MUL 指令可增加输入个数，整数除法截尾取整，见表 4.6.1。

表 4.6.1　ADD 指令

LAD	说明
ADD ??? EN ENO IN1 OUT IN2	ADD：加法(IN1 + IN2 = OUT)，SUB：减法(IN1-IN2 = OUT)，MUL：乘法(IN1 * IN2 = OUT)，DIV：除法(IN1/IN2 = OUT) 整数除法运算会截去商的小数部分以生成整数输出 单击“???”并从下拉菜单中选择数据类型

如图 4.6.1 所示梯形图，实现的功能为被 CPU 集成的模拟量输入通道转换为数字信号存放在#temp1，然后与 1000 相乘，再与 27648 相除，运算结果的有效部分在 MD74 中。同样任务用图 4.6.1 的梯形图实现，也可以用图 4.6.2 所示的梯形图实现，但两种选择的数据类型不同。

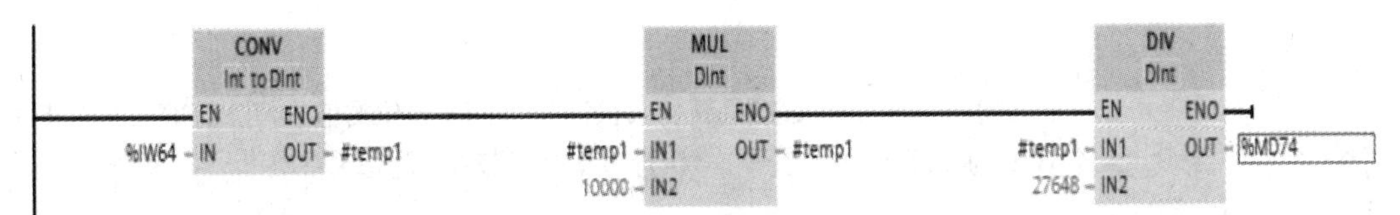

图 4.6.1　双整数运算

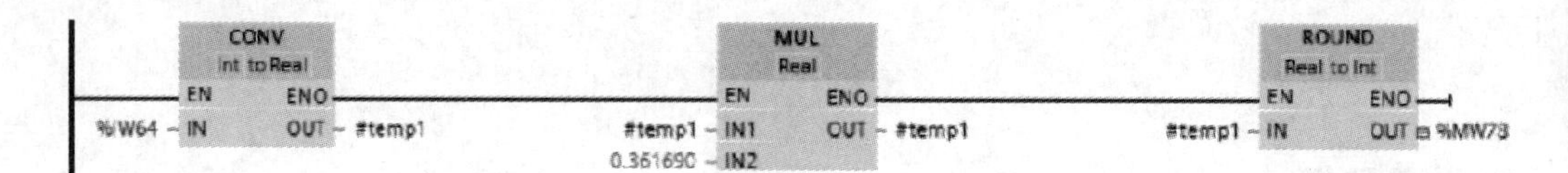

图 4.6.2　浮点数运算

(2)其他指令(表 4.6.2)

表 4.6.2　其他指令

符号	描述	符号	描述
MOD	求除法的余数	SQR	计算平方
NEG	将输入 IN 的值取反	SQRT	计算平方根
INC	参数 IN/OUT 的值加 1	LN	计算自然对数
DEC	参数 IN/OUT 的值减 1	EXP	计算指数值
ABS	求有符号整数和实数的绝对值	SIN	计算正弦值
MIN	获取最小值	COS	计算余弦值
MAX	获取最大值	TAN	计算正切值
LIMIT	将输入值限制在制订的范围内	ASIN	计算反正弦值
EXPT	取幂	ACOS	计算反余弦值
FRAC	提取小数	ATAN	计算反正切值

4.6.2　字逻辑运算指令

逻辑运算是对无符号数进行的逻辑处理,逻辑运算指令主要包括逻辑与(AND)、逻辑或(OR)、逻辑异或(XOR)和取反(INV)等(表 4.6.3)。

表 4.6.3　字逻辑运算指令

LAD	说明
AND ??? EN — ENO IN1 OUT IN2	AND:逻辑 AND OR: 逻辑 OR XOR:逻辑异或
INV ??? EN — ENO IN OUT	计算参数 IN 的二进制反码。通过对参数 IN 各位的值取反来计算反码(将每个 0 变为 1,每个 1 变为 0)。执行该指令后,ENO 总是为 TRUE

续表

LAD	说明
ENCO ??? EN — ENO IN OUT	将位序列编码成二进制数，ENCO 指令将参数 IN 转换为与参数 IN 的最低有效设置位的位置对应的二进制数，并将结果返回给参数 OUT。如果参数 IN 为 0000 0001 或 00000000，则将值 0 返回给参数 OUT。如果参数 IN 的值为 0000 0000，则 ENO 设置为 FALSE
DECO UInt to ??? EN — ENO IN OUT	将二进制数解码成位序列，DECO 指令通过将参数 OUT 中的相应位设置为 1（其他所有位设置为 0）解码参数 IN 中的二进制数。执行 DECO 指令之后，ENO 始终为 TRUE。注：DECO 指令的默认数据类型为 DWORD。在 SCL 中，将指令名称更改为 DECO_BYTE 或 DECO_WORD 可解码字节或字值，并分配到字节或字变量或地址
SEL ??? EN ENO G OUT IN0 IN1	SEL 根据参数 G 的值将两个输入值中的一个分配给参数 OUT。
MUX ??? EN ENO K OUT IN0 IN1 ELSE	MUX 根据参数 K 的值将多个输入值中的一个复制到参数 OUT。如果参数 K 的值大于（INn - 1），则会将参数 ELSE 的值复制到参数 OUT
DEMUX ??? EN ENO K OUT0 IN OUT1 ELSE	DEMUX 将分配给参数 IN 的位置值复制到多个输出之一。参数 K 的值选择将哪一输出作为 IN 值的目标。如果 K 的值大于数值（OUTn - 1），则会将 IN 值复制到分配给 ELSE 参数的位置

AND、OR 和 XOR 指令对两个输入 IN1 和 IN2 逐位进行逻辑运算，运算结果在输出 OUT 指定的地址中。IN 的数据类型为 Byte、Word、Dword；OUT 的数据类型为 Byte、Word、DWord。指令中所选数据类型将 IN1、IN2 和 OUT 设置为相同的数据类型。

INV 指令使能输入 EN 有效时，计算参数 IN 的二进制反码。通过对参数各位的值取反来计算反码,得输出结果 OUT。IN 的数据类型为 SInt、Int、DInt、USInt、UInt、UDInt、Byte、Word、DWord;OUT 的数据类型为 SInt、Int、DInt、USInt、UInt、UDInt、Byte、Word、DWord。

如果输入参数 IN 的值为 n,“解码”指令 DECO 将输出参数 OUT 的第 n 位置为 1,其余各位置 0。如果输入 IN 的值大于 31,将 IN 的值除以 32 以后,用余数来进行解码操作。IN 为 5 时 OUT 为 2#0010 0000 (16#20),仅第 5 位为 1。

“编码”指令 ENCO 将 IN 中为 1 的最低位的位数送给 OUT 指定的地址。如果 IN 为 2#00101000 (即 16#28),OUT 中的编码结果为 3。如果 IN 为 1 或 0,OUT 的值为 0。如果 IN 为 0,ENO 为 0 状态。

“选择”指令 SEL(Select)的 BOOL 输入参数 G 为 0 时选中 IN0,G 为 1 时选中 IN1,选中的数值被保存到输出参数 OUT 指定的地址。

“多路复用”指令 MUX (Multiplex) 根据输入参数 K 的值,选中某个输入数据,并将它传送到输出参数 OUT 指定的地址。K = m 时,将选中输入参数 INm。如果 K 的值大于可用的输入个数,ELSE 的值将复制到输出 OUT 中,ENO 为 0 状态。可以增加输入参数 INn 的个数。INn、ELSE 和 OUT 的数据类型应相同。

“多路分用”指令 DEMUX 根据输入参数 K 的值,将输入 IN 的内容复制到选定的输出,其他输出则保持不变。K = m 时,将复制到输出 OUTm。可以增加输出参数 OUTn 的个数。IN、ELSE 和 OUTn 的数据类型应相同。如果参数 K 的值大于可用的输出个数,参数 ELSE 输出 IN 的值,ENO 为 0 状态。

4.6.3 字符串指令

(1)字符串的结构

字符串(String)数据类型是头部为 2B,后面是最多为 254B 的 ASCII 字符代码。首字节是字符串的最大长度,第 2 个字节是当前实际使用的字符数。字符串占用的字节数为最大长度加 2。此外还有宽字符串 Wstring。

(2)定义字符串

执行字符串指令之前,要先定义字符串。不能在变量表中定义字符串,只能在代码块的接口区或全局数据块中定义。

生成符号命名为 DB_1 的全局数据块 DB1,取消它的“优化的块访问”属性后,可以用绝对地址访问它。在 DB1 中生成 3 个字符串,DB_1 中定义字符串变量 String1 ~ String3,字符串的数据类型 String[18]中的[18]表示其最大长度为 18 个字符,加上头部 2 个字节,共 20B。如果字符串的数据类型为 String,则每个字符串变量占用 256B。

(3)字符串基本指令

字符串基本指令见表 4.6.4。

表 4.6.4　字符串基本指令

LAD	说明
S_CONV ??? TO ??? EN　ENO IN　OUT	将字符串转换成相应的值,或将值转换成相应的字符串。S_CONV 指令没有输出格式选项。S_CONV 指令比 STRG_VAL 指令和 VAL_STRG 指令更简单,但灵活性更差
STRG_VAL ??? TO ??? EN　ENO IN　OUT FORMAT P	将数字字符串转换为相应的整型或浮点型表示法
VAL_STRG ??? TO ??? EN　ENO IN　OUT SIZE PREC FORMAT P	将整数值、无符号整数或浮点值转换为相应的字符串表示法

1)字符串和浮点数之间的相互转化

字符串和浮点数之间的相互转化程序如图 4.6.3 所示。

2)将 INT 类型数值转换为 STRING 类型字符串

如图 4.6.4—图 4.6.6 所示,将 INT 类型数值转换为 STRING 类型字符串。

(4)字符串扩展指令

字符串扩展指令见表 4.6.5。

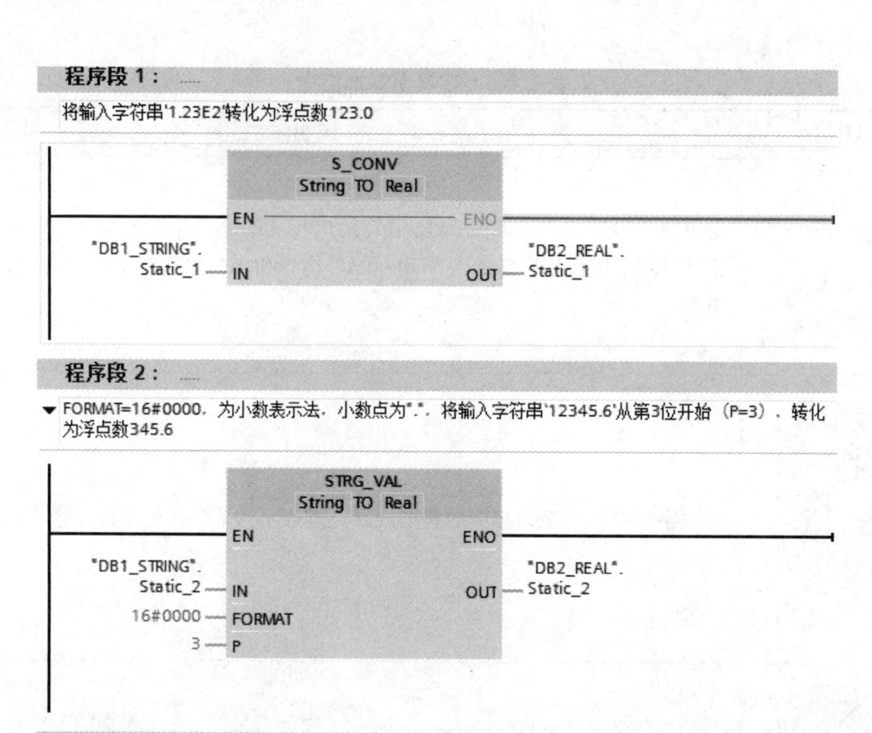

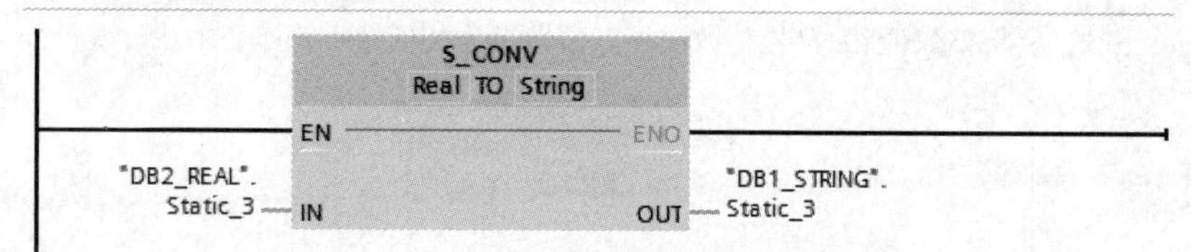

图 4.6.3　字符串和浮点数之间的相互转化程序

My_gDB_S_conv

	名称	数据类型	起始值	保持	可从 HMI/...	从 H...	在 HMI ...	设定值
1	▼ Static			☐	☐	☐	☐	☐
2	■ inputValueNBR	Int	602	☐	☑	☑	☑	☐
3	■ resultSTRING	String	''	☐	☑	☑	☑	☐

图 4.6.4　全局数据块中创建两个存储数据的变量

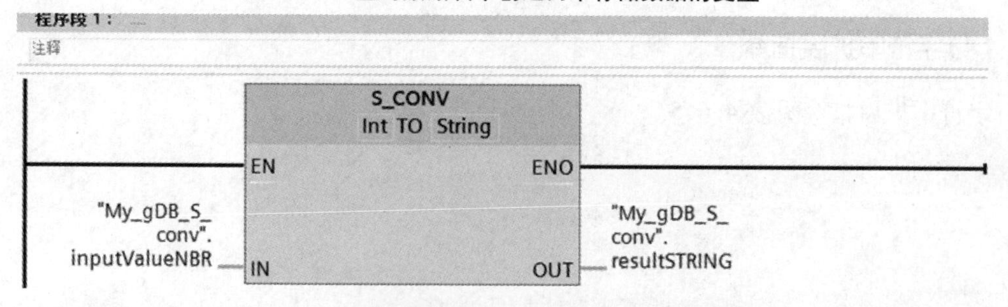

图 4.6.5　INT 类型数值转换为 STRING 类型字符串程序

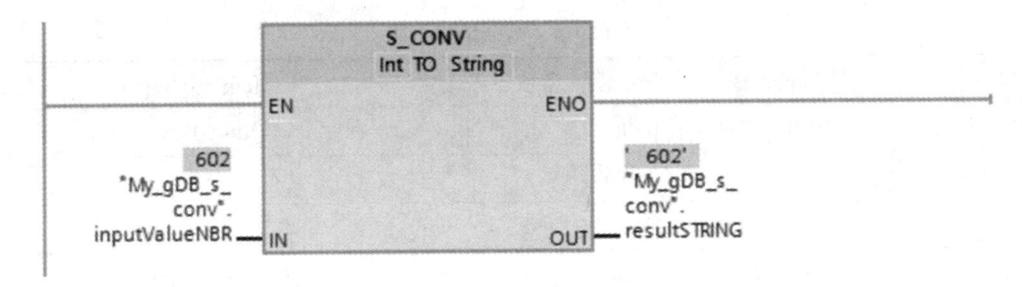

图 4.6.6　程序运行后结果

表 4.6.5　字符串扩展指令

LAD	说明	LAD	说明	LAD	说明
LEN String EN ENO IN OUT	获取字符串长度	CONCAT String EN ENO IN1 OUT IN2	连接两个字符串	LEFT String EN ENO IN OUT L	获取字符串的左侧子串
RIGHT String EN ENO IN OUT L	获取字符串的右侧子串	MID String EN ENO IN OUT L P	获取字符串的中间子串	RE_TRIGR EN ENO	用于延长扫描循环监视狗定时器生成错误前允许的最大时间
STP EN ENO	“停止PLC扫描循环”将PLC置于Stop模式	GetErrorID EN END ID	指示发生程序块执行错误并报告错误的ID	GetError EN END ERROR	指示发生程序块执行错误并用详细错误信息填充预定义的错误数据结构

4.6.4　日期时间指令

CPU 的实时时钟(Time-of-day Clock)在 CPU 断电时由超级电容提供的能量保证时钟的运行。CPU 上电至少 24h 后,超级电容充的能量可供时钟运行 10d。打开在线与诊断视图,可以设置实时时钟的时间值,也可以用时钟指令来读、写实时时钟。

(1)日期时间的数据类型

数据类型 Time 的长度为 4B,取值范围为 T#-24d_20h_31m_23s_648ms ～ T#24d_ 20h_31m_ 23s_ 648ms,-2147483648ms ～ 2147483647ms。数据结构 DTL(日期时间)见表 4.6.6。

表 4.6.6 数据结构 DTL

数据	字节数	取值范围	数据	字节数	取值范围
年	2	1970 ~ 2554	h	1	0 ~ 23
月	1	1 ~ 12	min	1	0 ~ 59
日	1	1 ~ 13	s	1	0 ~ 23
星期	1	1 ~ 7	ns	4	0 ~ 999999999

(2)日期时间指令——时间转换、相加、相减、时间差

T_CONV(时间转换)用于将数据类型 Time 转换为 Dint,或者反向转换。IN 和 OUT 参数均可以数据类型 Time 转换为 Dint。

T_ADD(时间相加)和 T__SUB(时间相减)的输入参数 IN1 和输出参数 OUT 的数据类型可选 DTL 或 Time,它们的数据类型应该相同。IN2 的数据类型为 Time。

T_ _DIFF(时间差)的输入 IN1 的 DTL 值减去 IN2 的 DTL 值,参数 OUT 提供数据类型为 Time 的差值,即 DTLDTL = Time。

三种指令如图 4.6.7 所示。

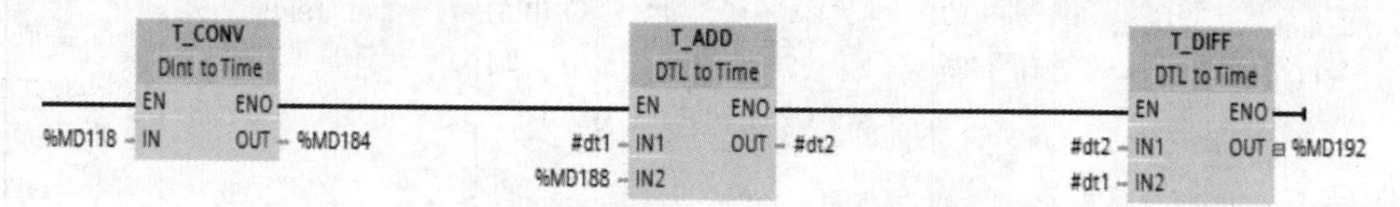

图 4.6.7 程序图

(3)日期时间指令——时钟指令

WR_ SYS_ T(写系统时间):将输入 IN 的 DTL 值写入 PLC 的实时时钟。输出 RET_ VAL 是返回的指令执行的状态信息。

RD_ SYS_ T(读系统时间):将读取的 PLC 当前系统时间保存在输出 OUT 中,数据类型为 DTL。输出 RET_ VAL 是返回的指令执行的状态信息。

RD_LOC__T(读本地时间)的输出 OUT 提供数据类型为 DTL 的 PLC 中的当前本地时间。为了保证读取到正确的时间,在组团 CPU 的属性时,应设置实时时间的时区为北京,不设夏时制。在读取实时时间时,应调用 RD_ LOC_ T 指令。

如图 4.6.8 所示,用实时时钟指令控制路灯的定时接通和断开,20:00 开灯,6:00 关灯,用 RD_ LOC_ T 读取实时时间,保存在数据类型为 DTL 的局部变量 DT5 中,其中的 HOUR 是小时值,其变量名为 DT5. HOUR。用 Q0.0 来控制路灯。

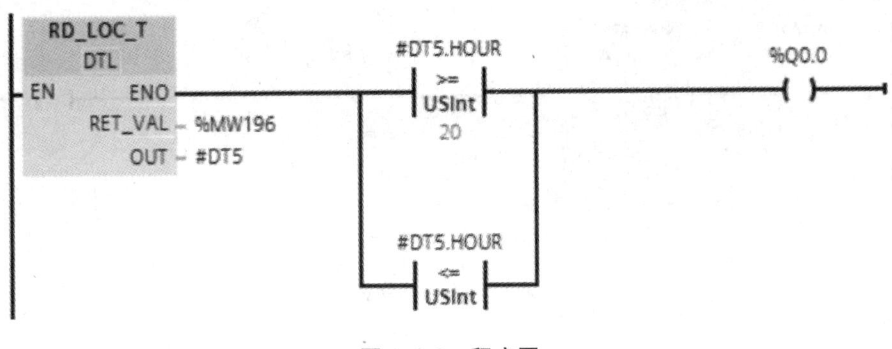

图4.6.8　程序图

4.6.5　运算指令的应用

(1)数学运算指令的应用

以加法指令为例,编写梯形图程序，下载到可编程序控制器中运行,根据运行情况进行调试、修改程序,直到通过为止。其余函数指令请自行练习。

1)I/O分配表

I/O分配表见表4.6.7。

表4.6.7　I/O分配表

	序号	I/O	名称	元件或端子
输入	1	Ia.0(I0.0)	开关	PLC80通用元件控制模块中钮子开关S20
输出	1	Qa.0(Q0.0)	发光二极管	PLC80通用元件控制模块中发光二极管D0(线圈)

2)参考程序

参考程序如图4.6.9所示。

3)电气原理图/接线图

电气原理图/接线图如图4.6.10所示。

如果开关I0.0的信号状态为“1”,则将执行“加”指令。将操作数Value1的值与操作数Value2的值相加。相加的结果存储在操作数Result中。如果该指令执行成功,则使能输出ENO的信号状态为“1”,同时置位输出Q0.0。

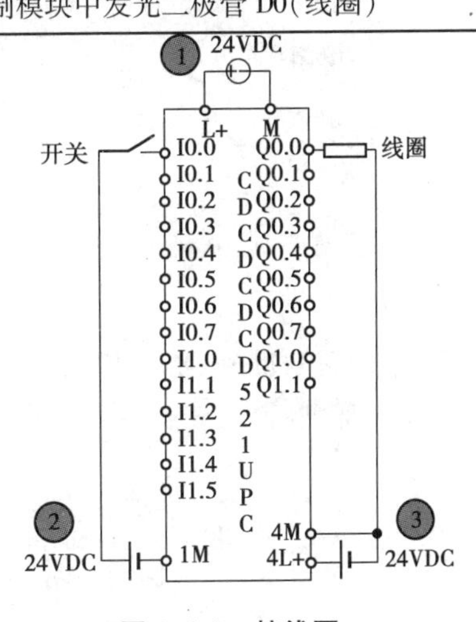

图4.6.9　接线图

4)实验结果

在线监控程序的执行状况。分别向字寄存器MW10和MW12赋值0和5,闭合开关S20,监控字寄存器MW14的值为5,且线圈Q0.0闭合。

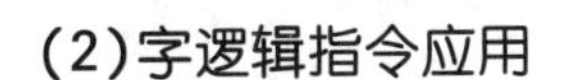

(2)字逻辑指令应用

本实验主要以与指令进行演示说明,其余指令请自行验证。

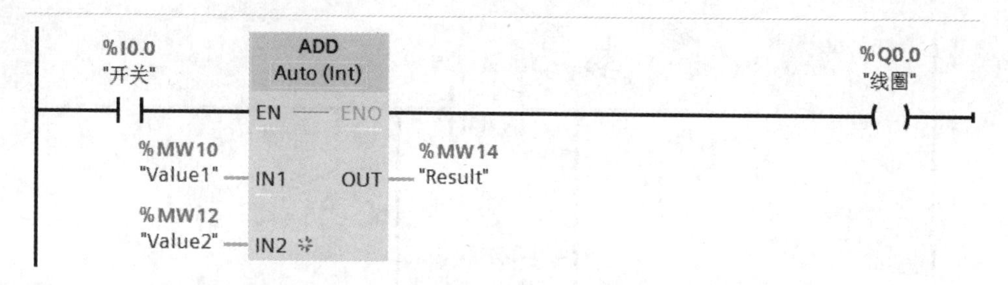

图 4.6.10　程序图

1）程序说明

①建立全局数据块“DB_AND”以存放各变量。

②将操作数“DB_AND”. value1 的值与操作数“DB_AND”. value2 的值进行“与”运算。结果按位映射并输出到操作数“DB_AND”. result 中。

2)参考程序

参考程序如图 4.6.11 所示。

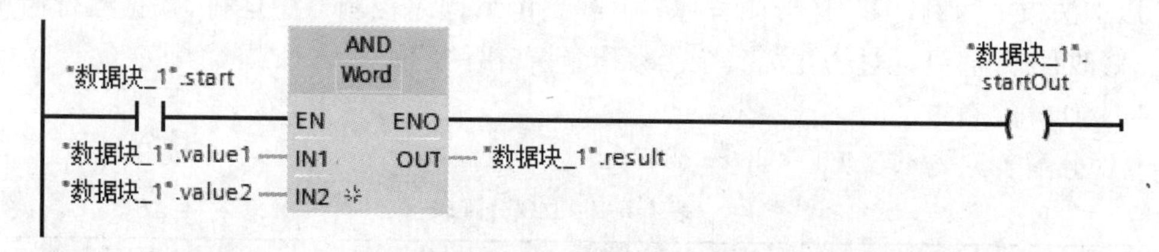

图 4.6.11　程序图

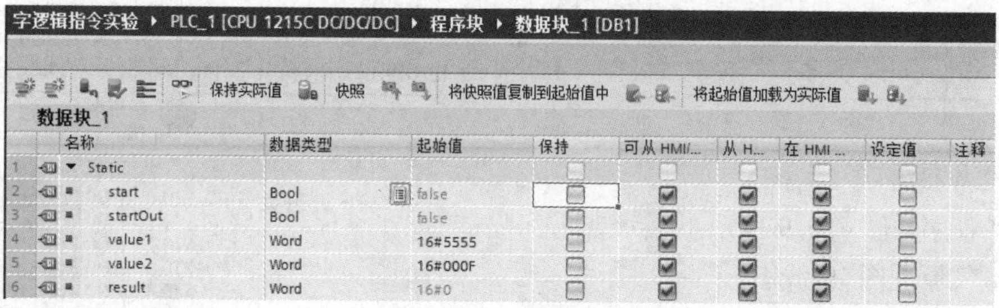

字逻辑指令实验 ▸ PLC_1 [CPU 1215C DC/DC/DC] ▸ 程序块 ▸ 数据块_1 [DB1]

保持实际值　快照　将快照值复制到起始值中　将起始值加载为实际值

数据块_1

	名称	数据类型	起始值	保持	可从 HMI/...	从 H...	在 HMI ...	设定值	注释
1	▼ Static			☐	☐	☐	☐	☐	
2	start	Bool	false	☐	☑	☑	☑	☐	
3	startOut	Bool	false	☐	☑	☑	☑	☐	
4	value1	Word	16#5555	☐	☑	☑	☑	☐	
5	value2	Word	16#000F	☐	☑	☑	☑	☐	
6	result	Word	16#0	☐	☑	☑	☑	☐	

图 4.6.12　变量表

在线监控程序的执行状况。修改“数据块_1”. start 的值为 true,结果如图 4.6.12 所示。

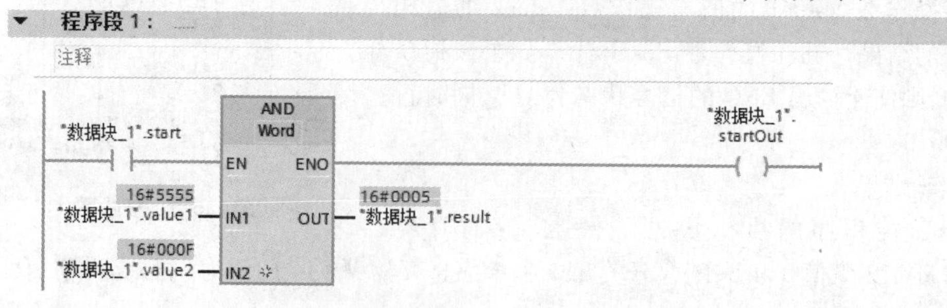

图 4.6.13　程序图

PLC 控制电梯轿厢楼层显示任务的实现

4.7　PLC 控制恒温控制任务的实现

学习任务描述

在工业控制领域,基于运行稳定性考虑,要对生产过程中的各种物理量进行检测和控制。这在冶金、化工、建材、食品、机械、石油等工业中,具有举足轻重的作用。其中温度控制以其较为复杂的工艺过程而备受人们关注。各种加热炉、热处理炉、反应炉等得到了广泛应用。这些都对温度控制系统的设计提出了更高的要求。本节要完成 PLC 恒温控制的任务:温度传感器采集的温度值送到变送器,变换成电压或电流信号送给 PLC 的模拟量端口,由 PLC 读取模拟端口值与设定值比较后送输出端口控制,通过 PID 控制实现恒温控制的功能。

➢ 学习目标

1. 掌握程序控制操作指令、脉冲指令、PID 指令的应用;
2. 熟练掌握 PLC 程序设计的步骤及方法;
3. 掌握 PLC 系统的安装与调试方法;
4. 能够运用控制操作指令、脉冲指令、PID 指令编写程序;
5. 能够对 PLC 系统进行安装与调试;
6. 养成主动学习、勤于动手、细心的习惯;
7. 培养团结合作、精益求精、勇于创新的工匠精神。

➢ 知识点学习

4.7.1　程序控制操作指令

程序控制指令包括了用来改变程序执行顺序的跳转指令,以及在程序运行中用于控制的指令。跳转指令中止程序的顺序执行,跳转到指令中的跳转标签所在的目的地址。可以向前或向后跳转,只能在同一个代码块内跳转。在一个块内,跳转标签的名称只能使用一次。一个程序段中只能设置一个跳转标签,标签在程序段的开始处,标签的第一个字符必须是字母。

JMP、SWITCH 和 JMP_LIST 指令的使用分别如图 4.7.1—图 4.7.3 所示。更多的程序控制指令梯形图符号和使用说明见表 4.7.1。

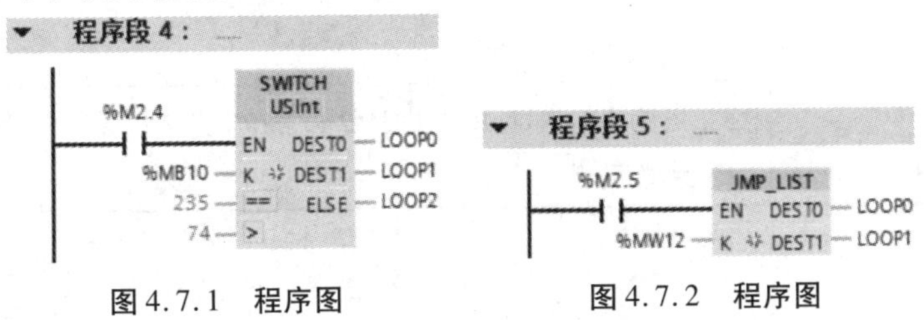

图 4.7.1　程序图　　图 4.7.2　程序图

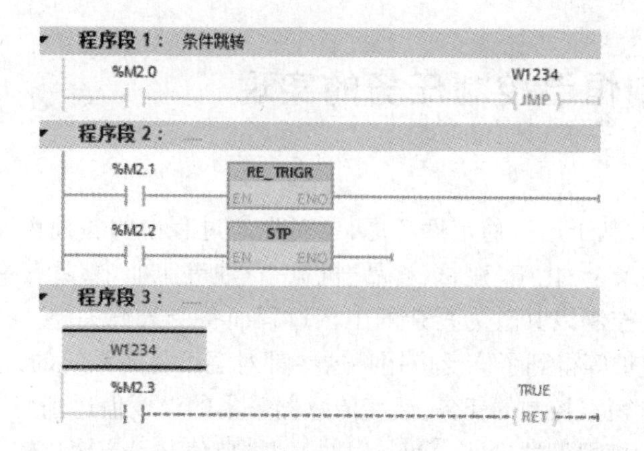

图 4.7.3 程序图

表 4.7.1 程序控制指令及使用说明

LAD	说明
<???> (JMP)	RLO(逻辑运算结果)=1 时跳转:将跳转到由指定跳转标签标识的程序段。可以跳转到更大或更小的程序段编号
<???> (JMPN)	如果该指令输入的逻辑运算结果(RLO)为“0”,则将跳转到由指定跳转标签标识的程序段。可以跳转到更大或更小的程序段编号
<???>	JMP 或 JMPN 跳转指令的目标标签。跳转标签与指定跳转标签的指令必须位于同一数据块中。跳转标签的名称在块中只能分配一次。S7-1200 最多可以声明 32 个跳转标签,而 S7-1500 最多可以声明 256 个跳转标签。一个程序段中只能设置一个跳转标签。每个跳转标签可以跳转到多个位置
JMP_LIST EN DEST0 K DEST1 DEST2 DEST3	JMP_LIST 指令用作程序跳转分配器,控制程序段的执行。根据 K 输入的值跳转到相应的程序标签。程序从目标跳转标签后面的程序指令继续执行。如果 K 输入的值超过标签数-1,则不进行跳转,继续处理下一程序段
SWITCH ??? EN DEST0 K DEST1 == DEST2 <> ELSE <	SWITCH 指令用作程序跳转分配器,控制程序段的执行。根据 K 输入的值与分配给指定比较输入的值的比较结果,跳转到与第一个为“真”的比较测试相对应的程序标签。如果比较结果都不为 TRUE,则跳转到分配给 ELSE 的标签。程序从目标跳转标签后面的程序指令继续执行
<??.?> (RET)	终止当前块的执行,RET 与 JMP 和 JMPN 指令相关,每个程序段中只能使用一个跳转线圈

续表

LAD	说明
GET_ERROR EN ENO ERROR	指示发生本地程序块执行错误,并用详细错误信息填充预定义的错误数据结构
RUNTIME EN ENO MEM Ret_Val	测量整个程序、各个块或命令序列的运行时间

4.7.2 脉冲指令

PWM(脉冲宽度可调)是一种周期固定、脉宽可调节的脉冲输出,虽然使用的是数字量输出,但其在很多方面类似于模拟量,如它可以控制电机的转速、阀门的位置等。S7-1200 CPU提供了两个输出通道用于高速脉冲输出,分别可组态为PTO或PWM ,PTO的功能只能由运动控制指令来实现,PWM功能使用CTRL_PWM指令块实现。当一个通道被组态为PWM时,将不能使用PTO功能,反之亦然。指令的梯形图和说明见表4.7.2。

表4.7.2 指令梯形图及说明

LAD	说明
%DB2 "CTRL_PWM_DB" CTRL_PWM EN ENO PWM BUSY ENABLE STATUS	提供占空比可变的固定循环时间输出。PWM输出以指定频率(循环时间)启动之后将连续运行 脉冲宽度会根据需要进行变化以影响所需的控制
%DB3 "CTRL_PTO_DB" CTRL_PTO EN ENO REQ DONE PTO BUSY FREQUENCY ERROR STATUS	

S7-1200PWM功能组态及编程方法。

(1)配置 PWM

进入 CPU“常规”属性,设置“脉冲发生器”启用脉冲发生器,可以给该脉冲发生器起一个名字,也可以不作修改使用软件默认设置值,还可以对该 PWM 脉冲发生器添加注释说明。

参数分配:组态脉冲参数,如图 4.7.4 所示,“参数分配”部分对 PWM 脉冲的周期单位、脉冲宽度作了定义。

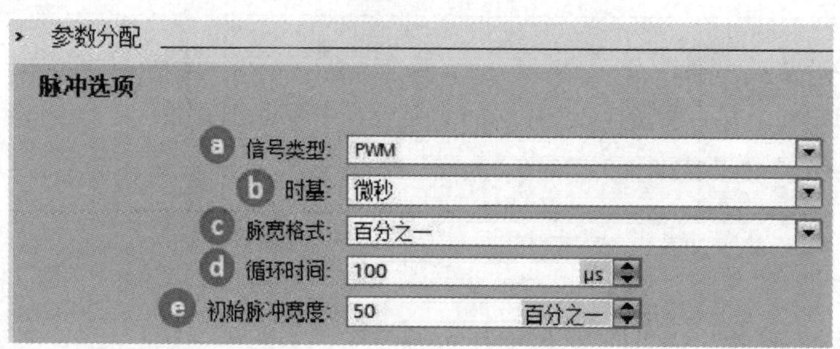

图 4.7.4 组态脉冲参数

表 4.7.3 组态脉冲参数说明

<table>
<tr><td>信号类型:选择脉冲类型。有 PWM 和 PTO 两种,其中 PTO 又分成 4 种,每种类型的具体含义在运动控制部分进行介绍。这里选择 PWM</td><td>信号类型: PWM
时基: PWM
PTO(脉冲 A 和方向 B)
脉宽格式: PTO(脉冲上升沿 A 和脉冲下降沿 B)
PTO(A/B 相移)
循环时间: PTO(A/B 相移 - 四倍频)</td></tr>
<tr><td>时基:用来设定 PWM 脉冲周期的时间单位。在 PWM 模式下,时基单位分成毫秒和微秒</td><td>时基: 微秒
脉宽格式: 毫秒
微秒</td></tr>
<tr><td>脉宽格式:用来定义 PWM 脉冲的占空比档次,分成 4 种:以其中的“百分之一”举例,表示把 PWM 脉冲周期分成 100 等份,以 1/100 为单位来表示一个脉冲周期中脉冲的高电平,可以理解成 1/100 是 PWM 脉冲周期中高电平的分辨率。“千分之一”和“万分之一”相应地把 PWM 的周期分成更小的等份,分辨率更高。“S7 模拟量格式”表示的是把 PWM 的周期划分成 27648 等份,以 1/27648 为单位来表示一个脉冲周期中脉冲的高电平。S7-1200 PLC 的模拟量量程范围为 0 ~ 27648 或-27648 ~ 27648</td><td>脉宽格式: 百分之一
循环时间: 百分之一
千分之一
脉冲宽度: 万分之一
S7 模拟量格式</td></tr>
<tr><td colspan="2">循环时间:表示 PWM 脉冲的周期时间,Portal 软件中对“循环时间”限定的范围值为 1 ~ 16777215。</td></tr>
<tr><td colspan="2">初始脉冲宽度:表示 PWM 脉冲周期中的高电平的脉冲宽度,可以设定的范围值由“脉宽格式”确定,例如,如果“脉宽格式”选择了“万分之一”,则“初始脉冲宽度”值可以设定的范围值从 0 ~ 10000,同理,如果“脉宽格式”选择了“S7 模拟量格式”,则“初始脉冲宽度”值可以设定的范围值从 0 ~ 27648。如果设定值为 0,则 PLC 没有脉冲发出</td></tr>
</table>

硬件输出:选择 S7-1200 PLC 上的 DO 点作为 PWM 输出,如图 4.7.5 所示。

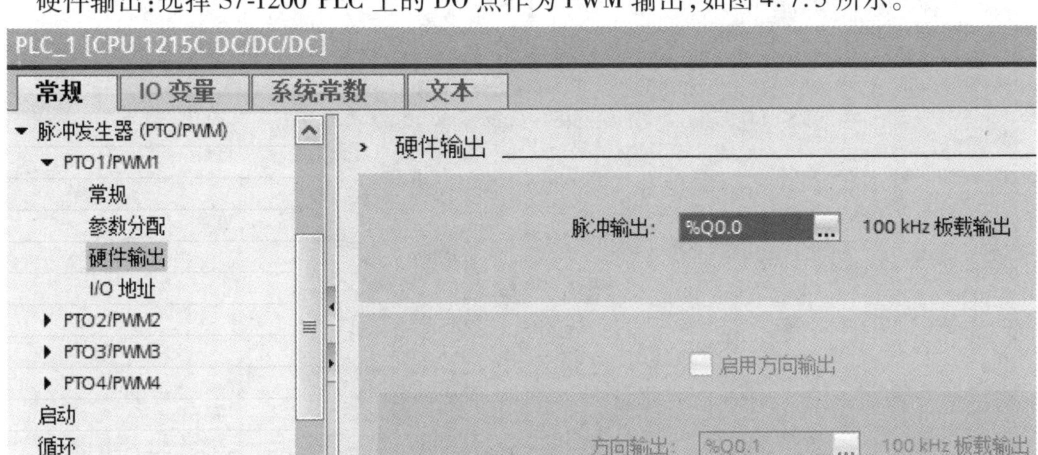

图 4.7.5　DO 点作为 PWM 输出

注意:该点只能是 CPU 上的 DO 点,或是 SB 信号板上的 DO 点,S7-1200SM 扩展模块上的 DO 点不支持 PWM 功能。

I/O 地址:用来设置 PWM 的地址和周期更新方式,如图 4.7.6 所示。

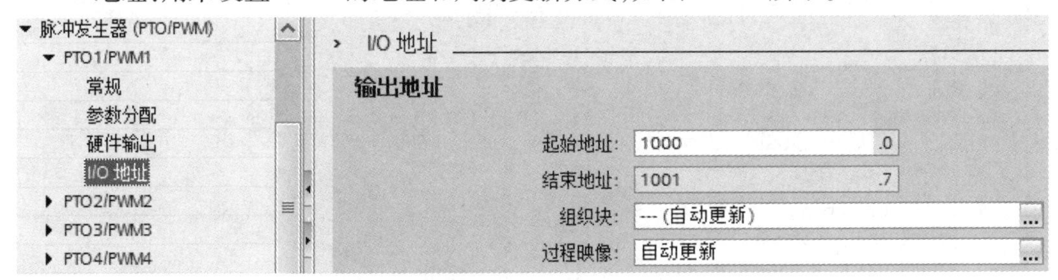

图 4.7.6　设置 PWM 的地址和周期更新方式

①起始地址:用来设定该 PWM 通道地址,设置范围从 0～1022。

②结束地址:由"起始地址"决定,每个 PWM 通道地址占用一个 WORD 的长度。

③组织块:用来设置 PWM I/O 地址的更新方式是基于哪个 OB 块的,用户可以根据需要通过"新增"按钮来添加相应的 OB 块,如图 4.7.7 所示,本例中用户可以选择默认选项"自动更新"。

④过程映像:设置 PWM 的 I/O 地址的过程映像的更新情况,这里的"PWM 的 I/O 地址"是指 PWM 周期脉冲宽度数值存放的地址。该选项用来设置脉冲宽度地址的更新情况,如图 4.7.8 所示。

S7-1200 提供了 6 个过程映像分区。第一个过程映像分区"自动更新"指定用于每个扫描周期都自动更新的 I/O,此为默认分配;接下来的 4 个分区 PIP1、PIP2、PIP3 和 PIP4 可用于将 I/O 过程映像更新分配给不同的中断事件。"PIP OB 伺服"是给 S7-1200 运动控制的等时同步模式使用的。默认情况下,Portal 软件会将其 I/O 过程映像更新为"自动更新(Automatic update)"。对组态为"自动更新(Automatic update)"的 I/O,CPU 将在每个扫描周期自动处理模块和过程映像之间的数据交换。

图 4.7.7　添加相应的 OB 块

图 4.7.8　设置脉冲宽度地址的更新情况

如果将 I/O 分配给过程映像分区 PIP1—PIP4 中的其中一个,但未将 OB 分配给该分区,那么 CPU 绝不会将 I/O 更新至过程映像,也不会通过过程映像更新 I/O。将 I/O 分配给未分配相应 OB 的 PIP,相当于将过程映像指定为“无(None)”。在设备组态中将 I/O 分配给过程映像分区,并在创建中断 OB 或是编辑 OB 属性时将过程映像分区分配给中断事件。

用户可以在指令执行时立即读取物理输入值和立即写入物理输出值。无论 I/O 点是否被组态为存储到过程映像中,立即读取功能都将访问物理输入的当前状态而不更新过程映像输入区。立即写入物理输出功能将同时更新过程映像输出区(如果相应 I/O 点组态为存储到过程映像中)和物理输出点。如果想要程序不使用过程映像,直接从物理点立即访问 I/O 数据,则在 I/O 地址后加后缀":P"。

根据上面的说明,本例中用户可以直接选择“自动更新”。由于 PWM 的 I/O 地址是 Q(输出区),因此用户可以使用 QWx,也可以直接更新外设地址 QWx:P。

硬件标识符:该 PWM 通道的硬件标识符是软件自动生成的,不能修改(图 4.7.9)。

PLC_1 [CPU 1215C DC/DC/DC]

常规 | IO 变量 | 系统常数 | 文本

显示硬件系统常数

名称	类型	硬件标识符	使用者
Local~HSC_6	Hw_Hsc	262	PLC_1
Local~AI_2_AQ_2_1	Hw_SubModule	263	PLC_1
Local~DI_14_DQ_10_1	Hw_SubModule	264	PLC_1
Local~Pulse_1	Hw_Pwm	265	PLC_1
Local~Pulse_2	Hw_Pwm	266	PLC_1
Local~Pulse_3	Hw_Pwm	267	PLC_1
Local~Pulse_4	Hw_Pwm	268	PLC_1

图 4.7.9　显示硬件系统常数

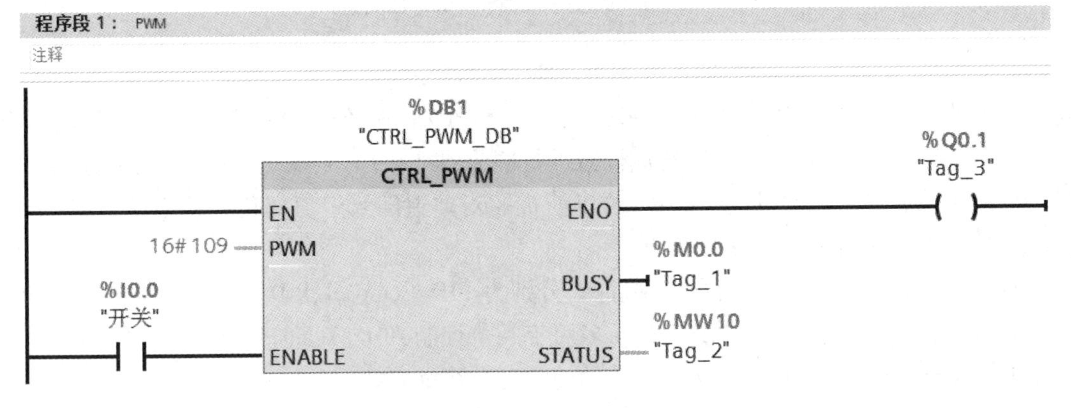

图 4.7.10　程序图

(2)参考程序

①PWM:脉冲发生器的硬件 ID 号就是“硬件标识符”,在上面的例子中硬件标识符为 265,十进制的 256 当于 16#109。

②ENABLE:PWM 脉冲的使能端,为 TURE 时 CPU 发 PWM 脉冲,为 FALSE 时,不发脉冲。

③BUSY:标识 CPU 是否正在发 PWM 脉冲。

④STATUS:PWM 指令的状态值,当 STATUS = 0 时表示无错误,STATUS 非 0 时表示 PWM 指令错误,具体的错误值查看帮助或者系统手册。

(3)参考程序

将程序下载到 PLC,转到在线监控,如图 4.7.11 所示,其中 STATUS 为 0,表示 PWM 指令配置无误。PLCSIM 无法仿真高速脉冲输出指令,需要结合实际控制器和控制对象来观察和理解该实验,如 PLC 向伺服驱动器发送高速脉冲序列的程序。

4.7.3　PID 的控制

PID 功能用于对闭环过程进行控制,PID 控制适用于温度、压力、流量等物理量,是工业现场中应用较为广泛的一种控制方式。PID 控制的原理是,对被控对象设定一个给定值,然后

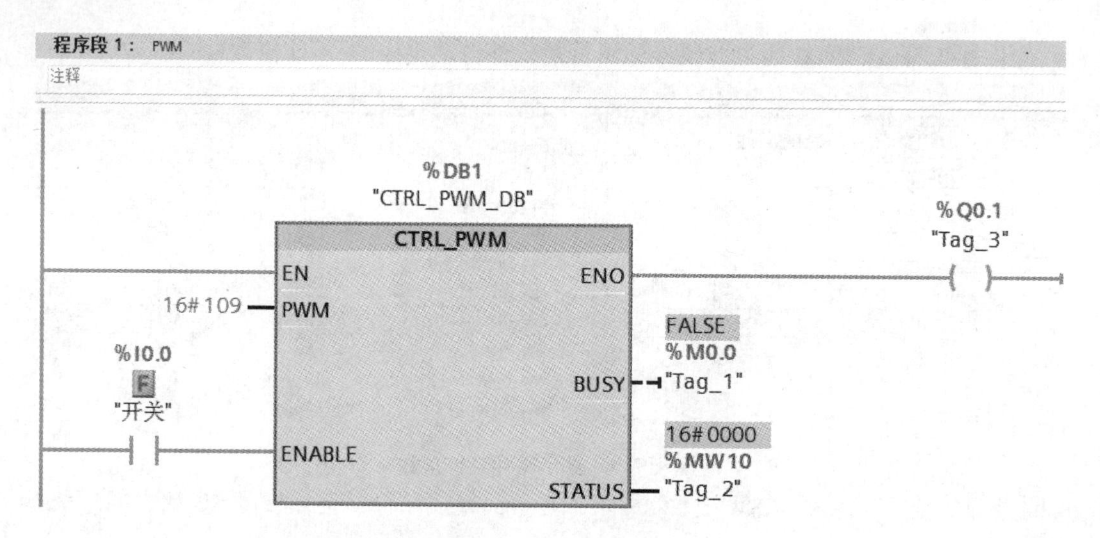

图 4.7.11　程序图

将实际值测量出来,并与给定值比较,将其差值送入 PID 控制器,PID 控制器按照一定的运算规律,计算出结果,即为输出值,送到执行器进行调节,其中的 P、I、D 指的是比例、积分、微分,是一种闭环控制算法。通过这些参数,可以使被控对象追随给定值变化并使系统达到稳定,自动消除各种干扰对控制过程的影响。

S7-1200 PID 功能有 3 条指令可供选择,分别为 PID_Compact、PID_3Step、PID_Temp。PID_Compact 为通用 PID 控制器,PID_3Step 多用于阀位控制,PID_Temp 多用于温度控制。本书介绍 PID_Compact 的使用,其余两个指令的使用可自行练习。

(1)组态

如图 4.7.12 和图 4.7.13 所示,使用 PID 功能,必须先添加循环中断,需要在循环中断中添加 PID_Compact 指令。在循环中断的属性中,可以修改其循环时间。注意:程序执行的扫描周期不相同,一定要在循环中断 OB 中调用 PID 指令。

①在"指令→工艺→PID 控制→Compact PID(注意版本选择)→PID_Compact"下,将 PID_Compact 指令添加至循环中断。

②当添加完 PID_Compact 指令后,在项目树→工艺对象文件夹中,会自动关联出 PID_Compact_x[DBx],包含其组态界面和调试功能如图 4.7.14 所示。

(2)参数设置

使用 PID 控制器前,需要对其进行组态设置,分为基本设置、过程值设置、高级设置等部分,如图 4.7.15 所示。

1)基本设置

控制器类型:①为设定值、过程值和扰动变量选择物理量和测量单位。② 正作用:随着 PID 控制器的偏差增大,输出值增大。反作用:随着 PID 控制器的偏差增大,输出值减小。PID_Compact 反作用时,勾选"反转控制逻辑",或者用负比例增益。要在 CPU 重启后切换到"模式(Mode)"参数中保存的工作模式,勾选"在 CPU 重启后激活模式"。如图 4.7.16 所示。

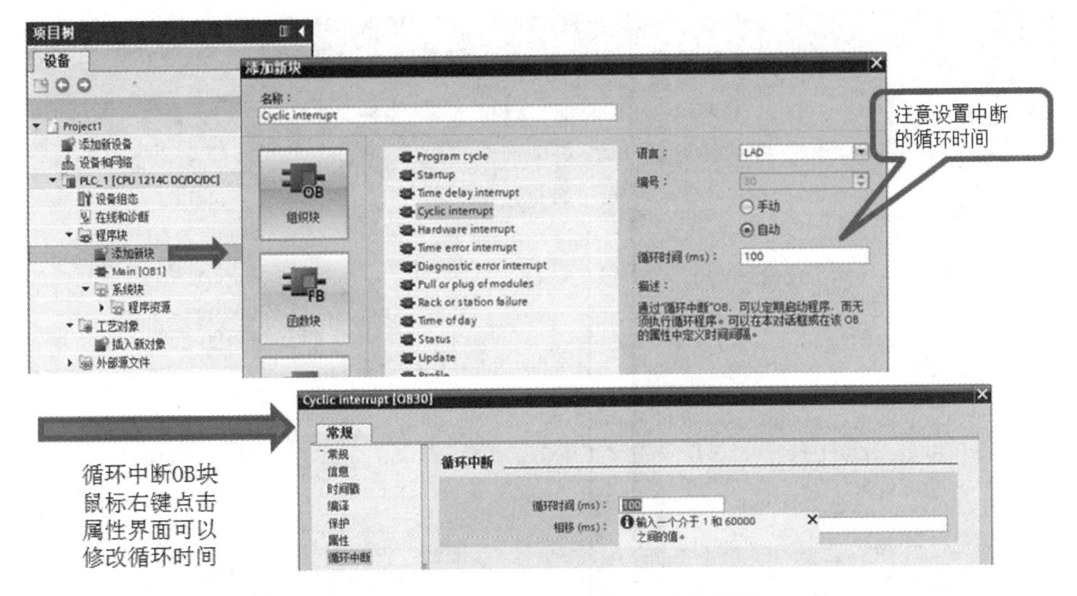

图4.7.12　添加循环中断后在属性界面修改其循环时间

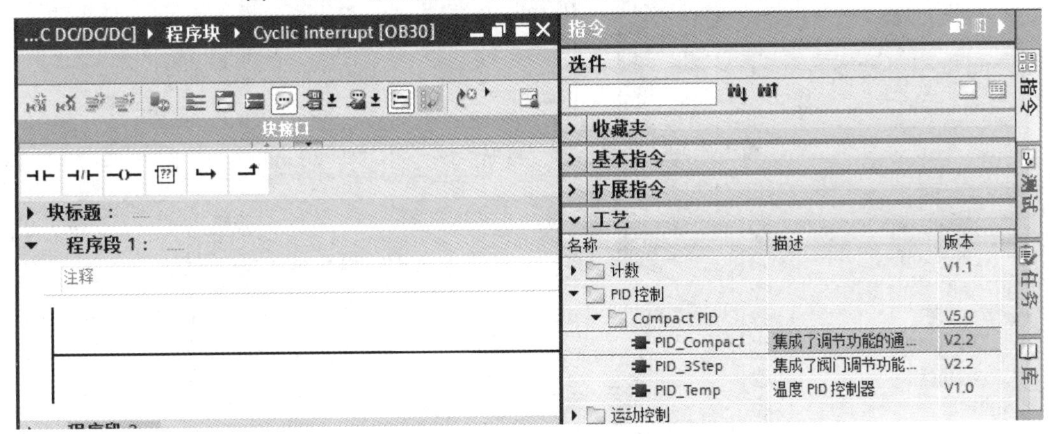

图4.7.13　在循环中断中添加PID_Compact指令

Input/Output参数：定义PID过程值和输出值的内容，选择PID_Compact输入、输出变量的引脚和数据类型，如图4.7.17所示。

2）过程值设置

过程值限值：必须满足过程值下限 < 过程值上限，否则就会出现错误（ErrorBits = 0001h），如图4.7.18所示。

过程值标定：①当且仅当在Input/Output中输入选择为“Input_PER”时，才可组态过程值标定。②如果过程值与模拟量输入值成正比，则将使用上下限值对来标定Input_PER。③必须满足范围的下限 < 上限，如图4.7.19所示。

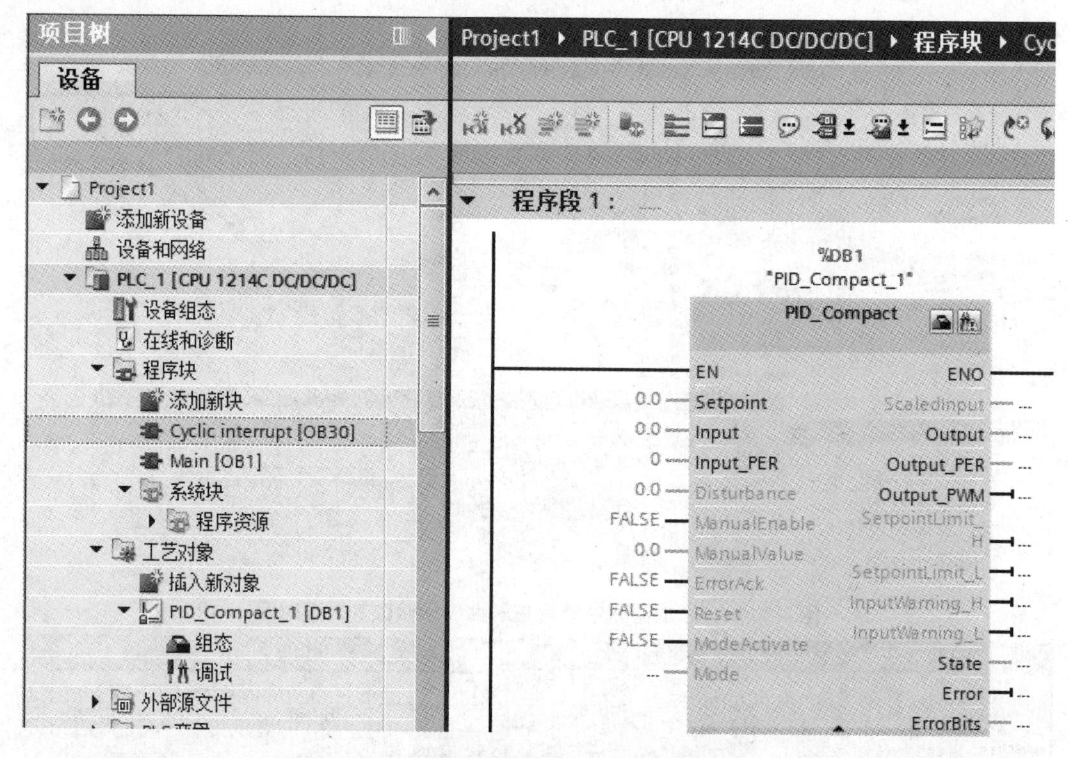

图 4.7.14　工艺对象中关联生成 PID_Compact

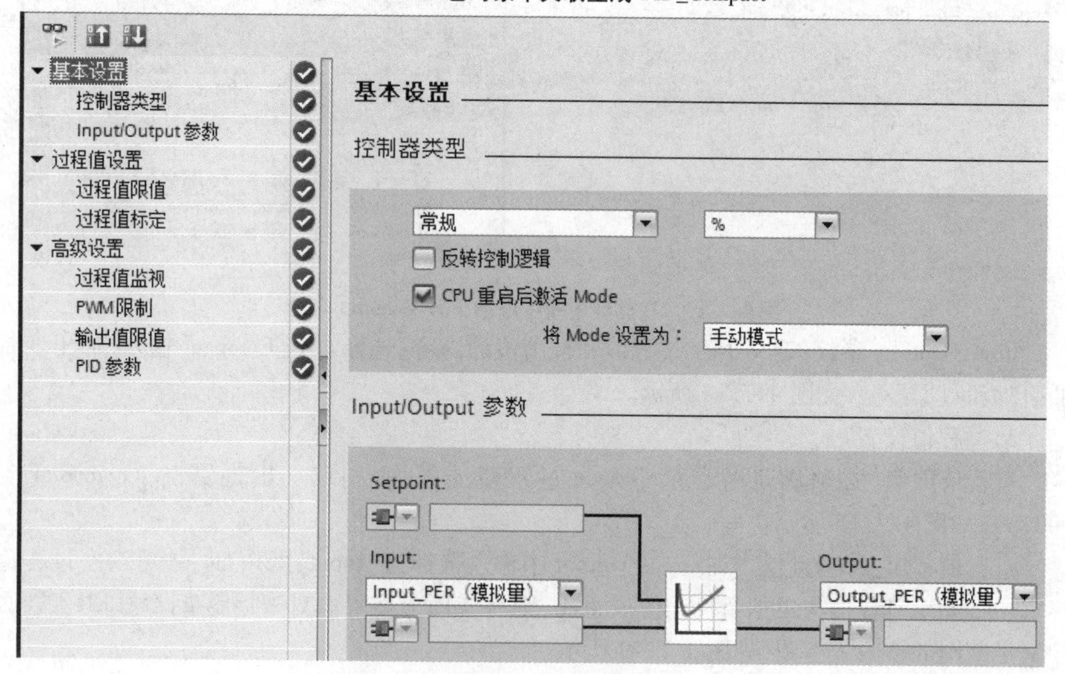

图 4.7.15　PID_Compact 组态界面

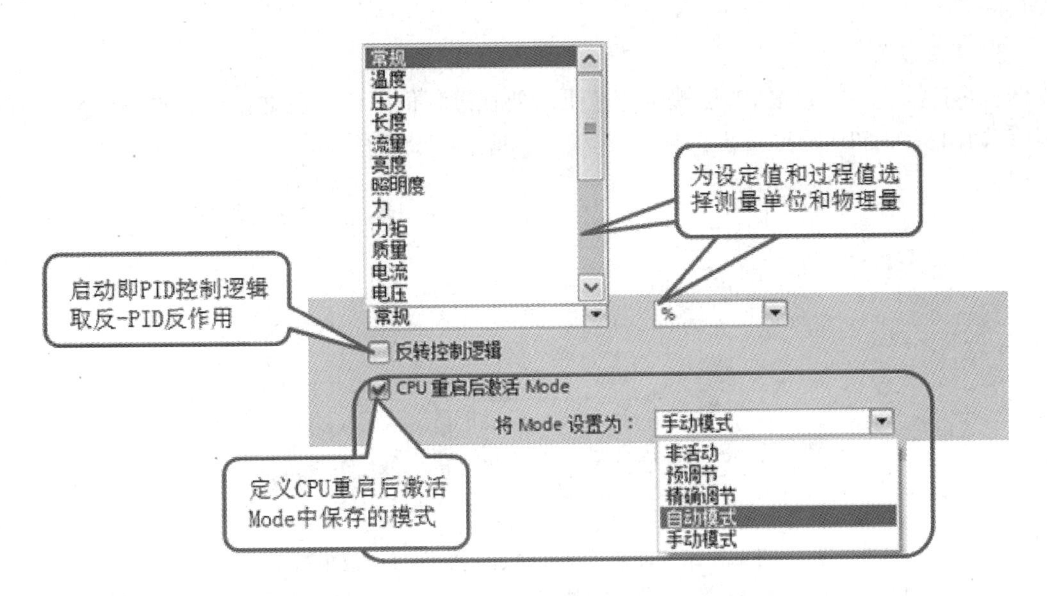

图 4.7.16　PID_Compact→基本设置→控制器类型

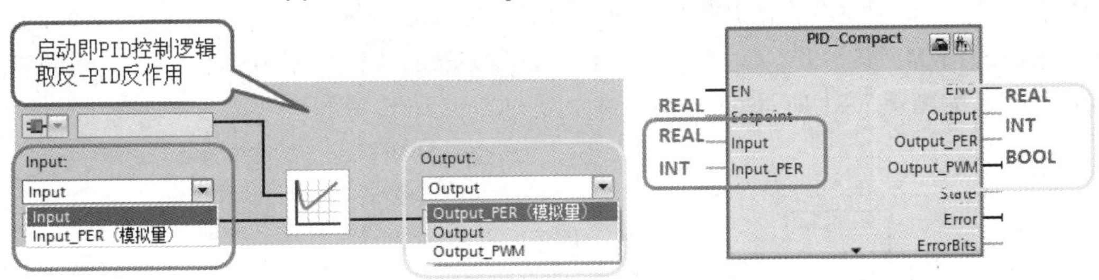

图 4.7.17　PID_Compact→基本设置→定义 Input/Output

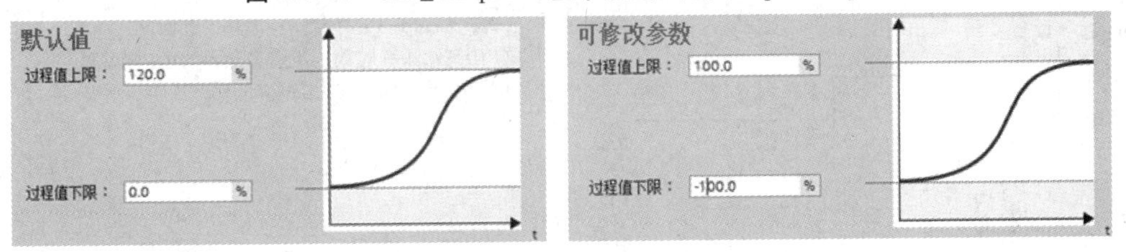

图 4.7.18　设置过程值限值

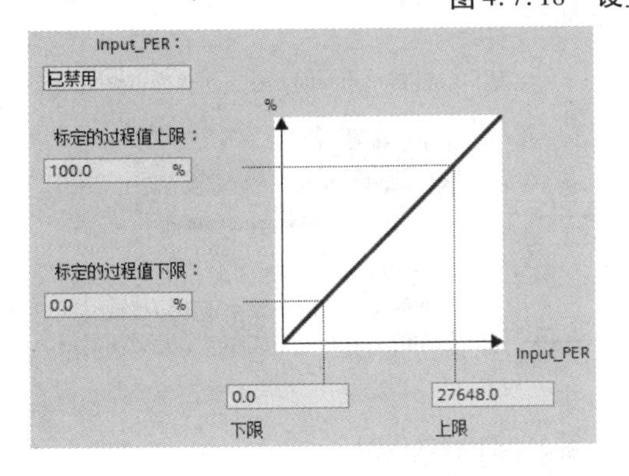

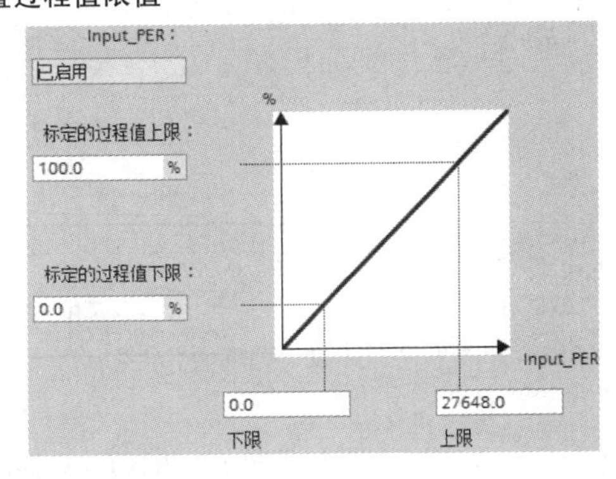

图 4.7.19　进行过程值标定

3)高级设置

过程值监视:①过程值的监视限值范围需要在过程值限值范围之内。②过程值超过监视限值,输出警告,PID 输出报错,切换工作模式,如图 4.7.20 所示。

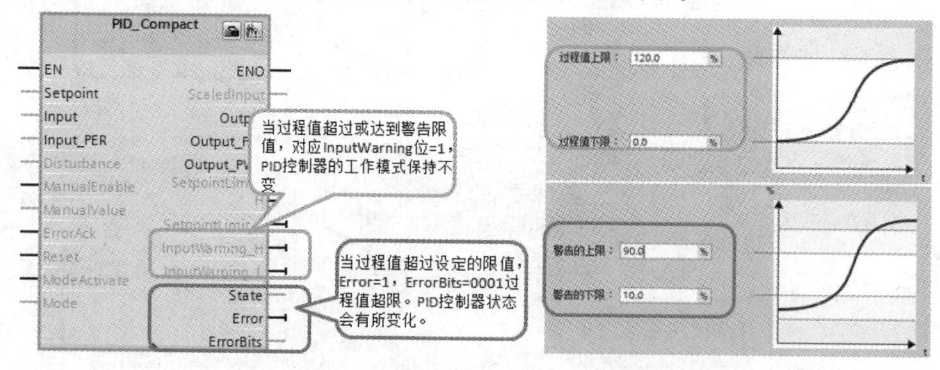

图 4.7.20　设置过程监控值设置,与过程值限对比

PWM 限制:输出参数 Output 中的值被转换为一个脉冲序列,该序列通过脉宽调制在输出参数 Output_PWM 中输出。在 PID 算法采样时间内计算 Output,在采样时间 PID_Compact 内输出 Output_PWM。最短开/关时间只影响输出参数 Output_PWM,不用于 CPU 中集成的任何脉冲发生器,如图 4.7.21 所示。

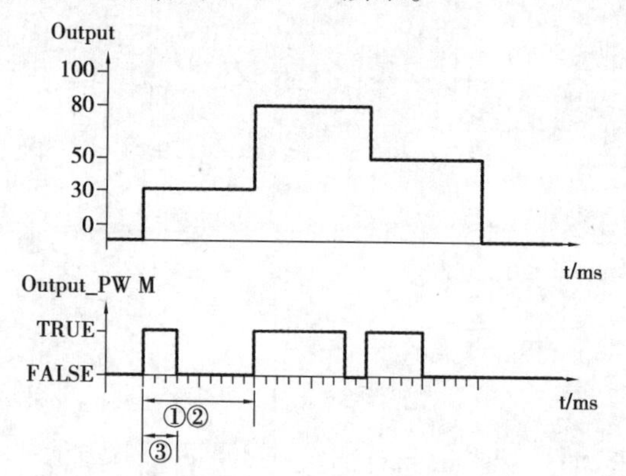

①PID_Compact采样时间：循环中断时间
②PID算法采样时间：组态界面设置的PID参数
③脉冲持续时间：Output占空比

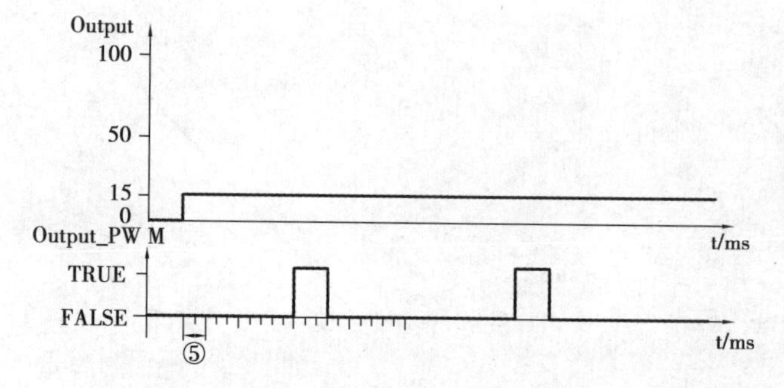

⑤最短接通时间：在组态界面设置

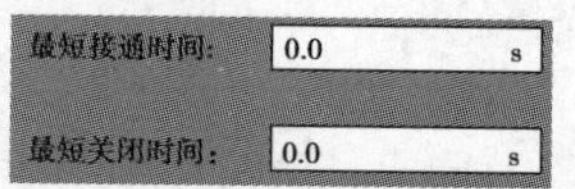

在一个PID的采样时间中：
脉冲的持续时间不能小于最短接通时间
脉冲的关断时间不能小于最短关闭时间

图 4.7.21　PWM 最小开/关时间影响示例图

输出值限值:①在“输出值的限值”窗口中,以百分比形式组态输出值的限值。无论是在

手动模式还是自动模式下,都不要超过输出值的限值。②手动模式下的 ManualValue,介于输出值的下限(Config. OutputLowerLimit)与输出值的上限(Config. OutputUpperLimit)之间。③如在手动模式下指定一个超出限值范围的输出值,CPU 会将有效值限制为组态的限值。④PID_compact 可以通过组态界面中输出值的上限和下限修改限值。最广范围为 100.0 到 100.0,如果采用 Output_PWM 输出时限制为 0.0 到 100.0.22 所示,如图 4.7.22 所示。

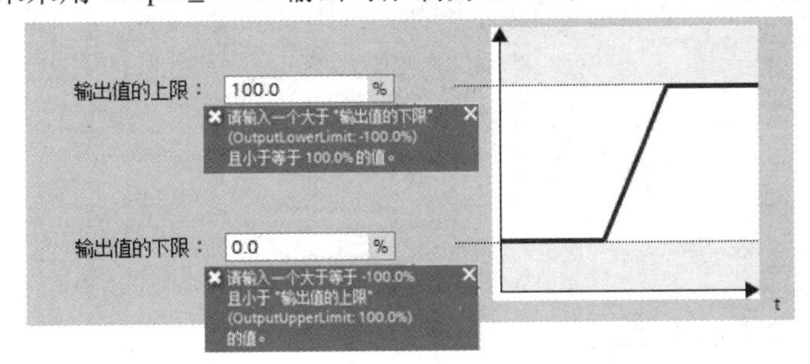

参数设置规则

1、下限<上限

2、可设置的输出值范围：

Output	-100.0 到 100.0
Output_PER	-100.0 到 100.0
Output_PWM	0.0 到 100.0

图 4.7.22　过程监控值设置和过程限值对比

手动输入 PID 参数:①在 PID Compact 组态界面可以修改 PID 参数,通过此处修改的参数对应工艺对象背景数据块→Static→Retain→PID 参数。②通过组态界面修改参数需要重新下载组态并重启 PLC。建议直接对工艺对象背景数据块进行操作,如图 4.7.23 所示。

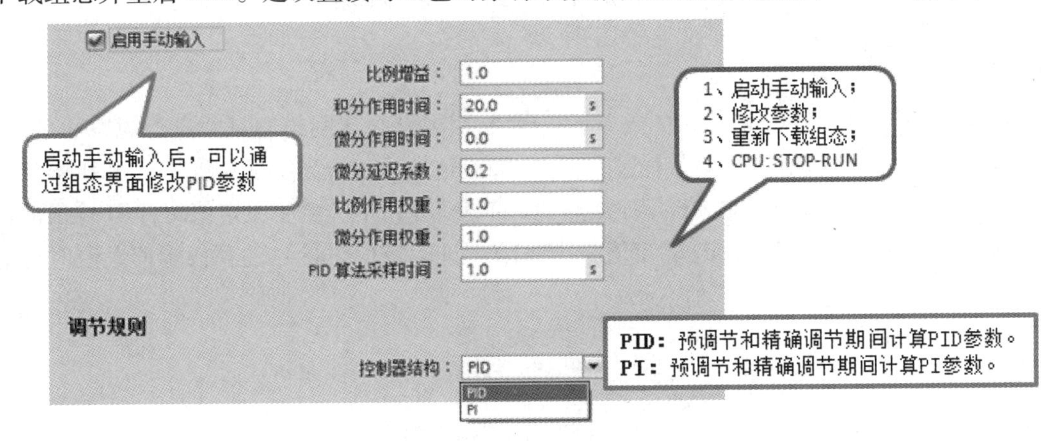

图 4.7.23　PID 组态高级设置_手动输入 PID 参数

4)工艺对象背景数据块

PID Compact 指令的背景数据块属于工艺对象数据块,打开方式:选择项目树→工艺对象→PID_Compact_x[DBy],操作步骤如图 4.7.24 所示。

工艺对象数据块主要分 10 部分:1-Input,2-Output,3-Inout,4-Static,5-Config,6-CycleTime,7-CtrlParamsBackUp,8-PIDSelfTune,9-PIDCtrl,10-Retain. 其中 1,2,3 这部分参数在 PID_Compact 指令中有参数引脚。

常用的 PID 参数:比例增益、积分时间、微分时间,见工艺对象数据块 > Static > Retain 中,如图 4.7.25 所示。

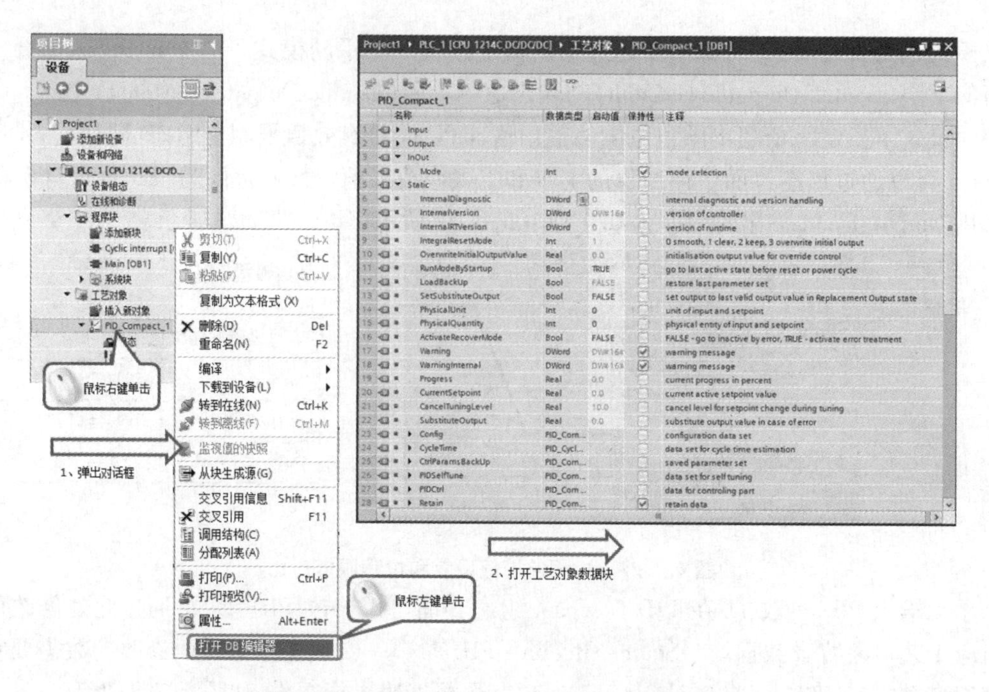

图 4.7.24　打开 PID Compact 工艺对象数据块

(3)实验现象

同脉冲指令实验一样,关于 PID 指令实验现象,需要结合实际模型对象进行观察和理解,参看 MX02 温度压力模型 PDI 调节程序。在 MX02 模型运行时,当实际温度进入 PID 调节范围时,PID 输出值的变化会反映在灯泡(加热源)的明暗变化中。低于设定值时,PID 输出值增大,灯泡变亮;越接近设定值,PID 输出值越小,灯泡变暗(减少热量);达到设定值上限时灯泡熄灭。

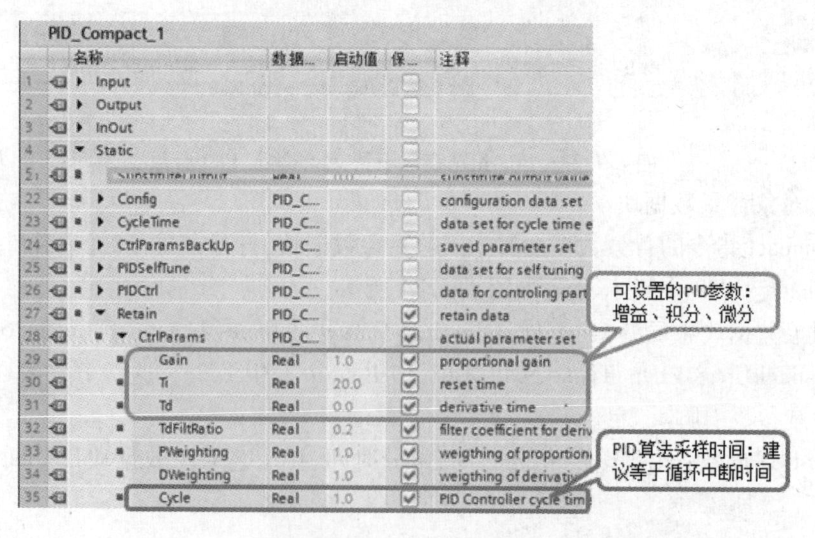

图 4.7.25　PIC Compact 工艺对象数据块中的 PID 参数

4.8 PLC控制机械手搬运货物任务的实现

PLC控制恒温控制任务的实现

学习任务描述

机械手是最早出现的工业机器人,也是最早出现的现代机器人,它可代替人的繁重劳动以实现生产的机械化和自动化,能在有害环境下操作以保护人身安全,广泛应用于机械制造、冶金、电子、轻工和原子能等部门。机械手可以减省工人、提高效率、降低成本、提高产品品质、安全性好、提升工厂形象,它是一种能模仿人的手和臂的某些动作功能,用以按照固定程序抓取、搬运物件或操作工具的自动操作装置。其特点是可以通过编程来完成各种预期的作业,构造和性能上兼有人和机械手机器各自的优点。本节需要完成机械手抓取、搬运货物的控制功能。

➢ 学习目标

1. 掌握顺序功能图的结构;
2. 熟练掌握单序列的编程方法;
3. 掌握PLC系统的安装与调试方法;
4. 能够根据控制要求画顺序功能图;
5. 能够运用顺序功能图进行单序列的编程;
6. 能够对PLC系统进行安装与调试;
7. 养成主动学习、勤于动手、细心的习惯;
8. 培养团结合作、吃苦耐劳、精益求精、勇于创新的工匠精神。

➢ 知识点学习

用PLC的梯形图设计复杂系统的程序时,用大量中间单元完成存储、连锁、互锁等功能。设计需要考虑的因素很多,分析起来很困难,容易遗漏,修改程序时也很麻烦。复杂系统用经验法设计的程序对初学者来说难阅读,对系统进行改进和维修带来了困难。

用那些按动作的先后顺序进行操作的复杂系统非常适宜使用顺序控制设计法编程,首先根据系统的工作顺序,画出顺序功能图,然后根据顺序功能图编写梯形图程序。有的PLC为用户提供了顺序功能图编程语言,用户在编程软件中生成顺序功能图后便完成了编程工作,如西门子S7-300/400/1500,但仍然有相当多的PLC没有配备顺序功能图语言,如西门子S7-1200。可以学习用顺序功能图来描述系统功能,根据顺序功能图来设计程序。

4.8.1 顺序功能图

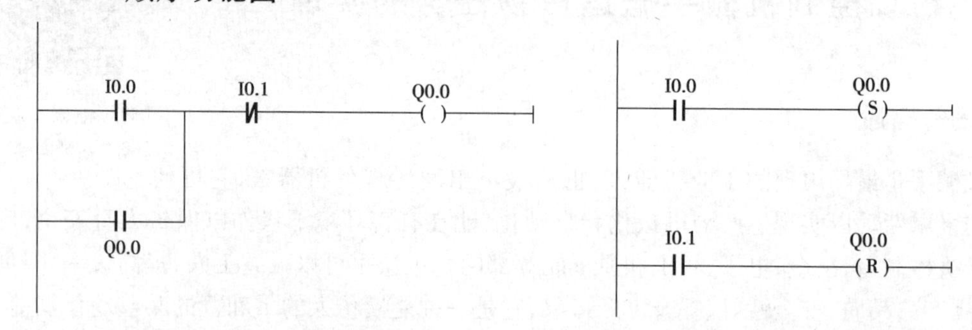

图 4.8.1 启保停电路　　图 4.8.2 置位与复位电路

启保停电路与置位复位电路是顺序控制设计法的基本电路,如图 4.8.1 和图 4.8.2 所示。在实际电路中,启动信号和停止信号可能由多个触点组成的串、并联电路组成。

例如某动力头的运动状态有 3 种,即快进→工进→快退。各状态的转换条件为:快进到一定位置,碰到压限位开关 1 则转为工进;工进到一定位置,碰到压限位开关 2 则转为快退;退回碰到原位压限位开关 3,动力头则自动停止运行。如图 4.8.3 所示为根据顺序控制设计法画的顺序功能图,包含功能图四大要素:一是矩形框,表示各步,框内的数字是步的编号,“初始步”用双方框表示,“活动步”表示正在执行的步;二是有向连线,连接步与步,箭头的方向表示步的转换方向(若有向连线的方向是从上到下或从左至右,可省略箭头);三是转换条件,标注在步与步之间的短横线旁;四是动作内容说明,说明各步需要完成的动作。顺序功能图分析:当前一步为活动步,且满足转换条件时,将启动下一步,并终止前一步的执行。

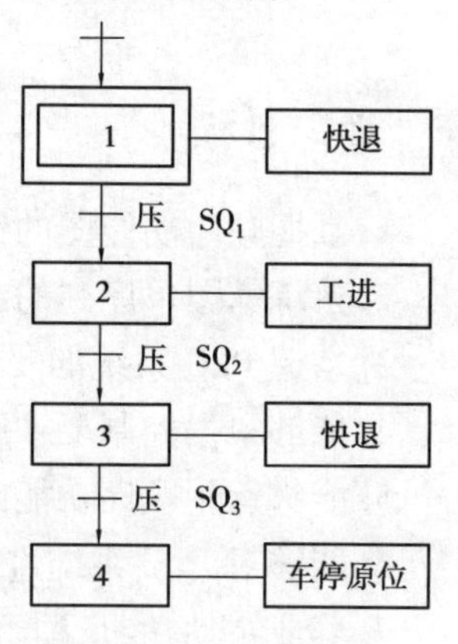

图 4.8.3 顺序功能图

顺序功能图设计注意事项:①功能图中两个步绝对不能直接相连,必须用一个转换条件将它们隔开;②顺序功能图中的初始步一般对应系统等待启动的初始状态,不要遗漏这一步;③实际控制系统应能多次重复执行同一工艺过程,在顺序功能图中一般应有由步和有向连线组成的闭环回路,即在完成一次工艺过程的全部操作之后,应该根据工艺要求返回到初始步或下一工作周期开始运行的第一步;④在顺序功能图中,只有当某一步的前级步是活动步时,该步才有可能变成活动步。

顺序功能图的 3 种基本结构:一是单流程结构,从头到尾只有一条流程(一条支路)的结构称为单流程结构。单流程结构的特点是每一步后面只有一个转换,每个转换后面只有一步,结构如图 4.8.4 所示。二是选择分支与汇合结构,由两条及以上的分支组成,从多个分支流程中选择某一个分支执行称为选择性分支。各分支都有各自的转换条件,分支开始处转换条件的短画线只能标在水平线之下,分支汇合处的转换条件的短画线只能标在水平线上方。选择分支与汇合结构的特点是当有多条路径可选择时,只允许选择其中一条路径来执行,结构如图 4.8.5 所示。三是并行分支与汇合结构,由两个及以上的分支组成,当某个条件满足后使多个分支同时执行的分支称为并行分支。为了强调转换的同步实现,并行分支开始与汇合处的水平连线用双水平线表示。并行分支与汇合结构的特点是若有多条路径,且必须同时执行;在各条路径都执行后,才会继续往下执行,结构如图 4.8.6 所示。

在实际控制系统中,顺序功能图往往不是单一地含有上述某一种结构,而是各种结构的组合。

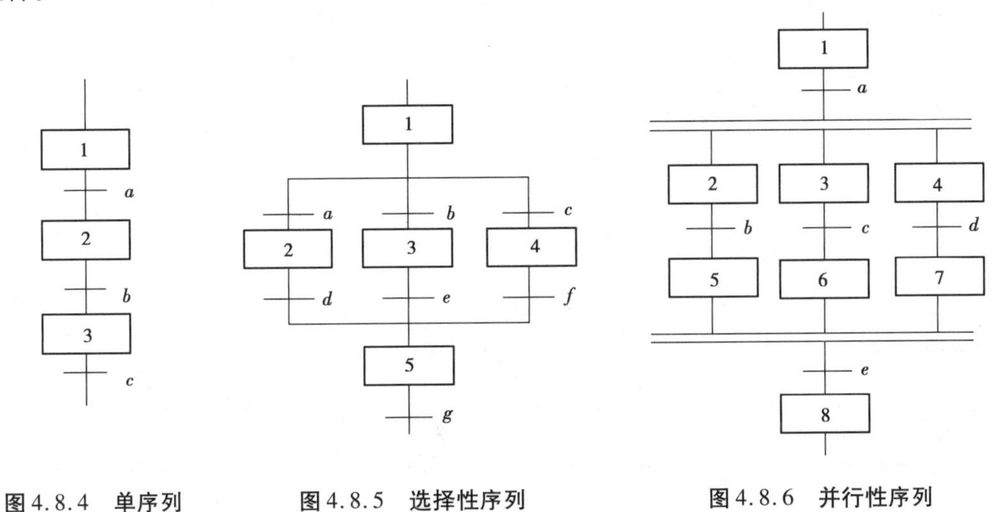

图 4.8.4　单序列　　图 4.8.5　选择性序列　　图 4.8.6　并行性序列

4.8.2　步程序的结构

根据顺序功能图转换为对应的梯形图程序有两种步程序结构,如图 4.8.7 和图 4.8.8 所示。其中,Si:各步的控制位,Ci:各步的转换条件,Bi:各步具体操作的执行对象。

说明:①某步将被激活的条件有二,a. 前一步为活动步;b. 满足转换条件。②由于转换条件多为短信号,所以每步要加自锁(图 4.8.7)或者将当前步置位(图 4.8.8);③某步被激活,则其上一步要变成不活动步,将其常闭触点串联上一步中(图 4.8.7)或者将上一步复位(图 4.8.8)。

4.8.3　单流程顺序控制

顺序控制设计法有一定的规律可循,所编写的程序易读、易检查、易修改,是常用的设计方法之一。使用顺序控制设计法的关键点有 3 条:一是理顺动作顺序,明确各步的转换条件;二是准确地画出顺序功能图;三是根据功能表图正确地画出相应的梯形图,再根据某些特殊功能要求,添加部分控制程序。要想用好顺序控制设计法,重要的是熟练掌握顺序功能图的画法,以及根据顺序功能图画出相应梯形图的方法。

用顺序控制设计法编程的基本步骤如下:①分析控制要求,将控制过程分成若干个工作步,明确每个工作步的功能,弄清步的转换是单向进行还是多向进行,确定步的转换条件(可能是多个信号的"与""或" 等逻辑组合),必要时可画一个工作流程图。②为每个步设定控制位,控制位最好使用位存储器 M 的若干连续位。若用定时器/计数器的输出作为转换条件,则应为其指定输出位。③确定所需输入和输出点的个数,选择 PLC 机型,作出 I/O 分配。④在前两步的基础上,画出顺序功能图。⑤根据顺序功能图画梯形图。⑥添加某些特殊要求的程序。

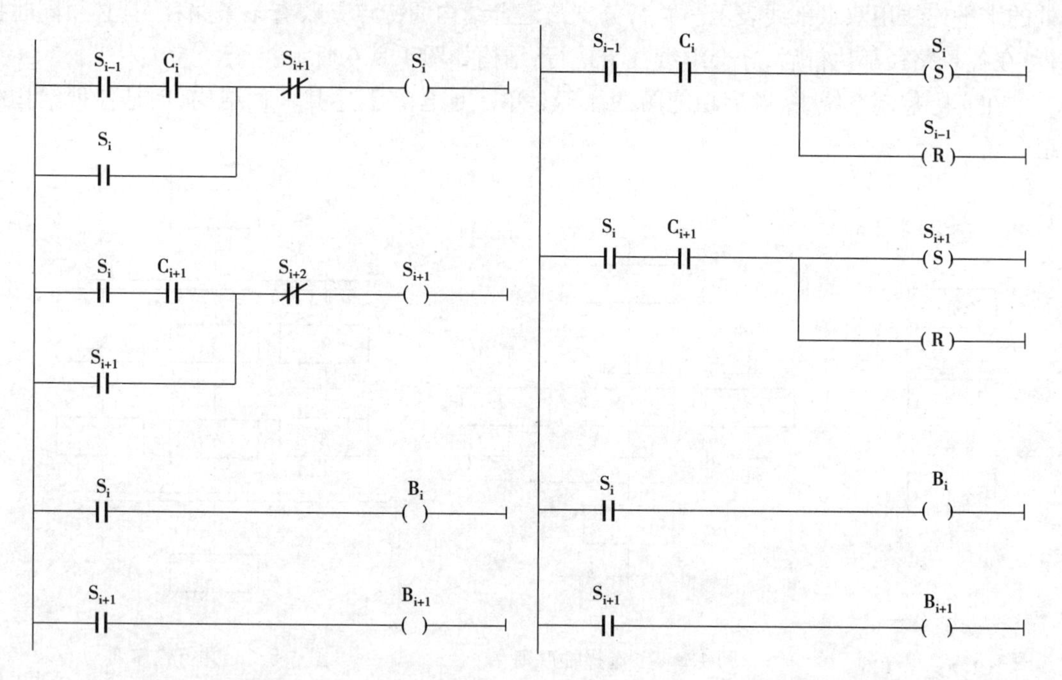

图 4.8.7　顺序功能图　　　　图 4.8.8　顺序功能图

以单流程顺序控制行车循环正反转为例,控制要求为:送电等待信号显示→按启动按钮→正转→正转限位→停 5s→反转→反转限位→停 7s→返回到送电显示状态。如图 4.8.9 和图4.8.10所示分别为行车控制顺序功能图和梯形图。

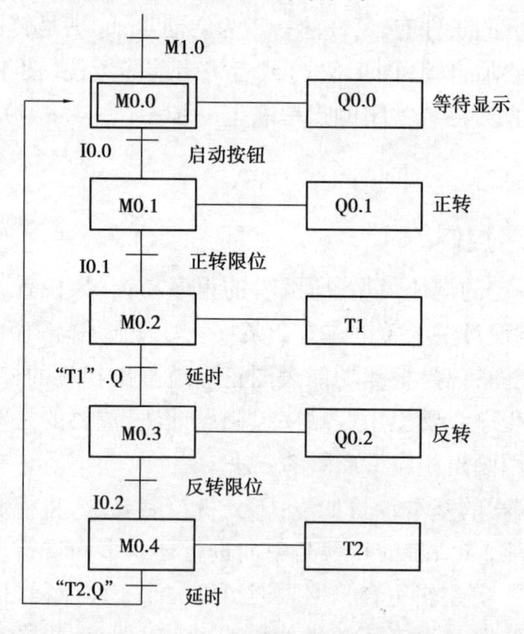

图 4.8.9　行车控制顺序功能图

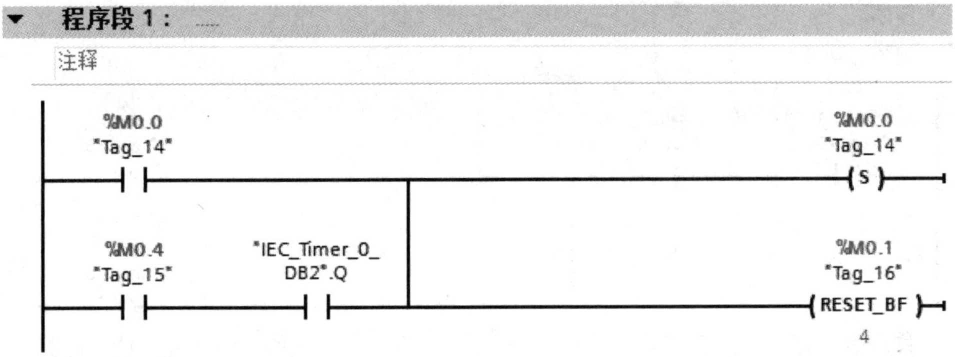

程序段 1： ......

注释

%M0.0
"Tag_14"

%M0.0
"Tag_14"
(S)

%M0.4
"Tag_15"

"IEC_Timer_0_
DB2".Q

%M0.1
"Tag_16"
(RESET_BF)
4

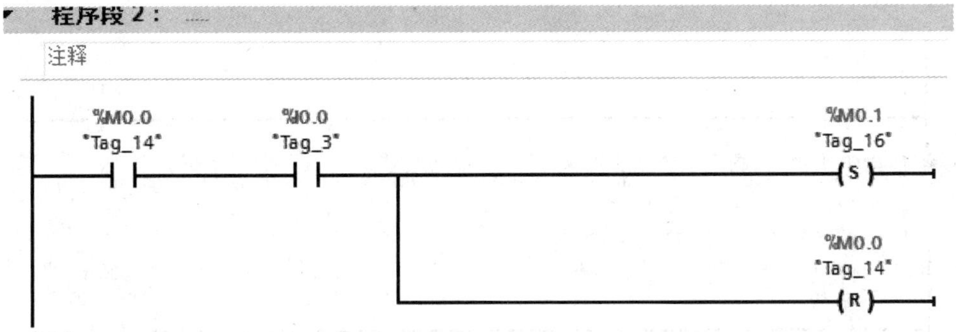

程序段 2： ......

注释

%M0.0
"Tag_14"

%I0.0
"Tag_3"

%M0.1
"Tag_16"
(S)

%M0.0
"Tag_14"
(R)

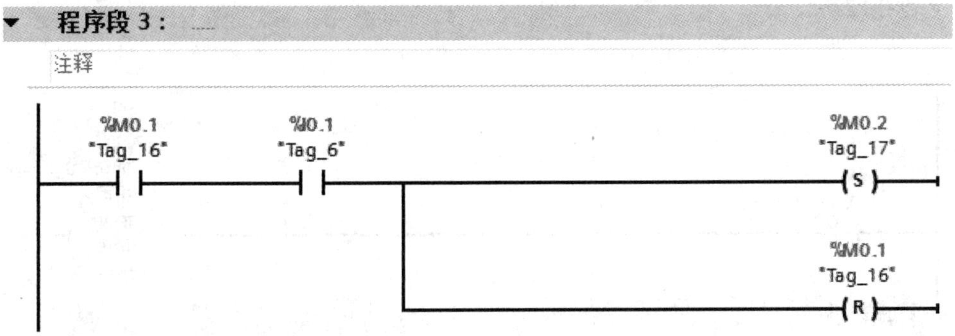

程序段 3： ......

注释

%M0.1
"Tag_16"

%I0.1
"Tag_6"

%M0.2
"Tag_17"
(S)

%M0.1
"Tag_16"
(R)

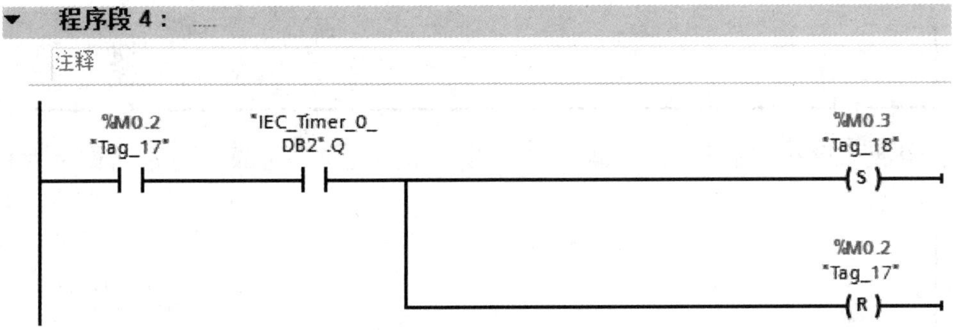

程序段 4： ......

注释

%M0.2
"Tag_17"

"IEC_Timer_0_
DB2".Q

%M0.3
"Tag_18"
(S)

%M0.2
"Tag_17"
(R)

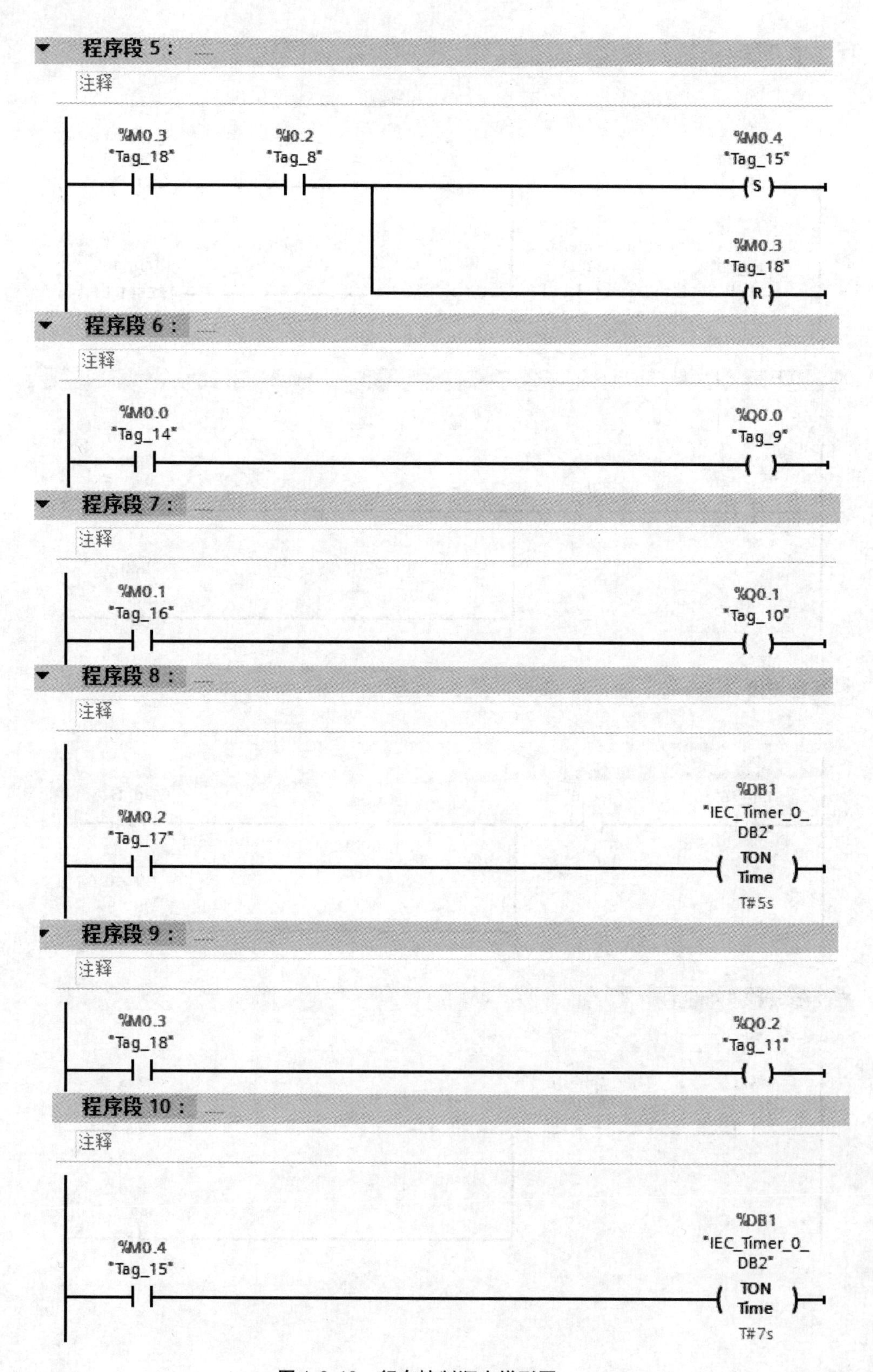

图 4.8.10　行车控制顺序梯形图

4.8.4　单流程顺序控制应用

设计一个用 PLC 控制的将工件从 A 点移到 B 点的机械手的控制系统。其控制要求：在原点位置按启动按钮时，机械手按图 4.8.11 所示连续工作一个周期，一个周期的工作过程为：原点→下降→夹紧(T)→上升→右移→下降→放松(T)→上升→左移到原点，时间 T 由按照设计要求自行规定。

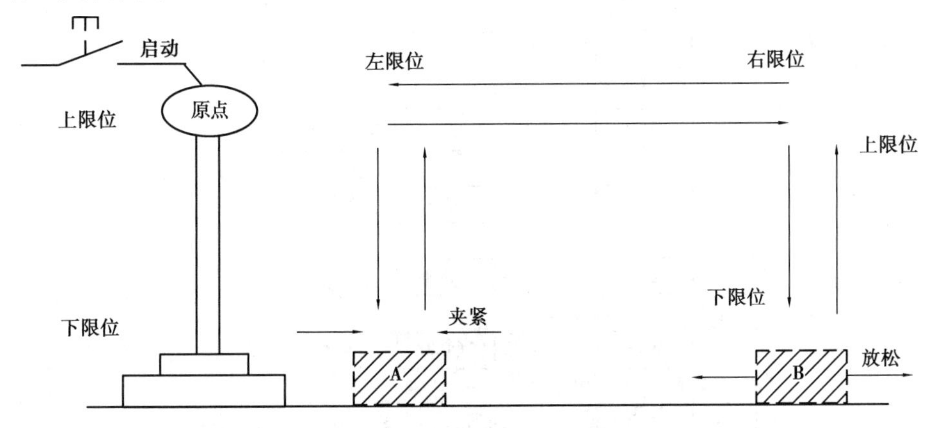

图 4.8.11　机械手工作示意图

(1)I/O 分配表

I/O 分配表见表 4.8.1。

表 4.8.1　I/O 分配表

	序号	I/O	名称	连接端子
输入	1	10.0	启动	依据实验平台，接在对应的输入端子上，并在分配表中标明
	2	10.1	上限位	
	3	10.2	下限位	
	4	I0.3	左限位	
	5	10.4	右限位	
输出	1	Q0.0	原点指示	依据实验平台，接在对应的输出端子上，并在分配表中标明
	2	Q0.1	上升	
	3	Q0.2	下降	
	4	Q0.3	左移	
	5	Q0.4	右移	
	6	Q0.5	夹紧/放松	

(2)顺序功能图

根据控制要求和图 4.8.11 所示的机械手工作示意图,分组讨论画出机械手的顺序功能图,如图 4.8.12 所示。

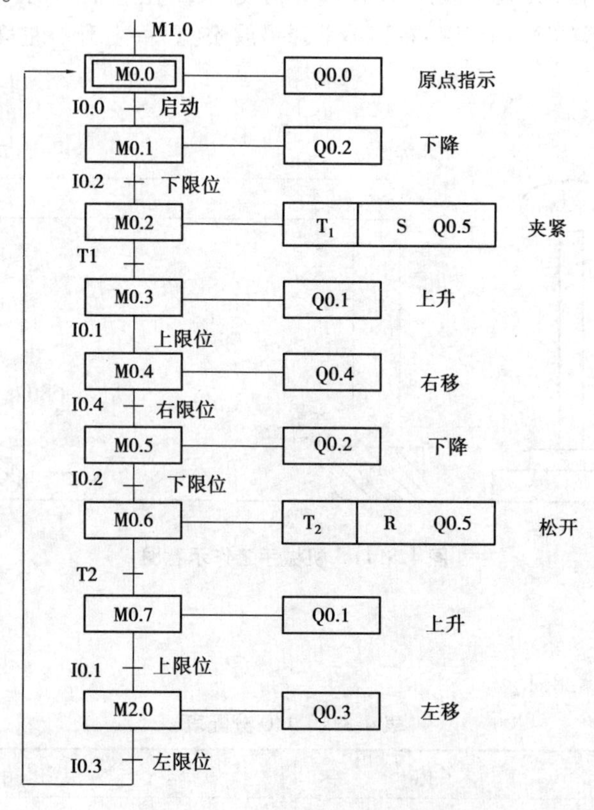

图 4.8.12 机械手的顺序功能图

(3)程序

请根据画出的顺序功能图,设计实现图 4.8.11 所示功能的机械手控制系统的梯形图。

4.9 PLC 控制十字路口交通灯任务的实现

PLC 控制机械手搬运货物任务的实现

学习任务描述

交通的发达,标志着城市的发达,交通的管理则显得越来越重要。交通灯是城市交通中的重要指挥系统,它与人们日常生活密切相关。随着人们生活水平的提高,对交通管制提出了更高的要求,提供一个可靠、安全、便捷的多功能交通灯控制系统有着现实的必要性。在复杂的城市交通系统中,为了确保安全,保证正常的交通秩序,十字路口的信号控制必须按照一定的规律变化,以便于车辆行人能顺利地通过十字路口。本节需要通过顺序控制的方法完成十字路口交通灯的控制功能。

➢ 学习目标

1. 熟练掌握选择性序列的编程方法；
2. 熟练掌握并行性序列的编程方法；
3. 掌握 PLC 系统的安装与调试方法；
4. 能够运用顺序功能图进行复杂系统的编程；
5. 能够对 PLC 系统进行安装与调试；
6. 养成主动学习、勤于动手、细心的习惯；
7. 培养团结合作、吃苦耐劳、精益求精、勇于创新的工匠精神。

➢ 知识点学习

4.9.1　选择性序列的编程方法

如图 4.9.1 所示的选择性序列的流程图，在有选择分支的时候，M4.0 步后有 M4.1 和 M4.2 两步，满足转移条件 I0.0 为 1 时，则 M4.1 为 ON，满足转移条件 I0.1 为 1 时，则 M4.2 为 ON。在选择性流程图合并时，当 M4.1 为活动步，满足转移条件 I0.2 为 1 时，则 M4.3 为 ON，当 M4.2 为活动步，满足转移条件 10.3 为 1 时，则 M4.3 为 ON。将图 4.9.1 转换成梯形图，如图 4.9.2 所示。

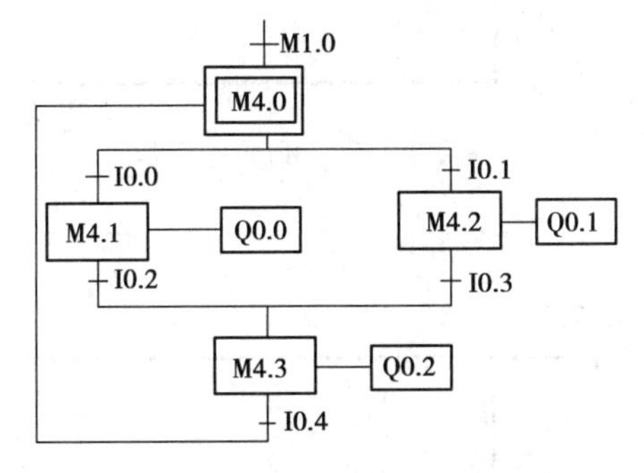

图 4.9.1　选择性序列的流程图

▼ 程序段 1：……

注释

%M1.0
"Tag_1"

%M4.0
"Tag_2"
S

%M4.1
"Tag_4"
RESET_BF
3

▼ 程序段 2：......

注释

▼ 程序段 3：......

注释

▼ 程序段 4：......

注释

▼ 程序段 5：......

注释

▼ 程序段 6：......

注释

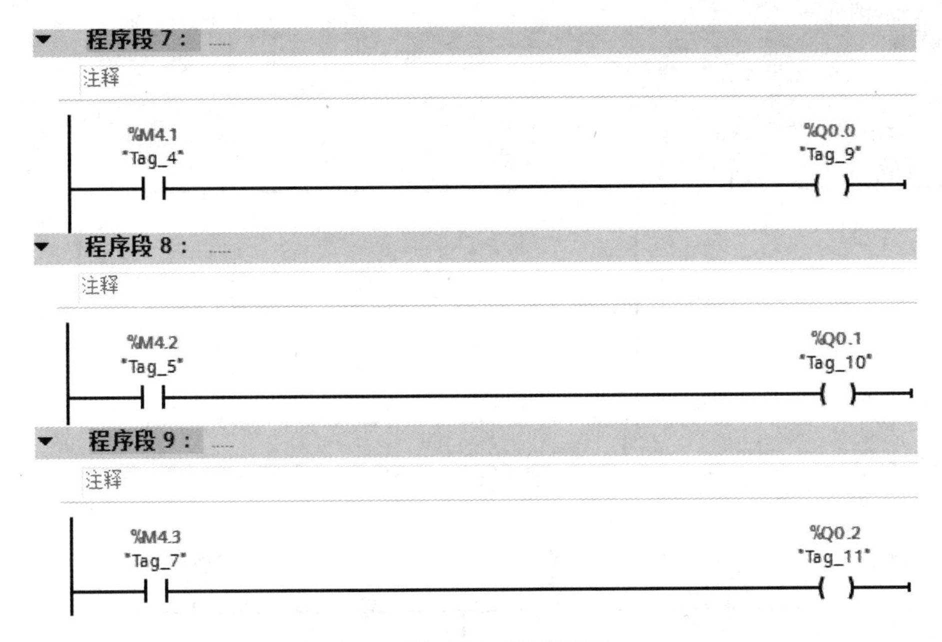

图 4.9.2　选择性序列的梯形图

4.9.2　并行性序列的编程方法

如图 4.9.3 所示的并行性序列的流程图，在有并行性分支时，M4.0 步后有 M4.1 和 M4.2 两步，满足转移条件 10.0 为 1 时，则 M4.1 和 M4.2 同时为 ON；在并行性流程图合并时，当 M4.1 和 M4.2 都为活动步，满足转移条件 10.1 为 1 时，则 M4.3 为 ON。将图 4.9.3 转换成梯形图，如图 4.9.4 所示。

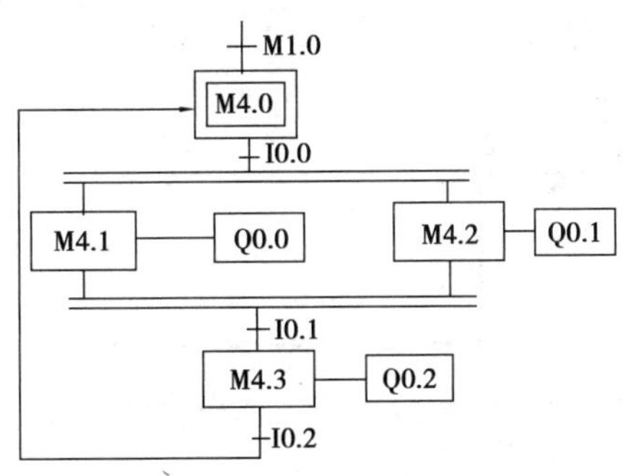

图 4.9.3　并列性序列的流程图

程序段 1： .....

注释

%M1.0
"Tag_1"

%M4.0
"Tag_2"
S

%M4.1
"Tag_4"
RESET_BF
3

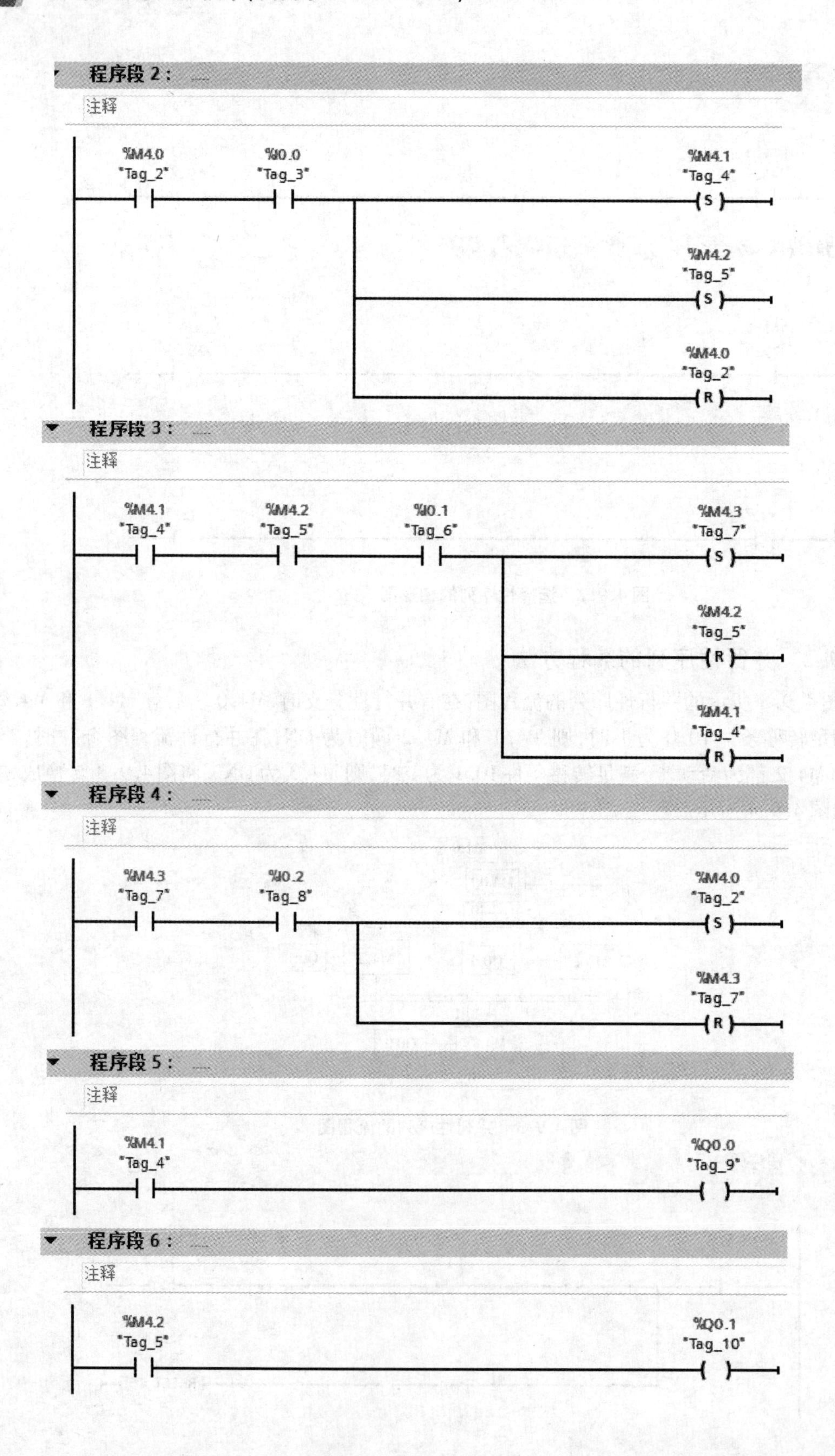

程序段 2：
注释
%M4.0 "Tag_2"
%I0.0 "Tag_3"
%M4.1 "Tag_4" S
%M4.2 "Tag_5" S
%M4.0 "Tag_2" R
程序段 3：
注释
%M4.1 "Tag_4"
%M4.2 "Tag_5"
%I0.1 "Tag_6"
%M4.3 "Tag_7" S
%M4.2 "Tag_5" R
%M4.1 "Tag_4" R
程序段 4：
注释
%M4.3 "Tag_7"
%I0.2 "Tag_8"
%M4.0 "Tag_2" S
%M4.3 "Tag_7" R
程序段 5：
注释
%M4.1 "Tag_4"
%Q0.0 "Tag_9"
程序段 6：
注释
%M4.2 "Tag_5"
%Q0.1 "Tag_10"

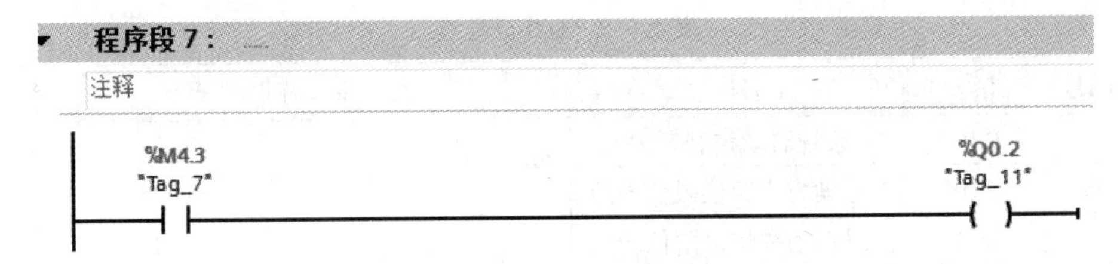

图 4.9.4　并列性序列的梯形图

4.9.3　顺序控制的应用

电液控制系统动力头的工作过程如图 4.9.5所示，控制要求如下：

①系统启动后，两个动力头同时开始按流程图中的工作步顺序运行。从它们都退回原位开始延时 10s 后，又同时开始进入下一个循环的运行。

②若断开控制开关，各动力头必须将当前的运行过程结束（即退回原位）后才能自动停止运行。

③各动力头的运动状态取决于电磁阀线圈的通、断电，它们的对应关系见表 4.9.1。表中的"+"表示该电磁阀的线圈通电，"-"表示该电磁阀的线圈不通电。

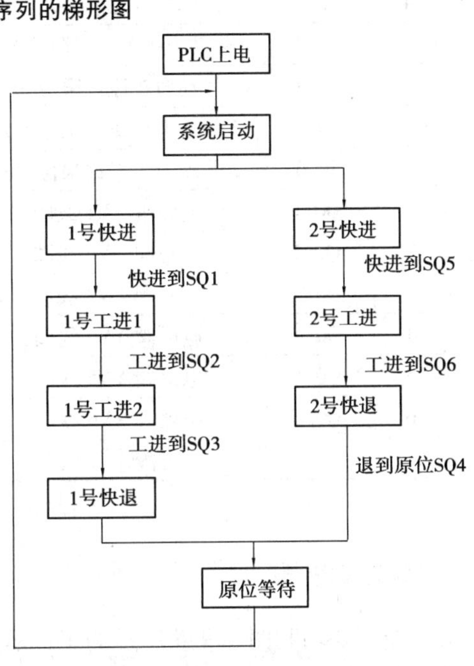

图 4.9.5　电液控制系统动力头的工作过程

表 4.9.1　动力头的各电磁阀通断

1 号动力头					2 号动力头			
动作	YV1	YV2	YV3	YV4	动作	YV5	YV6	YV7
快进	-	+	+	-	快进	+	+	-
工进 1	+	+	-	-	工进	+	-	+
工进 2	-	+	+	+	快退	-	+	+
快退	+	-	+	-				

(1)I/O 分配表

I/O 分配表见表 4.9.2。

表 4.9.2 I/O 分配表

	序号	I/O	名称	连接端子
输入	1	I1.0	系统启动控制开关	依据实验平台,接在对应的输入端子上,并在分配表中标明
	2	I0.0	1 号动力头原位限位 SQ0	
	3	I0.1	1 号动力头快进限位 SQ1	
	4	I0.2	1 号动力头工进 1 限位 SQ2	
	5	I0.3	1 号动力头工进 2 限位 SQ3	
	6	I0.4	2 号动力头原位限位 SQ4	
	7	I0.5	2 号动力头快进限位 SQ5	
	8	I0.6	2 号动力头工进限位 SQ6	
输出	1	Q0.1	电磁阀 YV1 线圈	依据实验平台,接在对应的输出端子上,并在分配表中标明
	2	Q0.2	电磁阀 YV2 线圈	
	3	Q0.3	电磁阀 YV3 线圈	
	4	Q0.4	电磁阀 YV4 线圈	
	5	Q0.5	电磁阀 YV5 线圈	
	6	Q0.6	电磁阀 YV6 线圈	
	7	Q0.7	电磁阀 YV7 线圈	

(2)顺序功能图

根据控制要求和图 4.9.5 所示的工作示意图,分组讨论画出电液控制系统动力头的顺序功能图。图 4.9.6 为顺序功能图参考图。

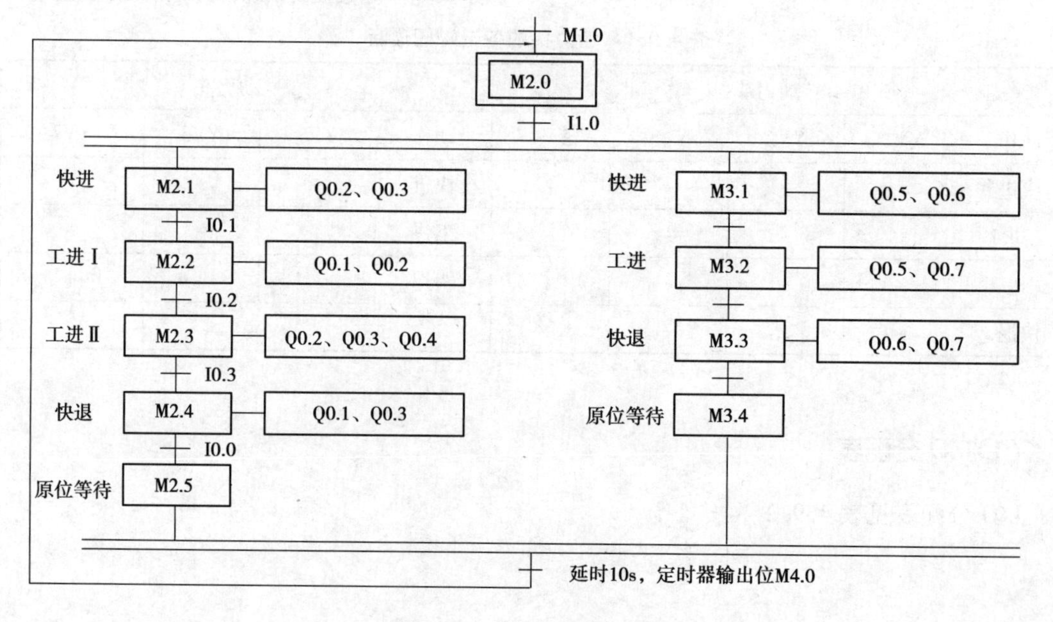

图 4.9.6 顺序功能参考图

(3)程序

如图 4.9.7 所示为实现图 4.9.6 所示功能的电液控制系统动力头的梯形图。

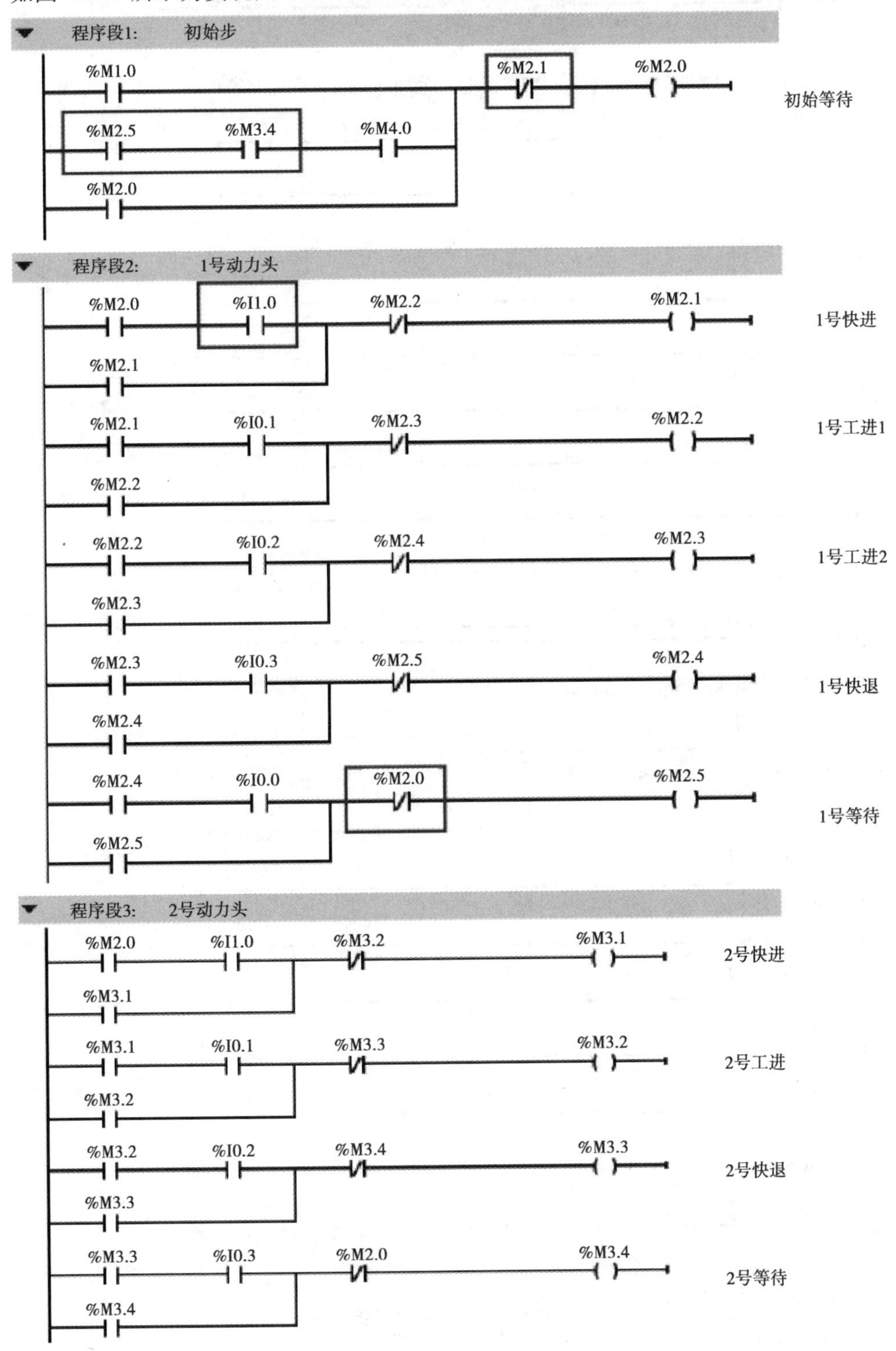

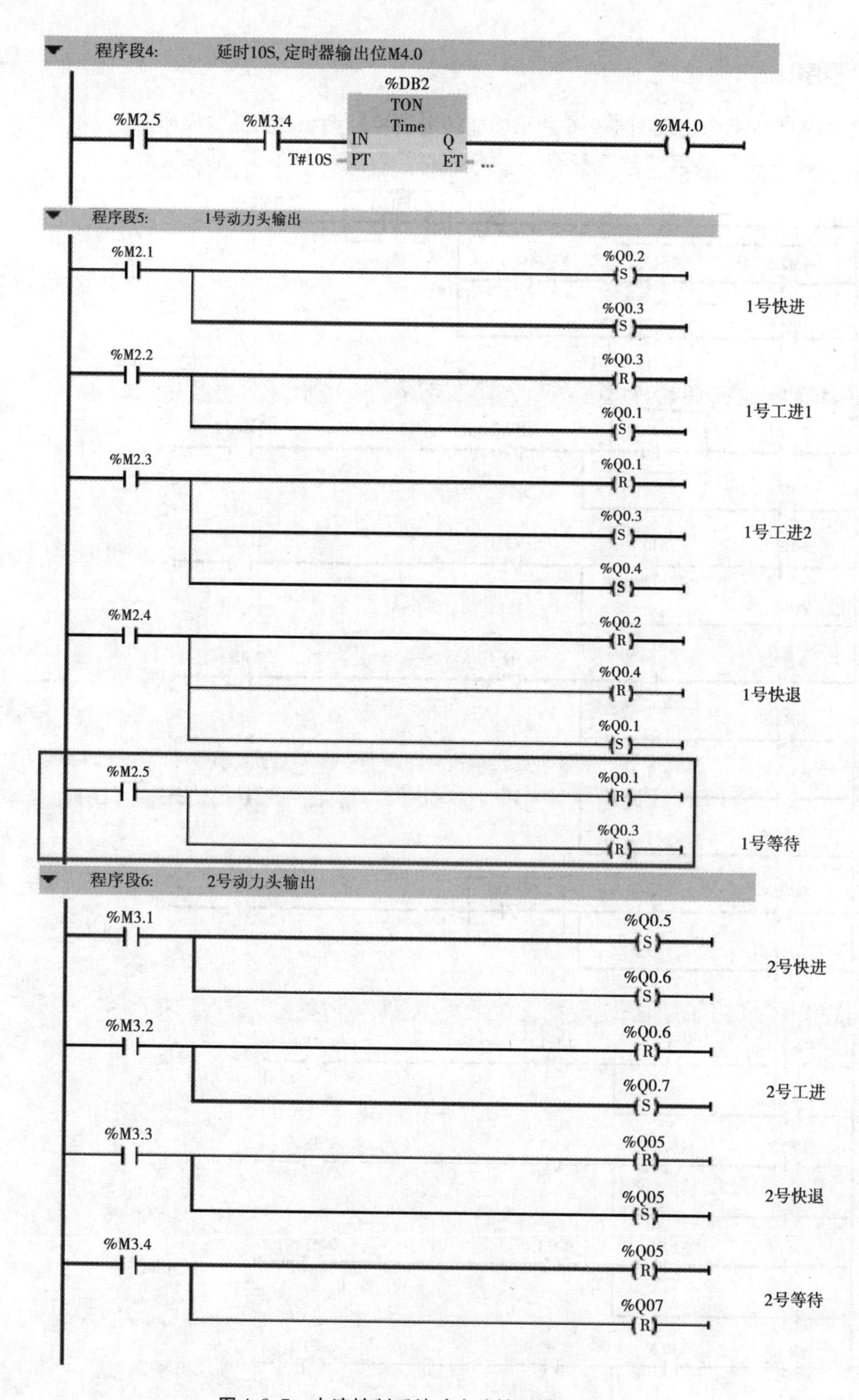

图4.9.7 电液控制系统动力头控制梯形图

习题

PLC控制十字路口交通灯任务的实现

一、填空题

1. 接通延时定时器的符号是________，IN输入电路________时开始定时，定时时间大于预设时间时，输出Q变为________。IN输入电路断开时，当前时间值ET ________，输出Q变为________。

2. 加计数器的输入R为________，加计数器输入信号CU的________，如果计数器值CV小于________，CV加1。CV大于等于预设值PV时，输出Q为________。复位输入R为1时，CV被________，输出Q变为________。

3. RLO是________的简称。

4. P和N触点指令扫描IN的________和________。P_TRIG功能框指令分配位CLK为指令要扫描的信号，数据为________；分配位________保存上次扫描的CLK的信号状态。

5. 加减计数器的符号是________，加减计数器对输入端CU的每个上升沿，当前值________；对输入端CD的每个上升沿，当前值________。R用来________；LD用来________。

6. SCALE_ X指令是将百分比小数或浮点数变为________；ROUND取整遵循________；CEIL取大于等于IN的________；FLOOR取小于等于IN的________。

7. QB4的值为2#1011 1100，循环左移2位后为________；再左移1位后为________。

8. ENCO是________指令，它将IN中为1的________的位数送给OUT指定的地址。如果IN为1或0，OUT的值为________；如果IN为0，ENO为________。

9. 顺序功能图中"步"被激活的条件为________和________。

10. 顺序功能图有3种基本结构，分别为________、________和________。

二、设计题

1. 用TON线圈指令实现周期为10s的振荡电路。

2. 用I1.0控制接在QB1上的8个灯，要求每隔1 s循环左移1位。用IB0设置8个灯的初始值，在I1.0的上升沿将IB0的值传送到QB1，设计出其实现程序。

3. 用顺序控制法设计电机正反转控制程序，要求：按下启动按钮，电动机开始正转，正转5 s后；停止转动2 s；然后开始反转，反转5 s后；停止转动2 s；接着做正转-停-反转-停的循环运动，循环5次后自动停止。

参考文献

[1] 廖常初. S7-1200/1500 PLC 应用技术[M]. 北京:机械工业出版社,2017.

[2] 刘长青. S7- 1500 PLC 项目设计与实践[M]. 北京:机械工业出版社,2016.

[3] 李方园. 图解西门子 S7-1200PLC 入门到实践[M]. 北京:机械工业出版社,2010.

[4] 孙克军. 图解低压电器选用与维护[M]. 北京:化学工业出版社,2016.

[5] 王传艳. 低压电器控制与 PLC[M]. 北京:北京师范大学出版社,2015.

[6] 任学伟. 电动机实用技术[M]. 北京:中国电力出版社,2011.

[7] 蒋祥龙,李震球. 电气控制技术项目化教程[M]. 北京:机械工业出版社,2019.

[8] 杨杰忠,乔晶涛,蒋智忠. 电动机控制线路安装与检修[M]. 北京:电子工业出版社,2015.

[9] 葛东升,黄云. 电气控制技术[M]. 北京:人民邮电出版社,2015.